系统辨识与自适应控制 MATLAB 仿真

（第3版）

庞中华　崔　红　编著

配套资料（源程序）

北京航空航天大学出版社

内 容 简 介

本书从MATLAB仿真角度出发，系统地介绍系统辨识与自适应控制的基本理论和方法。内容主要分为三部分：第一部分为绪论；第二部分为线性系统辨识与自适应控制，包括系统辨识（如最小二乘法、梯度校正法和极大似然法）、模型参考自适应控制、自校正控制和基于常规控制策略的自校正控制；第三部分为非线性系统辨识与自适应控制，包括神经网络辨识与控制、模糊控制与模糊神经网络辨识和无模型自适应控制。书中每种算法都配有仿真实例、仿真程序、仿真结果以及对仿真结果的简要分析，以便读者深入理解和灵活运用系统辨识与自适应控制的基本理论和方法。

本书内容简练，系统性和实用性强，可作为自动化相关专业本科高年级学生和硕士研究生的教学用书，也可供控制科学与工程相关领域的博士研究生、教师、科研人员以及技术开发人员阅读和参考。

图书在版编目(CIP)数据

系统辨识与自适应控制MATLAB仿真 / 庞中华，崔红编著. -- 3版. -- 北京 ：北京航空航天大学出版社，2017.7

ISBN 978-7-5124-2475-3

Ⅰ. ①系… Ⅱ. ①庞… ②崔… Ⅲ. ①系统辨识—计算机仿真—Matlab软件②自适应控制—计算机仿真—Matlab软件 Ⅳ. ①TP317

中国版本图书馆CIP数据核字(2017)第182810号

系统辨识与自适应控制MATLAB仿真(第3版)

庞中华 崔 红 编著

责任编辑 董 瑞

*

北京航空航天大学出版社出版发行

北京市海淀区学院路37号(邮编100191) http://www.buaapress.com.cn

发行部电话:(010)82317024 传真:(010)82328026

读者信箱: goodtextbook@126.com 邮购电话:(010)82316936

北京富资园科技发展有限公司印装 各地书店经销

*

开本:787×1 092 1/16 印张:19 字数:486千字

2017年7月第3版 2024年8月第4次印刷 印数:5 001-5 500册

ISBN 978-7-5124-2475-3 定价:45.00元

前　　言

目前，系统辨识与自适应控制理论已日趋成熟和完善，并被广泛应用于国民经济和国防建设的各个工程技术领域，包括航空、航天、航海、机器人、工业过程（如冶金、化工、机械、电力、热力、酿造、造纸等）、节能环保、生物医学、社会经济与管理等。有关系统辨识和自适应控制的书籍，国内外已出版数十种，但多数是对其理论和算法的系统性论述，对算法的实现问题涉及较少。为了弥补这一缺憾，本书在简要介绍系统辨识与自适应控制基本理论和方法的基础上，给出了具体算法的实现步骤，并提供了相应的仿真实例和 MATLAB 仿真程序供读者学习参考，可帮助读者快速地学习、掌握和应用这一领域的基本理论和方法。因此，本书具有以下特色。

（1）内容简练、系统性强。由于系统辨识与自适应控制理论方面的著作已很多，因此，本书精选典型算法，首先介绍其理论背景和简单理论推导，然后给出算法的实现步骤，并通过仿真实例，介绍算法的实现，展示仿真效果，便于读者把握算法的本质，掌握和巩固所学知识。

（2）实用性强。本书介绍的每种算法及重要的基础知识都配有 MATLAB 仿真程序，而且尽量使编写的程序通用化、模块化，读者只需修改程序源代码中的对象参数即可实现指定被控对象的参数估计和控制器设计。

（3）灵活性高。本书所有的 MATLAB 程序均采用 M 文件进行原始编程，能够让读者对具体算法的实现过程有更直观的理解和掌握，同时也避免了相应技术 MATLAB 工具箱固定模式的限制，读者只需对书中程序代码稍作修改，即可进行算法的设计与仿真。

全书共 8 章，主要内容分为以下三部分。

- 第一部分为绪论，即第 1 章，简要介绍自适应控制理论的产生背景、种类及应用现状等。
- 第二部分为线性系统辨识与自适应控制，即第 2 章～第 5 章，主要介绍线性系统常用辨识方法（包括最小二乘法、梯度校正法和极大似然法）和线性系统典型自适应控制方法（包括模型参考自适应控制、最小方差自校正控制、广义预测控制以及基于常规控制策略的自校正控制）。
- 第三部分为非线性系统辨识与自适应控制，即第 6 章～第 8 章，主要介绍非线性系统的神经网络辨识与控制（包括 BP 神经网络和 RBF 神经网络）、模糊控制与模糊神经网络辨识以及无模型自适应控制（包括单输入单输出系统和多输入多输出系统）。

本书中的 MATLAB 仿真程序是基于 MATLAB R2017a 编写的，程序源代码均免费提供，读者可扫描下页二维码直接下载。

本书的编写得到了英国南威尔士大学刘国平教授、清华大学周东华教授、北京理工大学孙健教授和北京交通大学侯忠生教授的鼓励和帮助，在此作者谨向他们深表谢意。另外，图书的编写和出版还要感谢通过邮箱和论坛与作者进行沟通和交流的读者朋友们，以及国家自然科学基金项目（61673023）的资助。

在本书的编写过程中，参考或引用了参考文献中所列论著的有关内容，在此谨向这些论著的作者表示由衷的谢意。

由于作者理论和编程水平有限，书中的不足和错误，恳请读者批评指正并提出宝贵意见。

作　者

2017年4月

配套资料（源程序）

本书所有程序的源代码均可通过UC浏览器扫描二维码免费下载。读者也可以通过以下网址下载全部资料：http://www.buaapress.com.cn/upload/download/20171030xtbs.rar。若有与配套资料下载或本书相关的其他问题，请咨询北京航空航天大学出版社理工图书分社，电话：(010)82317037，邮箱：goodtextbook@126.com。

目　录

第1章 绪 论

一般来说，要设计一个性能良好的控制系统，需要清楚了解被控对象的动态特性。然而，现实中有一些被控对象的动态特性是事先难以确知的，或者它们的特性是经常变化的。对于这类对象，常规反馈控制方法的效果往往难以令人满意，如何为其设计一个高性能的控制系统，就是自适应控制所要研究的问题。

1.1 自适应控制问题的提出

在实际控制工程中，有各种各样的被控对象，它们的机理、复杂程度和环境条件可能各不相同，但对它们施加控制的目的却是相同的，都是为了使它们的状态或运动轨迹符合某些预定要求，使它们的运行状况满足预定的性能指标。

如果被控对象的传递函数已知，则可用经典控制理论设计一种控制器，使控制系统的动态性能指标，如超调量、振荡次数、过渡时间和通频带等符合要求；若掌握了被控对象的运动方程，就可以用最优控制理论设计一种最优控制器，使控制系统的某项性能指标达到最佳，如能耗最小、运行时间最短、跟踪指令信号的速度最快以及输出方差最小等。但上述两种理论都是以被控对象的动态特性事先已知且在运行过程中不发生未知变化为前提的。

然而，由于受到以下不确定因素的影响，要事先完全掌握被控对象的动态特性几乎是不可能的。

① 被控对象的精确数学模型无法建立。现代工业装置的特征既精细又复杂，除了比较简单的情形外，被控对象总是或多或少具有某些非线性、时变性、分布性和随机性。由于受到试验装置、测量仪表、试验时间和建模方法等方面的限制，依靠机理分析法和(或)实验法，要建立精确的数学模型几乎是不可能的。而且，即使得到了精确的模型，其维数可能很高，这样的模型所描述的非线性特性或时变特性等对控制系统设计的作用也是微乎其微甚至是完全无益的。

② 即使能够为被控对象建立结构较简单且精确的数学模型，但其特性在运行过程中也会发生变化。如：导弹在飞行过程中，其重量和质心位置随着燃料的消耗而变化；化学反应速度随催化剂活性的衰减而变慢；机械手的动态特性随臂的伸屈而变化；某些装置随时间的推移磨损程度不同；等等。而且，变化规律往往难以掌握。

③ 被控对象还受到环境条件的影响。如：导弹或飞机的气动参数随其飞行速度、飞行高度和大气条件的变化而在大范围内发生变化；化学反应过程的参数随环境温度和湿度的变化而变化；船舶的动态特性随负载情况、水域状态、气候状况而变化；等等。环境干扰可分为随机干扰和突发性干扰，前者如各种各样的噪声，后者如大雨、阵风或负荷突变等。这些干扰有的不能测量，有的虽能测量但无法预计它们的变化。

对于受到如此众多不确定性因素影响的被控对象，要为其设计一个满意的控制器是相当困难的。针对这类问题，经过多年的努力，人们已建立和发展了一种适用的控制方法，即自适

应控制(adaptive control)。与传统的调节原理和最优控制不同,自适应控制能在被控对象的模型知识或环境知识知之不全甚至知之甚少的情况下,使系统能够自动地工作于最优或接近于最优的运行状态,获得高品质的控制性能。

1.2 自适应控制的种类

在日常用语中,“适应性(adaptive)”是指生物改变自己的习性以适应新的环境的一种特征。自适应控制是指通过改变控制系统行为以适应被控对象动态特性和环境条件变化的控制策略。

自从 20 世纪 50 年代末,由美国麻省理工学院(MIT)提出第一个自适应控制系统以来,先后出现过多种不同类型的自适应控制系统,如模型参考自适应控制系统、自校正控制系统、自寻最优控制系统、变结构控制系统和智能自适应控制系统等。但从理论研究成果和实际应用情况来看,应当首推模型参考自适应控制系统、自校正控制系统和智能自适应控制系统[1-2]。

1.2.1 模型参考自适应控制系统

模型参考自适应控制(model reference adaptive control,MRAC)是从模型跟踪问题或模型参考控制(model reference control, MRC)问题引申出来的。在 MRC 中,只要设计者非常了解被控对象(其模型已获知)和它应当满足的性能要求,即可提出一个被称为“参考模型”的模型,用以描述期望的闭环系统输入、输出性能。MRC 的设计任务是寻求一种反馈控制律,使被控对象闭环系统的性能与参考模型的性能完全相同。

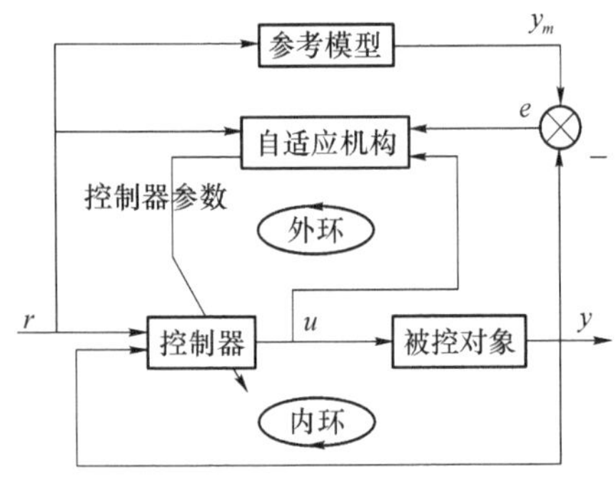

图 1.1 模型参考自适应控制系统结构

但在对象参数未知的情况下,MRC 是不可行的。处理这种情况的一种途径是,采用确定性等价方法,即用参数估计值代替控制律中的未知参数,从而得到了 MRAC 结构,如图 1.1 所示。

由图 1.1 可知,MRAC 系统由两个环路组成:内环和外环。内环与常规反馈系统类似,由被控对象和可调控制器组成,称为可调系统;外环是用于调整可调控制器参数的自适应回路,其中的参考模型与可调系统并联。由于可调系统的参考输入信号同时也加到了参考模型的输入端,所以参考模型的输出或状态可用来规定期望的性能指标。因此,MRAC 的基本工作原理为:根据被控对象结构和具体控制性能要求,设计参考模型,使其输出 y_m 表达可调系统对参考输入 r 的期望响应;然后在每个控制周期内,将参考模型输出 y_m 与被控对象输出 y 直接相减,得到广义误差信号 $e=y_m-y$,自适应机构根据一定的准则,利用广义误差信号来修改可调控制器参数,即产生一个自适应控制律,使 e 趋向于 0,也就是使对象实际输出向参考模型输出靠近,最终达到完全一致。

由此可见,模型参考自适应控制系统的核心问题是如何确定自适应控制律,以便得到一个使广义误差 e 趋向于 0 的稳定系统。根据自适应控制律设计方法的不同,产生了各种不同的模型参考自适应控制系统。通常,模型参考自适应控制系统有如下 3 种设计方法。

① 局部参数最优化设计方法:主要有梯度法、牛顿-拉夫森法、共轭梯度法、变尺度法等。

用局部参数最优化理论设计模型参考自适应控制系统是最早的一种方法，采用这种方法，必须具备两个基本条件：一是被控对象模型与参考模型之间的参数差值应比较小，或者说系统运行在参考模型参数值的邻域内；二是被控对象是一个慢时变系统。

即使如此，采用这种方法设计的模型参考自适应控制系统也不能保证系统总是稳定的。

② 基于 Lyapunov 稳定性理论的设计方法：为了克服采用局部参数最优化方法设计的 MRAC 无法保证稳定的缺点，众多学者采用 Lyapunov 第二方法(直接法)，将设计自适应控制律的问题转化为稳定性问题，推导模型参考自适应控制系统的自适应律，以保证系统具有全局渐进稳定性，并具有更好的动态特性。

③ 基于 Popov 超稳定性理论的设计方法：用 Lyapunov 第二方法能成功设计出 MRAC，但 Lyapunov 函数选取较困难，且不是唯一的；而且，由于很难扩大 Lyapunov 函数的种类，因而也就限制了自适应律种类的扩展。这两方面都限制了 Lyapunov 第二方法设计 MRAC 的广泛应用，可采用 Popov 超稳定性理论来改善这种状况。

1.2.2　自校正控制系统

自校正控制(self-tuning control，STC)的思想最早是由 R. E. Kalman 在 1958 年提出的，他设计了基于最小二乘估计和有限拍控制的自适应控制器，并为了实现这个控制器，还建造了一台专用模拟计算机，但其发展受到了当时硬件问题的困扰。自校正控制的主要成就发生在 1973 年以后，这与当时计算机技术的迅速发展密不可分，K. J. Åström 等人对自校正控制的发展做出了突破性的贡献。

自校正控制系统的结构如图 1.2 所示。由图 1.2 可知，自校正控制系统也由两个环路组成：内环和外环。内环与常规反馈系统类似，由被控对象和可调控制器组成；外环由对象参数递推估计器和控制器设计机构组成，其任务是：首先由递推估计器在线估计被控对象参数，用以代替对象的未知参数，然后由设计机构按一定的规则对可调控制器的参数进行在线调整。由此可见，自校正控制器是在线参数估计和控制参数在线设计两者的有机结合，使得自校正控制方案非常灵活。各种参数估计方法和控制律的不同组合，即可导出不同类型的自校正控制方法，以满足不同系统的性能要求。

根据系统结构的不同，自校正控制算法可分为两类：

① 间接算法。如图 1.2 所示，首先利用历史输入/输出数据估计被控对象参数，然后通过设计机构获得控制器参数，而不是直接估计控制器参数，因此称这种自校正控制算法为间接算法(或显式算法)。

② 直接算法。如图 1.3 所示，直接利用历史输入/输出数据估计控制器参数的方法称为直接算法(或隐式算法)，但前提是需要将控制系统重新参数化，建立一个与控制器参数直接关联的估计模型。

另外，在参数估计时，对观测数据的使用方式有两种。一种如图 1.2 所示不直接更新控制器参数，而是先估计被控对象模型本身的未知参数，然后再通过设计机构得到控制器参数，因此，称这种自校正控制算法为间接算法(或显式算法)。另一种是直接估计控制器参数，这时需要将过程重新参数化，建立一个与控制器参数直接关联的估计模型，相应的自校正控制算法称为直接算法(或隐式算法)，其结构如图 1.3 所示。直接算法无须进行控制器参数的设计计算，因此，其计算量比间接算法稍小，但需要为其建立一个合适的控制器参数估计模型。

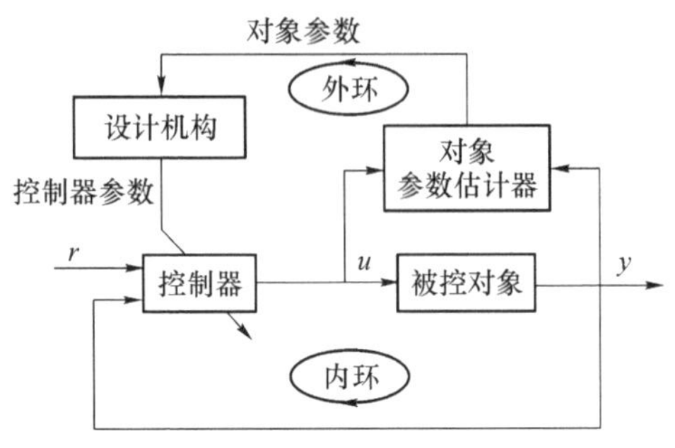

图 1.2 间接自校正控制系统结构

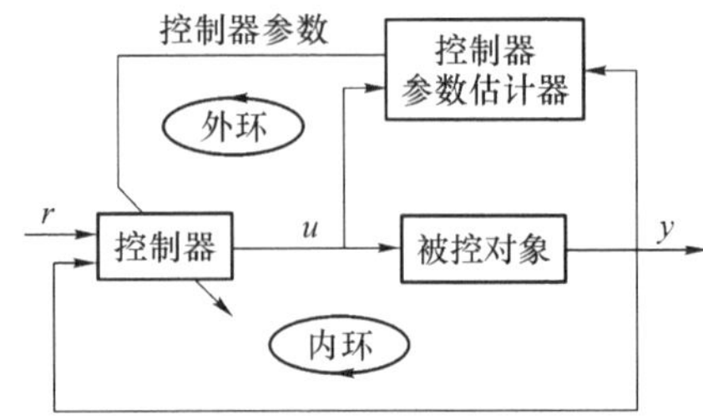

图 1.3 直接自校正控制系统结构

以上介绍了模型参考自适应控制和自校正控制,理论研究结果表明,二者在设计思想上没有本质的区别。实际上,MRAC 可视为 STC 的一种特殊情况。从历史发展上看,MRAC 源于确定性的伺服问题,最初是针对连续时间对象的伺服控制而发展起来的,而 STC 最初是针对随机环境下的离散时间对象,采用极小化方法而发展起来的;其次,两种控制系统的内环设计方法和外环调整内环可调控制器参数所用的方法不同,它们的差别仅此而已。

1.2.3 智能自适应控制系统

智能控制自 20 世纪 60 年代产生以来,发展十分迅速,特别是近 20 多年来,神经网络、模糊数学、专家系统、遗传算法等各门前沿学科的发展,给智能控制注入了巨大活力,由此产生了各种智能控制方法,如专家控制、模糊控制、神经网络控制、遗传算法及上述多种方法的组合等。将上述智能控制方法引入自适应控制中,则形成多种智能自适应控制,如专家自适应控制、模糊自适应控制、神经网络自适应控制、模糊神经网络自适应控制等。

1.2.4 其他形式的自适应控制系统

其他形式的自适应控制还有很多,如变结构自适应控制、非线性自适应控制、无模型自适应控制、鲁棒自适应控制、自适应逆控制、简单自适应控制(SAC)、监督自适应控制等。

1.3 自适应控制的应用现状

早在 20 世纪 50 年代末期,由于飞行控制的需要,美国麻省理工学院(MIT)的 H. P. Whitaker 教授首先提出模型参考自适应控制方法,并且用它来解决飞行器的自动驾驶问题,但限于当时的计算机技术和控制理论的发展水平,飞行试验没有成功。60 多年来,随着计算机技术的迅速发展和自适应控制理论的不断完善,自适应控制已在很多领域获得成功应用,据不完全统计,已采用自适应控制技术的领域有:航天航空、航海、电力、化工、钢铁冶金、热力、机械、林业、通信、电子、原子能、机器人和生物工程等。

自适应控制最初主要应用于航天航空领域,虽然相应的理论及硬件设备还不成熟,在应用上遇到一些失败,但很多专家学者仍然坚持研究,并将其应用推广至其他工业部门。到 20 世纪 70 年代,随着控制理论和计算机技术的发展,自适应控制取得重大进展,在光学跟踪望远镜、化工、冶金、机械加工等领域的成功应用,也充分证明了其有效性[2]。例如,在 24 英寸的卫

星跟踪望远镜的伺服系统中，采用模型参考自适应控制，跟踪精度提高了约 6 倍；在 200 kW 的矿石破碎机中采用自校正控制，使产量提高了约 10%；在长网纸机中采用组合自校正控制，定量的标准差由 PID 控制时的 2.41 g/m^2 降到 1.32 g/m^2，每年每台纸机可获经济效益 120 万元；在水泥生料、配料中采用自校正控制，使水泥产量提高了 5%～8%，而耗电量还减少了 3%；在轧辊罩式退火炉中采用自校正控制，使控温精度达到±3 ℃，由此，每年可获经济效益约 100 万元；在制药厂发酵温度控制中采用自校正控制，使控温精度达到±1 ℃，最大不超过±5 ℃。

20 世纪 80 年代以来，自适应控制理论和设计方法得到了不断发展和完善，加上计算机技术的飞速发展，自适应控制技术的应用得到更大幅度扩展。目前，从美国新的登月计划到临床医学领域，自适应控制技术的应用方兴未艾。下面将介绍自适应控制近年来的应用现状[3]。

1.3.1　在工业领域中的典型应用

1. 工业过程控制

工业过程自 20 世纪 30 年代后期以来已越来越依赖于自动化装置。反馈控制是通用的控制方法，经历了从 PID 控制到智能控制的发展历程。近 40 多年来，自适应控制策略在工业过程控制中获得了广泛的应用，主要包括化工过程、造纸过程、食品加工过程、冶金过程、钢铁制造过程、机械加工过程等应用领域。

大连理工大学的张志君(2005)将两个多层模糊神经网络分别用于化工过程辨识和控制，通过不断更新模糊隶属函数来实现自适应控制。结合运用 BFGS(Broyden - Fletcher - Goldfarb - Shanno)和最小二乘算法在线训练神经网络，使模型的精度得到提高，从而也大大提高了控制性能，克服了模型不匹配和时变的影响。

蒸煮过程是造纸工业中的一个重要环节，有着复杂的化学反应过程，具有较强的非线性、不确定性和大滞后特性，同时存在干扰和噪声，采用常规 PID 算法难以达到期望的控制效果。湖北工业大学龙毅(2006)采用无模型自适应控制器对蒸煮过程中的反应温度进行控制，能够克服蒸汽压力波动的干扰，保证了低温快速蒸煮真正的实施。

宝钢股份公司的羌菊兴等(2005)将高速稳态自适应控制技术拓展到带钢生产的头尾控制上，进一步减少了带钢头尾厚度超差的长度，提高了产品的质量和产量。

自动调节切削用量以适应切削过程中不断变化的加工条件，保证切削效果最优，这是自适应切削原理。美国密西根大学的 A. Ulsoy 等(1989)通过调整进给率来控制金属切削过程中的切削力，给出了分别用于切削和磨削的两种自适应控制系统。同时，还将自适应控制应用于加工过程的误差补偿和由切削力引起的刀具磨损的在线监测。

2. 智能化高精密机电或电液系统控制

自适应控制在智能化高精密机电或电液系统中应用较多的有以下几个领域：机器人、不间断电源、电机或液压伺服系统等。

加拿大宇航局的朱文红等(2005)提出通过直接测量负载单元的输出力实现液压缸输出力自适应控制的策略。输出力误差不仅用于反馈控制，而且用于动态更新摩擦模型的参数，这样可保证缸内压力误差和输出力误差的 L_2 稳定和 L_∞ 稳定。试验结果表明，缸内压力的良好控

制不仅能保证输出力的良好控制,并且自适应摩擦补偿比固定参数摩擦补偿效果更好。液压缸输出力控制的优异性能使其动态性能在预定的带宽内与电驱动马达相当,从而可以用一个液压机器人仿效电驱动机器人。

圣玛利亚联合大学的 H. A. Grundling 等(1998)提出了一种修正的全局稳定的鲁棒模型参考自适应迭代控制方法,并用于一种单相不间断电源(UPS)的电压源 PWM 反相器及其相应的 RLC 负载滤波器的控制,获得了近似正弦的输出电压。同时,他们还提出了一种自适应方法用于对三相 UPS 的控制。

对于一类同时具有可重复和不可重复、不确定性的非线性系统,普度大学机械工程学院的 L. Xu 等(2001)将自适应鲁棒控制和迭代控制结合起来,构造了一种面向性能的控制律。在确定的已知边界条件函数下,迭代控制算法用来学习和逐步接近未知的可重复非线性,鲁棒性的构造则用于削弱各种不确定性的影响,尤其是不可重复、不确定性的影响,从而保证了直线电机驱动系统的瞬态特性和最终的跟踪精度。

江苏大学的孙宇新等(2005)基于单神经元设计出用于感应电机矢量控制的自适应磁链和转速控制器,利用神经元的自学习功能在线调节连接权重,保证该控制系统良好的动态性能。

3. 航天航空、航海和特种汽车无人驾驶

飞行体表面的偏转所产生的力矩是速度、高度和功角的函数,因此,飞行过程中其传递函数始终在发生很大的变化,线性控制系统无法获得满意的结果。随着飞机性能的不断提升,尤其是宇宙飞船的出现,航天航空领域对自适应控制的兴趣日益增加。美国宇航局(NASA)的 K. Guenther 等(2005)经过研究认为,必须对基于神经网络的自适应控制器性能进行适当的监测和评估,才能将其安全可靠地用于现代巡航导弹控制,并给出了利用贝叶斯方法的查证和确认方法及其在 NASA 的智能飞行控制系统中的模拟结果。辛辛那提大学的 G. L. Slater 等(2002)利用自适应方法大大改善飞机在起飞阶段的爬升性能预测,即根据测试和计算的能量比率自适应调整飞行器推力依赖度,这样有利于飞机在爬升过程中与空中的其他飞行器合流。

由于海况变化较大,大型船舶自动驾驶仪采用自适应控制取代传统的 PID 控制,可提高经济性、精确度和自动化程度。到 20 世纪 80 年代,除了航向,船舶的侧摆也可通过对方向舵液压伺服系统的自适应调节加以控制。

在装备 RTK GPS(real-time kinematic, global position system)传感器的农用车的精确导航中,传统的控制律在不打滑的情况下,能获得满意的控制精度;但是在有斜坡的湿地,打滑不可避免。R. Lenain 等(2003)设计了一种非线性自适应控制律,根据对打滑的实时评估来修正车辆的运动,使控制精度在打滑时仍得以保持。

4. 柔性结构与振动的控制

曼彻斯特大学的顾志强等(2005)结合 RBF 神经网络辨识器和 PID 神经网络控制器构成建筑结构自适应控制系统。对于受外部扰动(不同的地震载荷)的线性单自由度建筑结构,该控制方法能有效地抑制其振动。密西根科技大学的 J. F. Schultze 等(1997)对一种类似机翼的悬臂梁柔性结构采用自适应模态空间控制。对于时变系统,该控制器的频带较宽,且具有很好的解耦性能。

5. 电力系统的控制

自适应控制策略在电力系统中的应用主要包括:锅炉蒸汽温度和压力控制、锅炉燃烧效率的优化控制、互连电力系统发电量控制等方面。针对电厂主蒸汽温度调节的大时滞和不确定性,东北电力大学的顾俊杰等(2005)采用自适应 PSD(proportional, summation and derivative, 即比例、求和、微分)控制方法,并结合内模控制器进行调节。与传统的 PID 控制系统相比,自适应 PSD 控制算法简单、计算量小,并且能减少超调量、加快响应速度、缩短稳定时间。东南大学的胡一倩等(2003)对 PID 模糊控制器的参数进行自适应调整,并将其用于锅炉过热蒸汽温度的控制,取得了满意的效果。哈尔滨工业大学的徐立新等(2005)结合专家经验得出燃气轮机模糊 PI 控制规律,并据此设计了透平(涡轮)转速和排气温度的模糊自适应 PI 控制器,提高了燃气轮机的性能且实现非常方便。

1.3.2 在非工业领域中的应用

自适应控制在非工业领域中的应用目前虽不广泛,但已有成功应用的实例,显示出良好的应用前景。

1. 在社会、经济和管理领域中的应用

根据某一经济部门的产值发展规划,如何合理安排每年对该部门的投资量是经济决策中的重要一环。金元郁等(1991)根据经济系统的特点,改进了 D. W. Clarke 提出的广义预测控制,使其可以为经济的投资和发展提供一些有效的决策方案。美国明尼苏达大学武克强等(2005)通过灵敏度分析研究了将自适应控制理论应用于服务质量设计和保证中所存在的问题,并提出了一种自适应双重控制结构来降低这种局限性。新西兰纳皮尔大学管理学院 M. Pearson 等(2006)研究了当需求不确定时,报刊批发商如何自适应地确定最佳的报刊供应量,以使成本最低、利润最大。

2. 在环境和生物医学领域中的应用

在水处理过程中,投药单耗与原水的浊度和温度密切相关,而原水水质随季节改变,且每年相同季节的原水水质也会有所不同。叶昌明等(2003)研制了一种自适应控制投药设备,该设备可自动学习最佳投药控制规律,并根据水质及环境状态选择最佳投药量。

自适应控制在临床医学中的应用发展非常迅速。南加利福尼亚大学的 R. W. Jelliffe 等(1986)利用自适应方法来控制后续的庆大霉素血清药物浓度,采用基于贝叶斯方法的开环反馈自适应药物代谢控制系统,并仔细对照病人的临床表现与适用模型的输出(生理表现),医生就可以确定最适合该病人的治疗目标。清华大学的郝智秀等(1995)发明了一种假手握力自适应控制装置,以实现假手握物感觉的反馈,该控制装置使截肢者使用肌电假手时有真肢感。

1.4 自适应控制存在的问题及发展方向

自适应控制虽然具有很大的优越性,其应用也已硕果累累,但到目前为止,其应用仍不够广泛,仍然存在一些亟待解决的问题。现将其中的主要问题列举如下,并展望可能的解决方向[2]。

1. 现场应用问题

目前所用的自适应控制技术的预选参数数目较多。这些预选参数往往与被控对象特性密切相关,而且有些参数(如采样周期等)的预选也十分困难,没有丰富理论知识和实践经验的人很难选好这些参数。因此,当被控对象存在不可知和不确切的因素时,这些预选参数只能试凑。该方法趋于保守,将导致控制性能退化。此外,在现场调试时,自适应控制系统的调试参数数目也比常规 PID 调节器(3 个参数)多,而且相对难调,这对于十分熟悉 PID 控制调试的现场工程师也是一项艰难的任务。因此,必须解决自适应控制技术"好用"和"易用"的问题。为此,可能要像 PID 调节器一样,走仪表化的道路。

其次是启动过程和动态优化问题。这是由于自适应控制系统的状态和参数的初值选定尚无可靠和可行的理论和方法,因而,这些初值的选定往往带有一定的盲目性,使得所用状态初值和参数初值偏离真值甚远,造成启动过程激烈振荡。如果这种振荡超出物理装置允许的极限,就会影响装置的使用寿命甚至造成设备损坏。而且,有时出于全局考虑,往往要求自适应控制系统快速地从一种运行状态过渡到另一种运行状态。如果系统的稳定性较差,收敛速度较慢,再加上控制律不适当,就会出现漫长的不良瞬变过程,这显然对产品的产量和质量都不利。另一方面,从现有的自适应控制系统本身的性能来看,一个自适应控制方案仅能在一种工况下实现一个工序的优良控制,即仅具有对一个工序的局部鲁棒性,因而无法保证一个工序在起、停和变工况条件下的全局鲁棒性。因此,为了使一个工序全优,就必须解决起、停过程和变工况下的瞬变过程的动态优化问题。

此外,实际现场都存在突发干扰、非零均值干扰、周期性干扰和随机干扰等不同的干扰。不同现场的区别仅在于干扰类型的主次不同、强弱不同。所以,完全有必要发展一种完善的测量技术、滤波方法和消扰技巧来抑制所有干扰。

2. 理论保证问题

现有自适应控制系统的稳定性、收敛性和鲁棒性定理的成立条件都太强,实际应用的自适应控制系统很难满足这些条件,因而缺乏实际上的指导意义,使人不敢贸然投入一个新的自适应控制系统。因此,在实际工程应用中,特别是在投入一个新的自适应控制方案时,或把一个已有的自适应控制方案用于一个新的被控对象时,总希望事前能对这个自适应控制系统的稳定性、收敛性和鲁棒性提供一个理论保证,或提供一种确保自适应控制系统投入后的可靠性和安全性的技术和方法。所以,应大力研究并开拓这样的理论、方法和技术。

3. 被控对象的范围问题

对于线性定常或慢时变被控对象,现有的自适应控制方案显示了很强的生命力,但对于大量存在的非线性、时变和随机被控对象,就不那么得心应手了,从而形成这样一种尴尬局面:控制工程师只能针对一个实际对象解决一个具体控制问题,无法推广到另一个新的实际对象。进一步看,目前的绝大多数自适应控制方案都是基于解析设计法,因此,这些方案不可能考虑那些用现有数学方法尚不能描述或不能解决的问题,更不可能考虑那些根本无法用数学形式描述的现象或问题。例如,自适应控制系统中存在的非线性、多模态、变工况、混沌现象,以及各种干扰和非数学形态问题等。在这些情况下,若原封不动地采用现有的自适应控制方案,则

很可能使控制性能退化，甚至丧失控制能力。因此，必须研制功能更强、适应能力更广的新型自适应控制方案。

初步分析和试验结果表明，如果把相关的一些技术有机地组合在一个控制方案里，其中包括各种自适应控制技术之间的组合，自适应控制技术与传统的控制技术的组合，自适应控制技术与专家系统、神经网络和模糊技术等人工智能方法的组合，自适应控制技术、传统的控制技术与人工智能技术的组合等，就可能全部或部分地解决上述整体优化、抗干扰和扩大被控对象范围等问题。

第2章　系统辨识

系统辨识和自适应控制是两门联系密切的学科。由图1.2、图1.3可知，在线估计对象或控制器参数是自校正控制的重要组成部分；而且，在后续的内容中也可以看到，参数估计也隐含在模型参考自适应控制中。因此，本章将介绍系统辨识的相关知识。

2.1　系统辨识概述

在自然和社会科学的许多领域中，系统的综合设计与定量分析，以及对其未来行为的预测，都需要了解系统的动态特性。建立被研究对象的数学模型，则是开展这些工作的前提和基础。

2.1.1　数学模型及建模方法

在控制系统的分析和设计中，首先要建立系统的数学模型。数学模型是定量描述系统内部物理量（或变量）之间关系的数学表达式。在静态条件下（变量各阶导数为0），描述变量之间关系的代数方程称为静态数学模型；而描述变量各阶导数之间关系的微分方程模型称为动态数学模型。在控制系统的分析和设计中，涉及的数学模型一般为动态数学模型。

一般来说，建立系统数学模型有两种基本方法。

① 机理法建模，亦称“白箱建模”：即根据系统内在运行机理、物料和能量守恒等物理和化学规律，建立系统的数学模型。一般步骤如下：

Step1　根据系统的工作原理及其在控制系统中的作用，确定输入量和输出量。

Step2　根据物料和能量守恒等关系列写基本方程式。

Step3　消去中间变量。

Step4　获得系统动态模型。

Step5　对于弱非线性系统，为了简化数学模型，可以在工作点处对其进行线性化处理，得到系统的近似线性化模型。

由此可见，利用机理法进行建模，首先要充分了解系统的内部机理，使其可以用比较确切的数学表达式进行描述，并借助计算机处理可能遇到的较复杂的数学问题；其次，根据对数学模型的要求，需要做一些合理性假设，使模型既满足精度要求，又能够尽量简单；此外，用机理法建模时，经常会遇到某些参数难以确定的情况，这时可以利用下面将要介绍的实验法将这些参数估计出来。

② 实验法建模（亦称“黑箱”建模）：对于机理尚不清楚或机理过于复杂的系统，可以人为地对其施加某种测试信号，并记录其输出响应，或者记录正常运行时的输入/输出数据，然后利用这些输入/输出数据确定系统模型结构和模型参数，这种方法就是实验法建模，也称为系统辨识。

可以看出，系统辨识是将被研究对象看作一个黑箱，从外部特性上描述其输入/输出之间

的动态性质，而无需深入了解其内部机理。因此，一般来说此方法比机理法要简单些，尤其是对于复杂系统更为明显。

多年来，系统辨识已发展成为一门独立的学科分支，也是生产过程中最常用的建模方法。通过系统辨识建立一个对象的数学模型，通常包括两方面的工作：一是模型结构的确定（如模型的类型、阶次等），二是模型参数的估计。本书仅介绍模型参数估计方面的知识，有关系统辨识更详细的内容可参考文献[4]。

2.1.2　系统辨识的定义及其分类

1. 系统辨识的定义

L. A. Zadeh 于 1962 年曾对系统辨识给出定义：系统辨识是在输入和输出数据的基础上，从一组给定的模型类中，确定一个与所测系统等价的模型。

2. 系统辨识的分类

迄今为止，已出现许多种不同的辨识方法。对于线性系统来说，辨识方法已经非常成熟，根据模型形式的不同，可分为两大类。

（1）非参数模型辨识方法

非参数模型辨识方法获得的模型为非参数模型。它在假定系统是线性的前提下，不必事先确定系统模型的具体结构，因而，这类方法可适用于任意复杂的系统。非参数模型采用响应曲线来描述，如时域中的脉冲响应模型、阶跃响应模型和频域中的频率响应模型等。

（2）参数模型辨识方法

此方法需要事先假定一种模型结构，然后通过极小化模型与对象之间的误差准则函数来确定模型的参数。如果模型的结构无法事先确定，则必须先利用结构辨识方法确定模型的结构（如系统阶次、纯延时等），然后进一步确定模型的参数。参数模型辨识方法根据工作原理又可分为 3 类。

① 最小二乘法：利用最小二乘原理，通过极小化广义误差的平方和函数来确定系统模型的参数。

② 梯度校正法：利用最速下降法原理，沿着误差准则函数关于模型参数的负梯度方向，逐步修改模型的参数估计值，直至误差准则函数达到最小值。

③ 极大似然法：根据极大似然原理，通过极大化似然函数来确定模型的参数。

2.1.3　参数模型

参数模型是指利用有限参数描述的系统模型。参数模型根据其研究方法不同，可分为输入/输出模型和状态空间模型两大类。输入/输出模型只刻画系统的外部特性而不深入到其内部，是一种广为采用的描述方式；状态空间模型则进一步深入到系统的内部情况，因此可以包含更多的信息，其应用有日益增长的趋势。

根据时间是否连续，参数模型又可分为连续时间系统参数模型和离散时间系统参数模型，这两类模型均可采用输入/输出模型和状态空间模型描述。对于离散系统，常采用差分方程来描述。差分方程参数模型根据模型中是否含有随机扰动，又可分为确定性模型和随机模型。

这里仅介绍单输入单输出(SISO)离散系统参数模型。

1. 确定性模型

SISO 系统的确定性模型可表示为

$$A(z^{-1})y(k)=z^{-d}B(z^{-1})u(k) \tag{2.1.1}$$

式中,$u(k)$和 $y(k)$分别表示系统的输入和输出,$d(d\geqslant 1)$为纯延时,且

$$\begin{cases}A(z^{-1})=1+a_1z^{-1}+a_2z^{-2}+\cdots+a_{n_a}z^{-n_a}\\ B(z^{-1})=b_0+b_1z^{-1}+b_2z^{-2}+\cdots+b_{n_b}z^{-n_b}\ (b_0\neq 0)\end{cases}$$

其结构如图 2.1 所示。

2. 随机模型

如果式(2.1.1)的模型受到随机扰动的影响,则可将其进一步描写为随机模型:

$$A(z^{-1})y(k)=z^{-d}B(z^{-1})u(k)+C(z^{-1})\xi(k) \tag{2.1.2}$$

式中,$\xi(k)$为系统随机扰动,$C(z^{-1})=1+c_1z^{-1}+c_2z^{-2}+\cdots+c_{n_c}z^{-n_c}$。其结构如图 2.2 所示。

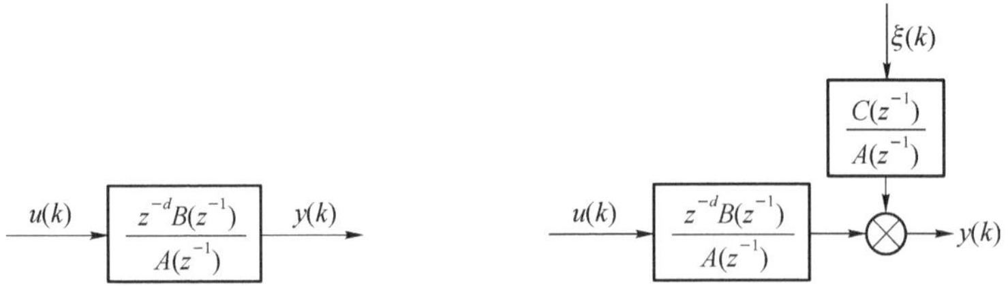

图 2.1 确定性模型结构　　图 2.2 随机模型结构

根据式(2.1.2)中各元素取值情况的不同,又可分为如下几类。

① 自回归模型(auto-regressive model,AR 模型),即令式(2.1.2)中的控制量 $u(k)=0$、$C(z^{-1})=1$ 的情况:

$$A(z^{-1})y(k)=\xi(k) \tag{2.1.3}$$

② 滑动平均模型(moving average model,MA 模型),即令式(2.1.2)中的控制量 $u(k)=0$、$A(z^{-1})=1$ 的情况:

$$y(k)=C(z^{-1})\xi(k) \tag{2.1.4}$$

③ 自回归滑动平均模型(auto-regressive moving average model,ARMA 模型),即令式(2.1.2)中的控制量 $u(k)=0$ 的情况:

$$A(z^{-1})y(k)=C(z^{-1})\xi(k) \tag{2.1.5}$$

④ 带控制量的自回归模型(controlled auto-regressive model,CAR 模型),即令式(2.1.2)中 $C(z^{-1})=1$ 的情况:

$$A(z^{-1})y(k)=z^{-d}B(z^{-1})u(k)+\xi(k) \tag{2.1.6}$$

式(2.1.6)也称为扩展自回归模型(extended auto-regressive model,ARX 模型)。

⑤ 带控制量的自回归滑动平均模型(controlled auto-regressive moving average model,

CARMA 模型)：即式(2.1.2)本身描述的情况，是应用最广的一类参数模型。式(2.1.2)也称为扩展自回归滑动平均模型(extended auto-regressive moving average model，ARMAX 模型)。

⑥ 带控制量的自回归积分滑动平均模型(controlled auto-regressive integrated moving average model，CARIMA 模型)，即

$$A(z^{-1})y(k)=z^{-d}B(z^{-1})u(k)+C(z^{-1})\xi(k)/\Delta \tag{2.1.7}$$

式中，$\Delta=1-z^{-1}$ 为差分算子。

在实际系统中，若存在随机阶跃扰动和布朗运动，则采用 CARIMA 模型比较合适。CARIMA 模型也可称为扩展自回归积分滑动平均模型(extended auto-regressive integrated moving average model，ARIMAX 模型)，其结构如图 2.3 所示。

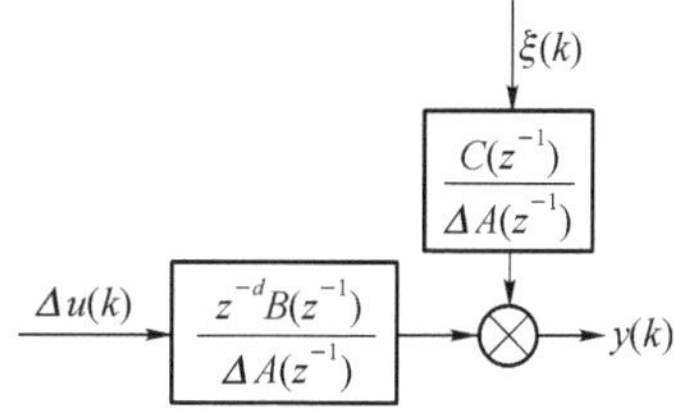

图 2.3　CARIMA 模型结构

2.1.4　系统辨识的基本原理

这里，以 SISO 系统的 CAR 模型为例，阐述系统参数辨识的基本原理。

考虑 CAR 模型：

$$A(z^{-1})y(k)=z^{-d}B(z^{-1})u(k)+\xi(k) \tag{2.1.8}$$

将式(2.1.8)转化为

$$y(k)=\boldsymbol{\varphi}^{\mathrm{T}}(k)\boldsymbol{\theta}+\xi(k) \tag{2.1.9}$$

的最小二乘格式，式中

$$\begin{cases}\boldsymbol{\varphi}(k)=[-y(k-1),\cdots,-y(k-n_a),u(k-d),\cdots,u(k-d-n_b)]^{\mathrm{T}}\\ \boldsymbol{\theta}=[a_1,\cdots,a_{n_a},b_0,\cdots,b_{n_b}]^{\mathrm{T}}\end{cases}$$

系统辨识的目的是根据系统提供的测量信息(输入/输出数据)，在某种准则意义下，估计出模型的未知参数，其基本原理如图 2.4 所示。

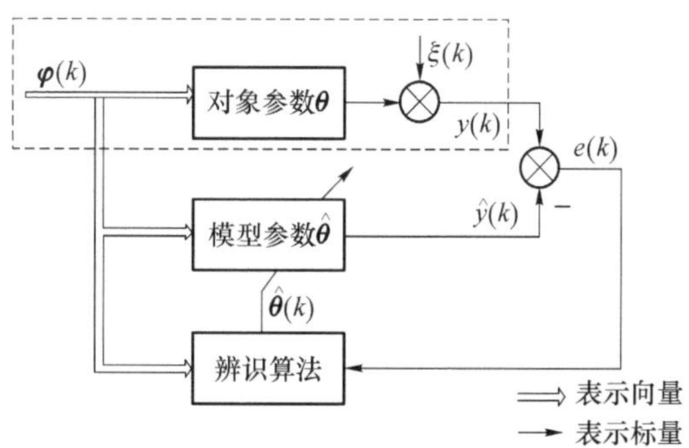

图 2.4　系统辨识基本原理

为了获得对象参数 $\boldsymbol{\theta}$ 的估计值 $\hat{\boldsymbol{\theta}}$，通常采用逐步逼近的办法。在 k 时刻，根据$(k-1)$时刻的参数估计值 $\hat{\boldsymbol{\theta}}(k-1)$与当前及历史输入/输出数据 $\boldsymbol{\varphi}(k)$，计算出当前时刻的系统输出预报值：

$$\hat{y}(k)=\boldsymbol{\varphi}^{\mathrm{T}}(k)\hat{\boldsymbol{\theta}}(k-1) \tag{2.1.10}$$

同时，计算出预报误差：

$$e(k)=y(k)-\hat{y}(k) \tag{2.1.11}$$

式中,$y(k)$为系统实际输出,见式(2.1.9)。然后将输出预报误差$e(k)$反馈到辨识算法中去。在某种准则条件下,计算出k时刻的模型参数估计值$\hat{\boldsymbol{\theta}}(k)$,并以此更新模型参数。如此循环迭代下去,直至对应的准则函数取最小值。这时模型的输出$\hat{y}(\infty)$也在该准则下最好地逼近系统的输出值$y(\infty)$,于是便获得了所需要的模型参数估计值$\hat{\boldsymbol{\theta}}(\infty)$。

2.1.5 系统辨识的步骤

系统辨识的一般步骤如图 2.5 所示。从图 2.5 中可以看出,利用辨识的方法(实验方法)建立系统的数学模型,从实验设计到最终模型的获得,一般需要经历如下步骤:根据辨识的目的,利用先验知识,初步确定模型结构;采集输入/输出数据并进行相关处理,然后进行模型结构辨识和模型参数辨识;最后经过验证获得最终模型。各步骤所要做的工作详述如下。

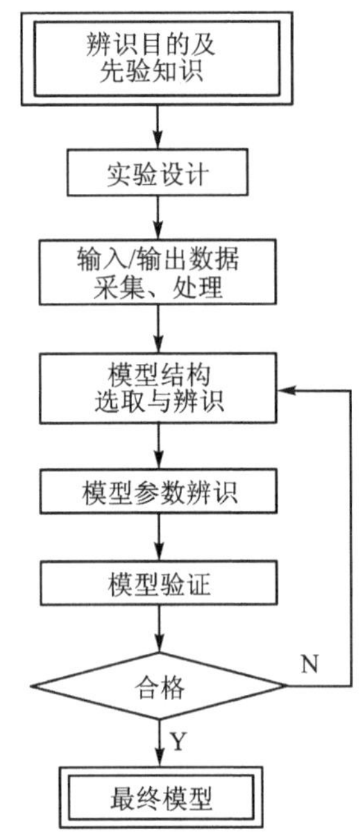

图 2.5 系统辨识的一般步骤

1. 辨识目的

明确模型应用的目的是很重要的,因为这将决定模型的类型、精度及采用什么辨识方法等问题。比如说,如果模型是用于恒值控制的,那么模型的精度要求可以低一些;如果模型是用于随动系统或预测预报的,那么精度要求就要高一些。

2. 先验知识

对一给定系统进行辨识之前,需要通过一些手段对系统取得尽可能多的先验知识,如系统的非线性程度、时变或时不变性质、比例或积分特性、时间常数、过渡时间、截止频率、纯延时、静态放大倍数以及噪声特性和操作条件等,掌握系统的信息愈多愈好。这些先验知识对实验设计和模型结构的初步确定将起指导性的作用。

3. 实验设计

为了使采集到的数据序列尽可能多地包含系统特性的内在信息,实验设计需选择和决定以下信息:① 输入信号(幅度、频带等);② 采样时间;③ 辨识时间(数据长度);④ 开环或闭环辨识;⑤ 离线或在线辨识。

4. 输入/输出数据采集与处理

对系统施加某种输入信号,测量并存取其输出响应信息。所采集到的输入/输出数据通常都含有直流成分、低频成分和高频成分,用任何辨识方法都无法消除它们对辨识精度的影响。因此,为了提高辨识精度,在模型辨识前需要对输入/输出数据进行相关的预处理。

5. 模型结构辨识

模型结构辨识包括模型结构的初步选取和模型结构参数的确定。模型结构初步选定是根据具体被辨识对象和辨识目的,利用已有的先验知识对被辨识系统进行分析,从而初步选定一个验前模型结构,待完成模型参数估计后,再对其进行验证;模型结构参数的辨识是在初步选定模型结构的前提下,利用辨识的方法确定模型结构参数,如模型的阶次、纯延时等。

6. 模型参数辨识

当模型结构确定后,就需要利用输入/输出数据进行模型参数的辨识,即确定模型的估计参数,如式(2.1.8)中的多项式 $A(z^{-1})$、$B(z^{-1})$的系数($a_1,\cdots,a_{n_a},b_0,\cdots,b_{n_b}$)。

7. 模型检验

模型检验是系统辨识不可缺少的步骤之一。若模型检验不合格,则需要重新进行模型结构辨识和模型参数辨识;若检验合格,则获得系统最终模型,系统辨识结束。

2.2　白噪声、M 序列与噪信比

2.2.1　白噪声与有色噪声

1. 白噪声(white noise)

系统辨识中所用到的数据通常都含有噪声。从工程实际出发,这种噪声往往可以视为具有有理谱密度的平稳随机过程。白噪声是一种最简单的随机过程,是由一系列不相关的随机变量组成的理想化随机过程。白噪声的数学描述如下:如果随机过程 $\xi(t)$ 均值为 0、自相关函数为 $\sigma^2\delta(\tau)$,即

$$R_\xi(\tau)=\sigma^2\delta(\tau)$$

式中,$\delta(\tau)$为单位脉冲函数(亦称为 Dirac 函数),即

$$\delta(\tau)=\begin{cases}\infty, & \tau=0\\ 0, & \tau\neq 0\end{cases},\quad 且\int_{-\infty}^{+\infty}\delta(\tau)\mathrm{d}\tau=1$$

则称该随机过程为白噪声。

2. 白噪声序列

白噪声序列是白噪声过程的一种离散形式,可以描述如下:如果随机序列$\{\xi(k)\}$均值为 0,且两两不相关,对应的自相关函数为

$$R_\xi(k)=\sigma^2\delta(k),\quad k=0,\pm1,\pm2,\cdots$$

式中,$\delta(k)$为 Kronecker 函数,即

$$\delta(k)=\begin{cases}1, & k=0\\ 0, & k\neq 0\end{cases}$$

则称随机序列$\{\xi(k)\}$为白噪声序列。

可以将标量白噪声序列的概念推广至向量的情况，向量白噪声序列$\{\boldsymbol{\xi}(k)\}$定义如下：

$$\begin{cases}\mathrm{E}\{\boldsymbol{\xi}(k)\}=\mathbf{0}\\ \mathrm{Cov}\{\boldsymbol{\xi}(k),\boldsymbol{\xi}(k+l)\}=\mathrm{E}\{\boldsymbol{\xi}(k)\boldsymbol{\xi}^{\mathrm{T}}(k+l)\}=\boldsymbol{R}\,\delta(l)\end{cases}$$

式中，$\boldsymbol{R}$ 为正定常数矩阵，$\delta(l)$为 Kronecker 函数。

3. 有色噪声(colored noise)

从上述定义可知，理想白噪声只是一种理论上的抽象，在物理上是不能实现的，现实中并不存在这样的噪声。因而，工程实际中测量数据所包含的噪声往往是有色噪声。所谓有色噪声(相关噪声)是指噪声序列中每一时刻的噪声和另一时刻的噪声相关。“表示定理”表明，有色噪声序列可以看成由白噪声序列驱动的线性环节的输出，如图 2.6 所示。

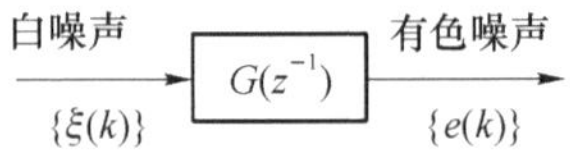

白噪声 $\{\xi(k)\}$ → $G(z^{-1})$ → 有色噪声 $\{e(k)\}$

图 2.6　有色噪声

图 2.6 中，$G(z^{-1})$为线性传递函数，也称为成形滤波器，可写为

$$G(z^{-1})=\frac{C(z^{-1})}{D(z^{-1})}$$

式中

$$\begin{cases}C(z^{-1})=1+c_1z^{-1}+c_2z^{-2}+\cdots+c_{n_c}z^{-n_c}\\ D(z^{-1})=1+d_1z^{-1}+d_2z^{-2}+\cdots+d_{n_d}z^{-n_d}\end{cases}$$

且 $C(z^{-1})$和 $D(z^{-1})$均为稳定多项式，即其根均在 z 平面的单位圆内。

仿真实例 2.1

设有色噪声序列$\{e(k)\}$为

$$e(k)=\frac{C(z^{-1})}{D(z^{-1})}\xi(k)=\frac{1+0.5z^{-1}+0.2z^{-2}}{1-1.5z^{-1}+0.7z^{-2}+0.1z^{-3}}\xi(k)$$

式中，$\xi(k)$为方差为 1 的白噪声。

由有色噪声的传递函数得

$$\begin{aligned}e(k)&=-(-1.5z^{-1}+0.7z^{-2}+0.1z^{-3})e(k)+(1+0.5z^{-1}+0.2z^{-2})\xi(k)\\ &=1.5e(k-1)-0.7e(k-2)-0.1e(k-3)+\xi(k)+0.5\xi(k-1)+0.2\xi(k-2)\end{aligned}$$

假设历史数据 $e(-2)$、$e(-1)$、$e(0)$、$\xi(-1)$和 $\xi(0)$均为 0，若给定白噪声序列$\{\xi(k)\}$($k=1,2,\cdots$)，则可计算出对应的有色噪声序列$\{e(k)\}$($k=1,2,\cdots$)。

仿真结果如图 2.7 所示。白噪声在 MATLAB 中由 randn 函数产生，注意 randn 函数前面的系数表示白噪声的均方差，而非方差。

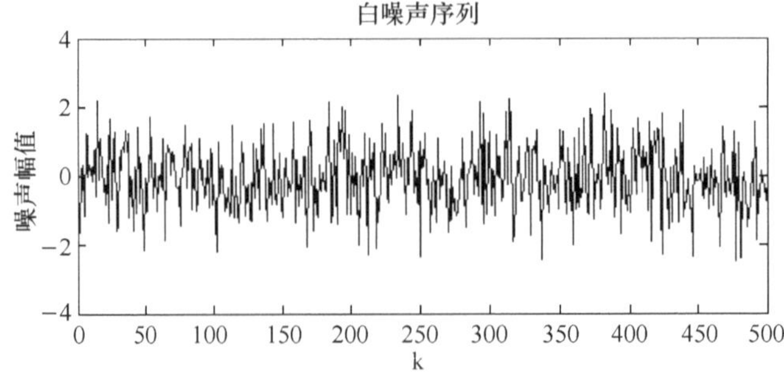

图 2.7　白噪声序列与有色噪声序列

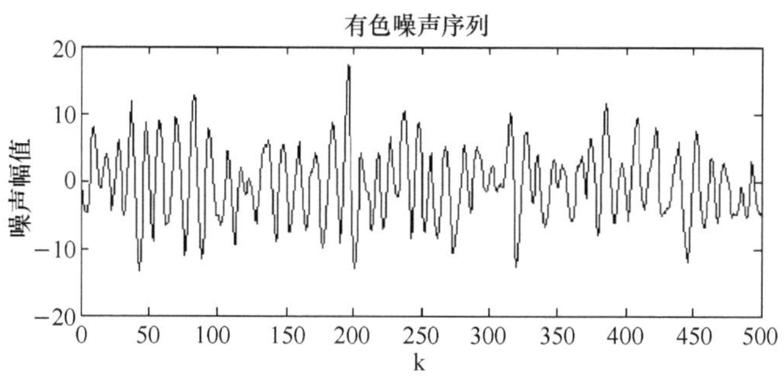

图 2.7　白噪声序列与有色噪声序列(续)

仿真程序:chap2_01_WhiteNoise_series. m

```
%白噪声及有色噪声序列的产生
clear all; close all;

L=500; %仿真长度
d=[1 -1.5 0.7 0.1]; c=[1 0.5 0.2]; %D、C多项式的系数(可用roots命令求其根)
nd=length(d)-1; nc=length(c)-1; %nd、nc为D、C的阶次
xik=zeros(nc,1); %白噪声初值,相当于ξ(k-1),…,ξ(k-nc)
ek=zeros(nd,1); %有色噪声初值
xi=randn(L,1); %randn产生均值为0,方差为1的高斯随机序列(白噪声序列)

for k=1:L
    e(k)=-d(2:nd+1)*ek+c*[xi(k);xik]; %产生有色噪声

    %数据更新
    for i=nd:-1:2
        ek(i)=ek(i-1);
    end
    ek(1)=e(k);

    for i=nc:-1:2
        xik(i)=xik(i-1);
    end
    xik(1)=xi(k);
end
subplot(2,1,1);
plot(xi);
xlabel('k'); ylabel('噪声幅值'); title('白噪声序列');
subplot(2,1,2);
plot(e);
xlabel('k'); ylabel('噪声幅值'); title('有色噪声序列');
```

2.2.2 M 序列与逆 M 序列

利用实验法建立系统的数学模型时,如果模型结构选择正确,则模型参数辨识的精度将直接依赖于输入信号,因此,合理选用辨识输入信号是保证获得理想辨识结果的关键之一。理论分析表明,选用白噪声作为辨识输入信号可以保证获得较好的辨识效果,但这在工程上不易实现,因为工业设备不可能按白噪声的变化规律动作。本小节将介绍最长线性移位寄存器序列(简称 M 序列),它是一种很好的辨识输入信号,具有近似白噪声的性质,可保证良好的辨识精度,而且在工程上也易于实现。

1. M 序列

设有一无限长的二元序列 $x_1, x_2, \cdots, x_P, x_{P+1}, \cdots$,各元素间存在下列关系:

$$x_i = a_1 x_{i-1} \oplus a_2 x_{i-2} \oplus \cdots \oplus a_P x_{i-P}$$

式中,$i = P+1, P+2, \cdots$;系数 $a_1, a_2, \cdots, a_{P-1}$ 取值为 0 或 1;系数 a_P 总为 1;$\oplus$ 为异或运算符。

只要适当选择系数 $a_1, a_2, \cdots, a_{P-1}$ 就可以使序列以 $(2^P - 1)$ bit 的最长周期循环,这种具有最长循环周期的二元序列称为 M 序列。如何选择系数 $a_1, a_2, \cdots, a_{P-1}$ 以保证生成 M 序列以及 M 序列的性质等,请参考文献[4]。

2. 逆 M 序列

谱分析表明,M 序列含有直流成分,将造成对辨识系统的“净扰动”,这通常不是所希望的。而逆 M 序列将克服这一缺点,是一种比 M 序列更为理想的伪随机码序列。

设 $M(k)$ 是周期为 N_P bit、元素取值为 0 或 1 的 M 序列,$S(k)$ 是周期为 2 bit、元素依次取值为 0 或 1 的方波序列,将这两个序列按位进行异或运算,得到的复合序列就是周期为 $2N_P$ bit、元素取值为 0 或 1 的逆 M 序列,记作 $\mathrm{IM}(k)$,即有

$$\mathrm{IM}(k) = M(k) \oplus S(k)$$

将上述逆 M 序列的逻辑值 0 和 1 分别变换为 −1 和 1,此时逆 M 序列均值为 0。

虽然逆 M 序列只是 M 序列与方波序列简单复合的结果,但其性质却优于 M 序列,使其在辨识领域中有着更为广泛的应用。

仿真实例 2.2

设 M 序列由如下 4 位移位寄存器产生:

$$x_i = x_{i-3} \oplus x_{i-4}$$

假设移位寄存器初值 $x_{-3} = 0, x_{-2} = x_{-1} = x_0 = 1$,方波 $S(1) = 1$,则

$$x_1 = x_{-2} \oplus x_{-3} = 1 \oplus 0 = 1, \quad \mathrm{IM}(1) = x_1 \oplus S(1) = 1 \oplus 1 = 0$$

$$x_2 = x_{-1} \oplus x_{-2} = 1 \oplus 1 = 0, \quad \mathrm{IM}(2) = x_2 \oplus S(2) = 0 \oplus 0 = 0$$

$$\vdots \qquad\qquad\qquad\qquad \vdots$$

如此迭代计算下去,则可得 M 序列与逆 M 序列,如表 2.1 所列。

仿真结果如图 2.8 所示。从表 2.1 和图 2.8 可以看出,M 序列以 15 bit 为循环周期,逆 M 序列以 30 bit 为循环周期。

表 2.1　M 序列与逆 M 序列

i	1	2	3	4	5	6	7	8	9	10	11	12	13	14	15	16	17	18	19	20	21	22	23	24	25	26	27	28	29	30
x_i	1	0	0	0	1	0	0	1	1	0	1	0	1	1	1	1	0	0	0	1	0	0	1	1	0	1	0	1	1	1
S	1	0	1	0	1	0	1	0	1	0	1	0	1	0	1	0	1	0	1	0	1	0	1	0	1	0	1	0	1	0
IM	0	0	1	0	0	0	1	1	0	0	0	0	0	1	0	1	1	0	1	1	1	0	0	1	1	1	1	1	0	1
IM	−1	−1	1	−1	−1	−1	1	1	−1	−1	−1	−1	−1	1	−1	1	1	−1	1	1	1	−1	−1	1	1	1	1	1	−1	1

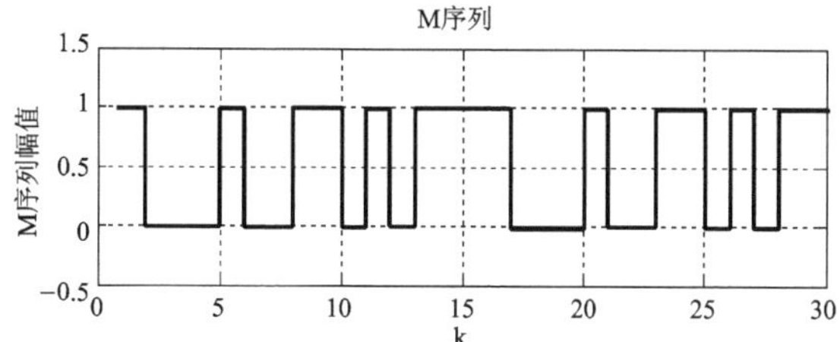

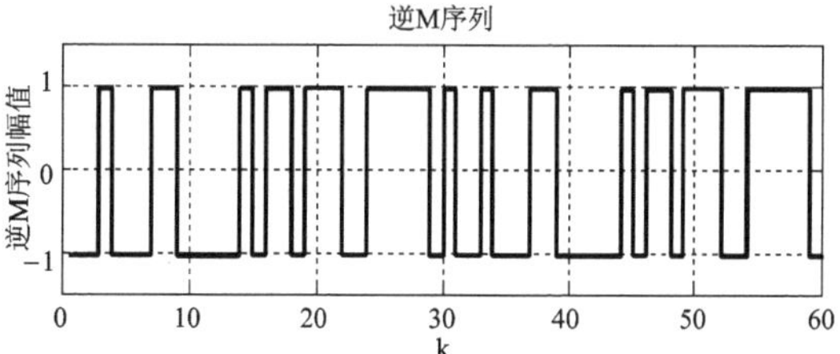

图 2.8　M 序列与逆 M 序列

仿真程序:chap2_02_Inv_M_series.m

```
%M序列及逆M序列的产生
clear all; close all;
L=60; %M序列长度
x1=1; x2=1; x3=1; x4=0; %移位寄存器初值x(i-1)、x(i-2)、x(i-3)、x(i-4)
S=1; %方波初值

for k=1:L
    M(k)=xor(x3,x4); %进行异或运算,产生M序列
    IM=xor(M(k),S); %进行异或运算,产生逆M序列
    if IM==0
        u(k)=-1;
    else
        u(k)=1;
    end

    S=not(S); %产生方波

    x4=x3; x3=x2; x2=x1; x1=M(k); %寄存器移位
end
subplot(2,1,1);
stairs(M); grid;
axis([0 L/2 -0.5 1.5]); xlabel('k'); ylabel('M序列幅值'); title('M序列');
subplot(2,1,2);
stairs(u); grid;
axis([0 L -1.5 1.5]); xlabel('k'); ylabel('逆M序列幅值'); title('逆M序列');
```

2.2.3 噪信比

噪信比是系统仿真研究中衡量噪声水平的一个重要指标,可以用于描述某种算法的抗干扰能力。噪信比是指系统输出中噪声的均方差与不含噪声输出信号的均方差之比,其计算方法之一是数理统计方法,即用计算机产生上千个噪声随机数和系统输出信号随机数,然后分别计算它们的均方差。但是,这种方法比较麻烦。这里将介绍一种 SISO 系统和多输入多输出(MIMO)系统的噪信比的计算方法[5]。

1. SISO 系统的噪信比及其计算

考虑如图 2.9 所示的 SISO 系统。

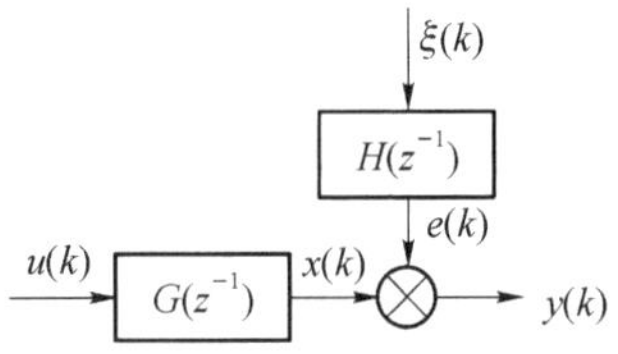

图 2.9 SISO 随机系统结构

用传递函数描述如下:

$$\begin{cases} y(k)=x(k)+e(k) \\ x(k)=G(z^{-1})u(k) \\ e(k)=H(z^{-1})\xi(k) \end{cases} \tag{2.2.1}$$

式中,$u(k)$、$y(k)$和$\xi(k)$分别为系统的输入、输出和白噪声,$x(k)$为系统的无噪输出(不可测),$e(k)$为噪声的输出(不可测),$G(z^{-1})$和$H(z^{-1})$分别为系统模型和噪声模型的传递函数。

(1) SISO 系统噪信比的定义

SISO 系统的噪信比 δ_{ns} 定义为:系统输入为 0 时,噪声作用于系统输出的均方差与噪声为 0 时,系统输入作用于系统的输出的均方差之比,即图 2.9 中 $e(k)$的方差 $\mathrm{D}\{e(k)\}(\delta_e^2)$与 $x(k)$的方差 $\mathrm{D}\{x(k)\}(\delta_x^2)$之比的平方根,用数学关系式可表示为

$$\delta_{\text{ns}}=\sqrt{\frac{\mathrm{D}\{y(k)\}\big|_{u(k)=0}}{\mathrm{D}\{y(k)\}\big|_{e(k)=0}}}=\sqrt{\frac{\mathrm{D}\{e(k)\}}{\mathrm{D}\{x(k)\}}}=\frac{\delta_e}{\delta_x} \tag{2.2.2}$$

(2) SISO 系统噪信比的计算

设输入$\{u(k)\}$和$\{\xi(k)\}$分别为方差为 δ_u^2 和 δ_ξ^2 的白噪声序列,则系统(2.2.1)噪信比的计算公式为

$$\begin{cases} \delta_{\text{ns}}=\dfrac{\delta_e}{\delta_x} \\ \delta_e^2=\mathrm{D}\{H(z^{-1})\xi(k)\}=\dfrac{\delta_\xi^2}{2\pi\mathrm{j}}\oint_c H(z^{-1})H(z)\,\dfrac{\mathrm{d}z}{z} \\ \delta_x^2=\mathrm{D}\{G(z^{-1})u(k)\}=\dfrac{\delta_u^2}{2\pi\mathrm{j}}\oint_c G(z^{-1})G(z)\,\dfrac{\mathrm{d}z}{z} \end{cases} \tag{2.2.3}$$

式中,$\mathrm{j}=\sqrt{-1}$,c 是沿 z 平面单位圆逆时针方向一周的封闭曲线。

当$G(z^{-1})$和$H(z^{-1})$为有理分式,且表达式比较简单时,可以直接用留数求解式(2.2.3)。但当$G(z^{-1})$和$H(z^{-1})$的表达式比较复杂时,求解式(2.2.3)的留数就比较困难了。为此,这里介绍一个计算形如式(2.2.3)复积分留数的代数公式。

设

$$G(z^{-1})=\frac{B(z^{-1})}{A(z^{-1})} \tag{2.2.4}$$

式中

$$A(z^{-1})=a_0+a_1z^{-1}+a_2z^{-2}+\cdots+a_{n_a}z^{-n_a},\quad a_0>0$$

$$B(z^{-1})=b_0+b_1z^{-1}+b_2z^{-2}+\cdots+b_{n_b}z^{-n_b}$$

令 $n=\max(n_a,n_b)$，且设 $i>n_a$ 时，$a_i=0$；$i>n_b$ 时，$b_i=0$。置 $p_i(n)=a_i$、$q_i(n)=b_i$ $(i=0,1,\cdots,n)$，而 $p_i(k)$ 和 $q_i(k)$ 按下列各式计算：

$$\begin{cases} p_i(k)=\dfrac{p_0(k+1)p_i(k+1)-p_{k+1}(k+1)p_{k+1-i}(k+1)}{p_0(k+1)} \\ q_i(k)=\dfrac{p_0(k+1)q_i(k+1)-q_{k+1}(k+1)p_{k+1-i}(k+1)}{p_0(k+1)} \end{cases} \tag{2.2.5}$$

$$i=0,1,\cdots,k,\quad k=n-1,n-2,\cdots,0$$

则下列复积分公式成立：

$$\frac{1}{2\pi \mathrm{j}}\oint_c G(z^{-1})G(z)\frac{\mathrm{d}z}{z}=\frac{1}{2\pi \mathrm{j}}\oint_c \frac{B(z^{-1})}{A(z^{-1})}\frac{B(z)}{A(z)}\frac{\mathrm{d}z}{z}=\frac{1}{a_0}\sum_{k=0}^{n}\frac{q_k^2(k)}{p_0(k)} \tag{2.2.6}$$

上述复积分的计算易于计算机程序实现，再由式(2.2.3)则可非常容易地算出噪信比。

仿真实例 2.3

求如下系统的噪信比：

$$(1-0.4z^{-1})y(k)=z^{-1}u(k)+(1-0.3z^{-1})\xi(k)$$

式中，$\{u(k)\}$ 和 $\{\xi(k)\}$ 均为方差为 1 的白噪声序列，即 $\delta_u^2=1$，$\delta_\xi^2=1$。

解：由系统的差分方程知

$$G(z^{-1})=\frac{z^{-1}}{1-0.4z^{-1}},\quad H(z^{-1})=\frac{1-0.3z^{-1}}{1-0.4z^{-1}}$$

1) 计算 δ_x^2

由 $G(z^{-1})$ 知，$n=1$，且 $p_0(1)=1$、$p_1(1)=-0.4$，$q_0(1)=0$、$q_1(1)=1$，则由式(2.2.5)、式(2.2.3)及式(2.2.6)得

$$p_0(0)=\frac{p_0(1)p_0(1)-p_1(1)p_1(1)}{p_0(1)}=0.84$$

$$q_0(0)=\frac{p_0(1)q_0(1)-q_1(1)p_1(1)}{p_0(1)}=0.4$$

$$\delta_x^2=\frac{\delta_u^2}{2\pi \mathrm{j}}\oint_c G(z^{-1})G(z)\frac{\mathrm{d}z}{z}=\frac{\delta_u^2}{a_0}\sum_{k=0}^{n}\frac{q_k^2(k)}{p_0(k)}=\frac{q_0^2(0)}{p_0(0)}+\frac{q_1^2(1)}{p_0(1)}=1.190\,5$$

2) 计算 δ_e^2

由 $H(z^{-1})$ 知，$n=1$，且 $p_0(1)=1$、$p_1(1)=-0.4$，$q_0(1)=1$、$q_1(1)=-0.3$，则由式(2.2.5)、式(2.2.3)及式(2.2.6)得

$$p_0(0)=\frac{p_0(1)p_0(1)-p_1(1)p_1(1)}{p_0(1)}=0.84$$

$$q_0(0)=\frac{p_0(1)q_0(1)-q_1(1)p_1(1)}{p_0(1)}=0.88$$

$$\delta_e^2=\frac{\delta_\xi^2}{2\pi \mathrm{j}}\oint_c H(z^{-1})H(z)\frac{\mathrm{d}z}{z}=\frac{\delta_\xi^2}{a_0}\sum_{k=0}^{n}\frac{q_k^2(k)}{p_0(k)}=\frac{q_0^2(0)}{p_0(0)}+\frac{q_1^2(1)}{p_0(1)}=1.011\,9$$

3) 计算 δ_{ns}

由式(2.2.2)得该系统的噪信比为

$$\delta_{\mathrm{ns}}=\frac{\delta_e}{\delta_x}=0.922\ 0$$

经验证,上述计算结果与 MATLAB 程序运行结果相同。

仿真程序:chap2_03_Noise_Singal_ratio_SISO.m

```
%SISO 系统噪信比的计算
clear all;

a=[1 -0.4]; b=[1]; c=[1 -0.3]; %对象参数 A、B、C
na=length(a)-1; nb=length(b)-1; nc=length(c)-1; %各多项式阶次
n=max(max(na,nb),nc);
a0=[a zeros(1,n-na)]; b0=[b zeros(1,n-nb)]; c0=[c zeros(1,n-nc)]; %高次项补 0
deltau2=1; deltav2=1; %输入、白噪声方差

for i=1:n+1 %计算 p、q 的初值
    p(i,n+1)=a0(i);
    qg(i,n+1)=b0(i); %对应传递函数 G 的 q 值
    qh(i,n+1)=c0(i); %对应传递函数 H 的 q 值
end

for k=n:-1:1 %计算 p、q
    for i=1:k
        p(i,k)=(p(1,k+1)*p(i,k+1)-p(k+1,k+1)*p(k+2-i,k+1))/p(1,k+1);
        qg(i,k)=(p(1,k+1)*qg(i,k+1)-qg(k+1,k+1)*p(k+2-i,k+1))/p(1,k+1);
        qh(i,k)=(p(1,k+1)*qh(i,k+1)-qh(k+1,k+1)*p(k+2-i,k+1))/p(1,k+1);
    end
end

deltax2=0; deltae2=0;
for k=1:n+1 %求输入响应 x、噪声响应 e 的方差
    deltax2=deltax2+qg(k,k)^2/p(1,k);
    deltae2=deltae2+qh(k,k)^2/p(1,k);
end
deltax2=deltax2*deltau2/a(1) %D[x(k)]
deltae2=deltae2*deltav2/a(1) %D[e(k)]
ns=sqrt(deltae2/deltax2) %噪信比
```

2. MIMO 系统的噪信比及其计算

考虑如图 2.10 所示的 MIMO 系统。

用传递函数矩阵描述如下:

$$\begin{cases}\boldsymbol{y}(k)=\boldsymbol{x}(k)+\boldsymbol{e}(k)\\ \boldsymbol{x}(k)=\boldsymbol{G}(z^{-1})\boldsymbol{u}(k)\\ \boldsymbol{e}(k)=\boldsymbol{H}(z^{-1})\boldsymbol{\xi}(k)\end{cases} \tag{2.2.7}$$

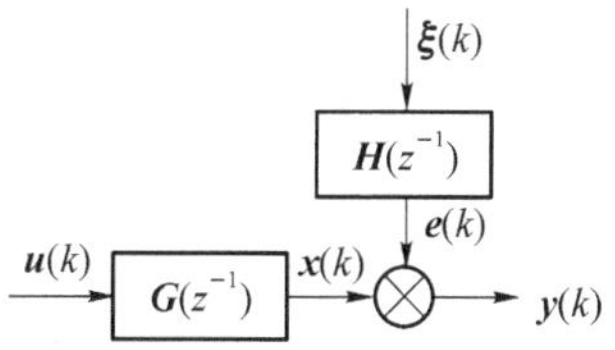

图 2.10　MIMO 随机系统结构

式中

$\boldsymbol{y}(k)=[y_1(k),y_2(k),\cdots,y_m(k)]^{\mathrm{T}}\in\mathbf{R}^{m\times1}$ 为系统的输出向量；

$\boldsymbol{x}(k)=[x_1(k),x_2(k),\cdots,x_m(k)]^{\mathrm{T}}\in\mathbf{R}^{m\times1}$ 为系统的无噪输出向量(不可测)；

$\boldsymbol{e}(k)=[e_1(k),e_2(k),\cdots,e_m(k)]^{\mathrm{T}}\in\mathbf{R}^{m\times1}$ 为噪声模型的输出向量(不可测)；

$\boldsymbol{u}(k)=[u_1(k),u_2(k),\cdots,u_r(k)]^{\mathrm{T}}\in\mathbf{R}^{r\times1}$ 为系统的输入向量；

$\boldsymbol{\xi}(k)=[\xi_1(k),\xi_2(k),\cdots,\xi_p(k)]^{\mathrm{T}}\in\mathbf{R}^{p\times1}$ 为随机噪声向量(不可测)；

$\boldsymbol{G}(z^{-1})=[g_{ij}(z^{-1})]=\left[\dfrac{b_{ij}(z^{-1})}{a_{ij}(z^{-1})}\right]\in\mathbf{R}^{m\times r}$ 为系统模型的传递函数矩阵；

$\boldsymbol{H}(z^{-1})=[h_{ij}(z^{-1})]=\left[\dfrac{c_{ij}(z^{-1})}{d_{ij}(z^{-1})}\right]\in\mathbf{R}^{m\times p}$ 为噪声模型的传递函数矩阵。

(1) MIMO 系统噪信比的定义

MIMO 系统的第 i 个输出 $y_i(k)$ 的噪信比 $\delta_{\mathrm{ns}}(i)$ 定义为 $e_i(k)$ 的方差 $\mathrm{D}\{e_i(k)\}(\delta_{e_i}^2)$ 与 $x_i(k)$ 的方差 $\mathrm{D}\{x_i(k)\}(\delta_{x_i}^2)$ 之比的平方根，即

$$\delta_{\mathrm{ns}}(i)=\sqrt{\frac{\mathrm{D}\{e_i(k)\}}{\mathrm{D}\{x_i(k)\}}}=\frac{\delta_{e_i}}{\delta_{x_i}} \tag{2.2.8}$$

(2) MIMO 系统噪信比的计算

假设输入方差为 $\{\delta_u^2(1),\delta_u^2(2),\cdots,\delta_u^2(r)\}$ 的白噪声序列 $\{\boldsymbol{u}(k)\}$，即

$$\begin{cases}\mathrm{E}\{u_i(k)\}=0\\ \mathrm{D}\{u_i(k)\}=\delta_u^2(i)\\ \mathrm{E}\{u_i(k)u_j(l)\}=0,i\neq j\ \text{or}\ k\neq l\end{cases}\qquad i=1,2,\cdots,r$$

$\{\boldsymbol{\xi}(k)\}$ 是方差为 $\{\delta_\xi^2(1),\delta_\xi^2(2),\cdots,\delta_\xi^2(p)\}$ 的白噪声序列，且 $\{\boldsymbol{u}(k)\}$ 和 $\{\boldsymbol{\xi}(k)\}$ 不相关，则系统(2.2.7)噪信比的计算公式为

$$\begin{cases}\delta_{\mathrm{ns}}(i)=\dfrac{\delta_{e_i}}{\delta_{x_i}}\\ \delta_{e_i}^2=\mathrm{D}\{e_i(k)\}=\mathrm{D}\left\{\displaystyle\sum_{l=1}^{p}h_{il}(z^{-1})\xi_l(k)\right\}=\displaystyle\sum_{l=1}^{p}\mathrm{D}\{h_{il}(z^{-1})\xi_l(k)\}=\displaystyle\sum_{l=1}^{p}\frac{\delta_\xi^2(l)}{2\pi\mathrm{j}}\oint_c h_{il}(z^{-1})h_{il}(z)\frac{\mathrm{d}z}{z}\\ \delta_{x_i}^2=\mathrm{D}\{x_i(k)\}=\mathrm{D}\left\{\displaystyle\sum_{l=1}^{r}g_{il}(z^{-1})u_l(k)\right\}=\displaystyle\sum_{l=1}^{r}\mathrm{D}\{g_{il}(z^{-1})u_l(k)\}=\displaystyle\sum_{l=1}^{r}\frac{\delta_u^2(l)}{2\pi\mathrm{j}}\oint_c g_{il}(z^{-1})g_{il}(z)\frac{\mathrm{d}z}{z}\end{cases} \tag{2.2.9}$$

式(2.2.9)可以根据复积分计算公式(2.2.6)计算。如果给定 MIMO 系统的描述形式不同于式(2.2.7)，则应先将其化为式(2.2.7)的形式，然后再进行计算。

仿真实例 2.4

考虑如下双输入双输出系统，其传递函数矩阵为

$$\begin{bmatrix} y_1(k) \\ y_2(k) \end{bmatrix} = \frac{1}{A(z^{-1})} \begin{bmatrix} B_{11}(z^{-1}) & B_{12}(z^{-1}) \\ B_{21}(z^{-1}) & B_{22}(z^{-1}) \end{bmatrix} \begin{bmatrix} u_1(k) \\ u_2(k) \end{bmatrix} + \begin{bmatrix} \xi_1(k) \\ \xi_2(k) \end{bmatrix}$$

式中

$$\begin{cases} A(z^{-1}) = 1 - 0.8z^{-1} - 0.2z^{-2} + 0.6z^{-3} \\ B_{11}(z^{-1}) = 3z^{-1} - 3.5z^{-2} - 1.5z^{-3} \\ B_{12}(z^{-1}) = z^{-1} - 0.2z^{-2} - 0.5z^{-3} \\ B_{21}(z^{-1}) = -4z^{-2} - 2z^{-3} - z^{-4} \\ B_{22}(z^{-1}) = z^{-1} - 1.5z^{-2} + 0.5z^{-3} + 0.2z^{-4} \end{cases}$$

输入量 $u_1(k)$和 $u_2(k)$均是方差为 1 的互不相关白噪声；测量噪声 $\xi_1(k)$和 $\xi_2(k)$采用方差为 0.1 的互不相关白噪声。

采用式(2.2.5)、式(2.2.6)、式(2.2.8)及式(2.2.9)可计算出噪信比 $\delta_{ns}(i)$，$i=1,2$。由 MATLAB 程序计算结果如下：

$$\delta_{ns}(1) = 0.041\,9, \quad \delta_{ns}(2) = 0.024\,5$$

仿真程序：chap2_04_Noise_Singal_ratio_MIMO.m

```
%MIMO系统噪信比的计算
%“A(z)z(k) = B(z)u(k) + A(z)w(k)”(对应多变量辨识仿真实例 2.12)
clear all;

a = [1 -0.8 -0.2 0.6]'; %多项式 A
b(:,1,1) = [0 3 -3.5 -1.5 0]; %B11
b(:,1,2) = [0 1 -0.2 -0.5 0]; %B12
b(:,2,1) = [0 0 -4 -2 -1]; %B21
b(:,2,2) = [0 1 -1.5 0.5 0.2]; %B22(所有 Bij 维数需一致)
na = length(a) - 1; Sz = size(b); nb = Sz(1) - 1; %na、nb 为 A、B 阶次
m = Sz(2); r = Sz(3); %m、r 为系统输出输入维数

n = max(na,nb);
a0 = [a;zeros(n - na,1)]; %高次项补 0
for j = 1:r
    b0(:,:,j) = [b(:,:,j); zeros(n - nb,m)];
end
deltau2 = [1;1]; deltav2 = 0.1 * [1;1]; %输入、白噪声方差

for i = 1:n + 1 %计算 p、q 的初值
    p(i,n + 1) = a0(i);
    ii = 0;
    for j = 1:m
        for k = 1:r
            ii = ii + 1;
            q(i,n + 1,ii) = b0(i,j,k);
```

```
            end
        end
    end

    for k = n: -1:1 %计算 p、q
        for i = 1:k
            p(i,k) = (p(1,k+1) * p(i,k+1) - p(k+1,k+1) * p(k+2-i,k+1))/p(1,k+1);
            for j = 1:m*r
                q(i,k,j) = (p(1,k+1) * q(i,k+1,j) - q(k+1,k+1,j) * p(k+2-i,k+1))/p(1,k+1);
            end
        end
    end

    deltax2 = zeros(m,1); ii = 0;
    for i = 1:m %求输入响应 x 的方差
        for j = 1:r
            ii = ii+1;
            for k = 1:n+1
                deltax2(i) = deltax2(i) + q(k,k,ii)^2 * deltau2(j)/p(1,k);
            end
        end
    end
    deltax2 = deltax2/a(1);
    deltae2 = deltav2;
    ns = sqrt(deltae2./deltax2) %噪信比
```

2.3　最小二乘参数估计法

最小二乘法(least square, LS)大约是 1795 年高斯(C. F. Gauss)在其著名的星体运动轨道预报研究工作中提出的。后来,最小二乘法成了估计理论的奠基石。最小二乘法由于原理简明、收敛较快、易于理解、易于编程实现等特点,在系统参数估计中应用相当广泛。本节将介绍最小二乘的批处理法、递推法、遗忘因子递推法和递推增广法。

2.3.1　批处理最小二乘法

考虑如下 CAR 模型:

$$A(z^{-1})y(k)=B(z^{-1})u(k-d)+\xi(k) \tag{2.3.1}$$

式中,$\xi(k)$为白噪声,结构参数 n_a、n_b 和 d 均已知,且

$$\begin{cases}A(z^{-1})=1+a_1z^{-1}+a_2z^{-2}+\cdots+a_{n_a}z^{-n_a}\\B(z^{-1})=b_0+b_1z^{-1}+b_2z^{-2}+\cdots+b_{n_b}z^{-n_b}\end{cases}$$

参数估计的任务是根据可测量的输入和输出,确定 n_a+n_b+1 个参数:

$$a_1,a_2,\cdots,a_{n_a};b_0,b_1,b_2,\cdots,b_{n_b}$$

式(2.3.1)可以写成如下最小二乘形式：

$$\begin{aligned}y(k)&=-a_1y(k-1)-\cdots-a_{n_a}y(k-n_a)+b_0u(k-d)+\cdots+b_{n_b}u(k-d-n_b)+\xi(k)\\&=\boldsymbol{\varphi}^{\mathrm{T}}(k)\boldsymbol{\theta}+\xi(k)\end{aligned}\tag{2.3.2}$$

式中，$\boldsymbol{\varphi}(k)$为数据向量，$\boldsymbol{\theta}$为待估参数向量，且

$$\begin{cases}\boldsymbol{\varphi}(k)=[-y(k-1),\cdots,-y(k-n_a),u(k-d),\cdots,u(k-d-n_b)]^{\mathrm{T}}\in\mathbf{R}^{(n_a+n_b+1)\times1}\\\boldsymbol{\theta}=[a_1,\cdots,a_{n_a},b_0,\cdots,b_{n_b}]^{\mathrm{T}}\in\mathbf{R}^{(n_a+n_b+1)\times1}\end{cases}$$

下面以定理的形式给出对象参数的最小二乘估计，并加以证明。

定理2-1(批处理最小二乘法，LS)

现有L组输入/输出观测数据$\{y(k),u(k),k=1,2,\cdots,L\}$，利用批处理法得到系统参数的最小二乘估计$\hat{\boldsymbol{\theta}}$为

$$\hat{\boldsymbol{\theta}}=(\boldsymbol{\Phi}^{\mathrm{T}}\boldsymbol{\Phi})^{-1}\boldsymbol{\Phi}^{\mathrm{T}}\boldsymbol{Y}\tag{2.3.3}$$

式中

$$\boldsymbol{Y}=\begin{bmatrix}y(1)\\y(2)\\\vdots\\y(L)\end{bmatrix}\in\mathbf{R}^{L\times1},\quad\boldsymbol{\Phi}=\begin{bmatrix}\boldsymbol{\varphi}^{\mathrm{T}}(1)\\\boldsymbol{\varphi}^{\mathrm{T}}(2)\\\vdots\\\boldsymbol{\varphi}^{\mathrm{T}}(L)\end{bmatrix}\in\mathbf{R}^{L\times(n_a+n_b+1)}$$

证明：设估计参数向量为$\hat{\boldsymbol{\theta}}$，则对于第$k$次观测的估计输出为

$$\hat{y}(k)=\boldsymbol{\varphi}^{\mathrm{T}}(k)\hat{\boldsymbol{\theta}}\tag{2.3.4}$$

式中，$\hat{\boldsymbol{\theta}}=[\hat{a}_1,\cdots,\hat{a}_{n_a},\hat{b}_0,\cdots,\hat{b}_{n_b}]^{\mathrm{T}}$。

对象实际输出与估计输出之差，即残差$\varepsilon(k)$为

$$\varepsilon(k)=y(k)-\hat{y}(k)=y(k)-\boldsymbol{\varphi}^{\mathrm{T}}(k)\hat{\boldsymbol{\theta}}\tag{2.3.5}$$

对于L次观测，取如下性能指标：

$$\begin{aligned}J&=\sum_{k=1}^{L}\varepsilon^2(k)=\sum_{k=1}^{L}[y(k)-\boldsymbol{\varphi}^{\mathrm{T}}(k)\hat{\boldsymbol{\theta}}]^2\\&=\boldsymbol{E}^{\mathrm{T}}\boldsymbol{E}=(\boldsymbol{Y}-\boldsymbol{\Phi}\hat{\boldsymbol{\theta}})^{\mathrm{T}}(\boldsymbol{Y}-\boldsymbol{\Phi}\hat{\boldsymbol{\theta}})=\boldsymbol{Y}^{\mathrm{T}}\boldsymbol{Y}-2(\boldsymbol{\Phi}^{\mathrm{T}}\boldsymbol{Y})^{\mathrm{T}}\hat{\boldsymbol{\theta}}+\hat{\boldsymbol{\theta}}^{\mathrm{T}}\boldsymbol{\Phi}^{\mathrm{T}}\boldsymbol{\Phi}\hat{\boldsymbol{\theta}}\end{aligned}\tag{2.3.6}$$

式中，$\boldsymbol{E}=[\varepsilon(1),\varepsilon(2),\cdots,\varepsilon(L)]^{\mathrm{T}}\in\mathbf{R}^{L\times1}$。

参数的最小二乘估计，就是使目标函数(2.3.6)取极小值的参数$\hat{\boldsymbol{\theta}}$。为使式(2.3.6)达到极小值，对$J$求$\hat{\boldsymbol{\theta}}$的一阶导数，并令其为0，即

$$\frac{\partial J}{\partial\hat{\boldsymbol{\theta}}}=-2\boldsymbol{\Phi}^{\mathrm{T}}\boldsymbol{Y}+2\boldsymbol{\Phi}^{\mathrm{T}}\boldsymbol{\Phi}\hat{\boldsymbol{\theta}}=0\tag{2.3.7}$$ ①

① 设$\boldsymbol{x}$为$n\times1$列向量，$\boldsymbol{A}$为适当维矩阵，则有如下求导公式：

$$\frac{\partial(\boldsymbol{Ax})}{\partial\boldsymbol{x}}=\boldsymbol{A}^{\mathrm{T}},\quad\frac{\partial(\boldsymbol{x}^{\mathrm{T}}\boldsymbol{A})}{\partial\boldsymbol{x}}=\boldsymbol{A},\quad\frac{\partial(\boldsymbol{x}^{\mathrm{T}}\boldsymbol{Ax})}{\partial\boldsymbol{x}}=\boldsymbol{Ax}+\boldsymbol{A}^{\mathrm{T}}\boldsymbol{x}$$

如果 $\boldsymbol{\Phi}$ 满秩，则求解方程(2.3.7)得

$$\hat{\boldsymbol{\theta}}=(\boldsymbol{\Phi}^{\mathrm{T}}\boldsymbol{\Phi})^{-1}\boldsymbol{\Phi}^{\mathrm{T}}\boldsymbol{Y}$$

即为式(2.3.3)。

此外，

$$\frac{\partial^2 J}{\partial\hat{\boldsymbol{\theta}}^2}=2\boldsymbol{\Phi}^{\mathrm{T}}\boldsymbol{\Phi}>0$$

所以，满足式(2.3.3)的 $\hat{\boldsymbol{\theta}}$ 可使 J 取极小值，即定理 2-1 得证。

仿真实例 2.5

考虑如下系统：

$$y(k)-1.5y(k-1)+0.7y(k-2)=u(k-3)+0.5u(k-4)+\xi(k)$$

式中，$\xi(k)$是方差为 σ^2 的白噪声。

假设历史输入/输出数据 $u(-3)$、$u(-2)$、$u(-1)$、$u(0)$、$y(-1)$和 $y(0)$均为 0，选取仿真实例 2.2 中的逆 M 序列作为输入信号 $u(k)=\{-1,-1,1,-1,\cdots\}(k=1,2,\cdots)$，并令 $\sigma^2=0$，则由系统差分方程得(取 $L=7$)

$$\boldsymbol{\varphi}(1)=[-y(0),-y(-1),u(-2),u(-3)]^{\mathrm{T}}=[0,0,0,0]^{\mathrm{T}}$$
$$y(1)=1.5y(0)-0.7y(-1)+u(-2)+0.5u(-3)=0$$
$$\boldsymbol{\varphi}(2)=[-y(1),-y(0),u(-1),u(-2)]^{\mathrm{T}}=[0,0,0,0]^{\mathrm{T}}$$
$$y(2)=1.5y(1)-0.7y(0)+u(-1)+0.5u(-2)=0$$
$$\boldsymbol{\varphi}(3)=[-y(2),-y(1),u(0),u(-1)]^{\mathrm{T}}=[0,0,0,0]^{\mathrm{T}}$$
$$y(3)=1.5y(2)-0.7y(1)+u(0)+0.5u(-1)=0$$
$$\boldsymbol{\varphi}(4)=[-y(3),-y(2),u(1),u(0)]^{\mathrm{T}}=[0,0,-1,0]^{\mathrm{T}}$$
$$y(4)=1.5y(3)-0.7y(2)+u(1)+0.5u(0)=-1$$
$$\boldsymbol{\varphi}(5)=[-y(4),-y(3),u(2),u(1)]^{\mathrm{T}}=[1,0,-1,-1]^{\mathrm{T}}$$
$$y(5)=1.5y(4)-0.7y(3)+u(2)+0.5u(1)=-1.5-1-0.5=-3$$
$$\boldsymbol{\varphi}(6)=[-y(5),-y(4),u(3),u(2)]^{\mathrm{T}}=[3,1,1,-1]^{\mathrm{T}}$$
$$y(6)=1.5y(5)-0.7y(4)+u(3)+0.5u(2)=-4.5+0.7+1-0.5=-3.3$$
$$\boldsymbol{\varphi}(7)=[-y(6),-y(5),u(4),u(3)]^{\mathrm{T}}=[3.3,3,-1,1]^{\mathrm{T}}$$
$$y(7)=1.5y(6)-0.7y(5)+u(4)+0.5u(3)=-3.35$$

则

$$\boldsymbol{Y}=\begin{bmatrix}y(1)\\y(2)\\\vdots\\y(7)\end{bmatrix}=\begin{bmatrix}0\\0\\0\\-1\\-3\\-3.3\\-3.35\end{bmatrix},\quad \boldsymbol{\Phi}_7=\begin{bmatrix}\boldsymbol{\varphi}^{\mathrm{T}}(1)\\\boldsymbol{\varphi}^{\mathrm{T}}(2)\\\vdots\\\boldsymbol{\varphi}^{\mathrm{T}}(7)\end{bmatrix}=\begin{bmatrix}0&0&0&0\\0&0&0&0\\0&0&0&0\\0&0&-1&0\\1&0&-1&-1\\3&1&1&-1\\3.3&3&-1&1\end{bmatrix}$$

由于 $\mathrm{rank}(\boldsymbol{\Phi}_6)=3$，$\mathrm{rank}(\boldsymbol{\Phi}_7)=4$，又 LS 算法要求 $\boldsymbol{\Phi}$ 满秩，因此，$L\geqslant7$。这里取 $L=7$，则由式(2.3.3)得系统参数的最小二乘估计为

$$\hat{\boldsymbol{\theta}}=[\hat{a}_1,\hat{a}_2,\hat{b}_0,\hat{b}_1]^{\mathrm{T}}=[-1.5,0.7,1.0,0.5]^{\mathrm{T}}$$

与系统参数真值相同。

选取仿真实例2.2中的逆M序列作为输入信号$u(k)$,并令$\sigma^2=1$,则利用LS算法进行参数估计的仿真结果如表2.2所列。由表2.2可以看出,由于系统干扰比较大,对参数估计结果精度造成了较大影响,但参数估计值仍比较接近真实值。

表2.2　批处理最小二乘法的参数估计结果

参数	a_1	a_2	b_0	b_1
真值	−1.5	0.7	1.0	0.5
估计值($\sigma^2=0$)	−1.5	0.7	1.0	0.5
估计值($\sigma^2=1$)	−1.504 9	0.716 2	1.022 7	0.562 9

仿真程序:chap2_05_LS.m

```
%批处理最小二乘参数估计(LS)
clear all;

a=[1 -1.5 0.7]'; b=[1 0.5]'; d=3; %对象参数
na=length(a)-1; nb=length(b)-1; %na,nb为A,B阶次

L=100; %数据长度
uk=zeros(d+nb,1); %输入初值:uk(i)表示u(k-i)
yk=zeros(na,1); %输出初值
x1=1; x2=1; x3=1; x4=0; S=1; %移位寄存器初值、方波初值
xi=sqrt(1)*randn(L,1); %白噪声序列

theta=[a(2:na+1);b]; %对象参数真值
for k=1:L
    phi(k,:)=[-yk;uk(d:d+nb)]'; %此处phi(k,:)为行向量,便于组成phi矩阵
    y(k)=phi(k,:)*theta+xi(k); %采集输出数据

    M=xor(x3,x4);   %产生M序列
    IM=xor(M,S);    %产生逆M序列
    if IM==0
        u(k)=-1;
    else
        u(k)=1;
    end
    S=not(S); %产生方波

    %更新数据
    x4=x3; x3=x2; x2=x1; x1=M;
```

```
    for i = d + nb: - 1:2
        uk(i) = uk(i - 1);
    end
    uk(1) = u(k);

    for i = na: - 1:2
        yk(i) = yk(i - 1);
    end
    yk(1) = y(k);
end
thetae = inv(phi' * phi) * phi' * y' % 计算参数估计值 thetae(见 MATLAB 命令窗口)
```

2.3.2　递推最小二乘法

在具体应用批处理最小二乘法时，由于每次处理的数据量较大，不仅占用内存大，而且不能用于参数在线实时估计。而在自适应控制系统中，被控对象通常都可以不断提供新的输入/输出数据，而且还希望利用这些新的信息来改善估计精度，因此，常常要求对象参数能够在线实时估计。解决这个问题的方法是将批处理最小二乘法转化成递推算法，其基本思想可以概括为

$$\text{新的估计值 } \hat{\boldsymbol{\theta}}(k) = \text{旧的估计值 } \hat{\boldsymbol{\theta}}(k-1) + \text{修正项}$$

下面将着手将式(2.3.3)表示的最小二乘解改写为递推形式，即递推最小二乘参数估计算法(recursive least square，RLS)。

设 k 时刻的批处理最小二乘估计为

$$\hat{\boldsymbol{\theta}}(k) = (\boldsymbol{\Phi}_k^{\mathrm{T}}\boldsymbol{\Phi}_k)^{-1}\boldsymbol{\Phi}_k^{\mathrm{T}}\boldsymbol{Y}_k \tag{2.3.8}$$

式中

$$\boldsymbol{\Phi}_k = \begin{pmatrix} \boldsymbol{\Phi}_{k-1} \\ \boldsymbol{\varphi}^{\mathrm{T}}(k) \end{pmatrix} \in \mathbf{R}^{k\times(n_a+n_b+1)}, \quad \boldsymbol{Y}_k = \begin{pmatrix} \boldsymbol{Y}_{k-1} \\ y(k) \end{pmatrix} \in \mathbf{R}^{k\times 1}$$

令

$$\boldsymbol{P}(k) = (\boldsymbol{\Phi}_k^{\mathrm{T}}\boldsymbol{\Phi}_k)^{-1} = [\boldsymbol{\Phi}_{k-1}^{\mathrm{T}}\boldsymbol{\Phi}_{k-1} + \boldsymbol{\varphi}(k)\boldsymbol{\varphi}^{\mathrm{T}}(k)]^{-1} = [\boldsymbol{P}^{-1}(k-1) + \boldsymbol{\varphi}(k)\boldsymbol{\varphi}^{\mathrm{T}}(k)]^{-1} \tag{2.3.9}$$

则

$$\boldsymbol{P}^{-1}(k) = \boldsymbol{P}^{-1}(k-1) + \boldsymbol{\varphi}(k)\boldsymbol{\varphi}^{\mathrm{T}}(k) \tag{2.3.10}$$

由式(2.3.8)得

$$\hat{\boldsymbol{\theta}}(k-1) = (\boldsymbol{\Phi}_{k-1}^{\mathrm{T}}\boldsymbol{\Phi}_{k-1})^{-1}\boldsymbol{\Phi}_{k-1}^{\mathrm{T}}\boldsymbol{Y}_{k-1} = \boldsymbol{P}(k-1)\boldsymbol{\Phi}_{k-1}^{\mathrm{T}}\boldsymbol{Y}_{k-1} \tag{2.3.11}$$

由式(2.3.10)及式(2.3.11)得

$$\boldsymbol{\Phi}_{k-1}^{\mathrm{T}}\boldsymbol{Y}_{k-1} = \boldsymbol{P}^{-1}(k-1)\hat{\boldsymbol{\theta}}(k-1) = [\boldsymbol{P}^{-1}(k) - \boldsymbol{\varphi}(k)\boldsymbol{\varphi}^{\mathrm{T}}(k)]\hat{\boldsymbol{\theta}}(k-1) \tag{2.3.12}$$

于是 k 时刻的最小二乘估计可表示为

$$\begin{aligned}\hat{\boldsymbol{\theta}}(k) &= \boldsymbol{P}(k)\boldsymbol{\Phi}_k^{\mathrm{T}}\boldsymbol{Y}_k \\ &= \boldsymbol{P}(k)[\boldsymbol{\Phi}_{k-1}^{\mathrm{T}}Y_{k-1}+\boldsymbol{\varphi}(k)y(k)] \\ &= \boldsymbol{P}(k)\{[\boldsymbol{P}^{-1}(k)-\boldsymbol{\varphi}(k)\boldsymbol{\varphi}^{\mathrm{T}}(k)]\hat{\boldsymbol{\theta}}(k-1)+\boldsymbol{\varphi}(k)y(k)\} \\ &= \hat{\boldsymbol{\theta}}(k-1)-\boldsymbol{P}(k)\boldsymbol{\varphi}(k)\boldsymbol{\varphi}^{\mathrm{T}}(k)\hat{\boldsymbol{\theta}}(k-1)+\boldsymbol{P}(k)\boldsymbol{\varphi}(k)y(k) \\ &= \hat{\boldsymbol{\theta}}(k-1)+\boldsymbol{P}(k)\boldsymbol{\varphi}(k)[y(k)-\boldsymbol{\varphi}^{\mathrm{T}}(k)\hat{\boldsymbol{\theta}}(k-1)] \\ &= \hat{\boldsymbol{\theta}}(k-1)+\boldsymbol{K}(k)[y(k)-\boldsymbol{\varphi}^{\mathrm{T}}(k)\hat{\boldsymbol{\theta}}(k-1)]\end{aligned} \tag{2.3.13}$$

式中

$$\boldsymbol{K}(k)=\boldsymbol{P}(k)\boldsymbol{\varphi}(k) \tag{2.3.14}$$

式(2.3.13)已是递推算法的形式了，但还需导出 $\boldsymbol{P}(k)$(或 $\boldsymbol{K}(k)$)的递推方程，因此介绍如下引理。

引理 2-1(矩阵求逆引理)

设 $\boldsymbol{A}$、$(\boldsymbol{A}+\boldsymbol{BC})$和$(\boldsymbol{I}+\boldsymbol{CA}^{-1}\boldsymbol{B})$均为非奇异方阵，则

$$(\boldsymbol{A}+\boldsymbol{BC})^{-1}=\boldsymbol{A}^{-1}-\boldsymbol{A}^{-1}\boldsymbol{B}(\boldsymbol{I}+\boldsymbol{CA}^{-1}\boldsymbol{B})^{-1}\boldsymbol{CA}^{-1} \tag{2.3.15}$$

式(2.3.15)的简要证明如下。

式(2.3.15)等号右边左乘$(\boldsymbol{A}+\boldsymbol{BC})$，得

$$\begin{aligned}&(\boldsymbol{A}+\boldsymbol{BC})[\boldsymbol{A}^{-1}-\boldsymbol{A}^{-1}\boldsymbol{B}(\boldsymbol{I}+\boldsymbol{CA}^{-1}\boldsymbol{B})^{-1}\boldsymbol{CA}^{-1}] \\ &= \boldsymbol{I}+\boldsymbol{BCA}^{-1}-\boldsymbol{B}(\boldsymbol{I}+\boldsymbol{CA}^{-1}\boldsymbol{B})^{-1}\boldsymbol{CA}^{-1}-\boldsymbol{BCA}^{-1}\boldsymbol{B}(\boldsymbol{I}+\boldsymbol{CA}^{-1}\boldsymbol{B})^{-1}\boldsymbol{CA}^{-1} \\ &= \boldsymbol{I}+\boldsymbol{BCA}^{-1}-\boldsymbol{B}[(\boldsymbol{I}+\boldsymbol{CA}^{-1}\boldsymbol{B})(\boldsymbol{I}+\boldsymbol{CA}^{-1}\boldsymbol{B})^{-1}]\boldsymbol{CA}^{-1}=\boldsymbol{I}\end{aligned}$$

则引理 2-1 得证。

将引理 2-1 用于式(2.3.9)，即令 $\boldsymbol{A}=\boldsymbol{P}^{-1}(k-1)$，$\boldsymbol{B}=\boldsymbol{\varphi}(k)$，$\boldsymbol{C}=\boldsymbol{\varphi}^{\mathrm{T}}(k)$，得

$$\boldsymbol{P}(k)=\boldsymbol{P}(k-1)-\boldsymbol{P}(k-1)\boldsymbol{\varphi}(k)[1+\boldsymbol{\varphi}^{\mathrm{T}}(k)\boldsymbol{P}(k-1)\boldsymbol{\varphi}(k)]^{-1}\boldsymbol{\varphi}^{\mathrm{T}}(k)\boldsymbol{P}(k-1) \tag{2.3.16}$$

将式(2.3.16)代入式(2.3.14)，得

$$\begin{aligned}\boldsymbol{K}(k) &= \boldsymbol{P}(k-1)\boldsymbol{\varphi}(k)-\frac{\boldsymbol{P}(k-1)\boldsymbol{\varphi}(k)\boldsymbol{\varphi}^{\mathrm{T}}(k)\boldsymbol{P}(k-1)\boldsymbol{\varphi}(k)}{1+\boldsymbol{\varphi}^{\mathrm{T}}(k)\boldsymbol{P}(k-1)\boldsymbol{\varphi}(k)} \\ &= \frac{\boldsymbol{P}(k-1)\boldsymbol{\varphi}(k)[1+\boldsymbol{\varphi}^{\mathrm{T}}(k)\boldsymbol{P}(k-1)\boldsymbol{\varphi}(k)]-\boldsymbol{P}(k-1)\boldsymbol{\varphi}(k)\boldsymbol{\varphi}^{\mathrm{T}}(k)\boldsymbol{P}(k-1)\boldsymbol{\varphi}(k)}{1+\boldsymbol{\varphi}^{\mathrm{T}}(k)\boldsymbol{P}(k-1)\boldsymbol{\varphi}(k)} \\ &= \frac{\boldsymbol{P}(k-1)\boldsymbol{\varphi}(k)}{1+\boldsymbol{\varphi}^{\mathrm{T}}(k)\boldsymbol{P}(k-1)\boldsymbol{\varphi}(k)}\end{aligned} \tag{2.3.17}$$

由式(2.3.16)及式(2.3.17)得

$$\boldsymbol{P}(k)=[\boldsymbol{I}-\boldsymbol{K}(k)\boldsymbol{\varphi}^{\mathrm{T}}(k)]\boldsymbol{P}(k-1) \tag{2.3.18}$$

总结式(2.3.13)、式(2.3.17)和式(2.3.18)，则系统参数最小二乘估计 $\hat{\boldsymbol{\theta}}$ 的递推公式为

$$\begin{cases}\hat{\boldsymbol{\theta}}(k)=\hat{\boldsymbol{\theta}}(k-1)+\boldsymbol{K}(k)[y(k)-\boldsymbol{\varphi}^{\mathrm{T}}(k)\hat{\boldsymbol{\theta}}(k-1)] \\ \boldsymbol{K}(k)=\dfrac{\boldsymbol{P}(k-1)\boldsymbol{\varphi}(k)}{1+\boldsymbol{\varphi}^{\mathrm{T}}(k)\boldsymbol{P}(k-1)\boldsymbol{\varphi}(k)} \\ \boldsymbol{P}(k)=[\boldsymbol{I}-\boldsymbol{K}(k)\boldsymbol{\varphi}^{\mathrm{T}}(k)]\boldsymbol{P}(k-1)\end{cases} \tag{2.3.19}$$

在启动上述递推公式时，需确定初值 $\boldsymbol{P}(0)$、$\hat{\boldsymbol{\theta}}(0)$，有如下两种方法。

①若已取得 L 组数据($L>n_a+n_b+1$)，利用批处理最小二乘估计算法，则可算出

$$\begin{cases}\boldsymbol{P}(L)=(\boldsymbol{\Phi}_L^{\mathrm{T}}\boldsymbol{\Phi}_L)^{-1}\\ \hat{\boldsymbol{\theta}}(L)=(\boldsymbol{\Phi}_L^{\mathrm{T}}\boldsymbol{\Phi}_L)^{-1}\boldsymbol{\Phi}_L^{\mathrm{T}}\boldsymbol{Y}_L\end{cases}$$

②直接令

$$\begin{cases}\boldsymbol{P}(0)=\alpha\boldsymbol{I}\\ \hat{\boldsymbol{\theta}}(0)=\boldsymbol{\varepsilon}\end{cases}$$

式中，α 为充分大的正实数($10^4\sim10^{10}$)，$\boldsymbol{\varepsilon}$ 为零向量或充分小的正的实向量。

算法 2-1(递推最小二乘估计，RLS)

已知：n_a、n_b 和 d。

Step1　设置初值 $\hat{\boldsymbol{\theta}}(0)$ 和 $\boldsymbol{P}(0)$，输入初始数据。

Step2　采样当前输出 $y(k)$ 和输入 $u(k)$。

Step3　利用式(2.3.19)，计算 $\boldsymbol{K}(k)$、$\hat{\boldsymbol{\theta}}(k)$ 和 $\boldsymbol{P}(k)$。

Step4　$k\to k+1$，返回 Step2，继续循环。

仿真实例 2.6

考虑如下系统

$$y(k)-1.5y(k-1)+0.7y(k-2)=u(k-3)+0.5u(k-4)+\xi(k)$$

式中，$\xi(k)$ 是方差为 σ^2 的白噪声。

假设历史输入/输出数据 $u(-3)$、$u(-2)$、$u(-1)$、$u(0)$、$y(-1)$ 和 $y(0)$ 均为 0，选取仿真实例 2.2 中的逆 M 序列作为输入信号 $u(k)=\{-1,-1,1,-1,\cdots\}(k=1,2,\cdots)$，初值 $\boldsymbol{P}(0)=10^6\boldsymbol{I}$、$\hat{\theta}(0)=\boldsymbol{0}$，并令 $\sigma^2=0$，则

当 $k=1$ 时：

$$y(1)=1.5y(0)-0.7y(-1)+u(-2)+0.5u(-3)=0$$

$$\boldsymbol{\varphi}(1)=[-y(0),-y(-1),u(-2),u(-3)]^{\mathrm{T}}=[0,0,0,0]^{\mathrm{T}}$$

$$\boldsymbol{K}(1)=\frac{\boldsymbol{P}(0)\boldsymbol{\varphi}(1)}{1+\boldsymbol{\varphi}^{\mathrm{T}}(1)\boldsymbol{P}(0)\boldsymbol{\varphi}(1)}=\boldsymbol{0}$$

$$\hat{\boldsymbol{\theta}}(1)=\hat{\boldsymbol{\theta}}(0)+\boldsymbol{K}(1)[y(1)-\boldsymbol{\varphi}^{\mathrm{T}}(1)\hat{\boldsymbol{\theta}}(0)]=\boldsymbol{0}$$

$$\boldsymbol{P}(1)=[\boldsymbol{I}-\boldsymbol{K}(1)\boldsymbol{\varphi}^{\mathrm{T}}(1)]\boldsymbol{P}(0)=10^6\boldsymbol{I}$$

当 $k=2$ 时：

$$y(2)=1.5y(1)-0.7y(0)+u(-1)+0.5u(-2)=0$$

$$\boldsymbol{\varphi}(2)=[-y(1),-y(0),u(-1),u(-2)]^{\mathrm{T}}=[0,0,0,0]^{\mathrm{T}}$$

$$\boldsymbol{K}(2)=\frac{\boldsymbol{P}(1)\boldsymbol{\varphi}(2)}{1+\boldsymbol{\varphi}^{\mathrm{T}}(2)\boldsymbol{P}(1)\boldsymbol{\varphi}(2)}=0$$

$$\hat{\boldsymbol{\theta}}(2)=\hat{\boldsymbol{\theta}}(1)+\boldsymbol{K}(2)[y(2)-\boldsymbol{\varphi}^{\mathrm{T}}(2)\hat{\boldsymbol{\theta}}(1)]=0$$

$$\boldsymbol{P}(2)=[\boldsymbol{I}-\boldsymbol{K}(2)\boldsymbol{\varphi}^{\mathrm{T}}(2)]\boldsymbol{P}(1)=10^6\boldsymbol{I}$$

……

$$\hat{\boldsymbol{\theta}}(3)=\boldsymbol{0}$$

$$\hat{\boldsymbol{\theta}}(4)=[0,0,1.0,0]^{\mathrm{T}}$$

$$\hat{\boldsymbol{\theta}}(5)=[-1.0,0,1.0,1.0]^{\mathrm{T}}$$

$$\hat{\boldsymbol{\theta}}(6)=[-1.1,-0.1,1.0,0.9]^{\mathrm{T}}$$

$$\hat{\boldsymbol{\theta}}(7)=[-1.4999,0.6999,1.0,0.5001]^{\mathrm{T}}$$

$$\hat{\boldsymbol{\theta}}(8)=[-1.5,0.7,1.0,0.5]^{\mathrm{T}}$$

由以上推导可知,当 $k=8$ 时,由 RLS 算法辨识得到的参数估计值与真值完全相同。

取初值 $\boldsymbol{P}(0)=10^6\boldsymbol{I}$,$\hat{\boldsymbol{\theta}}(0)=\boldsymbol{0}$,并令 $\sigma^2=0.1$。选择方差为 1 的白噪声作为输入信号 $u(k)$,则利用 RLS 算法进行参数估计的仿真结果如图 2.11 所示。

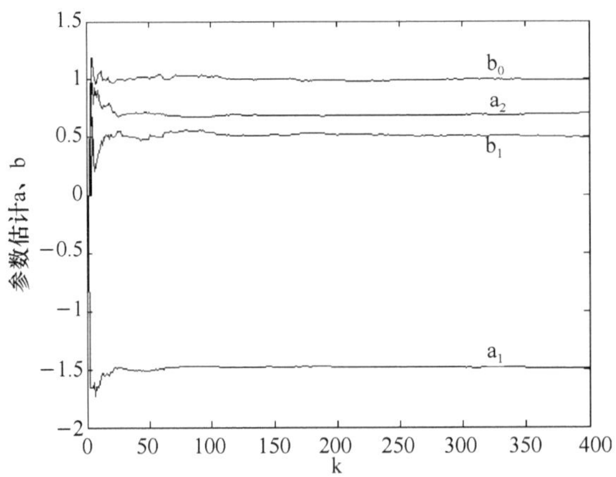

图 2.11　递推最小二乘法的参数估计结果①

当 $k=400$ 时,参数估计值为 $\hat{a}_1=-1.5068$,$\hat{a}_2=0.7049$,$\hat{b}_0=1.0071$,$\hat{b}_1=0.4820$。

仿真程序:chap2_06_RLS.m

```
%递推最小二乘参数估计(RLS)
clear all; close all;

a=[1 -1.5 0.7]'; b=[1 0.5]'; d=3; %对象参数
na=length(a)-1; nb=length(b)-1; %na、nb为A、B阶次

L=400; %仿真长度
uk=zeros(d+nb,1); %输入初值:uk(i)表示u(k-i)
yk=zeros(na,1); %输出初值
u=randn(L,1); %输入采用白噪声序列
xi=sqrt(0.1)*randn(L,1); %白噪声序列

theta=[a(2:na+1);b]; %对象参数真值
```

① 如果读者想更清晰地观察算法的参数辨识效果,可将干扰方差设为 0,其他算法可类似处理。

```
thetae_1 = zeros(na + nb + 1,1); % thetae 初值
P = 10^6 * eye(na + nb + 1);
for k = 1 : L
    phi = [ - yk;uk(d : d + nb)]; % 此处 phi 为列向量
    y(k) = phi' * theta + xi(k); % 采集输出数据

    % 递推最小二乘法
    K = P * phi/(1 + phi' * P * phi);
    thetae( : ,k) = thetae_1 + K * (y(k) - phi' * thetae_1);
    P = (eye(na + nb + 1) - K * phi') * P;

    % 更新数据
    thetae_1 = thetae( : ,k);

    for i = d + nb : - 1 : 2
          uk(i) = uk(i - 1);
    end
      uk(1) = u(k);
    for i = na : - 1 : 2
        yk(i) = yk(i - 1);
    end
    yk(1) = y(k);
end
plot([1 : L],thetae); % line([1,L],[theta,theta]);
xlabel('k'); ylabel(' 参数估计 a,b');
legend('a_1','a_2','b_0','b_1'); axis([0 L - 2 1.5]);
```

2.3.3　遗忘因子递推最小二乘法

递推最小二乘算法(2.3.19)比较适用于定常未知参数系统,但在一般自适应控制问题中,有意义的是考虑参数时变系统。参数时变可分为两种情况:

① 参数突变但不频繁;

② 参数缓慢变化。

将递推最小二乘算法进行简单扩展,便可适用于上述两种情况。

① 对于参数突变问题,可通过 $\boldsymbol{P}$ 的重置来解决,这时,递推最小二乘法中的矩阵 $\boldsymbol{P}$ 将周期性地重置为 $\alpha\boldsymbol{I}$,α 是一个充分大的数。

② 针对慢时变参数问题,递推最小二乘法有其局限性:随着数据的增长,将出现所谓的"数据饱和"现象,即随着 k 的增加,$\boldsymbol{P}(k)$ 和 $\boldsymbol{K}(k)$ 变得越来越小,从而对 $\hat{\boldsymbol{\theta}}(k)$ 的修正能力变得越来越弱,使得新采集的输入/输出数据对参数估计值 $\hat{\boldsymbol{\theta}}(k)$ 的更新作用不大。这样将导致当系统参数变化时,RLS 算法将无法跟踪这种变化,从而使实时参数估计失败。为克服这种现

象,可以采用下面介绍的带遗忘因子的递推最小二乘法(forgetting factor recursive least square, FFRLS)。

取性能指标为

$$J=\sum_{k=1}^{L}\lambda^{L-k}[y(k)-\boldsymbol{\varphi}^{\mathrm{T}}(k)\hat{\boldsymbol{\theta}}]^2 \tag{2.3.20}$$

式中,λ 为遗忘因子($0<\lambda\leqslant 1$)。

式(2.3.20)意味着对数据施加了时变加权系数,最新的数据用1加权,而先前 n 个采样周期的数据则用 λ^n 加权。因此,这种方法又被称为指数遗忘法。

针对式(2.3.20)的目标函数,采用与递推最小二乘法相同的推导过程,可得遗忘因子递推最小二乘参数估计的公式:

$$\begin{cases}\hat{\boldsymbol{\theta}}(k)=\hat{\boldsymbol{\theta}}(k-1)+\boldsymbol{K}(k)[y(k)-\boldsymbol{\varphi}^{\mathrm{T}}(k)\hat{\boldsymbol{\theta}}(k-1)]\\ \boldsymbol{K}(k)=\dfrac{\boldsymbol{P}(k-1)\boldsymbol{\varphi}(k)}{\lambda+\boldsymbol{\varphi}^{\mathrm{T}}(k)\boldsymbol{P}(k-1)\boldsymbol{\varphi}(k)}\\ \boldsymbol{P}(k)=\dfrac{1}{\lambda}[\boldsymbol{I}-\boldsymbol{K}(k)\boldsymbol{\varphi}^{\mathrm{T}}(k)]\boldsymbol{P}(k-1)\end{cases} \tag{2.3.21}$$

式中,初值 $\boldsymbol{P}(0)$、$\hat{\boldsymbol{\theta}}(0)$ 的选择可参考递推最小二乘法。遗忘因子 λ 须选择接近于1的正数,通常不小于0.9;如果系统是线性的,应选 $0.95\leqslant\lambda\leqslant 1$。当 $\lambda=1$ 时,FFRLS算法则退化为普通的RLS算法。

算法2-2(遗忘因子递推最小二乘估计,FFRLS)

已知:n_a、n_b 和 d。

Step1 设置初值 $\hat{\boldsymbol{\theta}}(0)$ 和 $\boldsymbol{P}(0)$ 及遗忘因子 λ,输入初始数据。

Step2 采样当前输出 $y(k)$ 和输入 $u(k)$。

Step3 利用式(2.3.21),计算 $\boldsymbol{K}(k)$、$\hat{\boldsymbol{\theta}}(k)$ 和 $\boldsymbol{P}(k)$。

Step4 $k\rightarrow k+1$,返回Step2,继续循环。

仿真实例2.7

考虑系统:

$$y(k)+a_1y(k-1)+a_2y(k-2)=b_0u(k-3)+b_1u(k-4)+\xi(k)$$

式中,$\xi(k)$ 是方差为0.1的白噪声,对象时变参数 $\boldsymbol{\theta}(k)=[a_1,a_2,b_0,b_1]^{\mathrm{T}}$ 为

$$\boldsymbol{\theta}(k)=\begin{cases}[-1.5,\quad 0.7,\quad 1,\quad 0.5]^{\mathrm{T}}, & k\leqslant 500\\ [-1,\quad 0.4,\quad 1.5,\quad 0.2]^{\mathrm{T}}, & k>500\end{cases}$$

取初值 $\boldsymbol{P}(0)=10^6\boldsymbol{I}$、$\hat{\boldsymbol{\theta}}(0)=\boldsymbol{0}$,选择方差为1的白噪声作为输入信号 $u(k)$。

1. 遗忘因子递推最小二乘法

取遗忘因子 $\lambda=0.98$,采用FFRLS算法进行参数估计,仿真结果如图2.12所示。

当 $k=500$ 时,参数估计值为 $\hat{\boldsymbol{\theta}}(500)=[-1.533\,2,0.737\,4,1.002\,2,0.467\,3]^{\mathrm{T}}$;

当 $k=1\,000$ 时,参数估计值为 $\hat{\boldsymbol{\theta}}(1\,000)=[-0.985\,6,0.379\,1,1.453\,3,0.221\,3]^{\mathrm{T}}$。

可以看出,即使对于参数突变的系统,采用FFRLS算法也能够有效地进行参数估计。读

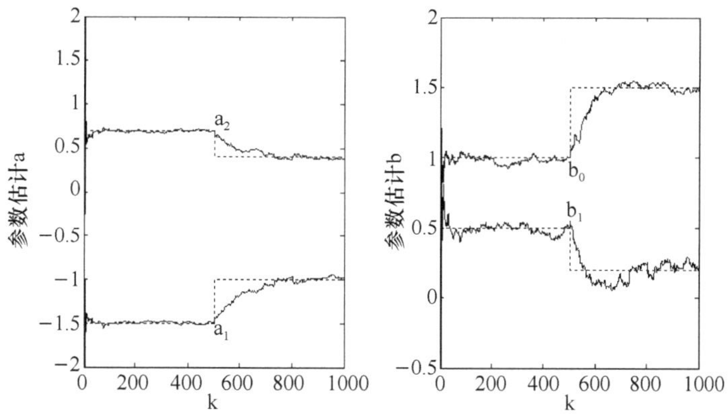

图 2.12　遗忘因子递推最小二乘法的参数估计结果($\lambda=0.98$)

者也可以验证一下 FFRLS 对于参数慢时变系统的效果。

2. 普通递推最小二乘法

当取遗忘因子 $\lambda=1$ 时，FFRLS 将退化为普通的 RLS 算法，仿真结果如图 2.13 所示。可以看出，对于参数时变系统，RLS 无法有效地跟踪参数的变化。

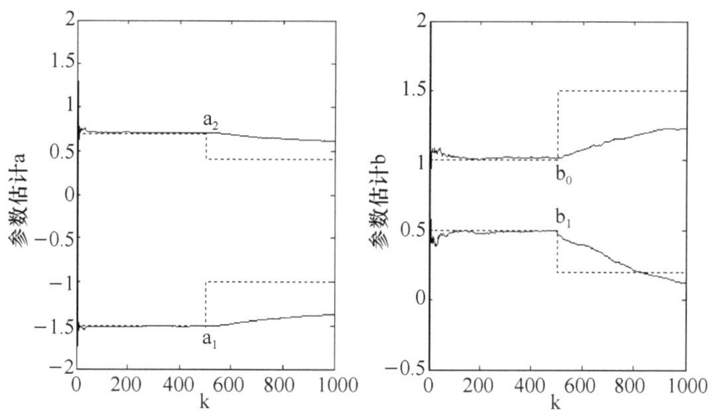

图 2.13　递推最小二乘法的参数估计结果($\lambda=1$)

仿真程序：chap2_07_FFRLS.m

```
%遗忘因子递推最小二乘参数估计(FFRLS)
clear all; close all;

a=[1 -1.5 0.7]'; b=[1 0.5]'; d=3; %对象参数
na=length(a)-1; nb=length(b)-1; %na、nb 为 A、B 阶次
L=1000; %仿真长度
uk=zeros(d+nb,1); %输入初值：uk(i)表示 u(k-i)
yk=zeros(na,1); %输出初值
u=randn(L,1); %输入采用白噪声序列
```

```
xi = sqrt(0.1) * randn(L,1); % 白噪声序列

thetae_1 = zeros(na + nb + 1,1); % thetae 初值
P = 10^6 * eye(na + nb + 1);
lambda = 1; % 遗忘因子范围[0.9 1]
for k = 1 : L
    if k == 501
        a = [1 -1 0.4]';b = [1.5 0.2]'; % 对象参数突变
    end
    theta( : ,k) = [a(2 : na + 1);b]; % 对象参数真值

    phi = [ - yk;uk(d : d + nb)];
    y(k) = phi' * theta( : ,k) + xi(k); % 采集输出数据

    % 遗忘因子递推最小二乘法
    K = P * phi/(lambda + phi' * P * phi);
    thetae( : ,k) = thetae_1 + K * (y(k) - phi' * thetae_1);
    P = (eye(na + nb + 1) - K * phi') * P/lambda;

    % 更新数据
    thetae_1 = thetae( : ,k);

    for i = d + nb : -1 : 2
        uk(i) = uk(i - 1);
    end
    uk(1) = u(k);

    for i = na : -1 : 2
        yk(i) = yk(i - 1);
    end
    yk(1) = y(k);
end
subplot(1,2,1)
plot([1 : L],thetae(1 : na, : )); hold on; plot([1 : L],theta(1 : na, : ),'k : ');
xlabel('k'); ylabel(' 参数估计 a');
legend('a_1','a_2'); axis([0 L -2 2]);
subplot(1,2,2)
plot([1 : L],thetae(na + 1 : na + nb + 1, : )); hold on; plot([1 : L],theta(na + 1 : na + nb + 1, : ),'k : ');
xlabel('k'); ylabel(' 参数估计 b');
legend('b_0','b_1'); axis([0 L -0.5 2]);
```

2.3.4　递推增广最小二乘法

设系统采用 CARMA 模型：

$$A(z^{-1})y(k)=B(z^{-1})u(k-d)+C(z^{-1})\xi(k) \tag{2.3.22}$$

与前面介绍的 3 种最小二乘法比较，此处 $C(z^{-1})\neq 1$，噪声 $e(k)$ 为有色噪声，即

$$e(k)=C(z^{-1})\xi(k)=\xi(k)+c_1\xi(k-1)+c_2\xi(k-2)+\cdots+c_{n_c}\xi(k-n_c)$$

下面将介绍用于估计对象(2.3.22)参数的递推增广最小二乘法(recursive extended least square，RELS)。

将 CARMA 模型写成最小二乘形式，即

$$y(k)=\boldsymbol{\varphi}^{\mathrm{T}}(k)\boldsymbol{\theta}+\xi(k) \tag{2.3.23}$$

式中

$$\begin{cases}\boldsymbol{\varphi}(k)=[-y(k-1),\cdots,-y(k-n_a),u(k-d),\cdots,u(k-d-n_b),\xi(k-1),\cdots,\xi(k-n_c)]^{\mathrm{T}}\in\mathbf{R}^{(n_a+n_b+1+n_c)\times 1}\\ \boldsymbol{\theta}=[a_1,\cdots,a_{n_a},b_0,\cdots,b_{n_b},c_1,\cdots,c_{n_c}]^{\mathrm{T}}\in\mathbf{R}^{(n_a+n_b+1+n_c)\times 1}\end{cases}$$

由于 $\boldsymbol{\varphi}(k)$ 中的 $\xi(k)$ 不可测，所以只能用其估计值 $\hat{\xi}(k)$ 来代替，即

$$\hat{\xi}(k)=y(k)-\hat{y}(k)=y(k)-\hat{\boldsymbol{\varphi}}^{\mathrm{T}}(k)\hat{\boldsymbol{\theta}} \tag{2.3.24}$$

式中

$$\begin{cases}\hat{\boldsymbol{\varphi}}(k)=[-y(k-1),\cdots,-y(y-n_a),u(k-d),\cdots,u(k-d-n_b),\hat{\xi}(k-1),\cdots,\hat{\xi}(k-n_c)]^{\mathrm{T}}\in\mathbf{R}^{(n_a+n_b+1+n_c)\times 1}\\ \hat{\boldsymbol{\theta}}=[\hat{a}_1,\cdots,\hat{a}_{n_a},\hat{b}_0,\cdots,\hat{b}_{n_b},\hat{c}_1,\cdots,\hat{c}_{n_c}]^{\mathrm{T}}\in\mathbf{R}^{(n_a+n_b+1+n_c)\times 1}\end{cases}$$

且 $\hat{\boldsymbol{\theta}}$ 可取 $\hat{\boldsymbol{\theta}}(k)$ 或 $\hat{\boldsymbol{\theta}}(k-1)$。

用 $\hat{\boldsymbol{\varphi}}(k)$ 代替 $\boldsymbol{\varphi}(k)$，采用 RLS 类似推导方法，可以得到递推增广最小二乘参数估计公式为

$$\begin{cases}\hat{\boldsymbol{\theta}}(k)=\hat{\boldsymbol{\theta}}(k-1)+\boldsymbol{K}(k)[y(k)-\hat{\boldsymbol{\varphi}}^{\mathrm{T}}(k)\hat{\boldsymbol{\theta}}(k-1)]\\ \boldsymbol{K}(k)=\dfrac{\boldsymbol{P}(k-1)\hat{\boldsymbol{\varphi}}(k)}{1+\hat{\boldsymbol{\varphi}}^{\mathrm{T}}(k)\boldsymbol{P}(k-1)\hat{\boldsymbol{\varphi}}(k)}\\ \boldsymbol{P}(k)=[\boldsymbol{I}-\boldsymbol{K}(k)\hat{\boldsymbol{\varphi}}^{\mathrm{T}}(k)]\boldsymbol{P}(k-1)\end{cases} \tag{2.3.25}$$

算法 2-3(递推增广最小二乘估计，RELS)

已知：n_a、n_b、n_c 和 d。

Step1　设置初值 $\hat{\boldsymbol{\theta}}(0)$ 和 $\boldsymbol{P}(0)$，输入初始数据。

Step2　采样当前输出 $y(k)$ 和输入 $u(k)$。

Step3　构造 $\hat{\boldsymbol{\varphi}}(k)$，利用式(2.3.25)，计算 $\boldsymbol{K}(k)$、$\hat{\boldsymbol{\theta}}(k)$ 和 $\boldsymbol{P}(k)$。

Step4　利用式(2.3.24)计算 $\hat{\xi}(k)$。

Step5　$k\rightarrow k+1$，返回 Step2，继续循环。

仿真实例 2.8

考虑系统：

$$y(k)-1.5y(k-1)+0.7y(k-2)=u(k-3)+0.5u(k-4)+\xi(k)-\xi(k-1)+0.2\xi(k-2)$$

式中,$\xi(k)$是方差为 0.1 的白噪声。

取初值 $\boldsymbol{P}(0)=10^6\boldsymbol{I}$、$\hat{\boldsymbol{\theta}}(0)=\boldsymbol{0}$。选择方差为 1 的白噪声作为输入信号 $u(k)$,采用 RELS 算法进行参数估计,仿真结果如图 2.14 所示。

当 $k=1\ 000$ 时,参数估计值为 $\hat{a}_1=-1.493\ 2$,$\hat{a}_2=0.693\ 4$,$\hat{b}_0=1.010\ 1$,$\hat{b}_1=0.506\ 6$,$\hat{c}_1=-0.976\ 35$,$\hat{c}_2=0.155\ 2$。

对比图 2.14(a)、图 2.14(b)及图 2.14(c)可以看出,参数 $\hat{c}_1$、$\hat{c}_2$ 收敛相对较慢,这是由于式(2.3.24)中白噪声估值不精确造成的。为提高参数估计精度,可适当增加仿真步数。

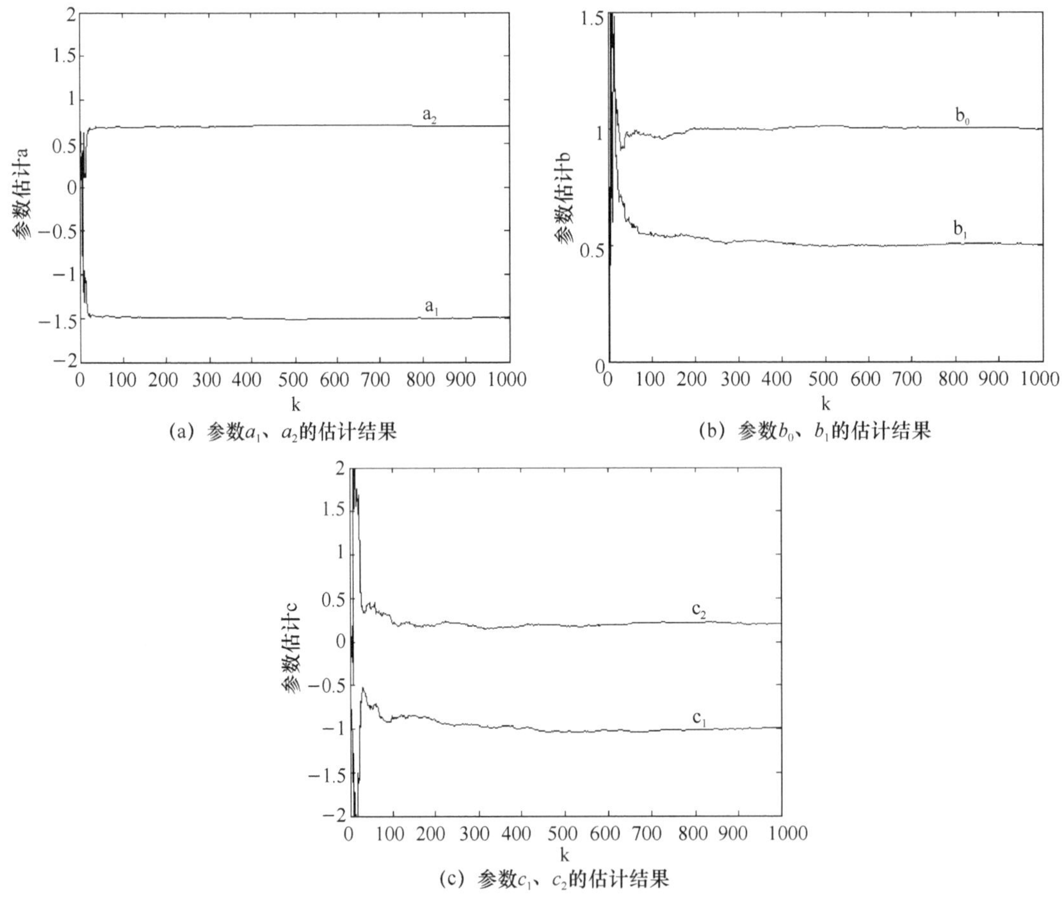

(a) 参数a_1、a_2的估计结果

(b) 参数b_0、b_1的估计结果

(c) 参数c_1、c_2的估计结果

图 2.14 递推增广最小二乘法的参数估计结果

仿真程序:chap2_08_RELS.m

```
%递推增广最小二乘参数估计(RELS)
clear all; close all;

a=[1 -1.5 0.7]'; b=[1 0.5]'; c=[1 -1 0.2]'; d=3; %对象参数
na=length(a)-1; nb=length(b)-1; nc=length(c)-1; %na、nb、nc 为 A、B、C 阶次
```

```
L = 1000; % 仿真长度
uk = zeros(d + nb,1); % 输入初值:uk(i)表示 u(k - i)
yk = zeros(na,1); % 输出初值
xik = zeros(nc,1); % 噪声初值
xiek = zeros(nc,1); % 噪声估计初值
u = randn(L,1); % 输入采用白噪声序列
xi = sqrt(0.1) * randn(L,1); % 白噪声序列

theta = [a(2 : na + 1);b;c(2 : nc + 1)]; % 对象参数
thetae_1 = zeros(na + nb + 1 + nc,1); % na + nb + 1 + nc 为辨识参数个数
P = 10^6 * eye(na + nb + 1 + nc);
for k = 1 : L
    phi = [ - yk;uk(d : d + nb);xik];
    y(k) = phi' * theta + xi(k); % 采集输出数据

    phie = [ - yk;uk(d : d + nb);xiek]; % 组建 phie

    % 递推增广最小二乘法
    K = P * phie/(1 + phie' * P * phie);
    thetae( : ,k) = thetae_1 + K * (y(k) - phie' * thetae_1);
    P = (eye(na + nb + 1 + nc) - K * phie') * P;

    xie = y(k) - phie' * thetae( : ,k); % 白噪声的估计值

    % 更新数据
    thetae_1 = thetae( : ,k);

    for i = d + nb : - 1 : 2
        uk(i) = uk(i - 1);
    end
    uk(1) = u(k);

    for i = na : - 1 : 2
        yk(i) = yk(i - 1);
    end
    yk(1) = y(k);

    for i = nc : - 1 : 2
        xik(i) = xik(i - 1);
        xiek(i) = xiek(i - 1);
    end
```

```
    xik(1) = xi(k);
    xiek(1) = xie;
end
figure(1)
plot([1 : L],thetae(1 : na, : ));
xlabel('k'); ylabel('参数估计 a');
legend('a_1','a_2'); axis([0 L -2 2]);
figure(2)
plot([1 : L],thetae(na + 1 : na + nb + 1, : ));
xlabel('k'); ylabel('参数估计 b');
legend('b_0','b_1'); axis([0 L 0 1.5]);
figure(3)
plot([1 : L],thetae(na + nb + 2 : na + nb + nc + 1, : ));
xlabel('k'); ylabel('参数估计 c');
legend('c_1','c_2'); axis([0 L -2 2]);
```

2.4 梯度校正参数估计法

本节将介绍梯度校正参数估计方法,其递推算法具有和最小二乘递推算法相同的结构,即

$$\text{新的估计值 }\hat{\boldsymbol{\theta}}(k)=\text{旧的估计值 }\hat{\boldsymbol{\theta}}(k-1)+\text{增益矩阵}\times\text{新息}$$

但其基本原理却完全不同于最小二乘法。梯度校正法的基本思想是:沿着准则函数(目标函数)的负梯度方向,逐步修正模型参数估计值,直至准则函数达到最小值。此类参数估计算法简单易懂、实时计算量小,但其代价是收敛速度较慢。

2.4.1 确定性系统的梯度校正参数估计法

设确定性系统描述如下:

$$A(z^{-1})y(k)=B(z^{-1})u(k-d) \tag{2.4.1}$$

式中,$u(k)$和 $y(k)$分别表示系统的输入和输出,且

$$\begin{cases}A(z^{-1})=1+a_1z^{-1}+a_2z^{-2}+\cdots+a_{n_a}z^{-n_a}\\ B(z^{-1})=b_0+b_1z^{-1}+b_2z^{-2}+\cdots+b_{n_b}z^{-n_b}\end{cases}$$

式(2.4.1)又可写成

$$y(k)=\boldsymbol{\varphi}^{\mathrm{T}}(k)\boldsymbol{\theta} \tag{2.4.2}$$

式中

$$\begin{cases}\boldsymbol{\varphi}(k)=[-y(k-1),\cdots,-y(k-n_a),u(k-d),\cdots,u(k-d-n_b)]^{\mathrm{T}}\in\mathbf{R}^{(n_a+n_b+1)\times 1}\\ \boldsymbol{\theta}=[a_1,\cdots,a_{n_a},b_0,\cdots,b_{n_b}]^{\mathrm{T}}\in\mathbf{R}^{(n_a+n_b+1)\times 1}\end{cases}$$

假设系统的参数估计为

$$\hat{\boldsymbol{\theta}}(k)=\hat{\boldsymbol{\theta}}(k-1)+\gamma\boldsymbol{\varphi}(k) \tag{2.4.3}$$

式(2.4.3)中参数 γ 的选择,应能够使 $y(k)=\hat{y}(k)$成立,即

$$y(k)=\boldsymbol{\varphi}^{\mathrm{T}}(k)\hat{\boldsymbol{\theta}}(k)=\boldsymbol{\varphi}^{\mathrm{T}}(k)\hat{\boldsymbol{\theta}}(k-1)+\gamma\boldsymbol{\varphi}^{\mathrm{T}}(k)\boldsymbol{\varphi}(k) \tag{2.4.4}$$

由式(2.4.4)可推出

$$\gamma=\frac{1}{\boldsymbol{\varphi}^{\mathrm{T}}(k)\boldsymbol{\varphi}(k)}\left[y(k)-\boldsymbol{\varphi}^{\mathrm{T}}(k)\hat{\boldsymbol{\theta}}(k-1)\right] \tag{2.4.5}$$

将式(2.4.5)代入式(2.4.3)得

$$\hat{\boldsymbol{\theta}}(k)=\hat{\boldsymbol{\theta}}(k-1)+\frac{\boldsymbol{\varphi}(k)}{\boldsymbol{\varphi}^{\mathrm{T}}(k)\boldsymbol{\varphi}(k)}\left[y(k)-\boldsymbol{\varphi}^{\mathrm{T}}(k)\hat{\boldsymbol{\theta}}(k-1)\right] \tag{2.4.6}$$

式(2.4.6)本质上是梯度校正法[6]。

为了避免 $\boldsymbol{\varphi}(k)=\mathbf{0}$ 时算法不可行，式(2.4.6)常修正为

$$\hat{\boldsymbol{\theta}}(k)=\hat{\boldsymbol{\theta}}(k-1)+\frac{\alpha\boldsymbol{\varphi}(k)}{c+\boldsymbol{\varphi}^{\mathrm{T}}(k)\boldsymbol{\varphi}(k)}\left[y(k)-\boldsymbol{\varphi}^{\mathrm{T}}(k)\hat{\boldsymbol{\theta}}(k-1)\right] \tag{2.4.7}$$

式中，$c>0$，$0<\alpha<2$。

对于 c 和 α 的上述取值，可以证明算法是收敛的。递推梯度校正法(recursive gradient correction，RGC)与最小二乘法相比，一个显著特点是，递推过程中均为标量运算，因此，计算量显著减少。但这类算法收敛较慢，可应用于收敛速度要求不高的自适应控制系统中。

算法 2-4(递推梯度校正估计，RGC)

已知：n_a、n_b 和 d。

Step1　设置初值 $\hat{\boldsymbol{\theta}}(0)$及参数 c 和 α，输入初始数据。

Step2　采样当前输出 $y(k)$和输入 $u(k)$。

Step3　利用式(2.4.7)，计算 $\hat{\boldsymbol{\theta}}(k)$。

Step4　$k\to k+1$，返回 Step2，继续循环。

仿真实例 2.9

考虑确定性系统：

$$y(k)-1.5y(k-1)+0.7y(k-2)=u(k-3)+0.5u(k-4)$$

取初值 $\hat{\boldsymbol{\theta}}(0)=\mathbf{0}$，并取 $\alpha=1$、$c=0.1$。选择方差为 1 的白噪声作为输入信号 $u(k)$，采用 RGC 算法估计对象参数，仿真结果如图 2.15 所示。

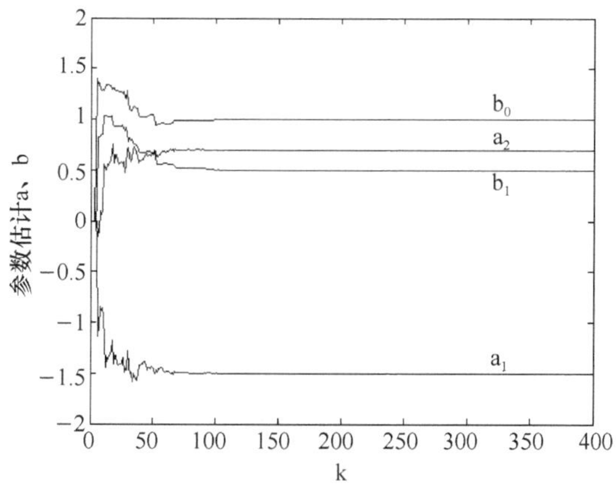

图 2.15　递推梯度校正算法的参数估计结果

当 $k=400$ 时,参数估计值为 $\hat{a}_1=-1.5000$,$\hat{a}_2=0.7000$,$\hat{b}_0=1.0000$,$\hat{b}_1=0.5000$。

仿真程序:chap2_09_RGC.m

```
%确定性系统的递推梯度校正参数估计(RGC)
clear all; close all;

a=[1 -1.5 0.7]'; b=[1 0.5]'; d=3; %对象参数
na=length(a)-1; nb=length(b)-1; %na、nb为A、B阶次

L=400; %仿真长度
uk=zeros(d+nb,1); %输入初值:uk(i)表示u(k-i)
yk=zeros(na,1); %输出初值
u=randn(L,1); %输入采用白噪声序列

theta=[a(2:na+1);b]; %对象参数真值

thetae_1=zeros(na+nb+1,1); %参数估计初值
alpha=1; %范围(0,2)
c=0.1; %修正因子
for k=1:L
    phi=[-yk;uk(d:d+nb)];
    y(k)=phi'*theta; %采集输出数据

    thetae(:,k)=thetae_1+alpha*phi*(y(k)-phi'*thetae_1)/(phi'*phi+c); %递推梯度校正算法
    %更新数据
    thetae_1=thetae(:,k);

    for i=d+nb:-1:2
        uk(i)=uk(i-1);
    end
    uk(1)=u(k);

    for i=na:-1:2
        yk(i)=yk(i-1);
    end
    yk(1)=y(k);
end
plot([1:L],thetae);
xlabel('k'); ylabel('参数估计a、b');
legend('a_1','a_2','b_0','b_1'); axis([0 L -2 2]);
```

2.4.2 随机牛顿法

确定性系统的梯度校正参数估计方法与其他方法相比，最大的优点是计算简单。但是，如果系统的输入/输出含有噪声，这种方法就不适用了，为此，必须研究随机系统的梯度校正法。下面介绍递推随机牛顿算法(recursive stochastic Newton algorithm, RSNA)。

考虑模型：

$$A(z^{-1})x(k)=B(z^{-1})v(k-d) \tag{2.4.8}$$

式中

$$\begin{cases}A(z^{-1})=1+a_1z^{-1}+a_2z^{-2}+\cdots+a_{n_a}z^{-n_a}\\B(z^{-1})=b_0+b_1z^{-1}+b_2z^{-2}+\cdots+b_{n_b}z^{-n_b}\end{cases}$$

输入和输出数据均受到噪声污染，即

$$\begin{cases}y(k)=x(k)+\xi(k)\\u(k)=v(k)+\eta(k)\end{cases} \tag{2.4.9}$$

式中，$\xi(k)$和 $\eta(k)$分别是均值为 0、方差为 σ_ξ^2 和 σ_η^2 的不相关随机噪声。

模型(2.4.9)可化成最小二乘格式：

$$y(k)=\boldsymbol{\varphi}^{\mathrm{T}}(k)\boldsymbol{\theta}+e(k) \tag{2.4.10}$$

式中

$$\begin{cases}\boldsymbol{\varphi}(k)=[-y(k-1),\cdots,-y(k-n_a),u(k-d),\cdots,u(k-d-n_b)]^{\mathrm{T}}\in\mathbf{R}^{(n_a+n_b+1)\times 1}\\\boldsymbol{\theta}=[a_1,\cdots,a_{n_a},b_0,\cdots,b_{n_b}]^{\mathrm{T}}\in\mathbf{R}^{(n_a+n_b+1)\times 1}\\e(k)=A(z^{-1})\xi(k)-B(z^{-1})\eta(k-d)\end{cases}$$

此时，噪声 $e(k)$的均值为 0，因此，系统参数可采用随机牛顿算法进行估计。

递推随机牛顿算法参数估计公式为

$$\begin{cases}\hat{\boldsymbol{\theta}}(k)=\hat{\boldsymbol{\theta}}(k-1)+\rho(k)\boldsymbol{R}^{-1}(k)\boldsymbol{\varphi}(k)[y(k)-\boldsymbol{\varphi}^{\mathrm{T}}(k)\hat{\boldsymbol{\theta}}(k-1)]\\\boldsymbol{R}(k)=\boldsymbol{R}(k-1)+\rho(k)[\boldsymbol{\varphi}(k)\boldsymbol{\varphi}^{\mathrm{T}}(k)-\boldsymbol{R}(k-1)]\end{cases} \tag{2.4.11}$$

式中，$\boldsymbol{R}$ 的初值可取为 $\boldsymbol{R}(0)=\boldsymbol{I}$，$\rho(k)$为收敛因子，需满足：

$$\begin{cases}\rho(k)>0,\forall k;\quad \lim\limits_{k\to\infty}\rho(k)=0\\\sum\limits_{k=1}^{\infty}\rho(k)=\infty;\quad \sum\limits_{k=1}^{\infty}\rho^2(k)<\infty\end{cases}$$

算法推导过程详见文献[4,7]。

算法 2-5(递推随机牛顿算法,RSNA)

已知：n_a、n_b 和 d。

Step1　设置初值 $\hat{\boldsymbol{\theta}}(0)$和 $\boldsymbol{R}(0)$，输入初始数据。

Step2　采样当前输出 $y(k)$和输入 $u(k)$。

Step3　选择收敛因子 $\rho(k)$，利用式(2.4.11)，计算 $\boldsymbol{R}(k)$和 $\hat{\boldsymbol{\theta}}(k)$。

Step4　$k\to k+1$，返回 Step2，继续循环。

仿真实例 2.10

考虑系统：

$$\begin{cases} x(k)-1.5x(k-1)+0.7x(k-2)=v(k-3)+0.5v(k-4) \\ y(k)=x(k)+\xi(k) \\ u(k)=v(k)+\eta(k) \end{cases}$$

式中,白噪声 $\xi(k)$ 和 $\eta(k)$ 的方差分别为 0.1 和 0.25。

初值取 $\boldsymbol{R}(0)=\boldsymbol{I}$、$\hat{\boldsymbol{\theta}}(0)=\boldsymbol{0}$,并取 $\rho(k)=\dfrac{1}{k}$。选择方差为 1 的白噪声作为输入信号 $u(k)$,采用 RSNA 进行参数估计,仿真结果如图 2.16 所示。

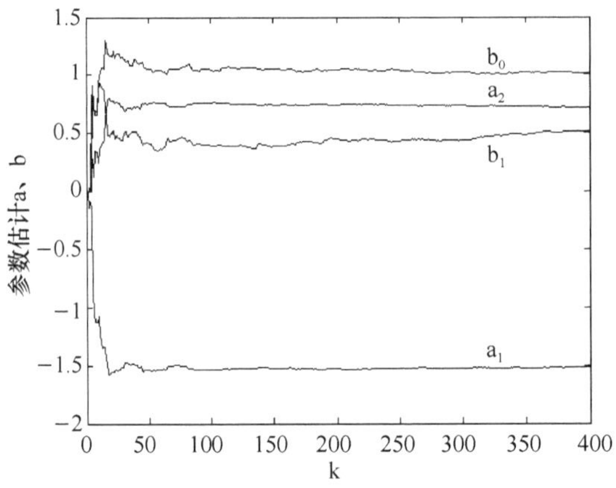

图 2.16　递推随机牛顿算法的参数估计结果

当 $k=400$ 时,参数估计值为 $\hat{a}_1=-1.477\,1$,$\hat{a}_2=0.685\,3$,$\hat{b}_0=0.990\,6$,$\hat{b}_1=0.543\,5$。

仿真程序:chap2_10_RSNA.m

```
%递推随机牛顿参数估计(RSNA)
clear all; close all;

a=[1 -1.5 0.7]'; b=[1 0.5]'; d=3; %对象参数
na=length(a)-1; nb=length(b)-1; %na、nb 为 A、B 阶次

L=400; %仿真长度
uk=zeros(d+nb,1); %输入初值：uk(i)表示 u(k-i)
yk=zeros(na,1); %输出初值
xik=zeros(na,1); %白噪声初值 ξ
etak=zeros(d+nb,1); %白噪声初值 η
u=randn(L,1); %输入采用白噪声序列
xi=sqrt(0.1)*randn(L,1); %白噪声序列 ξ
eta=sqrt(0.25)*randn(L,1); %白噪声序列 η

theta=[a(2:na+1);b]; %对象参数真值


thetae_1=zeros(na+nb+1,1); %参数估计初值
```

```
Rk_1 = eye(na + nb + 1);
for k = 1 : L
    phi = [ - yk;uk(d : d + nb)];
    e(k) = a' * [xi(k);xik] - b' * etak(d : d + nb);
    y(k) = phi' * theta + e(k); % 采集输出数据

    % 随机牛顿算法
    R = Rk_1 + (phi * phi' - Rk_1)/k;
    dR = det(R);
    if abs(dR)<10^( - 6) % 避免矩阵 R 非奇异
        R = eye(na + nb + 1);
    end
    IR = inv(R);
    thetae( : ,k) = thetae_1 + IR * phi * (y(k) - phi' * thetae_1)/k;

    % 更新数据
    thetae_1 = thetae( : ,k);
    Rk_1 = R;

    for i = d + nb : - 1 : 2
        uk(i) = uk(i - 1);
        etak(i) = etak(i - 1);
    end
    uk(1) = u(k);
    etak(1) = eta(k);

    for i = na : - 1 : 2
        yk(i) = yk(i - 1);
        xik(i) = xik(i - 1);
    end
    yk(1) = y(k);
    xik(1) = xi(k);
end
plot([1 : L],thetae);
xlabel('k'); ylabel(' 参数估计 a、b');
legend('a_1','a_2','b_0','b_1'); axis([0 L - 2 1.5]);
```

2.5　极大似然参数估计法

前面已经介绍了两类参数估计方法:最小二乘法和梯度校正法。这两类方法不仅计算简单,而且参数估计具有许多优良的统计性质,对噪声特性的先验知识要求也不高。本节将介绍另外一类方法——极大似然法,该方法是一种非常有用的传统估计方法。它与最小二乘法、梯度校正法的基本思想完全不同,它需要构造一个以观测数据和未知参数为自变量的似然函数,使这个函数达到极大参数值,就是模型的参数估计值。通常取噪声的概率密度函数作为似然函数,所以,极大似然法需要已知噪声的分布。在最简单的情况下,可假定噪声具有正态分布。极大似然法具有许多优点,如参数估计具有良好的渐近性质,但计算量比较大。下面将介绍递推极大似然参数估计方法[4]。

考虑 CARMA 模型:

$$A(z^{-1})y(k)=B(z^{-1})u(k)+C(z^{-1})\xi(k) \tag{2.5.1}$$

则递推极大似然参数估计算法(recursive maximum likelihood, RML)公式为

$$\begin{cases}\hat{\boldsymbol{\theta}}(k)=\hat{\boldsymbol{\theta}}(k-1)+\boldsymbol{K}(k)\hat{\xi}(k)\\ \boldsymbol{K}(k)=\boldsymbol{P}(k-1)\boldsymbol{\varphi}_f(k)[1+\boldsymbol{\varphi}_f^{\mathrm{T}}(k)\boldsymbol{P}(k-1)\boldsymbol{\varphi}_f(k)]^{-1}\\ \boldsymbol{P}(k)=[\boldsymbol{I}-\boldsymbol{K}(k)\boldsymbol{\varphi}_f^{\mathrm{T}}(k)]\boldsymbol{P}(k-1)\\ \hat{\xi}(k)=y(k)-\boldsymbol{\varphi}^{\mathrm{T}}(k)\hat{\boldsymbol{\theta}}(k-1)\\ \boldsymbol{\varphi}(k)=[-y(k-1),\cdots,-y(k-n_a),u(k-d),\cdots,u(k-d-n_b),\hat{\xi}(k-1),\cdots,\hat{\xi}(k-n_c)]^{\mathrm{T}}\\ \boldsymbol{\varphi}_f(k)=[-y_f(k-1),\cdots,-y_f(k-n_a),u_f(k-d),\cdots,u_f(k-d-n_b),\hat{\xi}_f(k-1),\cdots,\hat{\xi}_f(k-n_c)]^{\mathrm{T}}\\ y_f(k)=y(k)-\hat{c}_1(k)y_f(k-1)-\cdots-\hat{c}_{n_c}(k)y_f(k-n_c)\\ u_f(k)=u(k)-\hat{c}_1(k)u_f(k-1)-\cdots-\hat{c}_{n_c}(k)u_f(k-n_c)\\ \hat{\xi}_f(k)=\hat{\xi}(k)-\hat{c}_1(k)\hat{\xi}_f(k-1)-\cdots-\hat{c}_{n_c}(k)\hat{\xi}_f(k-n_c)\end{cases} \tag{2.5.2}$$

式(2.5.2)表明,极大似然参数估计递推算法类似于递推增广最小二乘法,所不同的只是向量 $\boldsymbol{\varphi}_f(k)$的构造不同。RML 算法初值一般取 $\hat{\boldsymbol{\theta}}(0)=\boldsymbol{0}$、$\boldsymbol{P}(0)=\boldsymbol{I}$。有关 RML 算法的推导可参考文献[4]。

算法 2-6(递推极大似然估计,RML)

已知:n_a、n_b、n_c 和 d。

Step1 设置初值 $\hat{\boldsymbol{\theta}}(0)$和 $\boldsymbol{P}(0)$,输入初始数据。

Step2 采样当前输出 $y(k)$和输入 $u(k)$。

Step3 计算 $\hat{\xi}(k)$,并构造 $\boldsymbol{\varphi}_f(k)$。

Step4 利用式(2.5.2),计算 $\boldsymbol{K}(k)$、$\hat{\boldsymbol{\theta}}(k)$和 $\boldsymbol{P}(k)$。

Step5 计算 $y_f(k)$、$u_f(k)$和 $\hat{\xi}_f(k)$。

Step6 $k \to k+1$,返回 Step2,继续循环。

仿真实例 2.11

考虑系统:

$$y(k)-1.5y(k-1)+0.7y(k-2)=u(k-1)+0.5u(k-2)+\xi(k)-0.5\xi(k-1)$$

式中,$\xi(k)$是方差为 1 的白噪声。

取初值 $\boldsymbol{P}(0)=\boldsymbol{I}$、$\hat{\boldsymbol{\theta}}(0)=\boldsymbol{0}$。选择方差为 1 的白噪声作为输入信号 $u(k)$,采用 RML 算法

进行参数估计，仿真结果如图 2.17 所示。

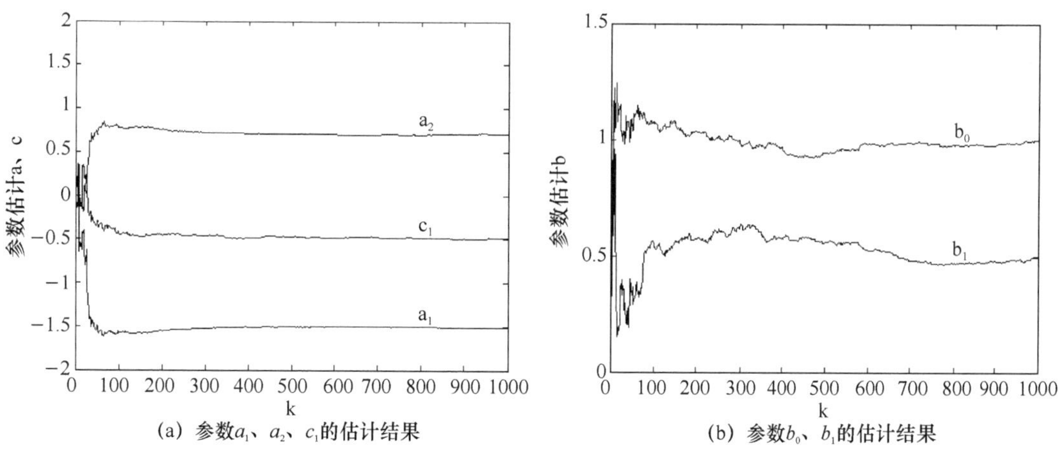

(a) 参数a_1、a_2、c_1的估计结果　　(b) 参数b_0、b_1的估计结果

图 2.17　递推极大似然算法的参数估计结果

当 $k=1\ 000$ 时，参数估计值为 $\hat{a}_1=-1.508\ 1$，$\hat{a}_2=0.707\ 5$，$\hat{b}_0=1.010\ 0$，$\hat{b}_1=0.544\ 6$，$\hat{c}_1=-0.518\ 8$。

仿真程序：chap2_11_RML.m

```
%递推极大似然参数估计(RML)
clear all; close all;

a=[1 -1.5 0.7]'; b=[1 0.5]'; c=[1 -0.5]'; d=1; %对象参数
na=length(a)-1; nb=length(b)-1; nc=length(c)-1; %na、nb、nc为A、B、C阶次
nn=max(na,nc); %用于yf(k-i)、uf(k-i)更新

L=1000; %仿真长度
uk=zeros(d+nb,1); %输入初值：uk(i)表示u(k-i)
yk=zeros(na,1); %输出初值
xik=zeros(nc,1); %白噪声初值
xiek=zeros(nc,1); %白噪声估计初值
yfk=zeros(nn,1); %yf(k-i)
ufk=zeros(nn,1); %uf(k-i)
xiefk=zeros(nc,1); %ξf(k-i)
u=randn(L,1); %输入采用白噪声序列
xi=randn(L,1); %白噪声序列

thetae_1=zeros(na+nb+1+nc,1); %参数估计初值
P=eye(na+nb+1+nc);
for k=1:L
    y(k)=-a(2:na+1)'*yk+b'*uk(d:d+nb)+c'*[xi(k);xik]; %采集输出数据
```

```
    %构造向量
    phi = [-yk;uk(d:d+nb);xiek];
    xie = y(k) - phi' * thetae_1;
    phif = [-yfk(1:na);ufk(d:d+nb);xiefk];

    %递推极大似然参数估计算法
    K = P * phif/(1 + phif' * P * phif);
    thetae(:,k) = thetae_1 + K * xie;
    P = (eye(na + nb + 1 + nc) - K * phif') * P;

    yf = y(k) - thetae(na + nb + 2:na + nb + 1 + nc,k)' * yfk(1:nc);  %yf(k)
    uf = u(k) - thetae(na + nb + 2:na + nb + 1 + nc,k)' * ufk(1:nc);  %uf(k)
    xief = xie - thetae(na + nb + 2:na + nb + 1 + nc,k)' * xiefk(1:nc);  %xief(k)

    %更新数据
    thetae_1 = thetae(:,k);

    for i = d + nb:-1:2
        uk(i) = uk(i - 1);
    end
    uk(1) = u(k);

    for i = na:-1:2
        yk(i) = yk(i - 1);
    end
    yk(1) = y(k);

    for i = nc:-1:2
        xik(i) = xik(i - 1);
        xiek(i) = xiek(i - 1);
        xiefk(i) = xiefk(i - 1);
    end
    xik(1) = xi(k);
    xiek(1) = xie;
    xiefk(1) = xief;
    for i = nn:-1:2
        yfk(i) = yfk(i - 1);
        ufk(i) = ufk(i - 1);
    end
    yfk(1) = yf;
    ufk(1) = uf;
end
```

```
figure(1)
plot([1 : L],thetae(1 : na, : ),[1 : L],thetae(na + nb + 2 : na + nb + 1 + nc, : ));
xlabel('k'); ylabel('参数估计 a、c');
legend('a_1','a_2','c_1'); axis([0 L -2 2]);
figure(2)
plot([1 : L],thetae(na + 1 : na + nb + 1, : ));
xlabel('k'); ylabel('参数估计 b');
legend('b_0','b_1'); axis([0 L 0 1.5]);
```

2.6 多变量系统参数估计

本节将介绍 MIMO 线性系统的参数估计方法。一般来说，MIMO 线性系统有四种描述形式，即输入/输出差分方程模型、传递函数矩阵模型、脉冲响应矩阵模型、状态空间模型。这四种形式的模型是等价的，也是可以相互转换的。对于 MIMO 线性系统辨识来说，一般情况下比较容易直接获得的模型是前三种，因为这三种模型的辨识可以直接利用可测的输入/输出数据获得；而状态空间模型却不容易直接利用输入/输出数据获得，因为，当状态变量不可测时，辨识问题和状态估计问题必须同时考虑，这将增加问题的复杂性。因此，MIMO 线性系统的辨识多数情况下是利用输入/输出观测数据，先获得传递函数矩阵模型、脉冲响应矩阵模型或输入/输出差分方程模型，然后再根据需要转换成对应的状态空间模型。

本节将介绍基于传递函数矩阵模型的 MIMO 系统的最小二乘参数估计方法。

考虑 MIMO 线性系统(r 输入，m 输出)，其传递函数矩阵为

$$\boldsymbol{G}(z)=\frac{\boldsymbol{B}(z^{-1})}{A(z^{-1})}=\frac{1}{A(z^{-1})}\begin{bmatrix} B_{11}(z^{-1}) & B_{12}(z^{-1}) & \cdots & B_{1r}(z^{-1}) \\ B_{21}(z^{-1}) & B_{22}(z^{-1}) & \cdots & B_{2r}(z^{-1}) \\ \vdots & \vdots & & \vdots \\ B_{m1}(z^{-1}) & B_{m2}(z^{-1}) & \cdots & B_{mr}(z^{-1}) \end{bmatrix} \tag{2.6.1}$$

式中

$$\begin{cases} A(z^{-1})=1+a(1)z^{-1}+a(2)z^{-2}+\cdots+a(n_a)z^{-n_a} \\ B_{ij}(z^{-1})=z^{-d_{ij}}[b_{ij}(0)+b_{ij}(1)z^{-1}+\cdots+b_{ij}(n_{bij})z^{-n_{bij}}] \\ i=1,2,\cdots,m;j=1,2,\cdots,r \end{cases}$$

则多变量系统可描述成

$$A(z^{-1})\boldsymbol{y}(k)=\boldsymbol{B}(z^{-1})\boldsymbol{u}(k)+A(z^{-1})\boldsymbol{\xi}(k) \tag{2.6.2}$$

式中，$\boldsymbol{\xi}(k)=[\xi_1(k),\xi_2(k),\cdots,\xi_m(k)]^{\mathrm{T}}$，$\xi_i(k)$为方差为 σ_ξ^2 的白噪声，且

$$\begin{cases} E\{\boldsymbol{\xi}(k)\}=\boldsymbol{0} \\ \mathrm{Cov}\{\boldsymbol{\xi}(k)\}=\sigma_\xi^2\boldsymbol{I}_m \\ E\{\boldsymbol{\xi}(k)\boldsymbol{\xi}^{\mathrm{T}}(j)\}=\sigma_\xi^2\delta_{kj}\boldsymbol{I}_m \end{cases}$$

多变量系统(2.6.2)可看作 m 个独立的单输出多输入子系统，第 i 个子系统可以表示成

$$A(z^{-1})y_i(k)=\sum_{j=1}^{r}B_{ij}(z^{-1})u_j(k)+e_i(k),i=1,2,\cdots,m \tag{2.6.3}$$

式中

$$e_i(k)=A(z^{-1})\xi_i(k) \tag{2.6.4}$$

令

$$\boldsymbol{\theta}=[\boldsymbol{a}^{\mathrm{T}},\boldsymbol{\theta}_1^{\mathrm{T}},\boldsymbol{\theta}_2^{\mathrm{T}},\cdots,\boldsymbol{\theta}_m^{\mathrm{T}}]^{\mathrm{T}},\text{其中}\begin{cases}\boldsymbol{a}=[a(1),a(2),\cdots,a(n_a)]^{\mathrm{T}}\\ \boldsymbol{\theta}_i=[\boldsymbol{b}_{i1}{}^{\mathrm{T}},\boldsymbol{b}_{i2}{}^{\mathrm{T}},\cdots,\boldsymbol{b}_{ir}{}^{\mathrm{T}}]^{\mathrm{T}}\\ \boldsymbol{b}_{ij}=[b_{ij}(0),b_{ij}(1),\cdots,b_{ij}(n_{bij})]^{\mathrm{T}}\end{cases}$$

$$\boldsymbol{y}(k)=[y_1(k),y_2(k),\cdots,y_m(k)]^{\mathrm{T}}$$

$$\boldsymbol{e}(k)=[e_1(k),e_2(k),\cdots,e_m(k)]^{\mathrm{T}}$$

$$\boldsymbol{\Phi}(k)=\begin{bmatrix}\boldsymbol{y}_1^{\mathrm{T}}(k) & \bar{\boldsymbol{u}}_1^{\mathrm{T}} & 0 & \cdots & 0\\ \boldsymbol{y}_2^{\mathrm{T}}(k) & 0 & \bar{\boldsymbol{u}}_2^{\mathrm{T}} & \cdots & 0\\ \vdots & \vdots & \vdots & & \vdots\\ \boldsymbol{y}_m^{\mathrm{T}}(k) & 0 & 0 & \cdots & \bar{\boldsymbol{u}}_m^{\mathrm{T}}\end{bmatrix}$$

其中

$$\begin{cases}\boldsymbol{y}_i=[-y_i(k-1),-y_i(k-2),\cdots,-y_i(k-n_a)]^{\mathrm{T}}\\ \bar{\boldsymbol{u}}_i=[\boldsymbol{u}_{i1}^{\mathrm{T}}(k),\boldsymbol{u}_{i2}^{\mathrm{T}}(k),\cdots,\boldsymbol{u}_{ir}^{\mathrm{T}}(k)]^{\mathrm{T}}\\ \boldsymbol{u}_{ij}(k)=[u_j(k-d_{ij}),u_j(k-d_{ij}-1),\cdots,u_j(k-d_{ij}-n_{bij})]^{\mathrm{T}}\end{cases},\quad i=1,2,\cdots,m,\quad j=1,2,\cdots,r$$

则式(2.6.2)可写为

$$\boldsymbol{y}(k)=\boldsymbol{\Phi}(k)\boldsymbol{\theta}+\boldsymbol{e}(k) \tag{2.6.5}$$

由式(2.6.4)知,$e_i(k)$一般为有色噪声,和SISO系统的参数辨识问题一样,MIMO系统(式2.6.5)的参数辨识需要采用增广最小二乘法或极大似然法,以期获得无偏一致估计。然而,如果$e_i(k)$较小,亦可近似视之为白噪声,此时可采用普通的最小二乘法进行参数估计。这里讨论的就是这种情况。

根据最小二乘原理,MIMO系统的最小二乘参数估计递推公式为

$$\begin{cases}\hat{\boldsymbol{\theta}}(k)=\hat{\boldsymbol{\theta}}(k-1)+\boldsymbol{K}(k)[\boldsymbol{y}(k)-\boldsymbol{\Phi}(k)\hat{\boldsymbol{\theta}}(k-1)]\\ \boldsymbol{K}(k)=\boldsymbol{P}(k-1)\boldsymbol{\Phi}^{\mathrm{T}}(k)[\boldsymbol{I}_m+\boldsymbol{\Phi}(k)\boldsymbol{P}(k-1)\boldsymbol{\Phi}^{\mathrm{T}}(k)]^{-1}\\ \boldsymbol{P}(k)=[\boldsymbol{I}-\boldsymbol{K}(k)\boldsymbol{\Phi}(k)]\boldsymbol{P}(k-1)\end{cases} \tag{2.6.6}$$

由式(2.6.6)可以看出,MIMO系统的递推最小二乘算法和SISO系统在形式上基本相同,只不过维数扩大了。为了便于记忆和理解算法,表2.3给出了MIMO系统和SISO系统递推最小二乘算法所用的向量及矩阵的维数。从表2.3可以看出,当MIMO系统采用传递函数矩阵模型描述时,参数估计方法只是单变量问题的扩展。

表2.3　MIMO系统与SISO系统RLS算法中的变量维数对照

变　量	系　统	
	SISO系统	MIMO系统
输出变量	$y(k)\in\mathbf{R}^{1\times1}$	$\boldsymbol{y}(k)\in\mathbf{R}^{m\times1}$
噪声变量	$e(k)\in\mathbf{R}^{1\times1}$	$\boldsymbol{e}(k)\in\mathbf{R}^{m\times1}$
待估参数	$\boldsymbol{\theta}\in\mathbf{R}^{(n_a+n_b+1)\times1}$	$\boldsymbol{\theta}\in\mathbf{R}^{\left(n_a+\sum\limits_{i,j}n_{bij}+m\times r\right)\times1}$

续表 2.3

变　量	系　统	
	SISO 系统	MIMO 系统
测量数据	$\boldsymbol{\varphi}(k)\in\mathbf{R}^{(n_a+n_b+1)\times 1}$	$\boldsymbol{\Phi}(k)\in\mathbf{R}^{m\times\left(n_a+\sum_{i,j}n_{bij}+m\times r\right)}$
增益矩阵	$\boldsymbol{K}(k)\in\mathbf{R}^{(n_a+n_b+1)\times 1}$	$\boldsymbol{K}(k)\in\mathbf{R}^{\left(n_a+\sum_{i,j}n_{bij}+m\times r\right)\times m}$
P 矩阵	$\boldsymbol{P}(k)\in\mathbf{R}^{(n_a+n_b+1)\times(n_a+n_b+1)}$	$\boldsymbol{P}(k)\in\mathbf{R}^{\left(n_a+\sum_{i,j}n_{bij}+m\times r\right)\times\left(n_a+\sum_{i,j}n_{bij}+m\times r\right)}$

注：MIMO 系统 $\boldsymbol{\theta}$ 中的 $m\times r$ 个参数是指 $b_{ij}(0)$，$i=1,2,\cdots,m$，$j=1,2,\cdots,r$。

算法 2-7（MIMO 递推最小二乘估计，MIMO-RLS）

已知：n_a、n_{bij} 和 d_{ij}。

Step1　设置初值 $\hat{\boldsymbol{\theta}}(0)$ 和 $\boldsymbol{P}(0)$，输入初始数据。

Step2　采样当前输入和输出（仿真时注意构造 $\boldsymbol{\Phi}(k)$ 和 $\boldsymbol{\theta}$）。

Step3　利用式(2.6.6)计算 $\boldsymbol{K}(k)$、$\hat{\boldsymbol{\theta}}(k)$ 和 $\boldsymbol{P}(k)$。

Step4　$k\to k+1$，返回 Step2，继续循环。

仿真实例 2.12

考虑双输入双输出系统，其传递函数矩阵为

$$\boldsymbol{G}(z)=\frac{1}{A(z^{-1})}\begin{bmatrix}B_{11}(z^{-1}) & B_{12}(z^{-1})\\ B_{21}(z^{-1}) & B_{22}(z^{-1})\end{bmatrix}$$

式中

$$\begin{cases}A(z^{-1})=1+a(1)z^{-1}+a(2)z^{-2}+a(3)z^{-3}=1-0.8z^{-1}-0.2z^{-2}+0.6z^{-3}\\ B_{11}(z^{-1})=z^{-1}[b_{11}(0)+b_{11}(1)z^{-1}+b_{11}(2)z^{-2}]=z^{-1}[3-3.5z^{-1}-1.5z^{-2}]\\ B_{12}(z^{-1})=z^{-1}[b_{12}(0)+b_{12}(1)z^{-1}+b_{12}(2)z^{-2}]=z^{-1}[1-0.2z^{-1}-0.5z^{-2}]\\ B_{21}(z^{-1})=z^{-2}[b_{21}(0)+b_{21}(1)z^{-1}+b_{21}(2)z^{-2}]=z^{-2}[-4-2z^{-1}-z^{-2}]\\ B_{22}(z^{-1})=z^{-1}[b_{22}(0)+b_{22}(1)z^{-1}+b_{22}(2)z^{-2}+b_{22}(3)z^{-3}]=z^{-1}[1-1.5z^{-1}+0.5z^{-2}+0.2z^{-3}]\end{cases}$$

输入量 $u_1(k)$ 和 $u_2(k)$ 采用方差为 1 的互不相关白噪声；输出测量噪声 $\xi_1(k)$ 和 $\xi_2(k)$ 采用方差为 0.1 的互不相关白噪声。

取初值 $\boldsymbol{P}(0)=10^6\boldsymbol{I}$、$\hat{\boldsymbol{\theta}}(0)=\boldsymbol{0}$，采用 MIMO-RLS 算法进行参数估计，仿真结果如图 2.18 所示。

当 $k=400$ 时，参数估计值为

$\hat{a}(1)=-0.792\,9$，$\hat{a}(2)=-0.209\,4$，$\hat{a}(3)=0.604\,0$；

$\hat{b}_{11}(0)=3.021\,0$，$\hat{b}_{11}(1)=-3.519\,4$，$\hat{b}_{11}(2)=-1.521\,9$；

$\hat{b}_{12}(0)=0.953\,7$，$\hat{b}_{12}(1)=-0.190\,4$，$\hat{b}_{12}(2)=-0.492\,2$；

$\hat{b}_{21}(0)=-4.004\,6$，$\hat{b}_{21}(1)=-2.026\,4$，$\hat{b}_{21}(2)=-0.992\,3$；

$\hat{b}_{22}(0)=0.989\,3$，$\hat{b}_{22}(1)=-1.470\,9$，$\hat{b}_{22}(2)=0.498\,4$，$\hat{b}_{22}(3)=0.197\,2$。

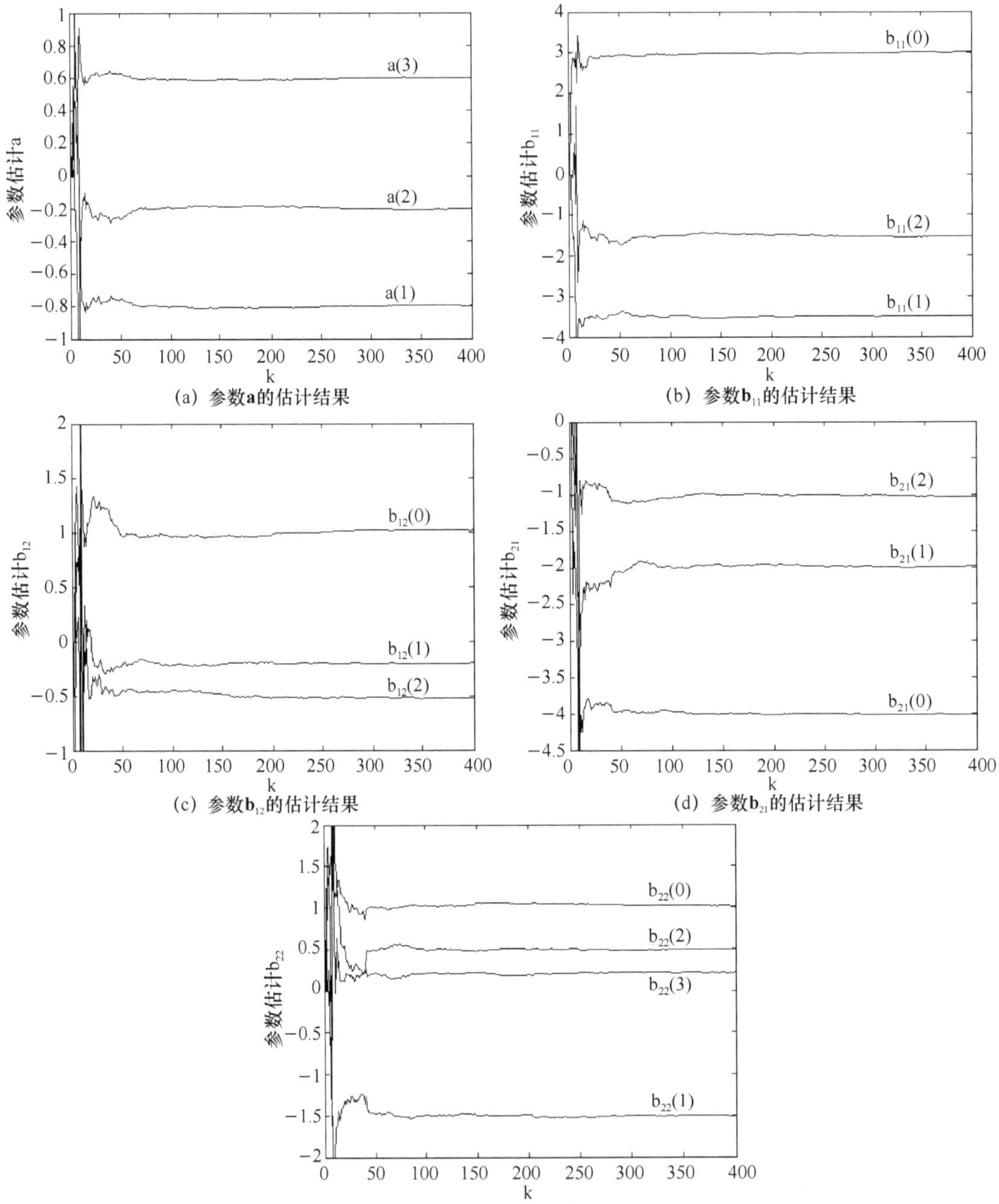

(a) 参数**a**的估计结果

(b) 参数$\mathbf{b}_{11}$的估计结果

(c) 参数$\mathbf{b}_{12}$的估计结果

(d) 参数$\mathbf{b}_{21}$的估计结果

(e) 参数$\mathbf{b}_{22}$的估计结果

图 2.18　MIMO 递推最小二乘算法的参数估计结果

仿真程序:chap2_12_MIMO_RLS.m

```
%MIMO 系统递推最小二乘参数估计(本程序针对 2 入 2 出系统)
clear all; close all;

a=[1 -0.8 -0.2 0.6]'; %多项式 A
```

```
b( : ,1,1) = [3  - 3.5  - 1.5 0]; % Bij(维数需相同)
b( : ,1,2) = [1  - 0.2  - 0.5 0];
b( : ,2,1) = [0  - 4  - 2  - 1];
b( : ,2,2) = [1  - 1.5 0.5 0.2];
d = [1 1;2 1]; % Bij 每一项的滞后 d
nb = [2 2;2 3]; % Bij 每一项的阶次
na = length(a) - 1; Sz = size(b); r = Sz(3); m = Sz(2); % r、m 分别为系统输入输出维数
mb = max(max(nb + d)); % 用于数据更新

L = 400; % 仿真长度
uk = zeros(mb,r); % 输入初值
yk = zeros(na,m); % 输出初值
xik = zeros(na,m); % 白噪声初值
xi( : ,1) = sqrt(0.1) * randn(L,1); xi( : ,2) = sqrt(0.1) * randn(L,1); % 白噪声
u( : ,1) = randn(L,1); u( : ,2) = randn(L,1); % 输入量

% 构造向量 θ(对象参数真值)
theta1 = []; theta2 = [];
for j = 1 : r
    theta1 = [theta1;b(d(1,j) : d(1,j) + nb(1,j),1,j)];
    theta2 = [theta2;b(d(2,j) : d(2,j) + nb(2,j),2,j)];
end
theta = [a(2 : na + 1)' theta1' theta2']';

thetae_1 = zeros(na + sum(sum(nb)) + 4,1); % 参数估计初值
P = 10^6 * eye(na + sum(sum(nb)) + 4);
for k = 1 : L
    % 组建 Φ(k)
    u1k = []; u2k = [];
    for j = 1 : r
        u1k = [u1k;uk(d(1,j) : d(1,j) + nb(1,j),j)];
        u2k = [u2k;uk(d(2,j) : d(2,j) + nb(2,j),j)];
    end
    phi = [ - yk', [u1k';zeros(size(u1k'))], [zeros(size(u2k'));u2k']];

    e = [xi(k, : )',xik'] * a;
    y( : ,k) = phi * theta + e; % 采集输出数据

    % 递推最小二乘法
    K = P * phi' * inv(phi * P * phi' + eye(m));
    thetae( : ,k) = thetae_1 + K * (y( : ,k) - phi * thetae_1);
    P = (eye(na + sum(sum(nb)) + 4) - K * phi) * P;
```

```
    %更新数据
    thetae_1 = thetae( : ,k);

    for j = 1 : r
        for i = mb : -1 : 2
            uk(i,j) = uk(i - 1,j);
        end
        uk(1,j) = u(k,j);
    end

    for j = 1 : m
        for i = na : -1 : 2
            yk(i,j) = yk(i - 1,j);
            xik(i,j) = xik(i - 1,j);
        end
        yk(1,j) = y(j,k);
        xik(1,j) = xi(k,j);
    end
end
figure(1)
plot([1 : L],thetae(1 : na, : ));
xlabel('k'); ylabel('参数估计 a');
legend('a(1)','a(2)','a(3)'); axis([0 L -1 1]);
figure(2)
plot([1 : L],thetae(na + 1 : na + nb(1,1) + 1, : ));
xlabel('k'); ylabel('参数估计 b11');
legend('b_1_1(0)','b_1_1(1)','b_1_1(2)'); axis([0 L -4 4]);
figure(3)
plot([1 : L],thetae(na + nb(1,1) + 2 : na + sum(nb(1, : )) + 2, : ));
xlabel('k'); ylabel('参数估计 b12');
legend('b_1_2(0)','b_1_2(1)','b_1_2(2)'); axis([0 L -1 2]);
figure(4)
plot([1 : L],thetae(na + sum(nb(1, : )) + 3 : na + sum(nb(1, : )) + nb(2,1) + 3, : ));
xlabel('k'); ylabel('参数估计 b21');
legend('b_2_1(0)','b_2_1(1)','b_2_1(2)'); axis([0 L -4.5 0]);
figure(5)
plot([1 : L],thetae(na + sum(nb(1, : )) + nb(2,1) + 4 : na + sum(sum(nb)) + 4, : ));
xlabel('k'); ylabel('参数估计 b22');
legend('b_2_2(0)','b_2_2(1)','b_2_2(2)','b_2_2(3)'); axis([0 L -2 2]);
```

第 3 章　模型参考自适应控制

模型参考自适应控制（model reference adaptive control，MRAC）是解决自适应控制问题的主要方法之一，可分为直接算法和间接算法。在实际应用中，模型参考直接自适应控制较多见，其结构如图 1.1 所示。

MRAC 最初是针对确定性连续时间系统的伺服控制问题提出来的，后来其概念和理论逐渐扩展到离散时间系统和具有随机扰动的系统。本章将首先介绍连续系统数值积分基础知识，然后详细介绍连续时间系统 MRAC 的设计方法与离散时间系统 MRAC 的设计方法。

3.1　连续系统数值积分基础知识

连续系统的动态特性一般可由一个微分方程或一组一阶微分方程加以描述。因此，要对连续系统进行计算机仿真，就需要了解如何利用计算机对微分方程进行求解。目前采用的方法是应用数值积分法对微分方程求数值解[8]。

n 阶连续系统可以用 n 个一阶微分方程表示，设其中的 1 个一阶微分方程为

$$\begin{cases}\dfrac{\mathrm{d}x(t)}{\mathrm{d}t}=f(t,x(t))\\ x(t_0)=x_0\end{cases}\tag{3.1.1}$$

所谓数值积分法，就是逐个求出区间 $[a,b]$ 内若干个离散点 $a\leqslant t_1<t_2<\cdots<t_n\leqslant b$ 处的近似解 $x(t_1),x(t_2),\cdots,x(t_n)$。数值积分的方法很多，如欧拉（Euler）法、梯形法、龙格-库塔（Runge-Kutta）法、亚当斯（Adams）法等。下面将介绍欧拉法与龙格-库塔法。

3.1.1　欧拉法

欧拉法，又称折线法或矩形法，是最简单也是最早的一种数值积分方法，但其精度较低。然而，由于其算法简单且具有明显的几何意义，有利于初学者学习和应用。

欧拉法的基本思想就是将式（3.1.1）中的积分曲线解用直线段所组成的折线加以近似。根据导数的定义可知，存在

$$\frac{\mathrm{d}x(t)}{\mathrm{d}t}=\lim_{\Delta t\to 0}\frac{x(t+\Delta t)-x(t)}{\Delta t}=f(t,x(t))\tag{3.1.2}$$

当 Δt 足够小时，式（3.1.2）可近似表示为

$$\frac{x(t+\Delta t)-x(t)}{\Delta t}\approx f(t,x(t))\tag{3.1.3}$$

若令 $h=\Delta t$、$t_k=t$、$t_{k+1}=t+h$，则得到

$$x(t_{k+1})\approx x(t_k)+hf(t_k,x(t_k))\tag{3.1.4}$$

式中，h 称为计算步长或步距。

式（3.1.4）称为欧拉法递推公式，由此可求出式（3.1.1）的数值解。

该方法简单、计算量小，由前一点即可推出后一点值，属于单步法。因其从初值即可开始进行递推运算，无需其他条件要求，因此能够自启动。但该算法精度较低，适当减小计算步长 h 有助于提高计算精度。

3.1.2 龙格-库塔法

根据泰勒级数将式(3.1.1)在 t_{k+1} 时刻的解 $x(t_{k+1})$ 在 t_k 处展开，有

$$x(t_{k+1})\approx x(t_k)+hx'(t_k)+\frac{h^2}{2!}x''(t_k)+\cdots+\frac{h^n}{n!}x^{(n)}(t_k)+0(h^{n+1}) \tag{3.1.5}$$

可以看出，提高截断误差的阶次，便可提高其精度，但是由于计算各阶导数相当麻烦，所以直接用泰勒级数公式是不适用的。为了提高计算精度，龙格和库塔两人先后提出了间接使用泰勒级数公式的方法，即用函数值 $f(t,x(t))$ 的线性组合来代替 $f(t,x(t))$ 的各阶导数，然后利用泰勒公式来确定其中的系数，这样既便于计算导数，又可以提高数值计算精度。

实际上，对于工程应用，四阶龙格-库塔法已完全能够满足仿真精度要求，所以目前在数字仿真中，最常用的是四阶龙格-库塔法，其截断误差为 $0(h^5)$。四阶龙格-库塔法的递推公式如下(推导略)。

$$\begin{cases}x_{k+1}=x_k+\dfrac{h}{6}(k_1+2k_2+2k_3+k_4)\\ k_1=f(t_k,x_k)\\ k_2=f\left(t_k+\dfrac{h}{2},x_k+\dfrac{h}{2}k_1\right)\\ k_3=f\left(t_k+\dfrac{h}{2},x_k+\dfrac{h}{2}k_2\right)\\ k_4=f(t_k+h,x_k+hk_3)\end{cases} \tag{3.1.6}$$

需要说明的是，求解高阶连续系统的数字仿真程序，一般是根据状态方程(一组一阶微分方程)及输出方程来编写的。如果连续系统的数学模型是用其他形式表示的，则须先将其转换成状态空间表达式，然后利用某种数值积分方法，选择适当的步长，对状态方程及输出方程求解，直到时间达到预先规定的要求为止。

仿真实例 3.1

利用数值积分方法求解图 3.1 所示 SISO 系统的输出。

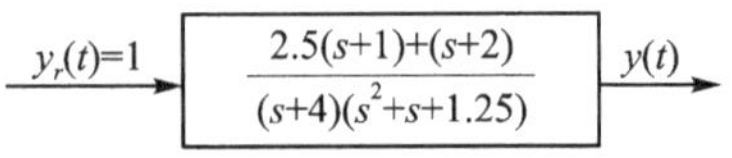

$y_r(t)=1$ → $\dfrac{2.5(s+1)+(s+2)}{(s+4)(s^2+s+1.25)}$ → $y(t)$

图 3.1 SISO 系统

解：首先将系统的传递函数转化为状态空间形式：

$$\begin{cases}\dot{\boldsymbol{x}}(t)=\boldsymbol{A}\boldsymbol{x}(t)+\boldsymbol{b}y_r(t)\\ y(t)=\boldsymbol{c}\boldsymbol{x}(t)\end{cases}$$

其中，$\boldsymbol{A}=\begin{bmatrix}-4 & 0 & 0\\ 1 & -1 & -1.118\\ 0 & 1.118 & 0\end{bmatrix}$，$\boldsymbol{b}=\begin{bmatrix}1\\0\\0\end{bmatrix}$，$\boldsymbol{c}=[2.5\quad 5\quad 1.677]$。

假设历史数据 $\boldsymbol{x}(0)=\boldsymbol{0}$，$y_r(0)=0$，取计算步长 $h=0.3$。下面以欧拉法为例，求解系统输出的数值解如下。

$$x(0.3)=x(0)+h[Ax(0)+by_r(0)]=\mathbf{0},\quad y(0.3)=cx(0.3)=0$$

$$x(0.6)=x(0.3)+h[Ax(0.3)+by_r(0.3)]=\begin{bmatrix}0.3\\0\\0\end{bmatrix},\quad y(0.6)=cx(0.6)=0.75$$

$$x(0.9)=x(0.6)+h[Ax(0.6)+by_r(0.6)]=\begin{bmatrix}0.24\\0.09\\0\end{bmatrix},\quad y(0.9)=cx(0.9)=1.05$$

⋮　　　　　　　　　　　　　　　　⋮

利用欧拉法与四阶龙格-库塔法，对图 3.1 所示系统进行求解，仿真结果如图 3.2 所示。可以看出，四阶龙格-库塔法精度高于欧拉法；而且随着仿真步长 h 值的减小，数值积分精度越来越高，两种数值积分方法的精度也逐渐接近。

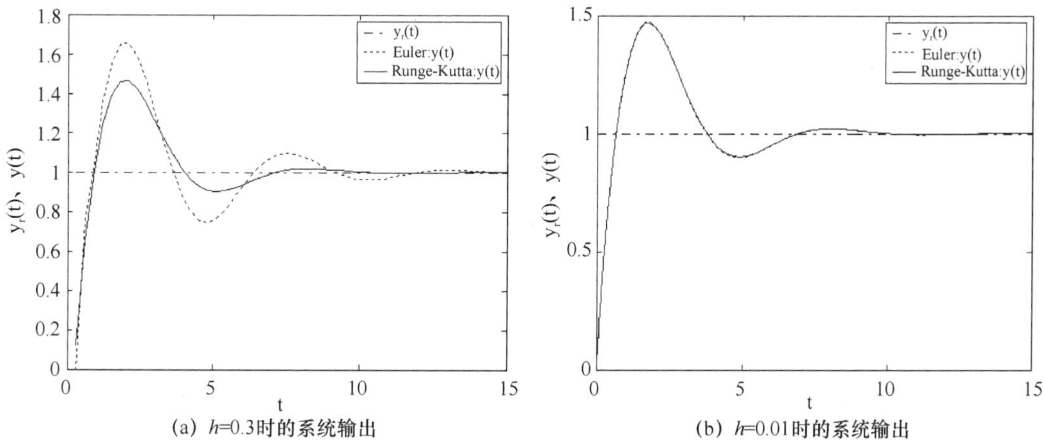

图 3.2　基于数值积分方法的系统输出

仿真程序：chap3_01_Runge_Kutta_Euler. m

```
%数值积分方法求解连续系统输出(龙格-库塔法与欧拉法的比较)
clear all; close all;

h = 0.3; L = 15/h; % h计算步长、L为仿真步数
z = [-1 -2]; p = [-4 -0.5 + j -0.5 - j]; k = 2.5; %对象的零极点型
[A,B,C,D] = zp2ss(z,p,k); %转化为状态空间型
u = 1 * ones(L,1); u0 = 0; %输入及初值
n = length(p); %对象阶次

x0 = zeros(n,1); xe0 = zeros(n,1); % x0、xe0分别为龙格-库塔法、欧拉法的状态初值
for i = 1 : L
    time(i) = i * h;

    %欧拉法
    xe = xe0 + h * (A * xe0 + B * u0);
```

```
    ye(i) = C * xe;

    % 龙格-库塔法
    k1 = A * x0 + B * u0;
    k2 = A * (x0 + h * k1/2) + B * u0;
    k3 = A * (x0 + h * k2/2) + B * u0;
    k4 = A * (x0 + h * k3) + B * u(i);
    x = x0 + h * (k1 + 2 * k2 + 2 * k3 + k4)/6;
    y(i) = C * x;

    % 更新数据
    u0 = u(i);x0 = x;xe0 = xe;
end
plot(time,u,'k-.',time,ye,':',time,y,'r');
xlabel('t'); ylabel('y_r(t)、y(t)');
legend('y_r(t)','Euler: y(t)','Runge-Kutta: y(t)');
```

3.2 基于梯度法的模型参考自适应控制

本节将介绍求解 MRAC 的梯度法。在 MRAC 的设计方法中,梯度法是一种基本方法,由于该方法最简单,所以应用也最广泛。本节将介绍一种最早用梯度法设计而且后来被大量使用的 MIT 自适应控制律,因其首先在美国麻省理工学院(Massachusetts Institute of Technology,MIT)的测量设备实验室产生而得名。

3.2.1 MIT 自适应律

1. MIT 自适应律

设参考模型输出和系统实际输出之差为 e(广义误差),被控对象未知或慢时变参数为 $\boldsymbol{\theta}$,控制目标为:调整控制器参数,使得 $e(\infty)=0$。引入性能指标函数为

$$J=J(\boldsymbol{\theta})=\frac{1}{2}e^2 \tag{3.2.1}$$

式中,$J(\boldsymbol{\theta})$表示 J 关于 $\boldsymbol{\theta}$ 的函数。

为了使 J 取极小值,比较合理的做法是沿 J 的负梯度方向变更参数,即

$$\dot{\boldsymbol{\theta}}=\frac{\mathrm{d}\boldsymbol{\theta}}{\mathrm{d}t}=-\gamma\frac{\partial J}{\partial\boldsymbol{\theta}}=-\gamma\frac{\partial J}{\partial e}\frac{\partial e}{\partial\boldsymbol{\theta}}=-\gamma e\frac{\partial e}{\partial\boldsymbol{\theta}} \tag{3.2.2}$$

式中,$\partial e/\partial\boldsymbol{\theta}$ 称为系统的灵敏度导数,γ 为调整率。

形如式(3.2.2)所示的含有灵敏度导数$\partial e/\partial\boldsymbol{\theta}$ 的参数调整律通常称为 MIT 自适应律。

2. 基于 MIT 律的可调增益 MRAC

MIT 自适应律可用于单个可调参数的情况,也可用于多个可调参数的情况,即 $\boldsymbol{\theta}$ 既可为

标量,也可为向量。下面将介绍具有单个可调参数的可调增益 MRAC。

设被控对象为

$$k_pG(s) \tag{3.2.3}$$

式中,k_p 为增益,未知或慢时变;$G(s)$为已知的传递函数,且是稳定和最小相位的。

则参考模型可取为

$$k_mG(s) \tag{3.2.4}$$

式中,k_m 为已知的参考模型增益。

根据被控对象与参考模型结构相匹配的原则进行控制器的设计,其结构如图 3.3 所示,图中 $k_c(t)$为可调增益。

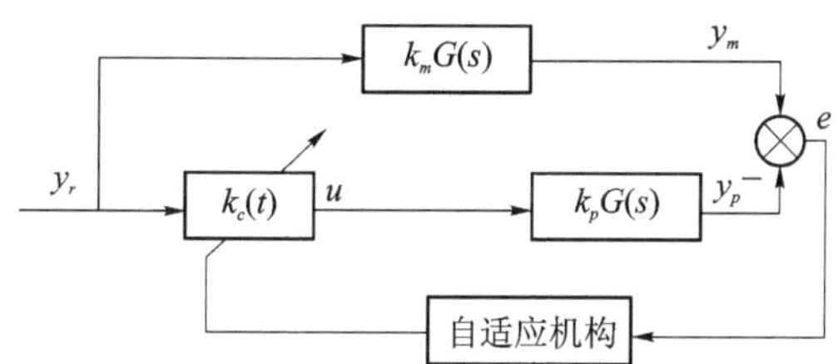

图 3.3 可调增益 MIT-MRAC 系统结构

由图 3.3 知

$$e(t)=y_m(t)-y_p(t)=k_mG(p)y_r(t)-k_c(t)k_pG(p)y_r(t) \tag{3.2.5}$$

式中,$G(p)$中的 $p=\dfrac{\mathrm{d}}{\mathrm{d}t}$为微分算子。

则灵敏度导数为

$$\frac{\partial e(t)}{\partial k_c(t)}=-k_pG(p)y_r(t)=-\frac{k_p}{k_m}k_mG(p)y_r(t)=-\frac{k_p}{k_m}y_m(t) \tag{3.2.6}$$

将式(3.2.6)代入式(3.2.2),得可调增益自适应律为

$$\dot{k}_c(t)=\frac{\mathrm{d}k_c(t)}{\mathrm{d}t}=\gamma' e(t)\frac{k_p}{k_m}y_m(t)=\gamma e(t)y_m(t) \tag{3.2.7}$$

式中,$G(p)$中的 $\gamma=\gamma' k_p/k_m$ 为自适应增益($\gamma>0$)。

由图 3.3 知,系统的控制律为

$$u(t)=k_c(t)y_r(t) \tag{3.2.8}$$

算法 3-1(可调增益 MIT-MRAC)

已知:$G(s)$。

Step1 选择参考模型,即 $k_mG(s)$。

Step2 选择参考输入信号 $y_r(t)$和自适应增益 γ。

Step3 采样当前参考模型输出 $y_m(t)$和系统实际输出 $y_p(t)$。

Step4 利用式(3.2.7)和式(3.2.8)计算 $u(t)$。

Step5 $t\to t+h$,返回 Step3,继续循环。

仿真实例 3.2

设稳定被控对象

$$k_pG(s)=\frac{k_p}{s^2+a_1s+a_0},\quad a_1=a_0=1$$

式中,k_p 未知(仿真时取 $k_p=1$)。

选择参考模型为

$$k_m G(s)=\frac{k_m}{s^2+a_1 s+a_0},\quad a_1=a_0=k_m=1$$

取自适应增益 $\gamma=0.1$,参考输入 y_r 为方波信号,其幅值 r 分别取为 0.6、1.2、3.2,采用可调增益 MIT-MRAC 算法,仿真结果如图 3.4 所示。

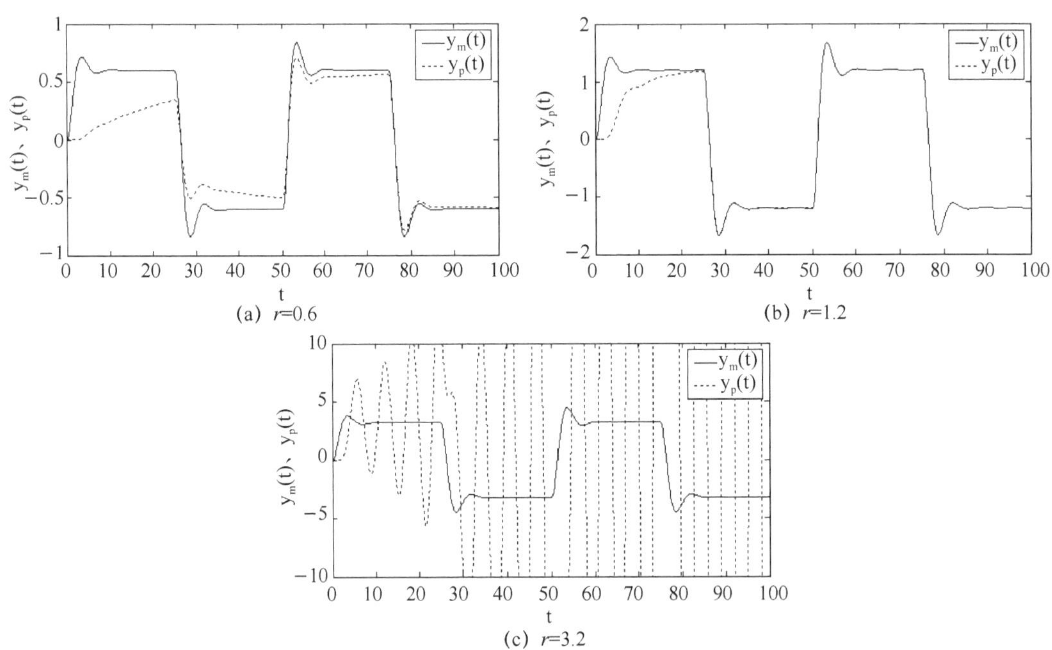

图 3.4 可调增益 MIT-MRAC 算法的控制效果

由图 3.4 可知:当参考输入信号幅值 $r=0.6$ 时,闭环系统输出响应特别慢;当 $r=1.2$ 时,输出响应性能良好;而当 $r=3.2$ 时,系统就变得不稳定。可见系统的收敛速度和稳定性与参考输入信号的幅值密切相关。而且,读者也可以验证,当参考输入信号取某一固定值时,如取常值信号 $y_r=1.2$,自适应增益 γ 分别取 0.01、0.1、0.7 时,也会发生类似现象。可见,如果参考输入信号幅值或者自适应增益过大,均容易导致系统不稳定。由式(3.2.6)和式(3.2.7)可知,若参考输入信号幅值 r 或自适应增益 γ 取值过大,将使可调增益变化率 $\dot{k}_c(t)$ 过大,从而导致闭环系统的发散。这个结论也可以从下面的理论分析中得到验证。

式(3.2.8)等号两边对 t 求导,并由 $y_r=r$ 得

$$\dot{u}(t)=\dot{k}_c(t)r \tag{3.2.9}$$

由图 3.3 知

$$y_p(t)=k_p G(p)u(t) \tag{3.2.10}$$

由式(3.2.10)及仿真实例 3.2 中的被控对象传递函数得

$$\ddot{y}_p(t)+a_1\dot{y}_p(t)+a_0 y_p(t)=k_p u(t) \tag{3.2.11}$$

式(3.2.11)等号两边对 t 求导得

$$\dddot{y}_p(t)+a_1\ddot{y}_p(t)+a_0\dot{y}_p(t)=k_p\dot{u}(t) \tag{3.2.12}$$

由式(3.2.12)、式(3.2.9)和式(3.2.7)得

$$\dddot{y}_p(t)+a_1\ddot{y}_p(t)+a_0\dot{y}_p(t)=k_p\gamma e(t)y_m(t)r=k_p\gamma[y_m(t)-y_p(t)]y_m(t)r$$

即

$$\dddot{y}_p(t)+a_1\ddot{y}_p(t)+a_0\dot{y}_p(t)+[k_p\gamma y_m(t)r]y_p(t)=k_p\gamma y_m^2(t)r \tag{3.2.13}$$

式中，$y_m(t)$为已知的时间函数，所以式(3.2.13)为时变线性微分方程，其特性不易分析。但由于参考输入信号为常量，则参考模型输出 $y_m(t)$也将趋于常量，即

$$y_m(\infty)=\lim_{s\to 0}sy_m(s)=\lim_{s\to 0}\frac{k_m r}{s^2+s+1}=k_m r$$

将式(3.2.13)中的 $y_m(t)$用 $k_m r$ 代替，得

$$\dddot{y}_p(t)+a_1\ddot{y}_p(t)+a_0\dot{y}_p(t)+[k_p k_m\gamma r^2]y_p(t)=k_p k_m^2\gamma r^3 \tag{3.2.14}$$

则闭环系统的特征方程为

$$D(s)=s^3+a_1s^2+a_0s+k_pk_m\gamma r^2=0$$

由 Hurwits 稳定判据知，若

$$a_1a_0>k_pk_m\gamma r^2 \tag{3.2.15}$$

则此 MRAC 闭环系统稳定。所以，当自适应增益 γ 或输入信号幅值 r 过大时，均会使式(3.2.15)不成立，从而导致系统不稳定。

对于仿真实例 3.2 中的对象，即 $a_1=a_0=k_m=k_p=1$，若取自适应增益 γ 为常值(如 $\gamma=0.1$)，由式(3.2.15)可计算出闭环系统的稳定域为

$$r<\sqrt{10}=3.162$$

上式与仿真结果基本相符，存在的少许偏差是由于上述推导过程中的简化处理引起的，即 $y_m(t)\approx y_m(\infty)=k_m r$。

若参考输入取常值信号 $y_r=1.2$，由式(3.2.15)也可以确定闭环系统稳定域 γ 的范围为 $\gamma<0.694$。

仿真程序：chap3_02_MIT_MRAC.m

```
%可调增益 MIT-MRAC
clear all; close all;

h = 0.1; L = 100/h; %数值积分步长、仿真步数
num = [1]; den = [1 1 1]; n = length(den) - 1; %对象参数
kp = 1; [Ap,Bp,Cp,Dp] = tf2ss(kp * num,den); %传递函数型转换为状态空间型
km = 1; [Am,Bm,Cm,Dm] = tf2ss(km * num,den); %参考模型参数

gamma = 0.1; %自适应增益
yr0 = 0; u0 = 0; e0 = 0; ym0 = 0; %初值
xp0 = zeros(n,1); xm0 = zeros(n,1); %状态向量初值
kc0 = 0; %可调增益初值
r = 0.6; yr = r * [ones(1,L/4) - ones(1,L/4) ones(1,L/4) - ones(1,L/4)]; %输入信号

for k = 1 : L
```

```
    time(k) = k * h;
    xp( : ,k) = xp0 + h * (Ap * xp0 + Bp * u0);
    yp(k) = Cp * xp( : ,k) + Dp * u0; % 计算 yp

    xm( : ,k) = xm0 + h * (Am * xm0 + Bm * yr0);
    ym(k) = Cm * xm( : ,k) + Dm * yr0; % 计算 ym

    e(k) = ym(k) - yp(k); % e = ym - yp
    kc = kc0 + h * gamma * e0 * ym0; % MIT 自适应律
    u(k) = kc * yr(k); % 控制量

     % 更新数据
    yr0 = yr(k); u0 = u(k); e0 = e(k); ym0 = ym(k);
    xp0 = xp( : ,k); xm0 = xm( : ,k);
    kc0 = kc;
end
plot(time,ym,'r',time,yp,': ');
xlabel('t'); ylabel('y_m(t)、y_p(t)');
 % axis([0 L * h - 10 10]);
legend('y_m(t)','y_p(t)');
```

3.2.2 MIT 归一化算法

由 3.2.1 中的分析可知:在可调增益 MIT-MRAC 中,自适应增益的选择与参考输入信号的幅值相关,即同一自适应增益 γ 的 MRAC 系统,对于某一幅值输入信号稳定,而对于另一幅值输入信号则可能变得不稳定。

为了克服 MIT 自适应律的上述缺陷,需要对其进行修正,使得自适应增益与输入信号幅值无关。一种修正方案是归一化处理,用下式

$$\dot{\boldsymbol{\theta}}=\frac{\mathrm{d}\boldsymbol{\theta}}{\mathrm{d}t}=-\gamma\frac{e\dfrac{\partial e}{\partial\boldsymbol{\theta}}}{\alpha+\left(\dfrac{\partial e}{\partial\boldsymbol{\theta}}\right)^{\mathrm{T}}\left(\dfrac{\partial e}{\partial\boldsymbol{\theta}}\right)}\tag{3.2.16}$$

代替 MIT 自适应律(式 3.2.2)。式(3.2.16)中,$\alpha>0$,是为了避免可能发生的除零现象而引入的。

作为一种附加的预防措施,还可以引入一种饱和特性,以保证参数调整率总小于某一给定的界值,即

$$\dot{\boldsymbol{\theta}}=\frac{\mathrm{d}\boldsymbol{\theta}}{\mathrm{d}t}=-\gamma\,\mathrm{sat}\left(\frac{e\dfrac{\partial e}{\partial\boldsymbol{\theta}}}{\alpha+\left(\dfrac{\partial e}{\partial\boldsymbol{\theta}}\right)^{\mathrm{T}}\left(\dfrac{\partial e}{\partial\boldsymbol{\theta}}\right)},\beta\right)\tag{3.2.17}$$

式中,$\beta>0$,且

$$\mathrm{sat}(x,\beta)=\begin{cases}-\beta, & x<-\beta \\ x, & |x|\leqslant\beta \\ \beta, & x>\beta\end{cases}$$

式(3.2.17)的算法称为 MIT 归一化算法。

针对可调增益 MIT-MRAC，由式(3.2.6)、式(3.2.17)得修正的可调增益自适应律

$$\dot{k}_c(t)=\gamma\mathrm{sat}\left(\frac{e(t)y_m(t)/k_m}{\alpha+y_m^2(t)/k_m^2},\beta\right) \tag{3.2.18}$$

应用表明，MIT 归一化控制律(式(3.2.17))可用于不同结构的控制系统。如果自适应增益选得足够小，参数初值又对应于一个稳定的闭环系统，则 MIT 归一化控制律就能正常工作。

算法 3-2(可调增益 MIT-MRAC 归一化算法)

已知：$G(s)$。

Step1　选择参考模型，即 $k_mG(s)$。

Step2　选择输入信号 $y_r(t)$、自适应增益 γ 及参数 α、β。

Step3　采样当前参考模型输出 $y_m(t)$和系统输出 $y_p(t)$。

Step4　利用式(3.2.18)和式(3.2.8)计算 $u(t)$。

Step5　$t\rightarrow t+h$，返回 Step3，继续循环。

仿真实例(同仿真实例 3.2)

仍采用仿真实例 3.2。取自适应增益 $\gamma=0.1$，$\alpha=0.01$，$\beta=2$，参考输入 y_r 为方波信号，幅值 r 分别为 0.6、1.2、10 000，采用可调增益 MIT-MRAC 归一化算法，仿真结果如图 3.5 所示。

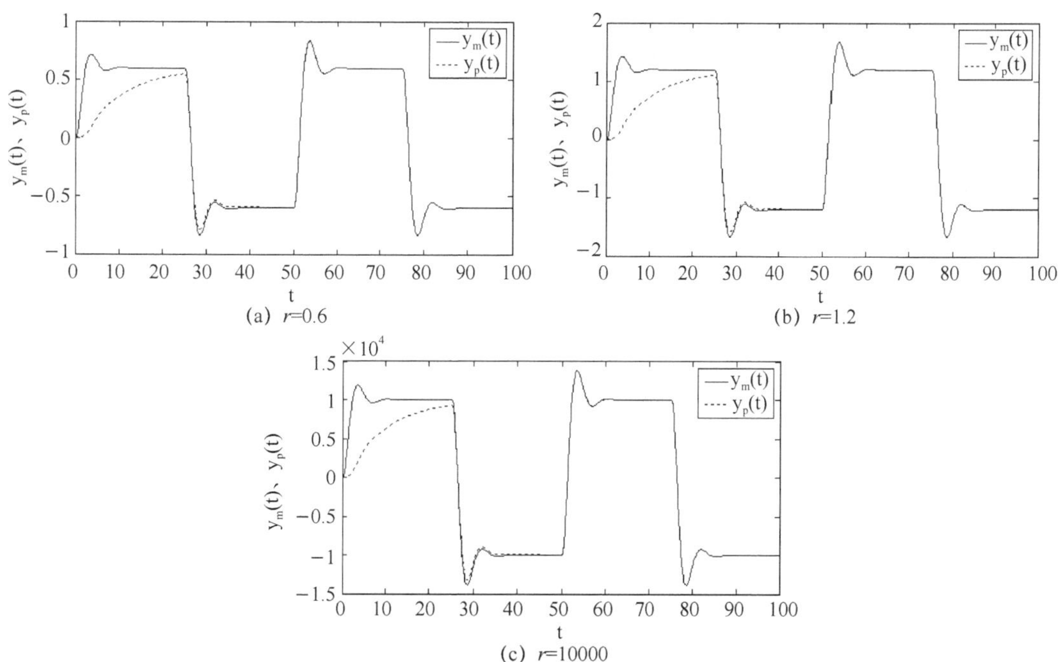

图 3.5　可调增益 MIT-MRAC 归一化算法的控制效果

由图 3.5 可以看出，归一化算法在参考输入信号幅值相当大的范围内均能保证闭环系统稳定，即闭环系统的稳定性与参考输入信号幅值无关。这一结论证明如下。

由式(3.2.18)取可调增益自适应律为

$$\dot{k}_c(t)=\frac{\gamma e(t)y_m(t)/k_m}{\alpha+y_m^2(t)/k_m^2} \tag{3.2.19}$$

则由式(3.2.9)得

$$\dot{u}(t)=\frac{\gamma e(t)y_m(t)r/k_m}{\alpha+y_m^2(t)/k_m^2} \tag{3.2.20}$$

又 $y_m(t)\approx k_m r$,且一般取 $\alpha\ll r^2$,则式(3.2.20)简化为

$$\dot{u}(t)=\frac{\gamma e(t)y_m(t)r/k_m}{\alpha+y_m^2(t)/k_m^2}\approx\gamma e(t) \tag{3.2.21}$$

由式(3.2.21)可以看出,自适应控制律 $u(t)$ 与 r 无关。

将式(3.2.21)代入式(3.2.12)得

$$\dddot{y}_p(t)+a_1\ddot{y}_p(t)+a_0\dot{y}_p(t)=k_p\gamma e(t)\approx k_p\gamma[k_m r-y_p(t)]$$

即

$$\dddot{y}_p(t)+a_1\ddot{y}_p(t)+a_0\dot{y}_p(t)+k_p\gamma y_p(t)=k_p\gamma k_m r \tag{3.2.22}$$

由 Hurwits 稳定判据知,若

$$a_1a_0>k_p\gamma \tag{3.2.23}$$

则此 MRAC 闭环系统稳定。

由式(3.2.23)可以看出,闭环系统的稳定性与 r 无关,只与自适应增益 γ 有关。因此,可由式(3.2.23)获得保证系统稳定的 γ 值范围,但由于上述推导过程中进行了多处"≈"简化处理,可能会使获得的 γ 值存在少许偏差。

仿真程序:chap3_03_MIT_MRAC_Standard.m

```
%可调增益 MIT-MRAC 归一化算法
clear all; close all;

h = 0.1; L = 100/h; %数值积分步长和仿真步数
num = [1]; den = [1 1 1]; n = length(den) - 1; %对象参数
kp = 1; [Ap,Bp,Cp,Dp] = tf2ss(kp * num,den); %传递函数型转换为状态空间型
km = 1; [Am,Bm,Cm,Dm] = tf2ss(km * num,den); %参考模型参数

gamma = 0.1; %自适应增益
alpha = 0.01; beta = 2;

yr0 = 0; u0 = 0; e0 = 0; ym0 = 0; %初值
xp0 = zeros(n,1); xm0 = zeros(n,1); %状态向量初值
kc0 = 0; %可调增益初值
r = 1.2; yr = r * [ones(1,L/4) - ones(1,L/4) ones(1,L/4) - ones(1,L/4)]; %输入信号

for k = 1 : L
    time(k) = k * h;
    xp( : ,k) = xp0 + h * (Ap * xp0 + Bp * u0);
```

```
    yp(k) = Cp * xp( : ,k) + Dp * u0; % 计算 yp

    xm( : ,k) = xm0 + h * (Am * xm0 + Bm * yr0);
    ym(k) = Cm * xm( : ,k) + Dm * yr0; % 计算 ym
    e(k) = ym(k) - yp(k); % e = ym - yp

    DD = e0 * ym0/km/(alpha + (ym0/km)^2);
    if DD< - beta
        DD = - beta;
    end
    if DD>beta
        DD = beta;
    end
    kc = kc0 + h * gamma * DD; % MIT 自适应律
    u(k) = kc * yr(k); % 控制量

    % 更新数据
    yr0 = yr(k); u0 = u(k); e0 = e(k); ym0 = ym(k);
    xp0 = xp( : ,k); xm0 = xm( : ,k);
    kc0 = kc;
end
plot(time,ym,'r',time,yp,' : ');
xlabel('t'); ylabel('y_m(t)、y_p(t)');
legend('y_m(t)','y_p(t)');
```

3.3　基于 Lyapunov 稳定性理论的模型参考自适应控制

为了克服 3.2 节采用局部参数最优化方法设计的 MRAC 无法保证稳定的缺陷，德国学者帕克斯(P. C. Parks)于 1966 年提出了采用 Lyapunov 第二法推导的 MRAC 自适应控制律，以保证系统具有全局渐近稳定性。从而，MRAC 设计进入了采用稳定性理论设计准则的阶段，同时给自适应控制技术带来了新的生机，使其得以迅速发展和应用。

3.3.1　Lyapunov 稳定性理论与正实传递函数

1. Lyapunov 稳定性理论

稳定性是系统的重要特性，是系统正常工作的首要条件，通常是指在外部扰动停止作用后，系统恢复到原来平衡状态的性能。MRAC 系统本质上是一种复杂的非线性系统，所以在设计这种系统时，很难利用现有的线性系统稳定性理论，如 Routh 判据、Hurwitz 判据、Nyquist 判据、根轨迹等；而非线性系统稳定性理论，如描述函数法和相平面法，前者要求系统的线性部分具有良好的滤除谐波的性能，后者只适用于一阶、二阶非线性系统。

1892 年,俄国学者 Lyapunov 提出了普遍适用的稳定性理论,利用能量概念来确定系统的稳定性。Lyapunov 理论在建立一系列关于稳定性概念的基础上,提出了判断系统稳定性的两种方法,即第一方法和第二方法。第一方法基于线性化原理,通过研究线性化后的微分方程来确定非线性微分方程在平衡点附近的稳定性。这种方法需要微分方程的显解,而对于多变量时变系统,求解微分方程并非易事,所以这种方法的应用受到了很大限制。第二方法无须求解系统的微分方程,而是利用 Lyapunov 函数来判断系统的稳定性,所以,具有较大的优越性。这里仅简要介绍设计 MRAC 系统主要采用的 Lyapunov 第二方法。

(1) Lyapunov 意义下的稳定性

设系统的向量微分方程为

$$\dot{\boldsymbol{x}}=\boldsymbol{f}(\boldsymbol{x},t),\quad \boldsymbol{x}(t_0)=\boldsymbol{x}_0,\quad t\geqslant t_0 \tag{3.3.1}$$

式中,$\boldsymbol{x}$ 为 n 维状态向量;$\boldsymbol{f}(\boldsymbol{x},t)$为 n 维向量函数。

如果方程的解为 $\boldsymbol{x}(t;\boldsymbol{x}_0,t_0)$,式中 $\boldsymbol{x}_0$ 和 t_0 分别为初始状态向量和初始时刻,则初始条件 $\boldsymbol{x}_0$ 必满足 $\boldsymbol{x}_0=\boldsymbol{x}(t_0;\boldsymbol{x}_0,t_0)$。

定义 3-1(平衡状态) 对于系统(3.3.1),如果存在某个状态 $\boldsymbol{x}_e$ 满足

$$\dot{\boldsymbol{x}}_e=\boldsymbol{f}(\boldsymbol{x}_e,t)=\boldsymbol{0},\quad \forall t\geqslant t_0 \tag{3.3.2}$$

则称 $\boldsymbol{x}_e$ 为平衡状态。

定义 3-2(稳定性) 设系统(3.3.1)的初始状态位于以平衡状态 $\boldsymbol{x}_e$ 为球心、正实数 δ 为半径的闭球域 $S(\delta)$内,即

$$\|\boldsymbol{x}_0-\boldsymbol{x}_e\|\leqslant\delta$$

若系统的解 $\boldsymbol{x}(t;\boldsymbol{x}_0,t_0)$在 $t\geqslant t_0$ 时存在,并都位于以 $\boldsymbol{x}_e$ 为球心、任意正实数 ε 为半径的闭球域 $S(\varepsilon)$内,即

$$\|\boldsymbol{x}(t;\boldsymbol{x}_0,t_0)-\boldsymbol{x}_e\|\leqslant\varepsilon,\quad t\geqslant t_0$$

则称系统的平衡状态 $\boldsymbol{x}_e$ 在 Lyapunov 意义下是稳定的。式中,$\|\cdot\|$为 Euclid 范数,其几何意义是表示空间距离的尺度。

实数 δ 与 ε 有关,通常也与 t_0 有关。若 δ 与 t_0 无关,则称平衡状态是一致稳定的。

定义 3-3(渐近稳定性) 若系统(3.3.1)的平衡状态 $\boldsymbol{x}_e$ 是 Lyapunov 稳定的,初始状态位于以平衡状态 $\boldsymbol{x}_e$ 为球心、正实数 δ 为半径的闭球域 $S(\delta)$内,即

$$\|\boldsymbol{x}_0-\boldsymbol{x}_e\|\leqslant\delta$$

若系统的解 $\boldsymbol{x}(t;\boldsymbol{x}_0,t_0)$在 $t\geqslant t_0$ 时存在,且有

$$\lim_{t\to\infty}\|\boldsymbol{x}(t;x_0,t_0)-\boldsymbol{x}_e\|=0$$

则称此平衡状态 $\boldsymbol{x}_e$ 是渐近稳定的。若 δ 与 t_0 无关,则称平衡状态是一致渐近稳定的。

定义 3-4(全局渐近稳定性) 若系统(3.3.1)的平衡状态 $\boldsymbol{x}_e$ 是 Lyapunov 稳定的,且不论初始状态 $\boldsymbol{x}_0$ 取何值,均有

$$\lim_{t\to\infty}\|\boldsymbol{x}(t;\boldsymbol{x}_0,t_0)-\boldsymbol{x}_e\|=0,\quad \forall \boldsymbol{x}_0\in\mathbf{R}^n$$

则称此平衡状态 $\boldsymbol{x}_e$ 是全局渐近稳定的。

定义 3-5(不稳定) 对于系统(3.3.1),如果对于不管取多么大的有限实数 $\varepsilon>0$,都不可能找到相应的实数 $\delta>0$,使得满足不等式

$$\|\boldsymbol{x}_0-\boldsymbol{x}_e\|\leqslant\delta$$

的任一初始状态 $\boldsymbol{x}_0$ 满足如下不等式

$$\|\boldsymbol{x}(t;\boldsymbol{x}_0,t_0)-\boldsymbol{x}_e\|\leqslant\varepsilon,\quad t\geqslant t_0$$

则称系统的平衡状态 $\boldsymbol{x}_e$ 是不稳定的。

(2) Lyapunov 第二方法的主要定理

1) 定号函数

定义 3-6(正定函数)　定常标量函数 $V(\boldsymbol{x})$ 对所有在域 S 中的非零状态 $\boldsymbol{x}$ 有 $V(\boldsymbol{x})>0$ 且 $V(\boldsymbol{0})=0$,则称 $V(\boldsymbol{x})$ 在域 S(域 S 包含状态空间的原点)内是正定函数。

对于时变标量函数 $V(\boldsymbol{x},t)$,如果有一个定常的正定函数作为下限,即存在一个正定函数 $W(\boldsymbol{x})$,使得

$$V(\boldsymbol{x},t)>W(\boldsymbol{x}),\quad V(\boldsymbol{0},t)=0,\quad t\geqslant t_0$$

则称 $V(\boldsymbol{x},t)$ 在域 S(域 S 包含状态空间的原点)内是正定函数。

定义 3-7(负定函数)　如果 $-V(\boldsymbol{x},t)$ 为正定函数,则称标量函数 $V(\boldsymbol{x},t)$ 为负定函数。

定义 3-8(正半定函数)　如果标量函数 $V(\boldsymbol{x},t)$ 除了在原点及某些状态处等于 0 外,在域 S 内的所有状态都是正定的,则称 $V(\boldsymbol{x},t)$ 为正半定函数。

定义 3-9(负半定函数)　如果 $-V(\boldsymbol{x},t)$ 为正半定函数,则称标量函数 $V(\boldsymbol{x},t)$ 为负半定函数。

定义 3-10(不定函数)　如果在域 S 内,不论域 S 多么小,$V(\boldsymbol{x},t)$ 既可以为非负值也可以为负值,则称标量函数 $V(\boldsymbol{x},t)$ 为不定函数。

2) 连续系统的 Lyapunov 稳定性定理

下面将不加证明地列出有关连续系统 Lyapunov 稳定性理论的主要结论。

定理 3-1(Lyapunov 稳定)　对于系统

$$\dot{\boldsymbol{x}}=\boldsymbol{f}(\boldsymbol{x},t),\quad \boldsymbol{f}(\boldsymbol{0},t)=\boldsymbol{0},\quad \forall t\geqslant t_0 \tag{3.3.3}$$

如果存在一个对 $\boldsymbol{x}$ 和 t 具有连续一阶偏导数的标量函数 $V(\boldsymbol{x},t)$,$V(\boldsymbol{0},t)=0$,且满足如下条件:

① $V(\boldsymbol{x},t)$ 正定;

② $\dot{V}(\boldsymbol{x},t)$ 负半定。

则平衡状态 $\boldsymbol{x}_e=\boldsymbol{0}$ 是稳定的。

定理中的 $V(\boldsymbol{x},t)$ 称为 Lyapunov 函数。这个定理表明,无须求出系统的显解,仅根据 $V(\boldsymbol{x},t)$ 的特征便可判断系统的稳定性,这对那些得不到解析解的非线性系统和时变系统来说具有重要的意义。但可以看出,若利用定理 3-1 判断一个系统的稳定性,就必须设法找到一个 Lyapunov 函数 $V(\boldsymbol{x},t)$,如果找不到这样的函数,关于系统的稳定性就无法做出任何判断。而对于比较复杂的系统,目前还没有普遍适用的构造 Lyapunov 函数的方法,这也是 Lyapunov 稳定性理论的最大障碍。

定理 3-2(Lyapunov 渐近稳定)　对于系统(3.3.3),如果存在一个对 $\boldsymbol{x}$ 和 t 具有连续一阶偏导数的标量函数 $V(\boldsymbol{x},t)$,$V(\boldsymbol{0},t)=0$,且满足如下条件:

① $V(\boldsymbol{x},t)$ 正定;

② $\dot{V}(\boldsymbol{x},t)$ 负定,或者 $\dot{V}(\boldsymbol{x},t)$ 负半定,且对于系统的非零解,$\dot{V}(\boldsymbol{x},t)\neq0$;

则平衡状态 $\boldsymbol{x}_e=\boldsymbol{0}$ 是渐近稳定的。

定理 3-3(Lyapunov 全局渐近稳定)　对于系统(3.3.3),如果存在一个对 $\boldsymbol{x}$ 和 t 具有连续一阶偏导数的标量函数 $V(\boldsymbol{x},t)$,$V(\boldsymbol{0},t)=0$,且满足如下条件:

① $V(\boldsymbol{x},t)$正定;

② $\dot{V}(\boldsymbol{x},t)$负定,或者$\dot{V}(\boldsymbol{x},t)$负半定,且对于系统的非零解,$\dot{V}(\boldsymbol{x},t)\neq 0$;

③ 当$\|\boldsymbol{x}\|\to\infty$时$V(\boldsymbol{x},t)\to\infty$。

则平衡状态 $\boldsymbol{x}_e=\boldsymbol{0}$ 是全局渐近稳定的。

定理 3-4(线性定常系统渐近稳定) 对于线性定常系统

$$\dot{\boldsymbol{x}}=\boldsymbol{A}\boldsymbol{x},\quad \boldsymbol{x}(0)=\boldsymbol{x}_0,\quad \forall t\geqslant 0$$

平衡状态 $\boldsymbol{x}_e=\boldsymbol{0}$ 为渐近稳定的充要条件是:对于任意给定的对称正定矩阵 $\boldsymbol{Q}$,存在唯一的对称正定矩阵 $\boldsymbol{P}$ 使

$$\boldsymbol{A}^{\mathrm{T}}\boldsymbol{P}+\boldsymbol{P}\boldsymbol{A}=-\boldsymbol{Q} \tag{3.3.4}$$

成立。

3) 离散系统的 Lyapunov 稳定性定理

这里仅讨论定常离散系统,即

$$\boldsymbol{x}(k+1)=\boldsymbol{f}(\boldsymbol{x}(k)),\quad \boldsymbol{x}(0)=\boldsymbol{x}_0,\quad k=1,2,\cdots \tag{3.3.5}$$

且设 $\boldsymbol{f}(\boldsymbol{0})=\boldsymbol{0}$,即 $\boldsymbol{x}=\boldsymbol{0}$ 为其平衡状态。那么,类似于连续系统,可给出离散系统的 Lyapunov 稳定性定理如下。

定理 3-5(定常离散系统全局渐近稳定) 对于离散系统(3.3.5),如果存在 $\boldsymbol{x}(k)$的标量函数 $V(\boldsymbol{x}(k))$,且对任意的 $\boldsymbol{x}(k)$满足:

① $V(\boldsymbol{x}(k))$正定;

② $\Delta V(\boldsymbol{x}(k))=V(\boldsymbol{x}(k+1))-V(\boldsymbol{x}(k))$负定,或者 $\Delta V(\boldsymbol{x}(k))$负半定,且对于系统的非零解,$\Delta V(\boldsymbol{x}(k))\neq 0$;

③ 当$\|\boldsymbol{x}(k)\|\to\infty$时 $V(\boldsymbol{x}(k))\to\infty$。

则平衡状态 $\boldsymbol{x}=\boldsymbol{0}$ 为全局渐近稳定。

定理 3-6(线性定常离散系统全局渐近稳定)对于线性定常离散系统

$$\boldsymbol{x}(k+1)=\boldsymbol{G}\boldsymbol{x}(k),\quad \boldsymbol{x}(0)=\boldsymbol{x}_0,\quad k=1,2,\cdots$$

平衡状态 $\boldsymbol{x}=\boldsymbol{0}$ 为全局渐近稳定的充要条件是:对于任意给定的对称正定矩阵 $\boldsymbol{Q}$,存在唯一的对称正定矩阵 $\boldsymbol{P}$ 使得下式成立

$$\boldsymbol{G}^{\mathrm{T}}\boldsymbol{P}\boldsymbol{G}-\boldsymbol{P}=-\boldsymbol{Q} \tag{3.3.6}$$

2. 正实传递函数

(1) 连续时间系统正实传递函数

在分析和设计 MRAC 时,正实性是一个重要概念。所以,应有一个准则来确定一个已知的传递函数是否是正实的或严格正实的。下面将给出其定义。

定义 3-11(正实函数) 如果复变量 $s=\sigma+\mathrm{j}\omega$ 的有理分式函数 $G(s)$满足下列条件:

① 当 s 为实数时,$G(s)$是实的;

② $G(s)$在右半开平面 $\mathrm{Re}\, s>0$ 上没有极点;

③ $G(s)$在 $\mathrm{Re}\, s=0$(虚轴)上至多存在单极点,且其留数为非负实数;

④ 对任意实数 ω,只要 $s=\mathrm{j}\omega$ 不是$G(s)$的极点,均有 $\mathrm{Re}[G(\mathrm{j}\omega)]\geqslant 0$;

则称 $G(s)$为正实函数(positive real, PR)。

定义 3-12(严格正实函数) 如果复变量 $s=\sigma+\mathrm{j}\omega$ 的有理分式函数 $G(s)$满足下列条件:

① 当 s 为实数时，$G(s)$是实的；

② $G(s)$在右半闭平面 $\mathrm{Re}\, s \geqslant 0$ 上没有极点；

③ 对任意实数 ω，均有 $\mathrm{Re}[G(\mathrm{j}\omega)]>0$。

则称 $G(s)$为严格正实函数(strictly positive real, SPR)。

定理 3-7(正实函数的性质)　如果 $G(s)=N(s)/D(s)$为正实函数，则

① $1/G(s)$也为正实函数；

② $N(s)+D(s)$为 Huiwitz 多项式；

③ $N(s)$与 $D(s)$阶数之差不超过±1。

仿真实例 3.3

试判断下列函数的正实性：

1) $G(s)=\dfrac{1}{s+a}$,　$a>0$

2) $G(s)=\dfrac{1}{s^2+a_1 s+a_0}$,　$a_0, a_1>0$

3) $G(s)=\dfrac{b_1 s+b_0}{s^2+a_1 s+a_0}$,　$a_0, a_1, b_0, b_1>0$

解：(首先判断是否是严格正实函数，若不是，再判断是否为正实函数)

1) 当 s 为实数时，$G(s)$是实的。

$G(s)$的极点为 $s=-a(a>0)$，则 $G(s)$在 s 右半闭平面上无极点。

$$G(\mathrm{j}\omega)=\frac{a-\mathrm{j}\omega}{a^2+\omega^2} \Rightarrow \mathrm{Re}[G(\mathrm{j}\omega)]=\frac{a}{a^2+\omega^2}>0$$

则可判断 $G(s)$为严格正实函数。

2) 可以验证，当 $a_0, a_1>0$ 时，$G(s)$在 s 右半闭平面上无极点。

$$G(\mathrm{j}\omega)=\frac{a_0-\omega^2-\mathrm{j}a_1\omega}{(a_0-\omega^2)^2+(a_1\omega)^2} \Rightarrow \mathrm{Re}[G(\mathrm{j}\omega)]=\frac{a_0-\omega^2}{(a_0-\omega^2)^2+(a_1\omega)^2}$$

则当 $\omega^2>a_0$ 时，$\mathrm{Re}[G(\mathrm{j}\omega)]<0$，所以 $G(s)$不是正实函数。

该函数也可以利用正实函数的性质(定理 3-7-③)来判断其正实性。由于分子、分母阶数之差大于 1，因此，可以判定该函数不是正实函数。

3) 可以验证，当 $a_0, a_1>0$ 时，$G(s)$在 s 右半闭平面上无极点。

$$G(\mathrm{j}\omega)=\frac{a_0 b_0+(a_1 b_1-b_0)\omega^2+\mathrm{j}[b_1(a_0-\omega^2)-a_1 b_0]}{(a_0-\omega^2)^2+(a_1\omega)^2}$$

$$\Rightarrow \mathrm{Re}[G(\mathrm{j}\omega)]=\frac{a_0 b_0+(a_1 b_1-b_0)\omega^2}{(a_0-\omega^2)^2+(a_1\omega)^2}$$

则当 $a_1 b_1 \geqslant b_0$ 时，$\mathrm{Re}[G(\mathrm{j}\omega)]>0$，$G(s)$为严格正实函数；当 $a_1 b_1<b_0$ 时，$G(s)$不是正实函数。

(2) 离散时间系统正实传递函数

对于离散系统正实传递函数，有与连续系统完全平行的定义和定理，不过它所在平面为 z 平面。这里不再详细介绍，若需判断离散系统的正实性，有两种处理方法：

① 利用变换 $z=\dfrac{1+s}{1-s}$将其转化为连续系统问题进行判断；

② 对于SISO离散时间系统，将其传递函数转化为状态空间表达式，然后利用定理3-8进行判断。

定理3-8(离散传递函数正实性代数判据)[9] 令 $h(z)=d+\boldsymbol{c}(z\boldsymbol{I}-\boldsymbol{A})^{-1}\boldsymbol{b}$ 为给定离散传递函数。那么，$h(z)$是严格正实的，当且仅当：

① 矩阵 $\boldsymbol{A}$ 是Schur稳定的，即 $\boldsymbol{A}$ 的所有特征值的模都严格小于1；

② $d>0$；

③ 矩阵 $\overline{\boldsymbol{A}}=\boldsymbol{A}-\dfrac{1}{d}\boldsymbol{bc}$ 是Schur稳定的；

④ 矩阵 $\boldsymbol{A}_{\mathrm{ct}}\overline{\boldsymbol{A}}_{\mathrm{ct}}$ 没有负实特征值，这里

$$\boldsymbol{A}_{\mathrm{ct}}=(\boldsymbol{A}-\boldsymbol{I})(\boldsymbol{A}+\boldsymbol{I})^{-1}$$
$$\overline{\boldsymbol{A}}_{\mathrm{ct}}=(\overline{\boldsymbol{A}}-\boldsymbol{I})(\overline{\boldsymbol{A}}+\boldsymbol{I})^{-1}$$

3.3.2 可调增益Lyapunov-MRAC

该自适应控制方案与梯度法设计的可调增益MIT-MRAC类似，都是通过调节可调系统的增益来实现系统实际输出与参考模型输出的误差趋向于0。但不同的是，用本方法设计的系统可保证闭环系统的稳定性。

重新考虑图3.3所示系统的自适应律的设计问题。设对象模型和参考模型的传递函数分别为

$$G_p(s)=k_p\frac{N(s)}{D(s)}=k_p\frac{b_{n-1}s^{n-1}+b_{n-2}s^{n-2}+\cdots+b_0}{s^n+a_{n-1}s^{n-1}+\cdots+a_0},\quad k_p>0 \tag{3.3.7}$$

$$G_m(s)=k_m\frac{N(s)}{D(s)}=k_m\frac{b_{n-1}s^{n-1}+b_{n-2}s^{n-2}+\cdots+b_0}{s^n+a_{n-1}s^{n-1}+\cdots+a_0},\quad k_m>0 \tag{3.3.8}$$

式中，k_p 为增益，未知或慢时变；$k_m,n,a_i,b_i(i=0,1,\cdots,n-1)$均已知。

控制器增益 $k_c(t)$是用来补偿对象参数 k_p 的，则控制系统的设计任务是，根据Lyapunov稳定性理论寻求可调增益 $k_c(t)$的调节规律，使参考模型输出和系统实际输出之差 e 趋向于0。

由图3.3得

$$e(t)=y_m(t)-y_p(t)=k\frac{N(p)}{D(p)}y_r(t) \tag{3.3.9a}$$

式中

$$k=k_m-k_c(t)k_p \tag{3.3.9b}$$

将式(3.3.9a)转化为状态空间可观规范型：

$$\begin{cases}\dot{\boldsymbol{x}}=\boldsymbol{Ax}+k\boldsymbol{b}y_r\\ e=\boldsymbol{cx}\end{cases} \tag{3.3.10}$$

由定理3-4知，若式(3.3.10)中的齐次系统 $\dot{\boldsymbol{x}}=\boldsymbol{Ax}$ 渐近稳定，则存在正定矩阵 $\boldsymbol{P}$ 和 $\boldsymbol{Q}$，使得

$$\boldsymbol{A}^{\mathrm{T}}\boldsymbol{P}+\boldsymbol{PA}=-\boldsymbol{Q} \tag{3.3.11}$$

选择Lyapunov函数为

$$V=\gamma'\boldsymbol{x}^{\mathrm{T}}\boldsymbol{Px}+k^2,\quad \gamma'>0$$

则

$$\dot{V}=\frac{\mathrm{d}V}{\mathrm{d}t}=\gamma'\left(\frac{\mathrm{d}\boldsymbol{x}^{\mathrm{T}}}{\mathrm{d}t}\boldsymbol{Px}+\boldsymbol{x}^{\mathrm{T}}\boldsymbol{P}\frac{\mathrm{d}\boldsymbol{x}}{\mathrm{d}t}\right)+2k\frac{\mathrm{d}k}{\mathrm{d}t}$$

利用式(3.3.10)和式(3.3.11)得

$$\dot{V}=-\gamma'\boldsymbol{x}^{\mathrm{T}}\boldsymbol{Q}\boldsymbol{x}+2k(\dot{k}+\gamma' y_r\boldsymbol{b}^{\mathrm{T}}\boldsymbol{P}\boldsymbol{x})$$

为使 $\dot{V}<0$,取参数调整律为

$$\dot{k}=-\gamma' y_r\boldsymbol{b}^{\mathrm{T}}\boldsymbol{P}\boldsymbol{x}$$

由于 k_p 未知或慢时变,则 k_p 可近似当作常数,由式(3.3.9b)得增益自适应律为

$$\dot{k}_c\approx-\frac{\dot{k}}{k_p}=\frac{\gamma'}{k_p}y_r\boldsymbol{b}^{\mathrm{T}}\boldsymbol{P}\boldsymbol{x} \tag{3.3.12}$$

由式(3.3.12)知,此时得到的自适应律依赖于状态变量,即要求所有状态变量可测,所以此自适应律的应用受到很大限制。

为得到便于实现的自适应律,介绍下述引理。

引理 3-1(Kalman-Yakubovich 引理)

设线性定常系统

$$\begin{cases}\dot{\boldsymbol{x}}=\boldsymbol{A}\boldsymbol{x}+\boldsymbol{b}u\\ y=\boldsymbol{c}\boldsymbol{x}\end{cases}$$

是完全能控和完全能观的,那么传递函数 $G(s)=\boldsymbol{c}(s\boldsymbol{I}-\boldsymbol{A})^{-1}\boldsymbol{b}$ 为严格正实(SPR)函数的充要条件是:存在正定矩阵 $\boldsymbol{P}$ 和 $\boldsymbol{Q}$,使得

$$\boldsymbol{A}^{\mathrm{T}}\boldsymbol{P}+\boldsymbol{P}\boldsymbol{A}=-\boldsymbol{Q},\quad \boldsymbol{b}^{\mathrm{T}}\boldsymbol{P}=\boldsymbol{c}$$

根据引理 3-1,若系统(3.3.10)的传递函数 $G(s)=\boldsymbol{c}(s\boldsymbol{I}-\boldsymbol{A})^{-1}\boldsymbol{b}$,即 $N(s)/D(s)$ 为严格正实函数,则由式(3.3.12)和式(3.3.10)可导出下列可调增益 Lyapunov-MRAC 自适应律:

$$\dot{k}_c(t)=\gamma e(t)y_r(t) \tag{3.3.13}$$

式中,$\gamma=\gamma'/k_p$ 为自适应增益,$\gamma>0$。

式(3.3.13)的自适应律与梯度法得到的自适应律十分相似,两者的结构如图 3.6 所示。

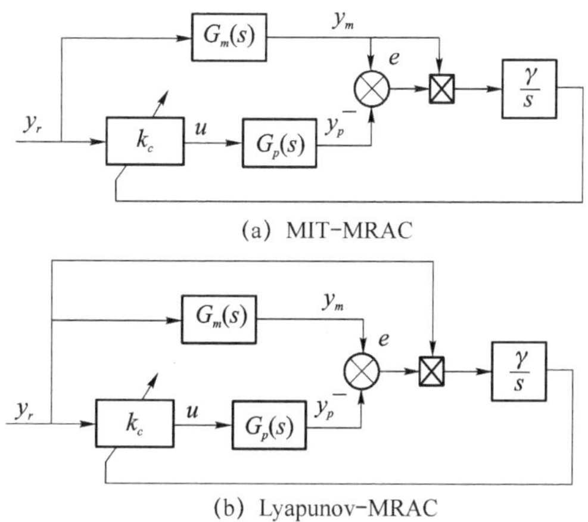

(a) MIT-MRAC

(b) Lyapunov-MRAC

图 3.6　可调增益 MRAC 系统结构

由图 3.6(b)知,系统的控制律为

$$u(t)=k_c(t)y_r(t) \tag{3.3.14}$$

算法 3-3(可调增益 Lyapunov-MRAC)

已知：$\dfrac{N(s)}{D(s)}$。

Step1　选择参考模型，即 $G_m(s)$。

Step2　选择输入信号 $y_r(t)$ 和自适应增益 γ。

Step3　采样当前参考模型输出 $y_m(t)$ 和系统实际输出 $y_p(t)$。

Step4　利用式(3.3.13)及式(3.3.14)计算 $u(t)$。

Step5　$t \to t+h$，返回 Step3，继续循环。

仿真实例 3.4

考虑被控对象模型：

$$G_p(s) = \frac{k_p(s+1)}{s^2+4s+1}$$

其中，k_p 未知(仿真时取 $k_p=1$)。

选择参考模型为

$$G_m(s) = \frac{k_m(s+1)}{s^2+4s+1}, \quad k_m = 1$$

由仿真实例 3.3 中第 3)项可验证 $G_p(s)$、$G_m(s)$ 均为严格正实函数。取自适应增益 $\gamma=0.1$，参考输入 y_r 为方波信号，幅值 $r=2$，采用可调增益 Lyapunov-MRAC 算法，仿真结果如图 3.7 所示。

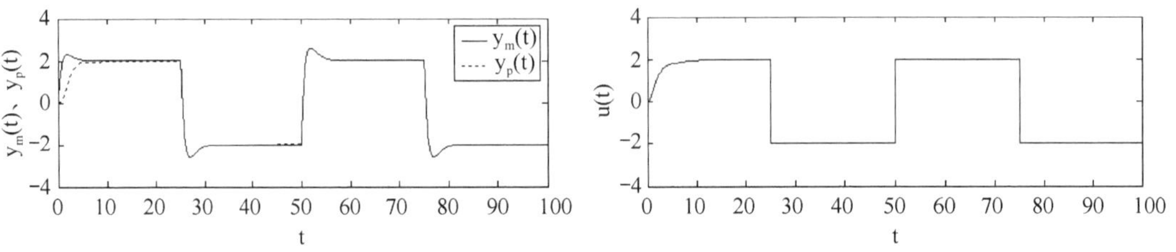

图 3.7　可调增益 Lyapunov-MRAC 算法的控制效果

仿真程序：chap3_04_Lyapunov_MRAC_Gain.m

```
%可调增益 Lyapunov - MRAC
clear all; close all;

h=0.1; L=100/h; %数值积分步长和仿真步数(减小 h,可以提高积分精度)
num=[2 1]; den=[1 2 1]; n=length(den)-1; %对象参数(严格正实)
kp=1; [Ap,Bp,Cp,Dp]=tf2ss(kp*num,den); %对象参数(传递函数型转换为状态空间型)
km=1; [Am,Bm,Cm,Dm]=tf2ss(km*num,den); %参考模型参数
gamma=0.1; %自适应增益

yr0=0; u0=0; e0=0; %初值
xp0=zeros(n,1); xm0=zeros(n,1); %状态向量初值
kc0=0; %可调增益初值
r=2; yr=r*[ones(1,L/4) -ones(1,L/4) ones(1,L/4) -ones(1,L/4)]; %输入信号
```

```
for k = 1 : L
    time(k) = k * h;
    xp( : ,k) = xp0 + h * (Ap * xp0 + Bp * u0);
    yp(k) = Cp * xp( : ,k); % 计算 yp

    xm( : ,k) = xm0 + h * (Am * xm0 + Bm * yr0);
    ym(k) = Cm * xm( : ,k); % 计算 ym
    e(k) = ym(k) - yp(k); % e = ym - yp
    kc = kc0 + h * gamma * e0 * yr0; % Lyapunov - MRAC 自适应律
    u(k) = kc * yr(k); % 控制量

    % 更新数据
    yr0 = yr(k); u0 = u(k); e0 = e(k);
    xp0 = xp( : ,k); xm0 = xm( : ,k);
    kc0 = kc;
end
subplot(2,1,1);
plot(time,ym,'r',time,yp,' : ');
xlabel('t'); ylabel('y_m(t)、y_p(t)');
legend('y_m(t)','y_p(t)');
subplot(2,1,2);
plot(time,u);
xlabel('t'); ylabel('u(t)');
```

3.3.3　系统状态变量可测时的 MRAC

控制系统可用状态方程或传递函数来描述。当控制系统采用状态方程描述，且状态完全可观测时，可用系统的状态变量来构成自适应控制律；当控制系统用传递函数描述时，可用系统的输入变量和输出变量来构成自适应控制律。下面将先讨论第一种情况。第二种情况将在 3.3.4 中介绍。

假定对象的状态变量完全可观，设其状态方程为

$$\dot{\boldsymbol{x}}_p = \boldsymbol{A}_p \boldsymbol{x}_p + \boldsymbol{B}_p \boldsymbol{u} \tag{3.3.15}$$

式中，$\boldsymbol{x}_p$ 为 n 维状态向量，$\boldsymbol{u}$ 为 m 维控制向量，$\boldsymbol{A}_p$、$\boldsymbol{B}_p$ 分别为 $n\times n$ 和 $n\times m$ 矩阵。

取参考模型状态方程为

$$\dot{\boldsymbol{x}}_m = \boldsymbol{A}_m \boldsymbol{x}_m + \boldsymbol{B}_m \boldsymbol{y}_r \tag{3.3.16}$$

式中，$\boldsymbol{x}_m$ 为 n 维参考模型状态向量；$\boldsymbol{y}_r$ 为 m 维参考输入，$\boldsymbol{A}_m$、$\boldsymbol{B}_m$ 分别为 $n\times n$ 和 $n\times m$ 理想常数矩阵。

由于对象参数 $\boldsymbol{A}_p$、$\boldsymbol{B}_p$ 一般未知，并且不能直接调整，所以，若要改变对象的动态特性，可采用状态反馈控制器 $\boldsymbol{F}$ 和前馈控制器 $\boldsymbol{K}$ 来形成可调系统，结构如图 3.8 所示。

由图 3.8 知

$$\boldsymbol{u} = \boldsymbol{K}\boldsymbol{y}_r + \boldsymbol{F}\boldsymbol{x}_p \tag{3.3.17}$$

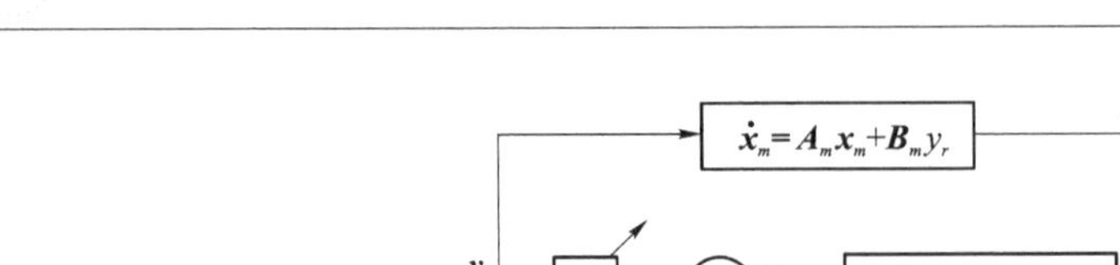
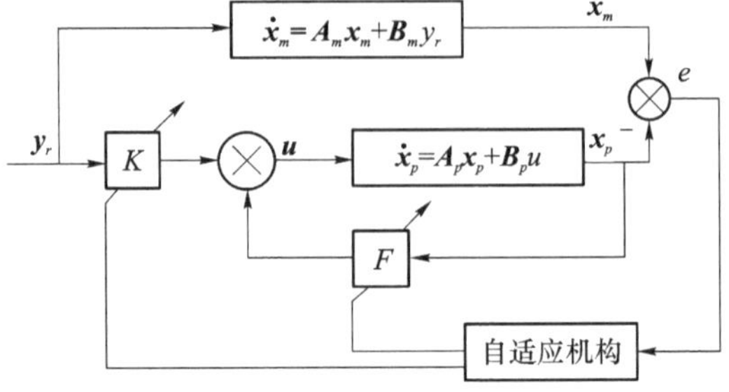

图 3.8　基于状态变量的 Lyapunov-MRAC 系统结构

式中,$\boldsymbol{K}$、$\boldsymbol{F}$ 分别为 $m\times m$、$m\times n$ 增益矩阵。

将式(3.3.17)代入式(3.3.15),得

$$\dot{\boldsymbol{x}}_p=(\boldsymbol{A}_p+\boldsymbol{B}_p\boldsymbol{F})\boldsymbol{x}_p+\boldsymbol{B}_p\boldsymbol{K}\boldsymbol{y}_r \tag{3.3.18}$$

则状态误差方程为

$$\dot{\boldsymbol{e}}=\dot{\boldsymbol{x}}_m-\dot{\boldsymbol{x}}_p=\boldsymbol{A}_m\boldsymbol{e}+(\boldsymbol{A}_m-\boldsymbol{A}_p-\boldsymbol{B}_p\boldsymbol{F})\boldsymbol{x}_p+(\boldsymbol{B}_m-\boldsymbol{B}_p\boldsymbol{K})\boldsymbol{y}_r \tag{3.3.19}$$

控制系统的设计任务是,利用 Lyapunov 稳定性理论寻求调整 $\boldsymbol{K}$、$\boldsymbol{F}$ 的自适应律,以达到状态收敛性

$$\lim_{t\to\infty}\boldsymbol{e}(t)=\boldsymbol{0} \tag{3.3.20}$$

和(或)参数收敛性(参考模型参数与可调系统参数匹配,比较式(3.3.18)与式(3.3.16))

$$\begin{cases}\lim\limits_{t\to\infty}[\boldsymbol{A}_p(t)+\boldsymbol{B}_p(t)\boldsymbol{F}(\boldsymbol{e},t)]=\boldsymbol{A}_m\\ \lim\limits_{t\to\infty}[\boldsymbol{B}_p(t)\boldsymbol{K}(\boldsymbol{e},t)]=\boldsymbol{B}_m\end{cases} \tag{3.3.21}$$

设 $\boldsymbol{F}(\boldsymbol{e},t)=\boldsymbol{F}_0$,$\boldsymbol{K}(\boldsymbol{e},t)=\boldsymbol{K}_0$ 时,参考模型与可调系统达到完全匹配,即

$$\begin{cases}\boldsymbol{A}_p+\boldsymbol{B}_p\boldsymbol{F}_0=\boldsymbol{A}_m\\ \boldsymbol{B}_p\boldsymbol{K}_0=\boldsymbol{B}_m\end{cases} \tag{3.3.22}$$

将式(3.3.22)代入式(3.3.19),消去 $\boldsymbol{A}_p$、$\boldsymbol{B}_p$ 得

$$\dot{\boldsymbol{e}}=\boldsymbol{A}_m\boldsymbol{e}+\boldsymbol{B}_m\boldsymbol{K}_0^{-1}\tilde{\boldsymbol{F}}\boldsymbol{x}_p+\boldsymbol{B}_m\boldsymbol{K}_0^{-1}\tilde{\boldsymbol{K}}\boldsymbol{y}_r \tag{3.3.23a}$$

式中

$$\begin{cases}\tilde{\boldsymbol{F}}=\boldsymbol{F}_0-\boldsymbol{F}\\ \tilde{\boldsymbol{K}}=\boldsymbol{K}_0-\boldsymbol{K}\end{cases} \tag{3.3.23b}$$

构造 Lyapunov 函数:

$$V=\boldsymbol{e}^{\mathrm{T}}\boldsymbol{P}\boldsymbol{e}+\mathrm{tr}(\tilde{\boldsymbol{F}}^{\mathrm{T}}\boldsymbol{P}_F^{-1}\tilde{\boldsymbol{F}})+\mathrm{tr}(\tilde{\boldsymbol{K}}^{\mathrm{T}}\boldsymbol{P}_K^{-1}\tilde{\boldsymbol{K}})$$

式中,$\boldsymbol{P}$、$\boldsymbol{P}_F$、$\boldsymbol{P}_K$ 分别为 $n\times n$、$m\times m$、$m\times m$ 的对称正定矩阵;tr 为迹(trace)的数学符号。

Lyapunov 函数等号两边对时间 t 求导,并由矩阵迹的性质,得

$$\begin{aligned}\dot{V}&=\dot{\boldsymbol{e}}^{\mathrm{T}}\boldsymbol{P}\boldsymbol{e}+\boldsymbol{e}^{\mathrm{T}}\boldsymbol{P}\dot{\boldsymbol{e}}+\mathrm{tr}(\dot{\tilde{\boldsymbol{F}}}^{\mathrm{T}}\boldsymbol{P}_F^{-1}\tilde{\boldsymbol{F}}+\tilde{\boldsymbol{F}}^{\mathrm{T}}\boldsymbol{P}_F^{-1}\dot{\tilde{\boldsymbol{F}}})+\mathrm{tr}(\dot{\tilde{\boldsymbol{K}}}^{\mathrm{T}}\boldsymbol{P}_K^{-1}\tilde{\boldsymbol{K}}+\tilde{\boldsymbol{K}}^{\mathrm{T}}\boldsymbol{P}_K^{-1}\dot{\tilde{\boldsymbol{K}}})\\&=\boldsymbol{e}^{\mathrm{T}}(\boldsymbol{A}_m^{\mathrm{T}}\boldsymbol{P}+\boldsymbol{P}\boldsymbol{A}_m)\boldsymbol{e}+2\mathrm{tr}(\dot{\tilde{\boldsymbol{F}}}^{\mathrm{T}}P_F^{-1}\tilde{\boldsymbol{F}}+\boldsymbol{x}_p\boldsymbol{e}^{\mathrm{T}}\boldsymbol{P}\boldsymbol{B}_m\boldsymbol{K}_0^{-1}\tilde{\boldsymbol{F}})+\\&\quad 2\mathrm{tr}(\dot{\tilde{\boldsymbol{K}}}^{\mathrm{T}}\boldsymbol{P}_K^{-1}\tilde{\boldsymbol{K}}+\boldsymbol{y}_r\boldsymbol{e}^{\mathrm{T}}\boldsymbol{P}\boldsymbol{B}_m\boldsymbol{K}_0^{-1}\tilde{\boldsymbol{K}})\end{aligned} \tag{3.3.24}$$

由于 $\boldsymbol{A}_m$ 为稳定矩阵,则由定理 3-4 知

$$A_m^{\mathrm{T}}P + PA_m = -Q,\quad Q = Q^{\mathrm{T}} > 0$$

即式(3.3.24)第一项是负定的。为保证 $\dot{V}$ 负定，可令式(3.3.24)右边后两项分别为 0，得

$$\begin{cases}\dot{\tilde{F}} = -P_F K_0^{-\mathrm{T}} B_m^{\mathrm{T}} Pe x_p^{\mathrm{T}} \\ \dot{\tilde{K}} = -P_K K_0^{-\mathrm{T}} B_m^{\mathrm{T}} Pe y_r^{\mathrm{T}}\end{cases} \tag{3.3.25a}$$

考虑到式(3.3.23b)，式(3.3.25a)可进一步表示为

$$\begin{cases}\dot{F} = P_F K_0^{-\mathrm{T}} B_m^{\mathrm{T}} Pe x_p^{\mathrm{T}} \\ \dot{K} = P_K K_0^{-\mathrm{T}} B_m^{\mathrm{T}} Pe y_r^{\mathrm{T}}\end{cases} \tag{3.3.25b}$$

由于对象参数 A_p、B_p 未知，由式(3.3.22)知，F_0、K_0 也难以确定，但考虑到 P_F、P_K 取值有一定的随意性，所以可将式(3.3.25b)表示的自适应律改写为

$$\begin{cases}\dot{F} = R_1 B_m^{\mathrm{T}} Pe x_p^{\mathrm{T}} \\ \dot{K} = R_2 B_m^{\mathrm{T}} Pe y_r^{\mathrm{T}}\end{cases} \tag{3.3.26}$$

式中，R_1 和 R_2 为 $m\times m$ 矩阵，其值可通过试验确定。

自适应律(3.3.26)可保证闭环系统的全局渐近稳定性，即满足状态收敛性(3.3.20)。

当状态收敛时，由式(3.3.19)可导出

$$(A_m - A_p - B_p F)x_p + (B_m - B_p K)y_r = 0 \tag{3.3.27}$$

式(3.3.27)表明，为了达到参数收敛性(3.3.21)，输入信号 y_r 必须足够丰富，从而使 x_p 和 y_r 不恒等于 0，且线性独立。x_p 和 y_r 线性独立的条件是[10]：y_r 为具有一定频率的方波信号或为 q 个不同频率的正弦信号组成的分段连续信号，其中 $q>\frac{n}{2}$ 或 $q>\frac{n-1}{2}$。

算法 3-4(基于状态变量的 Lyapunov-MRAC)

已知：对象结构，即 A_p、B_p 的维数。

Step1　选择参考模型，即 A_m、B_m。

Step2　选择输入信号 $y_r(t)$ 和参数 P、R_1、R_2。

Step3　采样当前参考模型状态 $x_m(t)$ 和系统实际状态 $x_p(t)$。

Step4　利用式(3.3.26)和式(3.3.17)计算 $u(t)$。

Step5　$t\to t+h$，返回 Step3，继续循环。

仿真实例 3.5

考虑被控对象状态方程为

$$\dot{x}_p = \begin{bmatrix}0 & 1\\ -6 & -7\end{bmatrix} x_p + \begin{bmatrix}0\\ 8\end{bmatrix} u$$

选择参考模型状态方程为

$$\dot{x}_m = \begin{bmatrix}0 & 1\\ -10 & 5\end{bmatrix} x_m + \begin{bmatrix}0\\ 2\end{bmatrix} y_r$$

取矩阵 $P=\begin{bmatrix}3 & 1\\ 1 & 1\end{bmatrix}$，$R_1=R_2=1$，可验证，$P$ 满足 $A_m^{\mathrm{T}}P+PA_m=-Q$，$Q=Q^{\mathrm{T}}>0$。取输入信号 $y_r(t)=\sin(0.01\pi t)+4\sin(0.2\pi t)+\sin(\pi t)$，采用基于状态变量的 Lyapunov-MRAC 算法，仿真结果如图 3.9 所示。

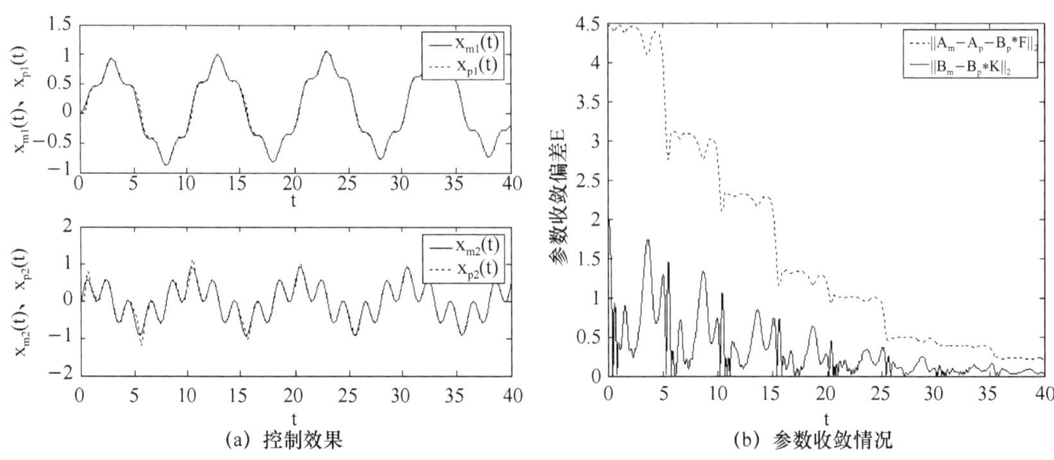

图 3.9 基于状态变量的 Lyapunov-MRAC 算法

由图 3.9(a)可知,可调系统状态能够很好地跟踪参考模型状态;由图 3.9(b)可知,系统参数也向参考模型参数收敛。

仿真程序:chap3_05_Lyapunov_MRAC_State.m

```
%状态完全可测时,基于 Lyapunov 稳定性理论的 MRAC
clear all; close all;

h = 0.01; L = 40/h; %数值积分步长和仿真步数
Ap = [0 1; - 6 - 7]; Bp = [0;8]; %对象参数
Am = [0 1; - 10 - 5]; Bm = [0;2]; %参考模型参数
Sz = size(Bp); n = Sz(1); m = Sz(2); %状态向量、输入维数

P = [3 1;1 1]; %正定矩阵
R1 = 1 * eye(m); R2 = 1 * eye(m); %自适应律参数矩阵
F0 = zeros(m,n); K0 = zeros(m); %初值
yr0 = zeros(m,1); u0 = zeros(m,1); e0 = zeros(n,1);
xp0 = zeros(n,1); xm0 = zeros(n,1);

for k = 1 : L
    time(k) = k * h;
    yr(k) = 1 * sin(0.01 * pi * time(k)) + 4 * sin(0.2 * pi * time(k)) + sin(1 * pi * time(k)); %输入信号
    xp( : ,k) = xp0 + h * (Ap * xp0 + Bp * u0); %计算 xp
    xm( : ,k) = xm0 + h * (Am * xm0 + Bm * yr0); %计算 xm
    e( : ,k) = xm( : ,k) - xp( : ,k); %e = xm - xp

    F = F0 + h * (R1 * Bm' * P * e0 * xp0'); %自适应律
    K = K0 + h * (R2 * Bm' * P * e0 * yr0');
    u( : ,k) = K * yr(k) + F * xp( : ,k); %控制量
```

```
    parae(1,k) = norm(Am - Ap - Bp * F); % 参数收敛于 Am 的偏差
    parae(2,k) = norm(Bm - Bp * K); % 参数收敛于 Bm 的偏差

    % 更新数据
    yr0 = yr( : ,k); u0 = u( : ,k); e0 = e( : ,k);
    xp0 = xp( : ,k); xm0 = xm( : ,k);
    F0 = F; K0 = K;
end
figure(1)
subplot(2,1,1);
plot(time,xm(1, : ),'r',time,xp(1, : ),': ');
xlabel('t'); ylabel('x_m_1(t)、x_p_1(t)');
legend('x_m_1(t)','x_p_1(t)');
subplot(2,1,2);
plot(time,xm(2, : ),'r',time,xp(2, : ),': ');
xlabel('t'); ylabel('x_m_2(t)、x_p_2(t)');
legend('x_m_2(t)','x_p_2(t)');
figure(2)
plot(time,parae(1, : ),': ',time,parae(2, : ),'r');
xlabel('t'); ylabel('参数收敛偏差 E');
legend('||A_m - A_p - B_p * F||_2','||B_m - B_p * K||_2');
```

3.3.4　Narendra 稳定自适应控制器

在 3.3.3 节中介绍的自适应控制律要求状态变量全部可测，这种要求在实际系统中很难满足，因此，其应用受到较大限制。为克服上述困难，已提出两种解决方法：间接法和直接法。在间接法中，需要设计一个自适应观测器，利用系统的输入和输出数据实时地估计对象的不可测状态，再由这些状态估计值实现自适应律。直接法则不必估计对象的状态，而是直接利用输入/输出数据构造自适应律，可见直接法具有明显的优势。下面将介绍一种直接法，即 K. S. Narendra 提出的稳定自适应控制器方案。

设 SISO 系统的状态方程和输出方程为

$$\begin{cases}\dot{\boldsymbol{x}}_p=\boldsymbol{A}_p\boldsymbol{x}_p+\boldsymbol{b}_pu\\ y_p=\boldsymbol{h}^{\mathrm{T}}\boldsymbol{x}_p\end{cases}\tag{3.3.28a}$$

式中，$\boldsymbol{x}_p$ 为 n 维状态向量，u 为控制量，y_p 为输出量，$\boldsymbol{A}_p$ 为 $n\times n$ 矩阵，$\boldsymbol{b}_p$ 和 $\boldsymbol{h}$ 为 $n\times 1$ 向量，$\boldsymbol{A}_p$ 和 $\boldsymbol{b}_p$ 均未知或慢时变。

被控对象(3.3.28a)对应的传递函数为

$$G_p(s)=\boldsymbol{h}^{\mathrm{T}}(s\boldsymbol{I}-\boldsymbol{A}_p)^{-1}\boldsymbol{b}_p=k_p\frac{N_p(s)}{D_p(s)}\tag{3.3.28b}$$

式中，$N_p(s)$ 和 $D_p(s)$ 都是首一多项式，且 $N_p(s)$ 为 Hurwitz 多项式，其阶数分别为 m 和 $n(m\leqslant n-1)$；$k_p>0$ 为被控对象增益(符号已知)。假定 m 和 n 已知，控制对象的参数未知或慢时变。

选取参考模型为

$$\begin{cases}\dot{\boldsymbol{x}}_m = \boldsymbol{A}_m \boldsymbol{x}_m + \boldsymbol{b}_m y_r \\ y_m = \boldsymbol{h}^{\mathrm{T}} \boldsymbol{x}_m\end{cases} \tag{3.3.29a}$$

式中,$\boldsymbol{x}_m$ 为 n 维状态向量,y_r 为分段连续一致有界输入,y_m 为参考模型输出,$\boldsymbol{A}_m$ 为 $n\times n$ 矩阵,$\boldsymbol{b}_m$ 为 $n\times 1$ 向量。

参考模型(3.3.29a)对应的传递函数为

$$G_m(s) = \boldsymbol{h}^{\mathrm{T}}(s\boldsymbol{I} - \boldsymbol{A}_m)^{-1}\boldsymbol{b}_m = k_m \frac{N_m(s)}{D_m(s)} \tag{3.3.29b}$$

式中,$G_m(s)$严格正实,$N_m(s)$和 $D_m(s)$都是首一 Hurwitz 多项式,其阶数分别为 m 和 n;k_m 为参考模型增益。

设广义输出误差为

$$e(t) = y_m(t) - y_p(t) \tag{3.3.30}$$

控制系统的设计目标为:利用 Lyapunov 稳定性理论设计一个不含误差导数的自适应控制律,并由它产生一个有界控制量输入,使广义输出误差 $e(t)$满足

$$\lim_{t\to\infty} e(t) = 0$$

为了实现可调系统与参考模型的完全匹配,自适应控制器必须具有足够多的可调参数。当控制对象(3.3.28b)传递函数的分母为 n 阶、分子为 m 阶时,加上放大系数 k_p,最多可调参数为 $n+m+1$ 个。因此,自适应机构也应有 $n+m+1$ 个可调参数与之对应。

在此仅介绍 $n-m=1$ 和 $n-m=2$ 的情况。

1. $n-m=1$ 时 Narendra 自适应控制律

当 $n-m=1$ 时,$D_p(s)$有 n 个未知系数,$N_p(s)$有 $n-1$ 个未知系数,加上 k_p,共 $2n$ 个未知参数。为保证对象与参考模型的完全匹配,可调参数至少有 $2n$ 个,为此设置了可调增益 k_c 和两个辅助信号发生器 F_1 和 F_2,它们共同组成了自适应控制器,如图 3.10 所示。其中 F_1 的输入为被控对象的控制量 u,有 $n-1$ 个可调参数 $c_i(i=1,2,\cdots,n-1)$;F_2 的输入为被控对象的输出 y_p,有 n 个可调参数 $d_i(i=0,1,2,\cdots,n-1)$,外加前馈增益 k_c,共有 $2n$ 个可调参数。

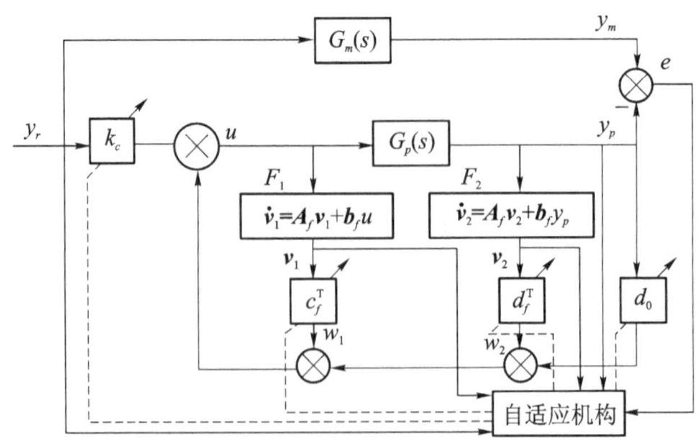

图 3.10　$n-m=1$ 时的 Narendra 自适应控制方案

两个辅助信号发生器的状态方程及其对应的传递函数分别为

$$F_1:\begin{cases}\dot{\boldsymbol{v}}_1=\boldsymbol{A}_f\boldsymbol{v}_1+\boldsymbol{b}_f u\\ w_1=\boldsymbol{c}_f^{\mathrm{T}}\boldsymbol{v}_1\\ G_1(s)=\boldsymbol{c}_f^{\mathrm{T}}(s\boldsymbol{I}-\boldsymbol{A}_f)^{-1}\boldsymbol{b}_f=\dfrac{N_c(s)}{D_f(s)}\end{cases}\tag{3.3.31}$$

$$F_2:\begin{cases}\dot{\boldsymbol{v}}_2=\boldsymbol{A}_f\boldsymbol{v}_2+\boldsymbol{b}_f y_p\\ w_2=\boldsymbol{d}_f^{\mathrm{T}}\boldsymbol{v}_2+d_0 y_p\\ G_2(s)=d_0+\boldsymbol{d}_f^{\mathrm{T}}(s\boldsymbol{I}-\boldsymbol{A}_f)^{-1}\boldsymbol{b}_f=d_0+\dfrac{N_d(s)}{D_f(s)}\end{cases}\tag{3.3.32}$$

式中，$\boldsymbol{v}_1$ 和 $\boldsymbol{v}_2$ 为 $n-1$ 维列向量，传递函数 $G_1(s)$和 $G_2(s)$的分母 $D_f(s)$为 $n-1$ 阶首一 Huiwitz 多项式，分子 $N_c(s)$、$N_d(s)$为 $n-2$ 阶多项式，即

$$\begin{cases}D_f(s)=s^{n-1}+d_{f(n-1)}s^{n-2}+\cdots+d_{f2}s+d_{f1}\\ N_c(s)=c_{n-1}s^{n-2}+c_{n-2}s^{n-3}+\cdots+c_2 s+c_1\\ N_d(s)=d_{n-1}s^{n-2}+d_{n-2}s^{n-3}+\cdots+d_2 s+d_1\end{cases}\tag{3.3.33a}$$

$\boldsymbol{A}_f$ 是待选的$(n-1)\times(n-1)$渐近稳定矩阵，$\boldsymbol{c}_f$ 和 $\boldsymbol{d}_f$ 为 $n-1$ 维列向量，可表示成

$$\begin{cases}\boldsymbol{A}_f=\begin{bmatrix}0 & 1 & \cdots & 0\\ \vdots & \vdots & & \vdots\\ 0 & 0 & \cdots & 1\\ -d_{f1} & -d_{f2} & \cdots & -d_{f(n-1)}\end{bmatrix}\\ \boldsymbol{b}_f=[0\quad 0\quad \cdots\quad 1]^{\mathrm{T}}\in\mathbf{R}^{(n-1)\times 1}\\ \boldsymbol{c}_f^{\mathrm{T}}=[c_1\quad c_2\quad \cdots\quad c_{n-1}]\\ \boldsymbol{d}_f^{\mathrm{T}}=[d_1\quad d_2\quad \cdots\quad d_{n-1}]\end{cases}\tag{3.3.33b}$$

向量 $\boldsymbol{c}_f$ 和 $\boldsymbol{d}_f$ 的元素及 d_0，就是两个辅助信号发生器的 $2n-1$ 个可调参数。

自此，自适应控制器可设计如下。

① 选择 $D_f(s)=N_m(s)$，并构造辅助信号状态方程：

$$\begin{cases}\dot{\boldsymbol{v}}_1=\boldsymbol{A}_f\boldsymbol{v}_1+\boldsymbol{b}_f u\\ \dot{\boldsymbol{v}}_2=\boldsymbol{A}_f\boldsymbol{v}_2+\boldsymbol{b}_f y_p\end{cases}\tag{3.3.34}$$

式中，$\boldsymbol{A}_f$ 和 $\boldsymbol{b}_f$ 的元素见式(3.3.33)。

② 可调参数自适应律为

$$\dot{\boldsymbol{\theta}}(t)=\boldsymbol{\Gamma}\boldsymbol{\varphi}(t)e(t)\tag{3.3.35}$$

式中，$\boldsymbol{\theta}=[k_c\ \boldsymbol{c}_f^{\mathrm{T}} d_0\ \boldsymbol{d}_f^{\mathrm{T}}]^{\mathrm{T}}\in\mathbf{R}^{2n\times 1}$，$\boldsymbol{\varphi}=[y_r\ \boldsymbol{v}_1^{\mathrm{T}}\ y_p\ \boldsymbol{v}_2^{\mathrm{T}}]^{\mathrm{T}}\in\mathbf{R}^{2n\times 1}$，$\boldsymbol{\Gamma}\in\mathbf{R}^{2n\times 2n}$ 为正定对称矩阵。

③ 自适应控制律为

$$u(t)=\boldsymbol{\theta}^{\mathrm{T}}(t)\boldsymbol{\varphi}(t)\tag{3.3.36}$$

具体推导过程请参考文献[1，6，10]。

算法 3-5($n-m=1$ 时 Narendra-MRAC)

已知：被控对象 $G_p(s)$的阶数为 n、m($n-m=1$)。

Step1　选择参考模型 $G_m(s)$为严格正实、稳定最小相位系统，与 $G_p(s)$阶数及相对阶相同，且具有理想的动态性能；并利用 $N_m(s)$构造辅助信号发生器状态矩阵 $\boldsymbol{A}_f$。

Step2　设置初值 $\boldsymbol{\theta}(0)$，选择自适应增益矩阵 $\boldsymbol{\Gamma}$ 和输入信号 $y_r(t)$，并初始化相关数据。

Step3　采样当前参考模型输出 $y_m(t)$和系统实际输出 $y_p(t)$,并由式(3.3.30)计算 $e(t)$。

Step4　利用式(3.3.34)计算 $\boldsymbol{v}_1$ 和 $\boldsymbol{v}_2$。

Step5　利用式(3.3.35)计算 $\boldsymbol{\theta}(t)$。

Step6　组建 $\boldsymbol{\varphi}(t)$,并由式(3.3.36)计算 $u(t)$。

Step7　$t \to t+h$,返回 Step3,继续循环。

注:一般来说,自适应律中的可调参数初值 $\boldsymbol{\theta}(0)$可选为任意值,但值得注意的是,如果初值选取不当,有可能使闭环系统处于不稳定初始状态。若发生这种情况,有时系统可以通过 $\boldsymbol{\theta}(t)$的自适应调整使系统脱离不稳定状态;但有时也可能在自适应律使闭环系统稳定之前,已经发散得无法使系统继续工作。因此,可调参数初值的选取需要进行试验,或者在其理想参数值附近选择。

仿真实例 3.6

考虑开环不稳定被控对象

$$G_p(s) = \frac{s+1}{s^2-5s+6}$$

选择参考模型为

$$G_m(s) = \frac{s+2}{s^2+3s+6}$$

可验证 $G_m(s)$严格正实。取自适应增益矩阵 $\boldsymbol{\Gamma}=10\boldsymbol{I}_{4\times 4}$,参考输入信号 $y_r(t)$为幅值 $r=2$ 的方波信号,采用 Narendra 自适应控制律,仿真结果如图 3.11 所示。

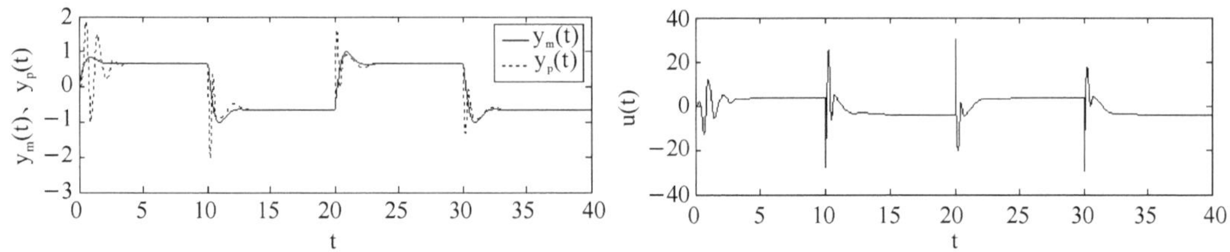

图 3.11　$n-m=1$ 时 Narendra 自适应算法的控制效果

仿真程序:chap3_06_Narendra_MRAC_n1.m

```
%n-m=1 Narendra 自适应控制律(不稳定对象)
clear all; close all;

h=0.01; L=40/h; %数值积分步长、仿真步数
nump=[1 1]; denp=[1 -5 6]; [Ap,Bp,Cp,Dp]=tf2ss(nump,denp); n=length(denp)-1; %对象参数
numm=[1 2]; denm=[1 3 6]; [Am,Bm,Cm,Dm]=tf2ss(numm,denm); %参考模型参数

Df=numm; %辅助信号发生器传递函数分母多项式
Af=[[zeros(n-2,1),eye(n-2)];-Df(n:-1:2)]; %辅助信号发生器状态矩阵
Bf=[zeros(n-2,1);1]; %辅助信号发生器输入矩阵

yr0=0; yp0=0; u0=0; e0=0; %初值
```

```
v10 = zeros(n-1,1); v20 = zeros(n-1,1); % 辅助信号发生器状态初值
xp0 = zeros(n,1); xm0 = zeros(n,1); % 状态向量初值
theta0 = zeros(2 * n,1); % 可调参数向量初值
r = 2; yr = r * [ones(1,L/4) -ones(1,L/4) ones(1,L/4) -ones(1,L/4)]; % 参考输入信号

Gamma = 10 * eye(2 * n); % 自适应增益矩阵(正定矩阵)
for k = 1 : L
    time(k) = k * h;
    xp(:,k) = xp0 + h * (Ap * xp0 + Bp * u0);
    yp(k) = Cp * xp(:,k) + Dp * u0; % 计算 yp

    xm(:,k) = xm0 + h * (Am * xm0 + Bm * yr0);
    ym(k) = Cm * xm(:,k) + Dm * yr0; % 计算 ym
    e(k) = ym(k) - yp(k); % e = ym - yp

    v1 = v10 + h * (Af * v10 + Bf * u0); % 计算 v1
    v2 = v20 + h * (Af * v20 + Bf * yp0); % 计算 v1

    phi0 = [yr0;v10;yp0;v20]; % 组建 k-1 时刻的数据向量
    theta(:,k) = theta0 + h * e0 * Gamma * phi0; % 自适应律
    phi = [yr(k);v1;yp(k);v2]; % 组建 k 时刻的数据向量
    u(k) = theta(:,k)' * phi; % 自适应控律

    % 更新数据
    yr0 = yr(k); yp0 = yp(k); u0 = u(k); e0 = e(k);
    v10 = v1; v20 = v2;
    xp0 = xp(:,k); xm0 = xm(:,k);
    phi0 = phi; theta0 = theta(:,k);
end
subplot(2,1,1);
plot(time,ym,'r',time,yp,':');
xlabel('t'); ylabel('y_m(t)、y_p(t)');
legend('y_m(t)','y_p(t)');
subplot(2,1,2);
plot(time,u);
xlabel('t'); ylabel('u(t)');
```

2. $n-m=2$ 时 Narendra 自适应控制律

$n-m=2$ 时，Narendra 自适应控制器设计方案如下。

① 已知被控对象 $G_p(s)=k_p\dfrac{N_p(s)}{D_p(s)}$的阶数为 n、$m(n-m=2)$，$N_p(s)$、$D_p(s)$均为首一

多项式,且 $N_p(s)$为 Hurwitz 多项式;选择与 $G_p(s)$相同阶数和相对阶的参考模型 $G_m(s)=k_m\dfrac{N_m(s)}{D_m(s)}$,$N_m(s)$、$D_m(s)$均为首一 Hurwitz 多项式,并具有理想的动态性能。

② 选择 $L(s)=s+a(a>0)$,使 $L(s)G_m(s)$为严格正实函数。

③ 选择 $D_f(s)=L(s)N_m(s)$,并利用式(3.3.33)和式(3.3.34)获得辅助信号发生器状态向量。

④ 可调参数自适应律为

$$\begin{cases}\dot{\boldsymbol{\theta}}(t)=\boldsymbol{\Gamma}\boldsymbol{\zeta}(t)e(t)\\ \dot{\boldsymbol{\zeta}}(t)=-a\boldsymbol{\zeta}(t)+\boldsymbol{\varphi}(t)\end{cases}\tag{3.3.37}$$

式中,$\boldsymbol{\theta}=[k_c\ \boldsymbol{c}_f^{\mathrm{T}}\ d_0\ \boldsymbol{d}_f^{\mathrm{T}}]^{\mathrm{T}}\in\mathbf{R}^{2n\times 1}$,$\boldsymbol{\varphi}=[y_r\ \boldsymbol{v}_1^{\mathrm{T}}\ y_p\ \boldsymbol{v}_2^{\mathrm{T}}]^{\mathrm{T}}\in\mathbf{R}^{2n\times 1}$,$e(t)=y_m(t)-y_p(t)$,$\boldsymbol{\Gamma}\in\mathbf{R}^{2n\times 2n}$为正定对称矩阵。

⑤ 自适应控制律为

$$u(t)=\boldsymbol{\theta}^{\mathrm{T}}(t)\boldsymbol{\varphi}(t)+e(t)\boldsymbol{\zeta}^{\mathrm{T}}(t)\boldsymbol{\Gamma}\boldsymbol{\zeta}(t)\tag{3.3.38}$$

具体推导过程请参考文献[1, 6, 10]。

算法 3-6($n-m=2$ 时 Narendra-MRAC)

已知:被控对象 $G_p(s)$的阶数为 n、$m(n-m=2)$。

Step1 选择参考模型 $G_m(s)$为稳定最小相位系统,与 $G_p(s)$阶数及相对阶相同,并具有理想的动态性能。

Step2 选择 $L(s)=s+a(a>0)$,使 $L(s)G_m(s)$为严格正实函数,并利用 $L(s)N_m(s)$构造辅助信号发生器状态矩阵 $\mathbf{A}_f$。

Step3 设置初值 $\boldsymbol{\theta}(0)$,选择自适应增益矩阵 $\boldsymbol{\Gamma}$ 和输入信号 $y_r(t)$,并初始化相关数据。

Step4 采样当前参考模型输出 $y_m(t)$和系统输出 $y_p(t)$,并由式(3.3.30)计算 $e(t)$。

Step5 利用式(3.3.34)计算 $\boldsymbol{v}_1$ 和 $\boldsymbol{v}_2$。

Step6 利用式(3.3.37)计算 $\boldsymbol{\theta}(t)$、$\boldsymbol{\zeta}(t)$。

Step7 组建 $\boldsymbol{\varphi}(t)$,并由式(3.3.38)计算 $u(t)$。

Step8 $t\to t+h$,返回 Step4,继续循环。

仿真实例 3.7

考虑被控对象:

$$G_p(s)=\frac{s+4}{s^3+9s^2+24s+20}$$

选择参考模型为

$$G_m(s)=\frac{2(s+1.5)}{s^3+6s^2+11s+6}$$

取 $L(s)=s+2$,可验证 $L(s)G_m(s)$严格正实。取自适应增益矩阵 $\boldsymbol{\Gamma}=10\boldsymbol{I}_{6\times 6}$,参考输入信号 $y_r(t)$为幅值为 $r=1$ 的方波信号,仿真结果如图 3.12 所示。

仿真程序:chap3_07_Narendra_MRAC_n2.m

```
%n-m=2 Narendra 自适应控制律
clear all; close all;
```

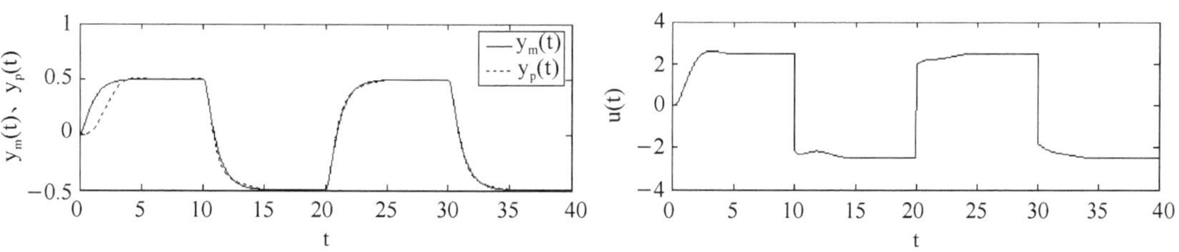

图 3.12　$n-m=2$ 时 Narendra 自适应算法的控制效果

```
h = 0.02; M = 40/h; % 数值积分步长、仿真步数
nump = [1 4]; denp = [1 9 24 20]; [Ap,Bp,Cp,Dp] = tf2ss(nump,denp); n = length(denp) - 1; % 对象参数
numm = 2 * [1 1.5]; denm = [1 6 11 6]; [Am,Bm,Cm,Dm] = tf2ss(numm,denm); % 参考模型参数

L = [1 2]; % 稳定多项式 L = s + a(a>0),使 L * Gm 严格正实
Df = conv(L,numm); % 辅助信号发生器传递函数分母多项式
Af = [[zeros(n - 2,1),eye(n - 2)]; - Df(n : - 1 : 2)]; % 辅助信号发生器状态矩阵
Bf = [zeros(n - 2,1);1]; % 辅助信号发生器输入矩阵

yr0 = 0; yp0 = 0; u0 = 0; e0 = 0; % 初值
v10 = zeros(n - 1,1); v20 = zeros(n - 1,1); % 辅助信号发生器状态初值
xp0 = zeros(n,1); xm0 = zeros(n,1); % 状态向量初值
theta0 = zeros(2 * n,1); % 可调参数向量初值
zeta0 = zeros(2 * n,1); % 滤波向量初值
r = 1; yr = r * [ones(1,M/4) - ones(1,M/4) ones(1,M/4) - ones(1,M/4)]; % 参考输入信号

Gamma = 10 * eye(2 * n); % 自适应增益矩阵(正定矩阵)
for k = 1 : M
    time(k) = k * h;
    xp( : ,k) = xp0 + h * (Ap * xp0 + Bp * u0);
    yp(k) = Cp * xp( : ,k) + Dp * u0; % 计算 yp

    xm( : ,k) = xm0 + h * (Am * xm0 + Bm * yr0);
    ym(k) = Cm * xm( : ,k) + Dm * yr0; % 计算 ym
    e(k) = ym(k) - yp(k); % e = ym - yp

    v1 = v10 + h * (Af * v10 + Bf * u0); % 计算 v1
    v2 = v20 + h * (Af * v20 + Bf * yp0); % 计算 v1

    phi0 = [yr0;v10;yp0;v20]; % 组建 k - 1 时刻的数据向量
    zeta = zeta0 + h * ( - L(2) * zeta0 + phi0); % k 时刻的滤波向量
    theta( : ,k) = theta0 + h * e0 * Gamma * zeta0; % 自适应律
    phi = [yr(k);v1;yp(k);v2]; % 组建 k 时刻的数据向量
    u(k) = theta( : ,k)' * phi + e(k) * zeta' * Gamma * zeta; % 自适应控制律
```

```
    %更新数据
    yr0 = yr(k); yp0 = yp(k); u0 = u(k); e0 = e(k);
    v10 = v1; v20 = v2;
    xp0 = xp(:,k); xm0 = xm(:,k);
    phi0 = phi; theta0 = theta(:,k); zeta0 = zeta;
end
subplot(2,1,1);
plot(time,ym,'r',time,yp,':');
xlabel('t'); ylabel('y_m(t)、y_p(t)');
legend('y_m(t)','y_p(t)');
subplot(2,1,2);
plot(time,u);
xlabel('t'); ylabel('u(t)');
```

3.4 离散时间模型参考自适应系统

利用计算机实现模型参考自适应系统时,需要导出离散时间自适应律。对于线性定常系统来说,离散化时,一般不会遇到很大困难。但模型参考自适应系统(model reference adaptive system, MRAS)具有如下特点:

① MRAS 为时变非线性系统;

② 由于离散化后会在自适应回路中出现一步采样固有延时,因而使自适应过程的特性发生改变。

由于 MRAS 的上述两个特点,不能简单地将连续时间系统的设计结果离散化后直接移植到离散时间系统,而应对离散时间 MRAS 直接建立一套自适应算法。

在对离散时间 MRAS 导出自适应算法时,仍可采用梯度法、Lyapunov 稳定性理论和 Popov 超稳定性理论,这里将介绍离散时间 MRAS 的超稳定性设计方法。首先以二阶系统为例,介绍离散时间 MRAS 的设计情况,然后将其推广到一般的 n 阶系统。

本节采用如图 3.13 所示的结构。这种结构常用于系统参数辨识,其中参考模型为实际对象,可调系统为并联估计模型。当自适应机构能很好地工作时,可调系统的参数就是实际对象的估计参数。当然,类似结构也可用于自适应控制,其概念和思想与其他自适应控制方案完全相同,结构如图 3.14 所示。

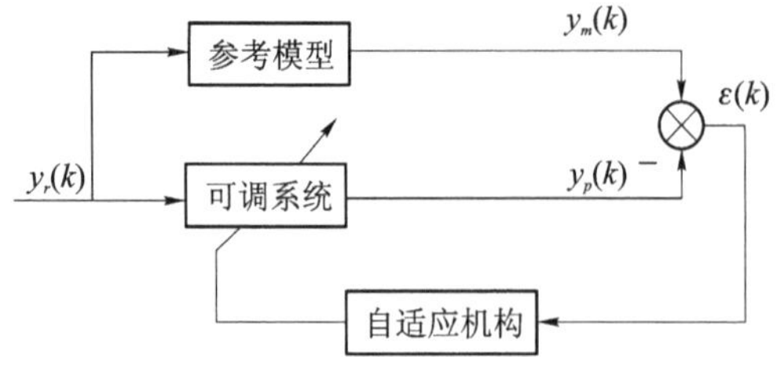

图 3.13 离散时间 MRAS 的并联结构

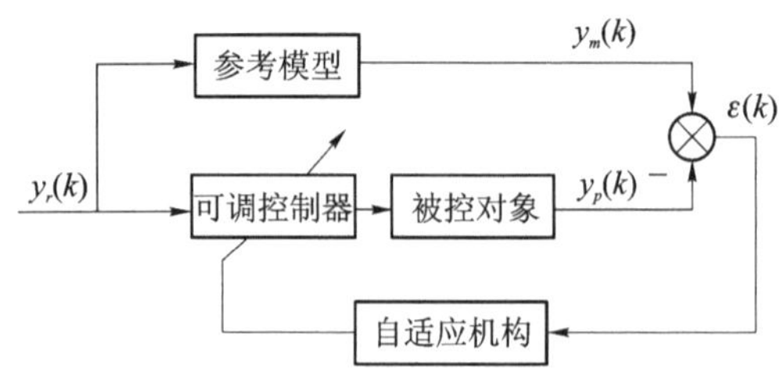

图 3.14 离散系统 MRAC 基本结构

本节仅给出离散时间 MRAS 算法的基本结论，详细推导过程请参考文献[10]。

3.4.1　二阶系统的离散时间 MRAS

设二阶稳定系统的参考模型为

$$y_m(k)=a_{m1}y_m(k-1)+a_{m2}y_m(k-2)+b_{m1}y_r(k-1) \tag{3.4.1}$$

式中，$y_m(k)$和 $y_r(k)$分别为参考模型的输出和输入，a_{m1}、a_{m2} 和 b_{m1} 为参考模型参数。

并联可调系统为

$$\begin{cases}y_p^0(k)=a_{p1}(k-1)y_p(k-1)+a_{p2}(k-1)y_p(k-2)+b_{p1}(k-1)y_r(k-1)\\ y_p(k)=a_{p1}(k)y_p(k-1)+a_{p2}(k)y_p(k-2)+b_{p1}(k)y_r(k-1)\end{cases} \tag{3.4.2}$$

式中，$y_p^0(k)$为可调系统的先验输出，是由 $k-1$ 时刻的可调参数值计算；$y_p(k)$是可调系统的后验输出，是由 k 时刻的可调参数值计算。$y_p^0(k)$和 $y_p(k)$的计算公式不同，说明在使用离散自适应算法时会出现一个采样周期的延迟，这也说明在离散时间自适应系统设计中引入先验变量是必要的。

广义输出误差为

$$\begin{cases}\varepsilon^0(k)=y_m(k)-y_p^0(k)\\ \varepsilon(k)=y_m(k)-y_p(k)\end{cases} \tag{3.4.3}$$

自适应机构包含一个产生信号 $\upsilon(k)$的线性补偿器，即

$$\begin{cases}\upsilon^0(k)=\varepsilon^0(k)+\sum\limits_{i=1}^{l}d_i\varepsilon(k-i)\\ \upsilon(k)=\varepsilon(k)+\sum\limits_{i=1}^{l}d_i\varepsilon(k-i)\end{cases} \tag{3.4.4}$$

式中，阶数 l 和系数 d_i 将作为设计工作的一部分来确定，信号 $\upsilon^0(k)$将用来构造自适应算法。

则二阶系统参数自适应调节规律为

$$\begin{cases}a_{pi}(k)=a_{pi}(k-1)+\dfrac{\alpha_i y_p(k-i)\upsilon^0(k)}{1+\sum\limits_{i=1}^{2}\alpha_i y_p^2(k-i)+\beta_1 y_r^2(k-1)},i=1,2\\ b_{p1}(k)=b_{p1}(k-1)+\dfrac{\beta_1 y_r(k-1)\upsilon^0(k)}{1+\sum\limits_{i=1}^{2}\alpha_i y_p^2(k-i)+\beta_1 y_r^2(k-1)}\end{cases} \tag{3.4.5}$$

式中，$\alpha_i>0(i=1,2)$，$\beta_1>0$。$\upsilon^0(k)$计算公式为

$$\upsilon^0(k)=y_m(k)-y_p^0(k)+\sum_{i=1}^{2}d_i\varepsilon(k-i) \tag{3.4.6}$$

$d_i(i=1,2)$的选取须使离散传递函数

$$h(z)=\frac{1+\sum\limits_{i=1}^{2}d_i z^{-i}}{1-\sum\limits_{i=1}^{2}a_{mi}z^{-i}} \tag{3.4.7}$$

为严格正实函数。

对于二阶系统，为了使式(3.4.7)严格正实，$d_i(i=1,2)$可取值为

$$\begin{cases} d_1 \leqslant \dfrac{4(1+a_{m2})}{3+a_{m1}+a_{m2}} \\ d_2 = d_1 - 1 \end{cases} \tag{3.4.8}$$

算法 3-7(二阶离散时间 MRAS)

已知:参考模型结构,如式(3.4.1)所示。

Step1　设置可调系统参数初值 $a_{pi}(0)$ 和 $b_{pi}(0)$,选择参数 α、β 及 d_i,并输入初始数据。

Step2　采样当前参考模型输出 $y_m(k)$ 和可调系统输出 $y_p(k)$。

Step3　利用式(3.4.6)计算 $\upsilon^0(k)$。

Step4　利用式(3.4.5),计算 $a_{pi}(k)$ 和 $b_{pi}(k)$。

Step5　$k \to k+1$,返回 Step2,继续循环。

仿真实例 3.8

考虑参考模型:

$$y_m(k) = y_m(k-1) - 0.5y_m(k-2) + 2y_r(k-1)$$

并联可调系统为

$$y_p(k) = a_{p1}(k)y_p(k-1) + a_{p2}(k)y_p(k-2) + b_{p1}(k)y_r(k-1)$$

设计任务为:利用并联离散时间 MRAS 算法估计可调系统参数 a_{p1}、a_{p2} 和 b_{p1}。

取 $\alpha_1 = \alpha_2 = \beta_1 = 1$,参考输入信号 y_r 为方差为 1 的白噪声,利用离散时间 MRAS 算法估计可调系统参数,仿真结果如图 3.15 所示。

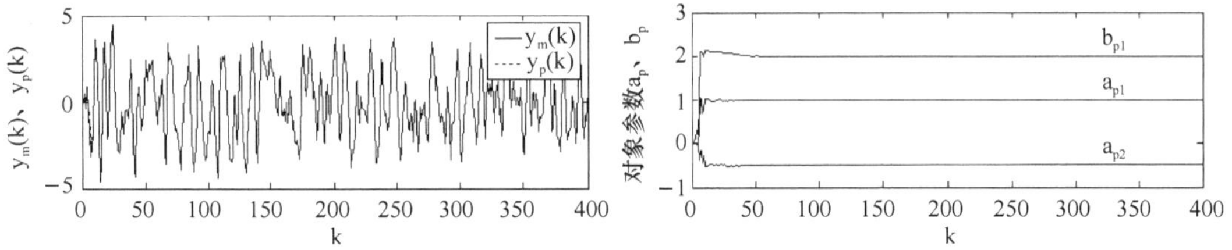

图 3.15　二阶离散时间 MRAS 算法的参数估计结果

仿真程序:chap3_08_DMRAS_ord2.m

```
%二阶 SISO 离散系统 MRAS(用于参数估计)
clear all; close all;

am = [1 -0.5]'; bm = [2]'; d = 1; %参考模型参数
na = length(am); nb = length(bm) - 1; %na、nb 为 A、B 阶次

L = 400; %仿真长度
ypk = zeros(na,1); %初值:ypk(i)表示 yp(k-i)
ymk = zeros(na,1);
yrk = zeros(nb + d,1);
epsilonk = zeros(na,1);
yr = rands(L,1); %参考输入
```

```
ap_1 = zeros(na,1); bp_1 = zeros(nb + 1,1); % 可调参数初值

alpha = ones(na,1); beta = ones(nb + 1,1); % α>0、β>0
D = zeros(na,1); D(1) = 4 * (1 + am(2))/(3 + am(1) + am(2)); D(2) = D(1) - 1; % 系数 di
for k = 1 : L
    time(k) = k;
    ym(k) = am' * ymk + bm' * yrk(d : d + nb); % 采集参考模型输出

    yp0(k) = ap_1' * ypk + bp_1' * yrk(d : d + nb);
    v0(k) = ym(k) - yp0(k) + D' * epsilonk; % 计算 v0(k)
    for i = 1 : na
        ap(i,k) = ap_1(i) + alpha(i) * ypk(i) * v0(k)/(1 + alpha' * ypk.^2 + beta * yrk(d : d + nb).^2);
        % 计算 ap(k)
    end
    for i = 1 : nb + 1
        bp(i,k) = bp_1(i) + beta(i) * yrk(i) * v0(k)/(1 + alpha' * ypk.^2 + beta * yrk(d : d + nb).^2);
        % 计算 bp(k)
    end

    yp(k) = ap( : ,k)' * ypk + bp( : ,k)' * yrk(d : d + nb); % 计算 yp
    epsilon = ym(k) - yp(k); % 广义输出误差 ε

    % 更新数据
    ap_1 = ap( : ,k); bp_1 = bp( : ,k);

    for i = d + nb : -1 : 2
        yrk(i) = yrk(i - 1);
    end
    yrk(1) = yr(k);

    for i = na : -1 : 2
        ypk(i) = ypk(i - 1);
        ymk(i) = ymk(i - 1);
        epsilonk(i) = epsilonk(i - 1);
    end
    ypk(1) = yp(k);
    ymk(1) = ym(k);
    epsilonk(1) = epsilon;
end
subplot(2,1,1);
plot(time,ym,'r',time,yp,':');
xlabel('k'); ylabel('y_m(k)、y_p(k)');
```

```
legend('y_m(k)','y_p(k)');
subplot(2,1,2);
plot(time,[ap;bp]);
xlabel('k'); ylabel('对象参数 ap、bp');
legend('a_p_1','a_p_2','b_p_1');
```

3.4.2 n 阶系统的离散时间 MRAS

这里将3.4.1中介绍的MRAS设计方法直接推广至 n 阶系统。

1. 须预先选取 d_i 的自适应算法

设参考模型为

$$y_m(k)=\sum_{i=1}^{n}a_{mi}y_m(k-i)+\sum_{i=0}^{m}b_{mi}y_r(k-i)=\boldsymbol{\theta}_m^{\mathrm{T}}\boldsymbol{x}_m(k-1) \tag{3.4.9}$$

式中

$$\begin{cases}\boldsymbol{\theta}_m=[a_{m1},\cdots,a_{mn},b_{m0},\cdots,b_{mm}]^{\mathrm{T}}\in\mathbf{R}^{(n+m+1)\times 1}\\ \boldsymbol{x}_m(k-1)=[y_m(k-1),\cdots,y_m(k-n),y_r(k),\cdots,y_r(k-m)]^{\mathrm{T}}\in\mathbf{R}^{(n+m+1)\times 1}\end{cases}$$

$\boldsymbol{\theta}_m$ 和 $\boldsymbol{x}_m(k-1)$ 分别为参考模型的参数向量和输入/输出数据向量，$y_m(k)$ 和 $y_r(k)$ 分别为参考模型的输出和输入。

并联可调系统为

$$\begin{cases}y_p(k)=\sum_{i=1}^{n}a_{pi}y_p(k-i)+\sum_{i=0}^{m}b_{pi}y_r(k-i)=\boldsymbol{\theta}_p^{\mathrm{T}}(k)\boldsymbol{x}_p(k-1)\\ y_p^0(k)=\boldsymbol{\theta}_p^{\mathrm{T}}(k-1)\boldsymbol{x}_p(k-1)\end{cases} \tag{3.4.10}$$

式中

$$\begin{cases}\boldsymbol{\theta}_p(k)=[a_{p1}(k),\cdots,a_{pn}(k),b_{p0}(k),\cdots,b_{pm}(k)]^{\mathrm{T}}\in\mathbf{R}^{(n+m+1)\times 1}\\ \boldsymbol{x}_p(k-1)=[y_p(k-1),\cdots,y_p(k-n),y_r(k),\cdots,y_r(k-m)]^{\mathrm{T}}\in\mathbf{R}^{(n+m+1)\times 1}\end{cases}$$

$\boldsymbol{\theta}_p(k)$ 和 $\boldsymbol{x}_p(k-1)$ 分别为可调系统的可调参数向量和输入/输出数据向量，$y_p^0(k)$ 和 $y_p(k)$ 分别为可调系统的先验输出和后验输出。

广义输出误差为

$$\begin{cases}\varepsilon^0(k)=y_m(k)-y_p^0(k)\\ \varepsilon(k)=y_m(k)-y_p(k)\end{cases} \tag{3.4.11}$$

自适应机构包含一个产生信号 $\upsilon(k)$ 的线性补偿器，即

$$\begin{cases}\upsilon^0(k)=\varepsilon^0(k)+\sum_{i=1}^{n}d_i\varepsilon(k-i)\\ \upsilon(k)=\varepsilon(k)+\sum_{i=1}^{n}d_i\varepsilon(k-i)\end{cases} \tag{3.4.12}$$

则参数自适应调节规律为

$$
\begin{cases}
\boldsymbol{\theta}_p(k)=\boldsymbol{\theta}_{pr}(k)+\boldsymbol{\theta}_{pp}(k) \\
\boldsymbol{\theta}_{pr}(k)=\boldsymbol{\theta}_{pr}(k-1)+\dfrac{\boldsymbol{G}\boldsymbol{x}_p(k-1)\upsilon^0(k)}{1+\boldsymbol{x}_p^{\mathrm{T}}(k-1)[\boldsymbol{G}+\boldsymbol{G}_1(k)]\boldsymbol{x}_p(k-1)} \\
\boldsymbol{\theta}_{pp}(k)=\dfrac{\boldsymbol{G}_1(k-1)\boldsymbol{x}_p(k-1)\upsilon^0(k)}{1+\boldsymbol{x}_p^{\mathrm{T}}(k-1)[\boldsymbol{G}+\boldsymbol{G}_1(k-1)]\boldsymbol{x}_p(k-1)} \\
\dfrac{1}{2}\boldsymbol{G}+\boldsymbol{G}_1(k)\geqslant 0 \\
\upsilon^0(k)=y_m(k)-\boldsymbol{\theta}_{pr}^{\mathrm{T}}(k-1)\boldsymbol{x}_p(k-1)+\displaystyle\sum_{i=1}^{n}d_i\varepsilon(k-i)
\end{cases}
\tag{3.4.13}
$$

式中,$\boldsymbol{G}\in\mathbf{R}^{(n+m+1)\times(n+m+1)}$为任意正定矩阵,$\boldsymbol{G}_1(k)\in\mathbf{R}^{(n+m+1)\times(n+m+1)}$为常数矩阵或时变矩阵,$d_i(i=1,2,\cdots,n)$的选取须使离散传递函数

$$
h(z)=\frac{1+\sum\limits_{i=1}^{n}d_iz^{-i}}{1-\sum\limits_{i=1}^{n}a_{mi}z^{-i}}
\tag{3.4.14}
$$

为严格正实函数。

需要说明的是,矩阵 $\boldsymbol{G}_1(k)$可以选为常数矩阵(包括零矩阵),也可以选为时变矩阵。当$\boldsymbol{G}_1(k)$选为负定矩阵时,可以改善参数的收敛性;选为正定矩阵时,可以改善广义输出误差的收敛性;但当 $\boldsymbol{G}_1(k)$的元素取较大的值时,将会减慢参数的收敛速度。

算法 3-8(须预选 d_i 的 n 阶离散时间 MRAS)

已知:参考模型结构参数 n 和 m。

Step1　设置可调系统参数初值 $\boldsymbol{\theta}_{pr}(0)$,选择参数 $\boldsymbol{G}$、$\boldsymbol{G}_1$ 和 d_i,并输入初始数据。

Step2　采样当前参考模型输出 $y_m(k)$和可调系统输出 $y_p(k)$。

Step3　利用式(3.4.13)计算 $\upsilon^0(k)$、$\boldsymbol{\theta}_{pr}(k)$、$\boldsymbol{\theta}_{pp}(k)$和 $\boldsymbol{\theta}_p(k)$。

Step4　$k\rightarrow k+1$,返回 Step2,继续循环。

仿真实例 3.9

考虑如下参考模型:

$$
y_m(k)=y_m(k-1)-0.7y_m(k-2)+0.5y_m(k-3)+3y_r(k)+2y_r(k-1)
$$

并联可调系统为

$$
y_p(k)=a_{p1}(k)y_p(k-1)+a_{p2}(k)y_p(k-2)+a_{p3}y_p(k-3)+b_{p0}y_r(k)+b_{p1}(k)y_r(k-1)
$$

设计任务为:利用并联离散时间 MRAS 算法估计可调系统参数 a_{p1}、a_{p2}、a_{p3} 和 b_{p0}、b_{p1}。

取 $\boldsymbol{\theta}_{pr}(0)=\mathbf{0}$、$\boldsymbol{G}=\boldsymbol{I}_{5\times5}$、$\boldsymbol{G}_1=0.1\boldsymbol{G}$,参考输入信号 y_r 为方差为 1 的白噪声。此外,为保证式(3.4.14)严格正实,取 $d_i=-a_{mi}+0.1(i=1,2,3)$,并由定理 3-8 验证如下。

将式(3.4.14)转化为状态空间形式为

$$
\boldsymbol{A}=\begin{bmatrix} 0 & 1 & \cdots & 0 \\ 0 & 0 & \cdots & 0 \\ \vdots & \vdots & & \vdots \\ a_{mn} & a_{m(n-1)} & \cdots & a_{m1} \end{bmatrix}=\begin{bmatrix} 0 & 1 & 0 \\ 0 & 0 & 1 \\ 0.5 & -0.7 & 1 \end{bmatrix},\quad \boldsymbol{b}=\begin{bmatrix} 0 \\ 0 \\ 1 \end{bmatrix},
$$

$$
\boldsymbol{c}=(d_i+a_{mi})_{1\times3}=[0.1\quad 0.1\quad 0.1],\quad d=1
$$

条件 1:$\boldsymbol{A}$ 的特征值为$\begin{cases}\lambda_1=0.861\,3\\ \lambda_2=0.069\,4+\mathrm{j}0.758\,8\\ \lambda_3=0.069\,4-\mathrm{j}0.758\,8\end{cases}\Rightarrow\boldsymbol{A}$ 是 Schur 稳定的。

条件 2:$d=1>0$。

条件 3:矩阵 $\overline{\boldsymbol{A}}=\boldsymbol{A}-\frac{1}{d}\boldsymbol{bc}$ 的特征值为$\begin{cases}\lambda_1=0.633\,7\\ \lambda_2=0.133\,2+\mathrm{j}0.783\,3\\ \lambda_3=0.133\,2-\mathrm{j}0.783\,3\end{cases}\Rightarrow\overline{\boldsymbol{A}}$ 是 Schur 稳定的。

条件 4:矩阵 $\boldsymbol{A}_{\mathrm{ct}}\overline{\boldsymbol{A}}_{\mathrm{ct}}$ 的特征值为$\begin{cases}\lambda_1=0.016\,8\\ \lambda_2=-0.676\,8+\mathrm{j}0.376\,0\\ \lambda_3=-0.676\,8-\mathrm{j}0.376\,0\end{cases}$,无负实特征值。

综上,本例所选 $d_i(i=1,2,3)$能够保证式(3.4.14)严格正实。

采用离散时间 MRAS 算法估计可调系统参数,仿真结果如图 3.16 所示。

当 $k=400$ 时,可调系统参数为 $a_{p1}=1.004\,4$,$a_{p2}=-0.704\,5$,$a_{p3}=0.502\,4$,$b_{p0}=3.002\,5$,$b_{p1}=1.975\,5$。

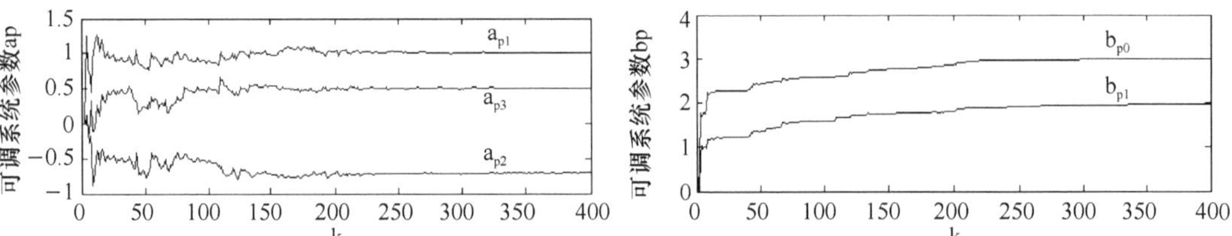

图 3.16 三阶离散时间 MRAS 算法的参数估计结果(须预选 d_i)

仿真程序:chap3_09_DMRAS_ordn_d.m

```
%需预选 di 的 n 阶 SISO 离散系统 MRAS(用于参数估计)
clear all; close all;

am = [1 -0.7 0.5]'; bm = [3 2]'; %参考模型参数(参考模型中含有 yr(k),注意 nb 的使用!)
thetam = [am;bm]; %参考模型参数向量
na = length(am); nb = length(bm); %可调参数个数

L = 400; %仿真长度
ypk = zeros(na,1); ymk = zeros(na,1); yrk = zeros(nb - 1,1); epsilonk = zeros(na,1); %初值:
%ypk(i)表示 yp(k - i)
yr = rands(L,1); %参考输入

G = 1 * eye(na + nb); G1 = 0.1 * G; %注意 G1 的选择(此例选为常数矩阵)
D = - am + 0.1; %系数 di

thetapr_1 = zeros(na + nb,1); %可调参数初值θpr
for k = 1 : L
```

```
    time(k) = k;
    xm_1 = [ymk;yr(k);yrk]; % 构造参考模型数据向量
    ym(k) = thetam' * xm_1; % 采集参考模型输出

    xp_1 = [ypk;yr(k);yrk]; % 构造对象数据向量
    v0(k) = ym(k) - thetapr_1' * xp_1 + D' * epsilonk; % 计算 v0(k)

    thetapp(:,k) = G1 * xp_1 * v0(k)/(1 + xp_1' * (G + G1) * xp_1); % 计算 θpp
    thetapr(:,k) = thetapr_1 + G * xp_1 * v0(k)/(1 + xp_1' * (G + G1) * xp_1); % 计算 θpr
    thetap(:,k) = thetapr(:,k) + thetapp(:,k); % θp

    yp(k) = thetap(:,k)' * xp_1; % 利用最新可调参数计算 yp
    epsilon = ym(k) - yp(k); % 广义输出误差 ε

    % 更新数据
    thetapr_1 = thetapr(:,k);

    for i = nb - 1: -1:2 % 注意参考模型中有 yr(k)
        yrk(i) = yrk(i-1);
    end
    if nb>1
        yrk(1) = yr(k);
    end

    for i = na: -1:2
        ypk(i) = ypk(i-1);
        ymk(i) = ymk(i-1);
        epsilonk(i) = epsilonk(i-1);
    end
    ypk(1) = yp(k);
    ymk(1) = ym(k);
    epsilonk(1) = epsilon;
end
subplot(2,1,1);
plot(time,thetap(1:na,:));
xlabel('k'); ylabel('可调系统参数 ap');
legend('a_p_1','a_p_2','a_p_3'); axis([0 L -1 1.5]);
subplot(2,1,2);
plot(time,thetap(na + 1:na + nb,:));
xlabel('k'); ylabel('可调系统参数 bp');
legend('b_p_0','b_p_1'); axis([0 L 0 4]);
```

2. 不需预先选取 d_i 的自适应算法

上面介绍的自适应算法需要预先选取 d_i，使其保证式(3.4.14)严格正实。由仿真实例3.9可知，当系统阶次较高时，d_i 将不易选取，并需要较繁杂的计算。而且，由式(3.4.14)知，当参考模型的参数 $a_{mi}(i=1,2,\cdots,n)$ 未知时，预先选取 d_i 是不可能的。例如，将MRAS用于系统参数辨识时，参考模型 a_{mi} 就是被辨识的未知参数。在这种情况下，则需要采用不需预先选取 d_i 的自适应算法。

将(3.4.12)做如下修改：

$$\begin{cases}\upsilon^0(k)=\varepsilon^0(k)+\sum_{i=1}^{n}d_i(k-1)\varepsilon(k-i)=\varepsilon^0(k)+\boldsymbol{d}^{\mathrm{T}}(k-1)\boldsymbol{e}(k)\\ \upsilon(\mathrm{k})=\varepsilon(\mathrm{k})+\boldsymbol{d}^{\mathrm{T}}(k)\boldsymbol{e}(k)\end{cases}\tag{3.4.15}$$

式中

$$\begin{cases}\boldsymbol{d}(k)=[d_1(k),\cdots,d_n(k)]^{\mathrm{T}}\in\mathbf{R}^{n\times1}\\ \boldsymbol{e}(k)=[\varepsilon(k-1),\cdots,\varepsilon(k-n)]^{\mathrm{T}}\in\mathbf{R}^{n\times1}\end{cases}$$

定义一个扩展的可调参数向量和观测数据向量如下

$$\begin{cases}\boldsymbol{\theta}_{pe}(k)=[\boldsymbol{\theta}_p^{\mathrm{T}}(k),-\boldsymbol{d}^{\mathrm{T}}(k)]^{\mathrm{T}}\in\mathbf{R}^{(2n+m+1)\times1}\\ \qquad=[a_{p1}(k),\cdots,a_{pn}(k),b_{p0}(k),\cdots,b_{pm}(k),-d_1(k),\cdots,-d_n(k)]^{\mathrm{T}}\\ \boldsymbol{x}_{pe}(k-1)=[\boldsymbol{x}_p^{\mathrm{T}}(k-1),\boldsymbol{e}^{\mathrm{T}}(k)]^{\mathrm{T}}\in\mathbf{R}^{(2n+m+1)\times1}\\ \qquad=[y_p(k-1),\cdots,y_p(k-n),y_r(k),\cdots,y_r(k-m),\varepsilon(k-1),\cdots,\varepsilon(k-n)]^{\mathrm{T}}\end{cases}\tag{3.4.16}$$

则参数自适应调节规律为

$$\begin{cases}\boldsymbol{\theta}_{pe}(k)=\boldsymbol{\theta}_{pe}(k-1)+\dfrac{\boldsymbol{G}(k-1)\boldsymbol{x}_{pe}(k-1)\upsilon^0(k)}{1+\boldsymbol{x}_{pe}^{\mathrm{T}}(k-1)\boldsymbol{G}(k-1)\boldsymbol{x}_{pe}(k-1)}\\ \boldsymbol{G}(k)=\boldsymbol{G}(k-1)+\dfrac{1}{\lambda}\dfrac{\boldsymbol{G}(k-1)\boldsymbol{x}_{pe}(k-1)\boldsymbol{x}_{pe}^{\mathrm{T}}(k-1)\boldsymbol{G}(k-1)}{1+\dfrac{1}{\lambda}\boldsymbol{x}_{pe}^{\mathrm{T}}(k-1)\boldsymbol{G}(k-1)\boldsymbol{x}_{pe}(k-1)}\\ \upsilon^0(k)=y_m(k)-\boldsymbol{\theta}_{pe}^{\mathrm{T}}(k-1)\boldsymbol{x}_{pe}(k-1)\end{cases}\tag{3.4.17}$$

式中，$\lambda>0.5$，$\boldsymbol{G}(0)\in\mathbf{R}^{(2n+m+1)\times(2n+m+1)}$ 为任意正定对称矩阵。

算法 3-9(不需预选 d_i 的 n 阶离散时间 MRAS)

已知：参考模型结构参数 n 和 m。

Step1 设置可调系统参数初值 $\boldsymbol{\theta}_{pe}(0)$，选择参数 $\boldsymbol{G}(0)$ 和 λ，并输入初始数据。

Step2 采样当前参考模型输出 $y_m(k)$ 和可调系统输出 $y_p(k)$。

Step3 利用式(3.4.17)计算 $\upsilon^0(k)$、$\boldsymbol{\theta}_{pe}(k)$ 和 $\boldsymbol{G}(k)$。

Step4 $k\to k+1$，返回Step2，继续循环。

仿真实例(同仿真实例3.9)

取 $\boldsymbol{\theta}_{pe}(0)=\mathbf{0}$、$\boldsymbol{G}(0)=\boldsymbol{I}_{8\times8}$、$\lambda=1$，参考输入信号 y_r 为方差为1的白噪声，采用不需要预选 d_i 的离散时间MRAS算法，参数估计结果如图3.17所示。

当 $k=400$ 时，可调系统参数为 $a_{p1}=1.003\ 0$，$a_{p2}=-0.705\ 1$，$a_{p3}=0.503\ 0$，$b_{p0}=2.978\ 0$，

$b_{p1}=1.9848$。

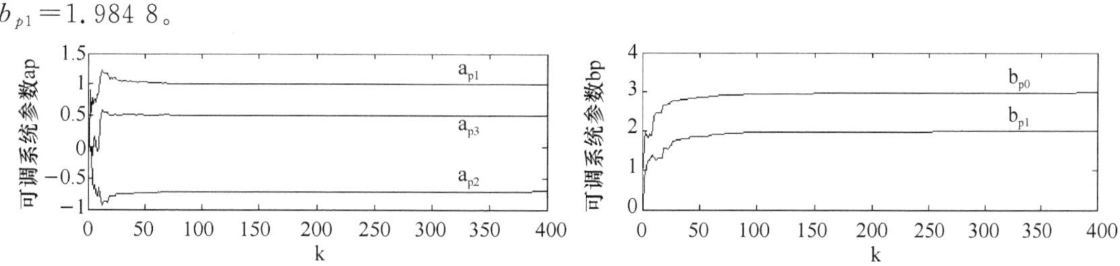

图 3.17　三阶离散时间 MRAS 算法的参数估计结果(不需预选 d_i)

仿真程序:chap3_10_DMRAS_ordn.m

```
%不需预选 di 的 n 阶 SISO 离散系统 MRAS(用于参数估计)
clear all; close all;

am = [1 -0.7 0.5]'; bm = [3 2]'; %参考模型参数(参考模型中含有 yr(k),注意 nb 的使用!)
thetam = [am;bm]; %参考模型参数向量
na = length(am); nb = length(bm); %可调参数个数

L = 400; %仿真长度
ypk = zeros(na,1); ymk = zeros(na,1); yrk = zeros(nb - 1,1); epsilonk = zeros(na,1); %初值:
%ypk(i)表示 yp(k-i)
yr = rands(L,1); %参考输入

G_1 = eye(2 * na + nb); lambda = 1; %正定对称矩阵 G(0)、λ

thetape_1 = zeros(2 * na + nb,1); %可调参数初值 θpe(0)
for k = 1 : L
    time(k) = k;
    xm_1 = [ymk;yr(k);yrk]; %构造参考模型数据向量
    ym(k) = thetam' * xm_1; %采集参考模型输出

    xpe_1 = [ypk;yr(k);yrk;epsilonk]; %构造对象数据向量
    v0(k) = ym(k) - thetape_1' * xpe_1; %计算 v0(k)

    G = G_1 - G_1 * xpe_1 * xpe_1' * G_1/lambda/(1 + xpe_1' * G_1 * xpe_1/lambda); %计算 G
    thetape( : ,k) = thetape_1 + G_1 * xpe_1 * v0(k)/(1 + xpe_1' * G_1 * xpe_1); %计算 θpe

    yp(k) = thetape(1 : na + nb,k)' * xpe_1(1 : na + nb); %利用最新可调参数计算 yp
    epsilon = ym(k) - yp(k); %广义输出误差 ε

    %更新数据
    thetape_1 = thetape( : ,k);
    G_1 = G;
```

```
    for i = nb - 1 : -1 : 2 % 注意参考模型中有 yr(k)
        yrk(i) = yrk(i - 1);
    end
    if nb>1
        yrk(1) = yr(k);
    end
    for i = na : -1 : 2
        ypk(i) = ypk(i - 1);
        ymk(i) = ymk(i - 1);
        epsilonk(i) = epsilonk(i - 1);
    end
    ypk(1) = yp(k);
    ymk(1) = ym(k);
    epsilonk(1) = epsilon;
end
subplot(2,1,1);
plot(time,thetape(1 : na, : ));
xlabel('k'); ylabel('可调系统参数 ap');
legend('a_p_1','a_p_2','a_p_3'); axis([0 L -1 1.5]);
subplot(2,1,2);
plot(time,thetape(na + 1 : na + nb, : ));
xlabel('k'); ylabel('可调系统参数 bp');
legend('b_p_0','b_p_1'); axis([0 L 0 4]);
```

第 4 章　自校正控制

自校正控制(self-tuning control，STC)是不同于模型参考自适应控制的另一类自适应控制，也是应用最为广泛的一类自适应控制方法。它的基本思想是，将参数估计递推算法与不同类型的控制算法结合起来，形成一个能自动校正控制器参数的实时计算机控制系统。

4.1　Diophantine 方程的求解

本章将介绍三类自校正控制：最小方差自校正控制、广义最小方差自校正控制和广义预测控制。在实施前两类控制算法时，需要在线求解单步 Diophantine 方程(丢番方程)；而在实施广义预测控制时，则需要在线求解多步 Diophantine 方程，因此，本节将介绍两种 Diophantine 方程的递推求解方法。

本章将多次用到 Diophantine 方程的求解，为了简化程序设计，减少由于 MATLAB 工作空间变量的增加而占用太多内存，故将求解 Diophantine 方程的递推算法编制成函数文件。这样，当需要求解 Diophantine 方程时，直接调用即可。但需要注意的是，若想调用此函数，需要将其与应用程序放在同一目录下。

4.1.1　单步 Diophantine 方程的求解

如式(4.1.1)所示形式的方程被称为 Diophantine 方程

$$\begin{cases} C(z^{-1})=A(z^{-1})E(z^{-1})+z^{-d}G(z^{-1}) \\ F(z^{-1})=B(z^{-1})E(z^{-1}) \end{cases} \tag{4.1.1}$$

式中

$$\begin{cases} A(z^{-1})=1+a_1z^{-1}+\cdots+a_{n_a}z^{-n_a} \\ B(z^{-1})=b_0+b_1z^{-1}+\cdots+b_{n_b}z^{-n_b} \\ C(z^{-1})=1+c_1z^{-1}+\cdots+c_{n_c}z^{-n_c} \\ E(z^{-1})=1+e_1z^{-1}+\cdots+e_{n_e}z^{-n_e} \quad (n_e=d-1) \\ G(z^{-1})=g_0+g_1z^{-1}+\cdots+g_{n_g}z^{-n_g} \quad (n_g=n_a-1) \\ F(z^{-1})=f_0+f_1z^{-1}+\cdots+f_{n_f}z^{-n_f} \quad (n_f=n_b+d-1) \end{cases}$$

严格来说，通常将式(4.1.1)中的第一个方程称为 Diophantine 方程，而本书中两个方程每次都是同时使用，所以这里将式(4.1.1)统称为 Diophantine 方程。对于多步 Diophantine 方程亦是如此处理。

由式(4.1.1)得

$$1+c_1z^{-1}+\cdots+c_{n_c}z^{-n_c}=(1+a_1z^{-1}+\cdots+a_{n_a}z^{-n_a})(1+e_1z^{-1}+\cdots+e_{n_e}z^{-n_e})+$$

$$g_0 z^{-d} + g_1 z^{-d-1} + \cdots + g_{n_g} z^{-d-n_g} \tag{4.1.2}$$

令式(4.1.2)等号两边关于 z^{-1} 的相同次幂项的系数相等，得 Diophantine 方程参数的递推公式为

$$\begin{cases} e_i = c_i - \sum_{j=1}^{i} e_{i-j} a_j, \quad i = 1,2,\cdots,n_e \\ g_i = c_{i+d} - \sum_{j=0}^{n_e} e_{n_e-j} a_{i+j+1}, \quad i = 0,1,\cdots,n_g \\ f_i = \sum_{j=0}^{i} b_{i-j} e_j, \quad i = 0,1,\cdots,n_f \end{cases} \tag{4.1.3}$$

在计算过程中，如果 a_i、b_i、c_i 和 e_i 实际不存在时，则用 0 代替，如 $i > n_a$ 时，令 $a_i = 0$。

仿真实例 4.1

求解下列系统的单步 Diophantine 方程。

(1) $y(k) - 1.7y(k-1) + 0.7y(k-2) = u(k-4) + 0.5u(k-5) + \xi(k) + 0.2\xi(k-1)$

(2) $y(k) - 1.7y(k-1) + 0.7y(k-2) = u(k-4) + 2u(k-5) + \xi(k) + 0.2\xi(k-1)$

解：

(1) 由系统差分方程知

$$n_a = 2, n_b = 1, n_c = 1, d = 4$$

$$a_1 = -1.7, a_2 = 0.7, b_0 = 1, b_1 = 0.5, c_0 = 1, c_1 = 0.2$$

由式(4.1.1)知

$$n_e = d - 1 = 3, n_g = n_a - 1 = 1, n_f = n_b + d - 1 = 4$$

则由递推公式(4.1.3)得(已知 $e_0 = 1$)

$$e_1 = c_1 - \sum_{j=1}^{1} e_{1-j} a_j = c_1 - e_0 a_1 = 0.2 - (-1.7) = 1.9$$

$$e_2 = c_2 - \sum_{j=1}^{2} e_{2-j} a_j = c_2 - e_1 a_1 - e_0 a_2 = 0 - 1.9(-1.7) - 0.7 = 2.53$$

$$e_3 = c_3 - \sum_{j=1}^{3} e_{3-j} a_j = c_3 - e_2 a_1 - e_1 a_2 - e_0 a_3 = 0 - 2.53(-1.7) - 1.9 \times 0.7 - 0 = 2.971$$

$$g_0 = c_{0+4} - \sum_{j=0}^{3} e_{3-j} a_{j+1} = c_4 - e_3 a_1 - e_2 a_2 - e_1 a_3 - e_0 a_4 = -2.971(-1.7) - 2.53 \times 0.7$$
$$= 3.2797$$

$$g_1 = c_{1+4} - \sum_{j=0}^{3} e_{3-j} a_{1+j+1} = c_5 - e_3 a_2 - e_2 a_3 - e_1 a_4 - e_0 a_5 = 0 - 2.971 \times 0.7 = -2.0797$$

$$f_0 = \sum_{j=0}^{0} b_{0-j} e_j = b_0 e_0 = 1$$

$$f_1 = \sum_{j=0}^{1} b_{1-j} e_j = b_1 e_0 + b_0 e_1 = 0.5 + 1.9 = 2.4$$

$$f_2 = \sum_{j=0}^{2} b_{2-j} e_j = b_2 e_0 + b_1 e_1 + b_0 e_2 = 0 + 0.5 \times 1.9 + 2.53 = 3.48$$

$$f_3 = \sum_{j=0}^{3} b_{3-j} e_j = b_3 e_0 + b_2 e_1 + b_1 e_2 + b_0 e_3 = 0 + 0 + 0.5 \times 2.53 + 2.971 = 4.236$$

$$f_4=\sum_{j=0}^{4}b_{4-j}e_j=b_4e_0+b_3e_1+b_2e_2+b_1e_3+b_0e_4=0.5\times 2.971=1.4855$$

因此，该系统单步 Diophantine 方程的解，即多项式 $E(z^{-1})$、$G(z^{-1})$和 $F(z^{-1})$分别如下。

$$\begin{cases}E(z^{-1})=1+1.9z^{-1}+2.53z^{-2}+2.971z^{-3}\\G(z^{-1})=3.2797-2.0797z^{-1}\\F(z^{-1})=1+2.4z^{-1}+3.48z^{-2}+4.236z^{-3}+1.4855z^{-4}\end{cases}$$

(2) 与(1)相比，该系统差分方程中仅 $B(z^{-1})$不同，即 $b_0=1,b_1=2$。由递推公式(4.1.3)知，该系统的 $E(z^{-1})$和 $G(z^{-1})$与(1)相同，且

$$f_0=\sum_{j=0}^{0}b_{0-j}e_j=b_0e_0=1$$

$$f_1=\sum_{j=0}^{1}b_{1-j}e_j=b_1e_0+b_0e_1=2+1.9=3.9$$

$$f_2=\sum_{j=0}^{2}b_{2-j}e_j=b_2e_0+b_1e_1+b_0e_2=0+2\times 1.9+2.53=6.33$$

$$f_3=\sum_{j=0}^{3}b_{3-j}e_j=b_3e_0+b_2e_1+b_1e_2+b_0e_3=0+0+2\times 2.53+2.971=8.031$$

$$f_4=\sum_{j=0}^{4}b_{4-j}e_j=b_4e_0+b_3e_1+b_2e_2+b_1e_3+b_0e_4=2\times 2.971=5.942$$

则多项式 $E(z^{-1})$、$G(z^{-1})$和 $F(z^{-1})$分别如下：

$$\begin{cases}E(z^{-1})=1+1.9z^{-1}+2.53z^{-2}+2.971z^{-3}\\G(z^{-1})=3.2797-2.0797z^{-1}\\F(z^{-1})=1+3.9z^{-1}+6.33z^{-2}+8.031z^{-3}+5.942z^{-4}\end{cases}$$

经验证，上述计算结果与 MATLAB 程序运行结果相同。程序 sindiophantine.m 是为求解单步 Diophantine 方程编写的 MATLAB 函数，运行仿真程序 chap4_01_sindiophantine.m 时，由于需要调用此函数，因此，要将此函数放在仿真程序所在的目录中。

仿真程序：chap4_01_sindiophantine.m

```
%单步 Diophantine 方程的求解
clear all;

a=[1 -1.7 0.7]; b=[1 0.5]; c=[1 0.2]; d=4; %仿真实例 4.1(1)
%a=[1 -1.7 0.7]; b=[1 2]; c=[1 0.2]; d=4; %仿真实例 4.1(2)

[e,f,g]=sindiophantine(a,b,c,d) %调用函数 sindiophantine(结果见 MATLAB 命令窗口)
```

仿真程序：求解单步 Diophantine 方程的函数 sindiophantine.m

```
function [e,f,g]=sindiophantine(a,b,c,d)
%***********************************************************
  %功能:单步 Diophanine 方程的求解
  %调用格式:[e,f,g]=sindiophantine(a,b,c,d)
```

```
  % 输入参数:多项式 A、B、C 系数(行向量)及纯滞后(共 4 个)
  % 输出参数:Diophanine 方程的解 e,f,g(共 3 个)
 % ***********************************************************
na = length(a) - 1; nb = length(b) - 1; nc = length(c) - 1; % A、B、C 的阶次
ne = d - 1; ng = na - 1; % E、G 的阶次
ad = [a,zeros(1,ng + ne + 1 - na)]; cd = [c,zeros(1,ng + d - nc)]; % 令 a(na + 2) = a(na + 3) = ... = 0

e(1) = 1;
for i = 2 : ne + 1
    e(i) = 0;
    for j = 2 : i
          e(i) = e(i) + e(i + 1 - j) * ad(j);
    end
    e(i) = cd(i) - e(i); % 计算 ei
end

for i = 1 : ng + 1
     g(i) = 0;
     for j = 1 : ne + 1
          g(i) = g(i) + e(ne + 2 - j) * ad(i + j);
    end
    g(i) = cd(i + d) - g(i); % 计算 gi
end
f = conv(b,e); % 计算 F
```

4.1.2 多步 Diophantine 方程的求解

多步 Diophantine 方程如式(4.1.4)所示。

$$\begin{cases} C(z^{-1})=A(z^{-1})E_j(z^{-1})+z^{-j}G_j(z^{-1}) \\ F_j(z^{-1})=B(z^{-1})E_j(z^{-1}) \end{cases},\quad j=1,2,\cdots,N \tag{4.1.4}$$

式中,N 为预测长度,$A(z^{-1})$、$B(z^{-1})$和 $C(z^{-1})$与式(4.1.1)中的含义相同,且

$$\begin{cases} E_j(z^{-1})=1+e_{j,1}z^{-1}+\cdots+e_{j,n_{ej}}z^{-n_{ej}} \\ G_j(z^{-1})=g_{j,0}+g_{j,1}z^{-1}+\cdots+g_{j,n_{gj}}z^{-n_{gj}} \\ F_j(z^{-1})=f_{j,0}+f_{j,1}z^{-1}+\cdots+f_{j,n_{fj}}z^{-n_{fj}} \\ \deg E_j=j-1,\quad \deg G_j=n_a-1,\quad \deg F_j=n_b+j-1 \end{cases},\quad j=1,2,\cdots,N$$

由式(4.1.4)得

$$C(z^{-1})=A(z^{-1})E_{j+1}(z^{-1})+z^{-(j+1)}G_{j+1}(z^{-1})$$
$$C(z^{-1})=A(z^{-1})E_j(z^{-1})+z^{-j}G_j(z^{-1})$$

上述两式相减,得

$$A(E_{j+1}-E_j)=z^{-j}(G_j-z^{-1}G_{j+1}) \tag{4.1.5}$$

由式(4.1.5)知，等式右边到$(j-1)$次为止的所有低幂项系数均为 0。因此，E_{j+1} 与 E_j 的前$(j-1)$项的系数必相等，即

$$e_{j+1,i}=e_{j,i}, \quad i=0,1,\cdots,j-1 \tag{4.1.6}$$

从而有

$$E_{j+1}=E_j+e_{j+1,j}z^{-j} \tag{4.1.7}$$

将式(4.1.7)代入式(4.1.5)，得

$$z^{-1}G_{j+1}=G_j-e_{j+1,j}A \tag{4.1.8}$$

将上式展开后，得

$$\begin{aligned}&g_{j+1,0}z^{-1}+g_{j+1,1}z^{-2}+\cdots+g_{j+1,n_a-1}z^{-n_a}\\&=(g_{j,0}-e_{j+1,j})+(g_{j,1}-e_{j+1,j}a_1)z^{-1}+(g_{j,2}-e_{j+1,j}a_2)z^{-2}+\\&\quad\cdots+(g_{j,n_a-1}-e_{j+1,j}a_{(n_a-1)})z^{-(n_a-1)}-e_{j+1,j}a_{n_a}z^{-n_a}\end{aligned}$$

令上式等号两边同幂项系数相等，得

$$\begin{cases}e_{j+1,j}=g_{j,0}\\g_{j+1,i-1}=g_{j,i}-e_{j+1,j}a_i, \quad i=1,2,\cdots,n_a-1\\g_{j+1,n_a-1}=-e_{j+1,j}a_{n_a}\end{cases} \tag{4.1.9}$$

式(4.1.9)即为多步 Diophantine 方程的递推公式，但若使递推公式启动，还需要确定其初值。

当 $j=1$ 时，由式(4.1.4)得

$$C=AE_1+z^{-1}G_1$$

令上式等号两边同幂项系数相等，得

$$\begin{cases}e_{1,0}=1\\G_1(z^{-1})=z[C(z^{-1})-A(z^{-1})]\end{cases} \tag{4.1.10}$$

式(4.1.10)即为递推公式的初值。

结合式(4.1.6)和式(4.1.9)，$E_j(z^{-1})$和 $G_j(z^{-1})$系数的递推公式可总结如下($j=2,3,\cdots,N$)。

$$\begin{cases}e_{j,i}=e_{j-1,i}, \quad i=0,1,\cdots,j-2\\e_{j,j-1}=g_{j-1,0}\end{cases} \tag{4.1.11a}$$

$$\begin{cases}g_{j,i-1}=g_{j-1,i}-g_{j-1,0}a_i, \quad i=1,2,\cdots,n_a-1\\g_{j,n_a-1}=-g_{j-1,0}a_{n_a}\end{cases} \tag{4.1.11b}$$

而由式(4.1.4)得多项式 $F_j(z^{-1})$系数的递推公式为

$$f_{j,i}=\sum_{k=0}^{i}b_{i-k}e_{j,k}, \quad j=1,2,\cdots,N, \quad i=0,1,\cdots,n_{fj} \tag{4.1.12}$$

仿真实例 4.2

求解系统的多步 Diophantine 方程(取预测长度 $N=2$)：

$$y(k)-3y(k-1)+3.1y(k-2)-1.1y(k-3)=u(k-4)+2(k-5)+\xi(k)$$

解：由系统差分方程知

$$n_a=3, \quad n_b=1, \quad n_c=0, \quad d=4$$

$$a_1=-3, \quad a_2=3.1, \quad a_3=-1.1, \quad b_0=1, \quad b_1=2, \quad c_0=1$$

由式(4.1.4)知

$$n_{ej}=j-1, n_{gj}=n_a-1=2, n_{fj}=n_b+j-1, j=1,2$$

(1) 当 $j=1$ 时

$$n_{e1}=0, n_{g1}=2, n_{f1}=1$$

由式(4.1.10)得递推公式的初值为

$$\begin{cases} e_{1,0}=1 \\ g_{1,0}+g_{1,1}z^{-1}+g_{1,2}z^{-2}=z(1-(1-3z^{-1}+3.1z^{-2}-1.1z^{-3}))=3-3.1z^{-1}+1.1z^{-2} \end{cases}$$

则

$$g_{1,0}=3, g_{1,1}=-3.1, g_{1,2}=1.1$$

(2) 当 $j=2$ 时

$$n_{e2}=1, n_{g2}=2, n_{f2}=2$$

由式(4.1.11a)得

$$e_{2,0}=e_{1,0}=1$$
$$e_{2,1}=g_{1,0}=3$$

由式(4.1.11b)得

$$g_{2,0}=g_{1,1}-g_{1,0}a_1=-3.1-3\times(-3)=5.9$$
$$g_{2,1}=g_{1,2}-g_{1,0}a_2=1.1-3\times3.1=-8.2$$
$$g_{2,2}=-g_{1,0}a_3=-3\times(-1.1)=3.3$$

(3) 求 $f_{j,i}$

由式(4.1.12)得

当 $j=1$ 时,$n_{f2}=1$

$$f_{1,0}=\sum_{k=0}^{0}b_{0-k}e_{1,k}=b_0e_{1,0}=1$$

$$f_{1,1}=\sum_{k=0}^{1}b_{1-k}e_{1,k}=b_1e_{1,0}+b_0e_{1,1}=2$$

当 $j=2$ 时,$n_{f2}=2$

$$f_{2,0}=\sum_{k=0}^{0}b_{0-k}e_{2,k}=b_0e_{2,0}=1$$

$$f_{2,i}=\sum_{k=0}^{1}b_{1-k}e_{2,k}=b_1e_{2,0}+b_0e_{2,1}=2+3=5$$

$$f_{2,i}=\sum_{k=0}^{2}b_{2-k}e_{2,k}=b_2e_{2,0}+b_1e_{2,1}+b_0e_{2,2}=2\times3=6$$

综上,解得 $E_j(z^{-1})$、$G_j(z^{-1})$、$F_j(z^{-1})$如下($\boldsymbol{E}$、$\boldsymbol{G}$、$\boldsymbol{F}$ 分别为对应多项式系数组成的矩阵):

$$\boldsymbol{E}=\begin{bmatrix}1 & 0\\ 1 & 3\end{bmatrix}$$

$$\boldsymbol{G}=\begin{bmatrix}3.0 & -3.1 & 1.1\\ 5.9 & -8.2 & 3.3\end{bmatrix}$$

$$\boldsymbol{F}=\begin{bmatrix}1 & 2 & 0\\ 1 & 5 & 6\end{bmatrix}$$

经验证，上述计算结果与 MATLAB 程序运行结果相同。函数 multidiophantine. m 是为求解多步 Diophantine 方程编写的 MATLAB 函数，运行仿真程序 chap4_02_multidiophantine. m 时，由于需要调用此函数，因此，要将此函数放在仿真程序所在的目录中。

仿真程序：chap4_02_multidiophantine. m

```
%多步 Diophantine 方程的求解
clear all;

a = [1  -3  3.1  -1.1]; b = [1 2]; c = [1];
na = length(a) - 1; nb = length(b) - 1; nc = length(c) - 1; %A、B、C 的阶次
N = 2; %预测步数

[E,F,G] = multidiophantine(a,b,c,N) %调用函数 multidiophantine(结果见 MATLAB 命令窗口)
```

仿真程序：求解多步 Diophantine 方程的函数 multidiophantine. m

```
function [E,F,G] = multidiophantine(a,b,c,N)
% ****************************************************************
  %功能：多步 Diophanine 方程的求解
  %调用格式：[E,F,G] = sindiophantine(a,b,c,N)(注：d = 1)
  %输入参数：多项式 A、B、C 系数向量及预测步数(共 4 个)
  %输出参数：Diophanine 方程的解 E、F、G(共 3 个)
% ****************************************************************
na = length(a) - 1; nb = length(b) - 1; nc = length(c) - 1; %A、B、C 的阶次

%E、F、G 的初值
E = zeros(N); E(1,1) = 1; F(1,:) = conv(b,E(1,:));
if na> = nc
    G(1,:) = [c(2:nc + 1) zeros(1,na - nc)] - a(2:na + 1); %令 c(nc + 2) = c(nc + 3) = ... = 0
else
    G(1,:) = c(2:nc + 1) - [a(2:na + 1) zeros(1,nc - na)]; %令 a(na + 2) = a(na + 3) = ... = 0
end

%求 E、G、F
for j = 2:N
    for i = 1:j - 1
        E(j,i) = E(j - 1,i);
    end
    E(j,j) = G(j - 1,1);
    for i = 2:na
        G(j,i - 1) = G(j - 1,i) - G(j - 1,1) * a(i);
    end
    G(j,na) = - G(j - 1,1) * a(na + 1);
    F(j,:) = conv(b,E(j,:));
end
```

4.2 最小方差自校正控制

最小方差自校正调节器(minimum variance self-tuning regulator, MVSTR)是 1973 年由 K. J. Åström 和 B. Wittenmark 提出的,"自校正"这个术语也是他们创造的。这种调节器属于直接自校正控制,针对参数定常但未知的 SISO 离散时间系统,以最小输出方差为目标设计自校正控制律,用递推最小二乘算法直接估计控制器参数,是一种最简单的自校正控制器。

最小方差控制(minimum variance control, MVC)具有算法简单、易于理解、易于实现等优点,是其他自校正控制算法的基础。其基本思想[11]是:由于一般工业对象存在纯延时 d,当前的控制作用要滞后 d 个采样周期才能影响输出。因此,要使输出方差最小,就必须提前 d 步对输出量作出预测,然后根据所得的预测值来设计所需的控制律。这样,通过连续不断的预测和控制,就能保证稳态输出方差为最小。由此可见,实现最小方差控制的关键在于输出预测。

4.2.1 单步输出预测

设系统采用如下数学模型:

$$A(z^{-1})y(k)=z^{-d}B(z^{-1})u(k)+C(z^{-1})\xi(k) \tag{4.2.1}$$

式中,$C(z^{-1})$为 Hurwitz 多项式,即其零点完全位于 z 平面的单位圆内,$u(k)$和 $y(k)$表示系统的输入和输出,$\xi(k)$是方差为 σ^2 的白噪声,$d\geqslant1$ 为纯延时,且

$$\begin{cases}A(z^{-1})=1+a_1z^{-1}+a_2z^{-2}+\cdots+a_{n_a}z^{-n_a}\\B(z^{-1})=b_0+b_1z^{-1}+b_2z^{-2}+\cdots+b_{n_b}z^{-n_b}, \quad b_0\neq0\\C(z^{-1})=1+c_1z^{-1}+c_2z^{-2}+\cdots+c_{n_c}z^{-n_c}\end{cases}$$

对象(4.2.1)在 k 时刻及以前时刻的输入/输出数据记作

$$\{\boldsymbol{Y}^k,\boldsymbol{U}^k\}=\{y(k),y(k-1),\cdots,u(k),u(k-1),\cdots\}$$

基于$\{\boldsymbol{Y}^k,\boldsymbol{U}^k\}$对 $k+d$ 时刻输出的预测,记作

$$\hat{y}(k+d|k)$$

(输出)预测误差记作

$$\tilde{y}(k+d|k)=y(k+d)-\hat{y}(k+d|k)$$

则关于提前 d 步最小方差预测输出可由如下定理给出。

定理 4-1(最优 d 步预测输出)

使如下性能指标(预测误差的方差):

$$\mathrm{E}\{\tilde{y}^2(k+d\mid k)\}$$

为最小的 d 步最优预测输出 $y^*(k+d|k)$必满足方程

$$C(z^{-1})y^*(k+d|k)=G(z^{-1})y(k)+F(z^{-1})u(k) \tag{4.2.2}$$

式中

$$C(z^{-1})=A(z^{-1})E(z^{-1})+z^{-d}G(z^{-1}) \tag{4.2.3a}$$

$$F(z^{-1})=B(z^{-1})E(z^{-1}) \tag{4.2.3b}$$

且

$$\begin{cases}E(z^{-1})=1+e_1z^{-1}+\cdots+e_{n_e}z^{-n_e} & (n_e=d-1)\\ G(z^{-1})=g_0+g_1z^{-1}+\cdots+g_{n_g}z^{-n_g} & (n_g=n_a-1)\\ F(z^{-1})=f_0+f_1z^{-1}+\cdots+f_{n_f}z^{-n_f} & (n_f=n_b+d-1)\end{cases}$$

此时,最优预测误差的方差为

$$\mathrm{E}\{\tilde{y}^*(k+d\mid k)^2\}=\left(1+\sum_{i=1}^{d-1}e_i^2\right)\sigma^2 \tag{4.2.4}$$

证明:由式(4.2.1)和式(4.2.3a)可得

$$y(k+d)=E\xi(k+d)+\frac{B}{A}u(k)+\frac{G}{A}\xi(k) \tag{4.2.5}$$

为书写简便,多项式 $A(z^{-1})$简写成 A,其他也做类似处理。

由式(4.2.1)可得

$$\xi(k)=\frac{A}{C}y(k)-\frac{z^{-d}B}{C}u(k)$$

将上式代入(4.2.5),再利用式(4.2.3)化简后得

$$y(k+d)=E\xi(k+d)+\frac{F}{C}u(k)+\frac{G}{C}y(k) \tag{4.2.6}$$

由性能指标得

$$\begin{aligned}J&=\mathrm{E}\{\tilde{y}^2(k+d\mid k)\}=\mathrm{E}\{[y(k+d)-\hat{y}(k+d\mid k)]^2\}\\&=\mathrm{E}\left\{\left[E\xi(k+d)+\frac{F}{C}u(k)+\frac{G}{C}y(k)-\hat{y}(k+d\mid k)\right]^2\right\}\\&=\mathrm{E}\{[E\xi(k+d)]^2\}+\mathrm{E}\left\{2E\xi(k+d)\left[\frac{F}{C}u(k)+\frac{G}{C}y(k)-\hat{y}(k+d\mid k)\right]\right\}+\\&\quad\mathrm{E}\left\{\left[\frac{F}{C}u(k)+\frac{G}{C}y(k)-\hat{y}(k+d\mid k)\right]^2\right\}\end{aligned}$$

由于 $E\xi(k+d)$与$\{\boldsymbol{Y}^k,\boldsymbol{U}^k\}$独立,则上式右边第二项为 0。又由于第一项与控制序列无关,是不可控的。因此,欲使 J 最小,须使上式右边第三项为 0,即

$$\hat{y}(k+d|k)=\frac{F}{C}u(k)+\frac{G}{C}y(k)=y^*(k+d|k)$$

即式(4.2.2)成立,且

$$J_{\min}=\mathrm{E}\{[E\xi(k+d)]^2\}=(1+e_1^2+\cdots+e_{d-1}^2)\sigma^2$$

即式(4.2.4)成立,则定理 4-1 得证。

式(4.2.6)称为输出预测模型,式(4.2.2)为最优输出预测方程,式(4.2.3)称为单步 Diophantine 方程。由定理 4-1 知,求解最小方差预测输出的关键是求解 Diophantine 方程,具体方法已在 4.1 节详述。

4.2.2 最小方差控制

1. 最小方差控制律

假设 $B(z^{-1})$为 Hurwitz 多项式,即对象是最小相位或逆稳的,则有以下定理。

定理 4-2(最小方差控制)

设控制目标是使实际输出 $y(k+d)$ 跟踪期望输出 $y_r(k+d)$,使性能指标

$$J=\mathrm{E}\{[y(k+d)-y_r(k+d)]^2\} \tag{4.2.7}$$

为最小,则最小方差控制律为

$$F(z^{-1})u(k)=C(z^{-1})y_r(k+d)-G(z^{-1})y(k) \tag{4.2.8}$$ [①]

证明:由定理 4-1 知

$$y(k+d)=E\xi(k+d)+y^*(k+d\mid k) \tag{4.2.9}$$

将式(4.2.9)代入式(4.2.7)中,得

$$\begin{aligned}J&=\mathrm{E}\{[E\xi(k+d)+y^*(k+d\mid k)-y_r(k+d)]^2\}\\&=\mathrm{E}\{[E\xi(k+d)]^2\}+\mathrm{E}\{[y^*(k+d\mid k)-y_r(k+d)]^2\}\end{aligned}$$

上式右边第一项不可控,若使 J 最小,须使上式右边第二项为 0,即

$$y^*(k+d\mid k)=y_r(k+d) \tag{4.2.10}$$

将式(4.2.10)代入最优预测输出方程(4.2.2)得

$$C(z^{-1})y_r(k+d)=G(z^{-1})y(k)+F(z^{-1})u(k)$$

上式经简单变形即得式(4.2.8),则定理 4-2 得证。

2. 闭环系统分析

对于被控对象(4.2.1),由式(4.2.8)可得最小方差控制系统的结构框图,如图 4.1 所示。

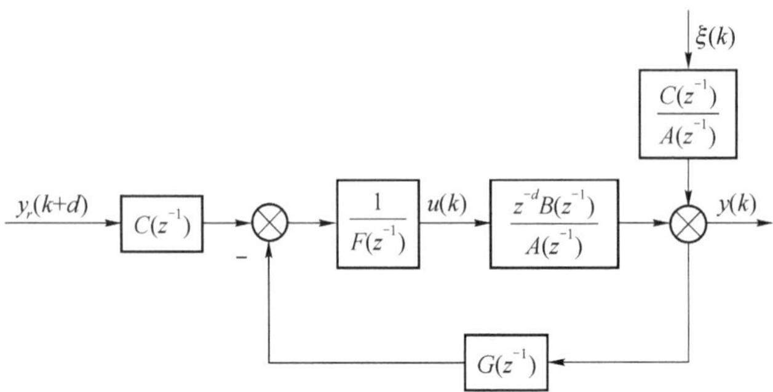

图 4.1 最小方差控制系统结构

由图 4.1 很容易求得闭环系统方程:

$$\begin{aligned}y(k)&=\frac{\dfrac{C}{F}\dfrac{z^{-d}B}{A}}{1+\dfrac{z^{-d}B}{A}\dfrac{G}{F}}y_r(k+d)+\frac{\dfrac{C}{A}}{1+\dfrac{z^{-d}B}{A}\dfrac{G}{F}}\xi(k)\\&=\frac{CBz^{-d}y_r(k+d)+CF\xi(k)}{AF+z^{-d}BG}\end{aligned}$$

① 式(4.2.8)中,必须事先知道 $k+d$ 时刻的期望输出值 $y_r(k+d)$;如果仅知道当前时刻(k 时刻)的 $y_r(k)$,则系统实际输出要滞后期望输出 d 步[19]。后面介绍的广义最小方差控制、广义预测控制、极点配置控制等,均有类似现象。

$$=\frac{CB\left[y_r(k)+E\xi(k)\right]}{CB}=y_r(k)+E\xi(k) \tag{4.2.11a}$$

$$u(k)=\frac{\dfrac{C}{F}}{1+\dfrac{z^{-d}B}{A}\dfrac{G}{F}}y_r(k+d)+\frac{-\dfrac{C}{A}\dfrac{G}{F}}{1+\dfrac{z^{-d}B}{A}\dfrac{G}{F}}\xi(k)=\frac{CAy_r(k+d)-CG\xi(k)}{AF+z^{-d}BG}$$

$$=\frac{C\left[Ay_r(k+d)-G\xi(k)\right]}{CB}=\frac{Ay_r(k+d)-G\xi(k)}{B} \tag{4.2.11b}$$

由式(4.2.11)和图 4.1 都可以看出，最小方差控制的实质，就是用控制器的极点（$F(z^{-1})$ 的零点）去对消被控对象的零点（$B(z^{-1})$ 的零点）。由式(4.2.11a)知，当 $B(z^{-1})$ 不稳定时，虽然输出 $y(k)$ 有界，但由式(4.2.11b)知，此时对象输入 $u(k)$ 将指数增长并达到饱和，最终导致系统不稳定。因此，采用最小方差控制时，要求对象必须是最小相位系统。这是最小方差控制的最主要缺陷。

最小方差控制还有其他两个缺陷：

① 最小方差控制对靠近单位圆的稳定零点非常敏感；

② 最小方差控制的控制作用没有约束。当干扰方差比较大时，由于最小方差控制需要一步完成校正，所以控制量的方差也较大，这将会加速执行结构的磨损；而且，有些对象也不希望或不允许调节过程过于剧烈。

算法 4-1(最小方差控制，MVC)

已知：被控对象的结构与参数。

Step1　输入初始数据。

Step2　求解 Diophantine 方程(4.2.3)，得到多项式 E、F 和 G 的系数。

Step3　采样当前实际输出 $y(k)$ 和期望输出 $y_r(k+d)$ ①(或 $y_r(k)$)。

Step4　利用式(4.2.8)计算并实施 $u(k)$。

Step5　返回 Step3($k\to k+1$)，继续循环。

仿真实例 4.3

设被控对象为

$$y(k)-1.7y(k-1)+0.7y(k-2)=u(k-4)+0.5u(k-5)+\xi(k)+0.2\xi(k-1)$$

式中，$\xi(k)$是方差为 σ^2 的白噪声。

由仿真实例 4.1 的(1)知，该系统的 Diophantine 方程的解为

$$\begin{cases}E=1+1.9z^{-1}+2.53z^{-2}+2.971z^{-3}\\G=3.2797-2.0797z^{-1}\\F=1+2.4z^{-1}+3.48z^{-2}+4.236z^{-3}+1.4855z^{-4}\end{cases}$$

则由式(4.2.8)得此系统的最小方差控制律为

$$(1+2.4z^{-1}+3.48z^{-2}+4.236z^{-3}+1.4855z^{-4})u(k)$$
$$=(1+0.2z^{-1})y_r(k+4)-(3.2797-2.0797z^{-1})y(k)$$

即

① $y_r(k+d)$ 当前时刻不可得时，则采用 $y_r(k)$，其他算法类似处理。

$$
\begin{aligned}
u(k) = & -2.4u(k-1)-3.48u(k-2)-4.236u(k-3)-1.4855u(k-4)+ \\
& y_r(k+4)+0.2y_r(k+3)-3.2797y(k)+2.0797y(k-1)=\boldsymbol{\theta}_u^{\mathrm{T}}\boldsymbol{\varphi}_u(k)
\end{aligned}
$$

式中

$$
\begin{cases}
\boldsymbol{\theta}_u=[-2.4,-3.48,-4.236,-1.4855,1,0.2,-3.2797,2.0797]^{\mathrm{T}} \\
\boldsymbol{\varphi}_u(k)=[u(k-1),u(k-2),u(k-3),u(k-4),y_r(k+4),y_r(k+3),y(k),y(k-1)]^{\mathrm{T}}
\end{cases}
$$

假设历史输入/输出数据 $u(-4)$、$u(-3)$、$u(-2)$、$u(-1)$、$u(0)$、$y(-1)$和 $y(0)$均为 0，令期望输出 $y_r(k)$是幅值为 10 的常值信号，即 $y_r(k)=10$，并令 $\sigma^2=0$，则

$$
\begin{aligned}
& y(1)=1.7y(0)-0.7y(-1)+u(-3)+0.5u(-4)=0 \\
& u(1)=\boldsymbol{\theta}_u^{\mathrm{T}}\boldsymbol{\varphi}_u(1)=12 \\
& y(2)=1.7y(1)-0.7y(0)+u(-2)+0.5u(-3)=0 \\
& u(2)=\boldsymbol{\theta}_u^{\mathrm{T}}\boldsymbol{\varphi}_u(2)=-16.8 \\
& y(3)=1.7y(2)-0.7y(1)+u(-1)+0.5u(-2)=0 \\
& u(3)=\boldsymbol{\theta}_u^{\mathrm{T}}\boldsymbol{\varphi}_u(3)=10.56 \\
& y(4)=1.7y(3)-0.7y(2)+u(0)+0.5u(-1)=0 \\
& u(4)=\boldsymbol{\theta}_u^{\mathrm{T}}\boldsymbol{\varphi}_u(4)=-5.712 \\
& y(5)=1.7y(4)-0.7y(3)+u(1)+0.5u(0)=12 \\
& u(5)=\boldsymbol{\theta}_u^{\mathrm{T}}\boldsymbol{\varphi}_u(5)=2.9424 \\
& y(6)=1.7y(5)-0.7y(4)+u(2)+0.5u(1)=9.6 \\
& u(6)=\boldsymbol{\theta}_u^{\mathrm{T}}\boldsymbol{\varphi}_u(6)=-1.4885 \\
& y(7)=1.7y(6)-0.7y(5)+u(3)+0.5u(2)=10.08 \\
& u(7)=\boldsymbol{\theta}_u^{\mathrm{T}}\boldsymbol{\varphi}_u(7)=0.7477 \\
& y(8)=1.7y(7)-0.7y(6)+u(4)+0.5u(3)=9.984 \\
& u(8)=\boldsymbol{\theta}_u^{\mathrm{T}}\boldsymbol{\varphi}_u(8)=-0.3745 \\
& y(9)=1.7y(8)-0.7y(7)+u(5)+0.5u(4)=10.0032 \\
& u(9)=\boldsymbol{\theta}_u^{\mathrm{T}}\boldsymbol{\varphi}_u(9)=0.1874 \\
& y(10)=1.7y(9)-0.7y(8)+u(6)+0.5u(5)=9.9993
\end{aligned}
$$

可以看出，随着时间的推移，系统实际输出越来越逼近设定值，并最终与设置值重合。

取期望输出 $y_r(k)$是幅值为 10 的方波信号，令 $\sigma^2=0.1$，则采用 MVC 算法的控制效果如图 4.2 所示。

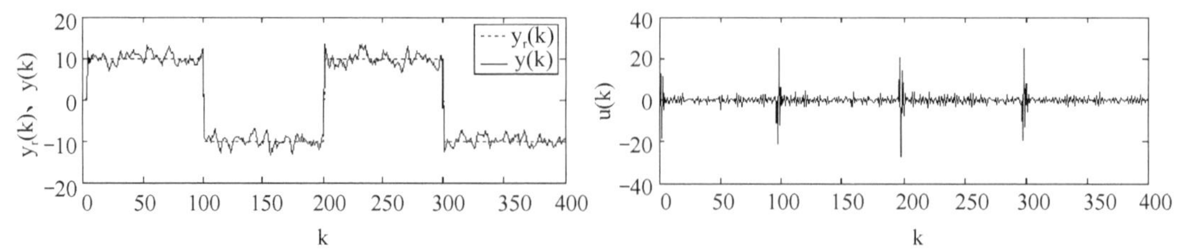

图 4.2　最小方差控制[①]

---

① 如果读者想更清晰地观察算法的控制效果，可将干扰方差设为 0，其他算法可类似处理。

仿真程序:chap4_03_MVC.m

```
%最小方差控制(MVC)
clear all; close all;
a=[1 -1.7 0.7]; b=[1 0.5]; c=[1 0.2]; d=4; %对象参数
na=length(a)-1; nb=length(b)-1; nc=length(c)-1; %na、nb、nc为多项式A、B、C阶次
nf=nb+d-1; %nf为多项式F的阶次
L=400; %控制步数
uk=zeros(d+nb,1); %输入初值：uk(i)表示u(k-i);
yk=zeros(na,1); %输出初值
yrk=zeros(nc,1); %期望输出初值
xik=zeros(nc,1); %白噪声初值
yr=10*[ones(L/4,1);-ones(L/4,1);ones(L/4,1);-ones(L/4+d,1)]; %期望输出
xi=sqrt(0.1)*randn(L,1); %白噪声序列

[e,f,g]=sindiophantine(a,b,c,d); %求解单步Diophantine方程
for k=1:L
    time(k)=k;
    y(k)=-a(2:na+1)*yk+b*uk(d:d+nb)+c*[xi(k);xik]; %采集输出数据

    u(k)=(-f(2:nf+1)*uk(1:nf)+c*[yr(k+d:-1:k+d-min(d,nc));yrk(1:nc-d)]-
    g*[y(k);yk(1:na-1)])/f(1); %求控制量

    %更新数据
    for i=d+nb:-1:2
        uk(i)=uk(i-1);
    end
    uk(1)=u(k);

    for i=na:-1:2
        yk(i)=yk(i-1);
    end
    yk(1)=y(k);

    for i=nc:-1:2
        yrk(i)=yrk(i-1);
        xik(i)=xik(i-1);
    end
    if nc>0
        yrk(1)=yr(k);
        xik(1)=xi(k);
    end
```

```
end
subplot(2,1,1);
plot(time,yr(1:L),'r:',time,y);
xlabel('k'); ylabel('y_r(k)、y(k)');
legend('y_r(k)','y(k)');
subplot(2,1,2);
plot(time,u);
xlabel('k'); ylabel('u(k)');
```

4.2.3 最小方差间接自校正控制

当被控对象(4.2.1)的参数未知时,可首先利用递推增广最小二乘法在线实时估计对象参数,然后再设计最小方差控制律,即将对象参数估计器和控制器的设计分开进行,就形成了最小方差自校正控制间接算法。该算法简单易懂,但计算量较大。

算法 4-2(最小方差间接自校正控制)

已知:模型阶次 n_a、n_b、n_c 及纯延时 d 。

Step1 设置初值 $\hat{\boldsymbol{\theta}}(0)$ 和 $\boldsymbol{P}(0)$,输入初始数据。

Step2 采样当前实际输出 $y(k)$ 和期望输出 $y_r(k+d)$。

Step3 利用递推增广最小二乘法(2.3.25)在线实时估计被控对象参数 $\hat{\boldsymbol{\theta}}$,即 $\hat{\boldsymbol{A}}$、$\hat{\boldsymbol{B}}$ 和 $\hat{\boldsymbol{C}}$。

Step4 求解 Diophantine 方程(4.2.3),得到多项式 E、F 和 G 的系数。

Step5 利用式(4.2.8)计算并实施 $u(k)$。

Step6 返回 Step2($k \rightarrow k+1$),继续循环。

仿真实例 4.4

设被控对象为

$$y(k)-1.7y(k-1)+0.7y(k-2)=u(k-4)+0.5u(k-5)+\xi(k)+0.2\xi(k-1)$$

式中,$\xi(k)$ 为方差为 0.1 的白噪声。

取初值 $\boldsymbol{P}(0)=10^6\boldsymbol{I}$,$\hat{\boldsymbol{\theta}}(0)=\mathbf{0.001}$,期望输出 $y_r(k)$ 是幅值为 10 的方波信号,采用最小方差自校正控制间接算法,其控制效果如图 4.3 所示。

【说明】

- 这里不能取 $\hat{\boldsymbol{\theta}}(0)=\mathbf{0}$,因为,在 $k=1$ 时刻,$f_0(1)=\hat{b}_0(1)=0$,在进行控制量计算时,$u(1)=\infty$,将会导致系统发散。
- 由于参数估计初期,所获得的估计参数不准确,可能偏离实际参数真值较远,使多项式 $B(z^{-1})$ 不稳定,最终导致系统发散。可采用两种方法解决。

方法 1:若已有少量输入/输出数据,可在实施自校正控制前,先利用批处理算法进行参数估计,得到与实际参数值接近的估计参数值。

方法 2:若无现成的输入/输出数据,则可在实施自校正控制时,将 $B(z^{-1})$ 的参数估计值限制在稳定范围内,详见程序。

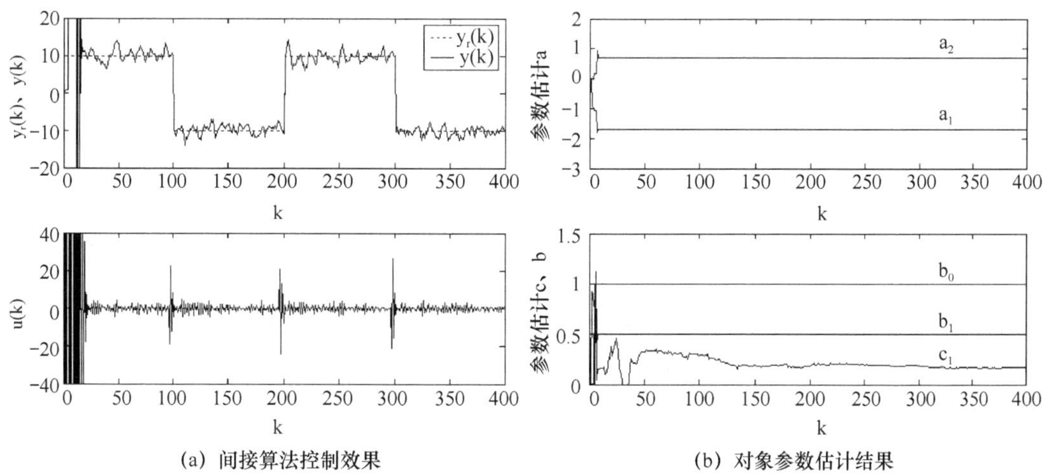

(a) 间接算法控制效果　　(b) 对象参数估计结果

图 4.3　最小方差间接自校正控制

仿真程序:chap4_04_MVSTC_indirect.m

```
%最小方差间接自校正控制
clear all; close all;
a=[1 -1.7 0.7]; b=[1 0.5]; c=[1 0.2]; d=4; %对象参数
na=length(a)-1; nb=length(b)-1; nc=length(c)-1; %na、nb、nc 为多项式 A、B、C 阶次
nf=nb+d-1; %nf 为多项式 F 的阶次

L=400; %控制步数
uk=zeros(d+nb,1); %输入初值:uk(i)表示 u(k-i);
yk=zeros(na,1); %输出初值
yrk=zeros(nc,1); %期望输出初值
xik=zeros(nc,1); %白噪声初值
xiek=zeros(nc,1); %白噪声估计初值
yr=10*[ones(L/4,1);-ones(L/4,1);ones(L/4,1);-ones(L/4+d,1)]; %期望输出
xi=sqrt(0.1)*randn(L,1); %白噪声序列

%RELS 初值设置
thetae_1=0.001*ones(na+nb+1+nc,1); %非常小的正数(这里不能为 0)
P=10^6*eye(na+nb+1+nc);
for k=1:L
    time(k)=k;
    y(k)=-a(2:na+1)*yk+b*uk(d:d+nb)+c*[xi(k);xik]; %采集输出数据

    %递推增广最小二乘法
    phie=[-yk;uk(d:d+nb);xiek];
    K=P*phie/(1+phie'*P*phie);
    thetae(:,k)=thetae_1+K*(y(k)-phie'*thetae_1);
```

```
    P = (eye(na + nb + 1 + nc) - K * phie') * P;

    xie = y(k) - phie' * thetae( : ,k); % 白噪声的估计值

    % 提取辨识参数
    ae = [1 thetae(1 : na,k)']; be = thetae(na + 1 : na + nb + 1,k)'; ce = [1 thetae(na + nb + 2 : na +
    nb + 1 + nc,k)'];
    if abs(be(2))>0.9
        be(2) = sign(ce(2)) * 0.9; % MVC 算法要求 B 稳定
    end
    if abs(ce(2))>0.9
        ce(2) = sign(ce(2)) * 0.9;
    end

    [e,f,g] = sindiophantine(ae,be,ce,d); % 求解单步 Diophantine 方程
    u(k) = ( - f(2 : nf + 1) * uk(1 : nf) + ce * [yr(k + d : - 1 : k + d - min(d,nc));yrk(1 : nc - d)] - g
    * [y(k);yk(1 : na - 1)])/f(1); % 求控制量

    % 更新数据
    thetae_1 = thetae( : ,k);

    for i = d + nb : - 1 : 2
        uk(i) = uk(i - 1);
    end
    uk(1) = u(k);
    for i = na : - 1 : 2
        yk(i) = yk(i - 1);
    end
    yk(1) = y(k);

    for i = nc : - 1 : 2
        yrk(i) = yrk(i - 1);
        xik(i) = xik(i - 1);
        xiek(i) = xiek(i - 1);
    end
    if nc >0
        yrk(1) = yr(k);
        xik(1) = xi(k);
        xiek(1) = xie;
    end
end
figure(1);
```

```
subplot(2,1,1);
plot(time,yr(1:L),'r:',time,y);
xlabel('k'); ylabel('y_r(k)、y(k)');
legend('y_r(k)','y(k)'); axis([0 L -20 20]);
subplot(2,1,2);
plot(time,u);
xlabel('k'); ylabel('u(k)'); axis([0 L -40 40]);
figure(2)
subplot(211)
plot([1:L],thetae(1:na,:));
xlabel('k'); ylabel('参数估计 a');
legend('a_1','a_2'); axis([0 L -3 2]);
subplot(212)
plot([1:L],thetae(na+1:na+nb+1+nc,:));
xlabel('k'); ylabel('参数估计 b、c');
legend('b_0','b_1','c_1'); axis([0 L 0 1.5]);
```

4.2.4　最小方差直接自校正控制

当被控对象(4.2.1)的参数未知时，也可以利用递推算法直接估计最小方差控制器的参数，即最小方差自校正控制直接算法。1973年，K. J. Åström 和 B. Wittenmark 提出的就是这种直接算法，该算法计算量小，但估计参数的物理意义不明确。

直接算法要求直接估计控制器参数，为此需要建立一个新的估计模型。

由式(4.2.2)得

$$\begin{aligned}y^*(k+d\mid k)&=Gy(k)+Fu(k)+(1-C)y^*(k+d\mid k)\\&=\boldsymbol{\varphi}^{\mathrm{T}}(k)\boldsymbol{\theta}\end{aligned}\tag{4.2.12}$$

式中

$$\begin{cases}\boldsymbol{\varphi}(k)=[y(k),\cdots,y(k-n_g),u(k),\cdots,u(k-n_f),\\\qquad\quad -y^*(k+d-1\mid k-1),\cdots,-y^*(k+d-n_c\mid k-n_c)]^{\mathrm{T}}\\\boldsymbol{\theta}=[g_0,\cdots,g_{n_g},f_0,\cdots,f_{n_f},c_1,\cdots,c_{n_c}]^{\mathrm{T}}\end{cases}$$

又由式(4.2.9)得估计模型为

$$y(k+d)=\boldsymbol{\varphi}^{\mathrm{T}}(k)\boldsymbol{\theta}+E\xi(k+d)\tag{4.2.13}$$

后退 d 步，将估计模型(4.2.13)改写为

$$y(k)=\boldsymbol{\varphi}^{\mathrm{T}}(k-d)\boldsymbol{\theta}+\varepsilon(k)\tag{4.2.14}$$

式中

$$\begin{cases}\boldsymbol{\varphi}(k-d)=[y(k-d),\cdots,y(k-d-n_g),u(k-d),\cdots,u(k-d-n_f),\\\qquad\qquad -y^*(k-1|k-d-1),\cdots,-y^*(k-n_c|k-d-n_c)]^{\mathrm{T}}\in\mathbf{R}^{(n_g+n_f+2+n_c)\times 1}\\\varepsilon(k)=E\xi(k)=\xi(k)+e_1\xi(k-1)+\cdots+e_{d-1}\xi(k-d+1)\end{cases}$$

由于对象参数未知，则数据向量 $\boldsymbol{\varphi}(k-d)$ 中的最优预测输出也不可能知道。解决方法之一，用其估计值 $\hat{y}^*(k)$ 代替 $y^*(k\mid k-d)$。由式(4.2.12)知

$$\hat{y}^*(k)=\hat{\boldsymbol{\varphi}}^{\mathrm{T}}(k-d)\hat{\boldsymbol{\theta}}(k-d) \tag{4.2.15}$$

式中

$$\begin{aligned}\hat{\boldsymbol{\varphi}}(k-d)=[&y(k-d),\cdots,y(k-d-n_g),u(k-d),\cdots,u(k-d-n_f),\\&-\hat{y}^*(k-1),\cdots,-\hat{y}^*(k-n_c)]^{\mathrm{T}}\end{aligned} \tag{4.2.16}$$

则对于估计模型(4.2.14),递推参数估计公式为

$$\begin{cases}\hat{\boldsymbol{\theta}}(k)=\hat{\boldsymbol{\theta}}(k-1)+\boldsymbol{K}(k)[y(k)-\hat{\boldsymbol{\varphi}}^{\mathrm{T}}(k-d)\hat{\boldsymbol{\theta}}(k-1)]\\ \boldsymbol{K}(k)=\dfrac{\boldsymbol{P}(k-1)\hat{\boldsymbol{\varphi}}(k-d)}{1+\hat{\boldsymbol{\varphi}}^{\mathrm{T}}(k-d)\boldsymbol{P}(k-1)\hat{\boldsymbol{\varphi}}(k-d)}\\ \boldsymbol{P}(k)=[\boldsymbol{I}-\boldsymbol{K}(k)\hat{\boldsymbol{\varphi}}^{\mathrm{T}}(k-d)]\boldsymbol{P}(k-1)\end{cases} \tag{4.2.17}$$

由式(4.2.8)得最小方差控制律为

$$u(k)=\frac{1}{\hat{f}_0}\left[-\sum_{i=1}^{n_f}\hat{f}_i u(k-i)+y_r(k+d)+\sum_{i=1}^{n_c}\hat{c}_i y_r(k+d-i)-\sum_{i=0}^{n_g}\hat{g}_i y(k-i)\right] \tag{4.2.18}$$

由式(4.2.18)知,在控制算法实施过程中,如果 $\hat{f}_0$ 趋于 0,则会出现 0 除现象。为此,应对 $\hat{f}_0$ 的最小值加以约束,这就意味着应当事先知道 $\hat{f}_0$ 的符号和下界,或事先确定 $\hat{f}_0$ 的值。

算法 4-3(最小方差直接自校正控制)

已知:模型阶次 n_a、n_b、n_c 及纯延时 d。

Step1 设置初值 $\hat{\boldsymbol{\theta}}(0)$和 $\boldsymbol{P}(0)$,输入初始数据。

Step2 采样当前实际输出 $y(k)$和期望输出 $y_r(k+d)$。

Step3 根据式(4.2.15)及式(4.2.16)构造观测数据向量 $\hat{\boldsymbol{\varphi}}(k-d)$,利用递推算法(4.2.17)在线实时估计控制器参数 $\hat{\boldsymbol{\theta}}$,即 $\hat{G}$、$\hat{f}$ 和 $\hat{C}$。

Step4 利用式(4.2.18)计算并实施 $u(k)$。

Step5 返回 Step2($k\to k+1$),继续循环。

仿真实例 4.5

设被控对象为

$$y(k)-1.7y(k-1)+0.7y(k-2)=u(k-4)+0.5u(k-5)+\xi(k)+0.2\xi(k-1)$$

式中,$\xi(k)$是方差为 0.1 的白噪声。

取初值 $\boldsymbol{P}(0)=10^6\boldsymbol{I}$,$\hat{\boldsymbol{\theta}}(0)=\mathbf{0}$,$\hat{f}_0$ 的下界 $f_{\min}=0.1$,期望输出 $y_r(k)$是幅值为 10 的方波信号,采用最小方差自校正控制直接算法,其控制效果如图 4.4 所示。

仿真程序:chap4_05_MVSTC_direct.m

```
%最小方差直接自校正控制
clear all; close all;

a=[1 -1.7 0.7]; b=[1 0.5]; c=[1 0.2]; d=4; %对象参数
```

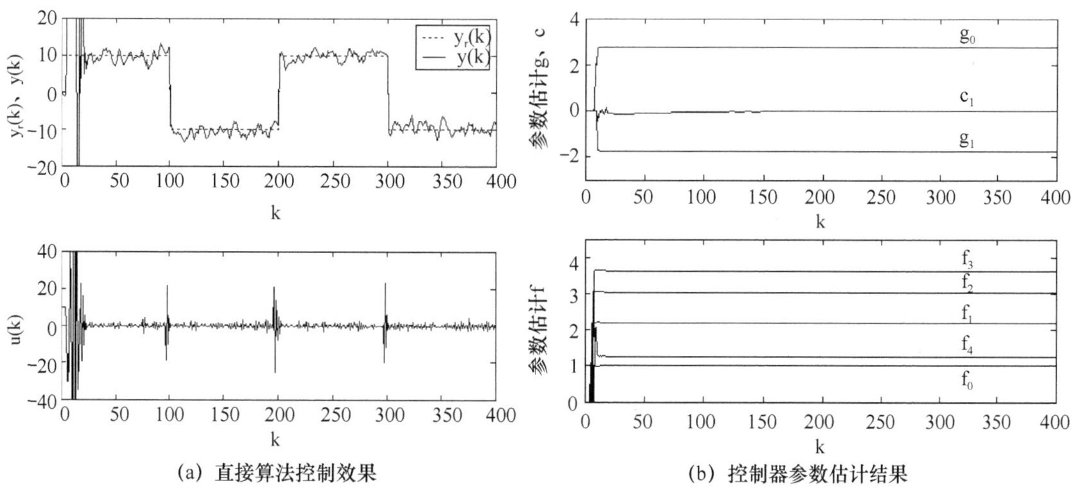

(a) 直接算法控制效果　　(b) 控制器参数估计结果

图 4.4　最小方差直接自校正控制

```
na = length(a) - 1; nb = length(b) - 1; nc = length(c) - 1; % na、nb、nc 为多项式 A、B、C 阶次
nf = nb + d - 1; ng = na - 1; % nf、ng 为多项式 F、G 的阶次

L = 400; % 控制步数
uk = zeros(d + nf,1); % 输入初值:uk(i)表示 u(k - i);
yk = zeros(d + ng,1); % 输出初值
yek = zeros(nc,1); % 最优输出预测估计初值
yrk = zeros(nc,1); % 期望输出初值
xik = zeros(nc,1); % 白噪声初值
yr = 10 * [ones(L/4,1); - ones(L/4,1);ones(L/4,1); - ones(L/4 + d,1)]; % 期望输出
xi = sqrt(0.1) * randn(L,1); % 白噪声序列

%递推估计初值
thetaek = zeros(na + nb + d + nc,d);
P = 10^6 * eye(na + nb + d + nc);
for k = 1:L
    time(k) = k;
    y(k) = - a(2:na + 1) * yk(1:na) + b * uk(d:d + nb) + c * [xi(k);xik]; % 采集输出数据

    %递推增广最小二乘法
    phie = [yk(d:d + ng);uk(d:d + nf); - yek(1:nc)];
    K = P * phie/(1 + phie' * P * phie);
    thetae(:,k) = thetaek(:,1) + K * (y(k) - phie' * thetaek(:,1));
    P = (eye(na + nb + d + nc) - K * phie') * P;

    ye = phie' * thetaek(:,d); % 预测输出的估计值(必须为 thetae(:,k - d))
    % ye = yr(k); % 预测输出的估计值可取 yr(k)
```

```
    %提取辨识参数
    ge = thetae(1:ng + 1,k)'; fe = thetae(ng + 2:ng + nf + 2,k)'; ce = [1 thetae(ng + nf + 3:ng + nf + 2 + nc,k)'];
    if abs(ce(2))>0.9
        ce(2) = sign(ce(2)) * 0.9;
    end
    if fe(1)<0.1 %设 f0 的下界为 0.1
        fe(1) = 0.1;
    end

    u(k) = ( - fe(2:nf + 1) * uk(1:nf) + ce * [yr(k + d: - 1:k + d - min(d,nc));yrk(1:nc - d)] - ge * [y(k);yk(1:na - 1)])/fe(1); %控制量

    %更新数据
    for i = d: - 1:2
        thetaek(:,i) = thetaek(:,i - 1);
    end
    thetaek(:,1) = thetae(:,k);

    for i = d + nf: - 1:2
        uk(i) = uk(i - 1);
    end
    uk(1) = u(k);

    for i = d + ng: - 1:2
        yk(i) = yk(i - 1);
    end
    yk(1) = y(k);

    for i = nc: - 1:2
        yek(i) = yek(i - 1);
        yrk(i) = yrk(i - 1);
        xik(i) = xik(i - 1);
    end
    if nc>0
        yek(1) = ye;
        yrk(1) = yr(k);
        xik(1) = xi(k);
    end
end
figure(1);
subplot(2,1,1);
```

```
plot(time,yr(1:L),'r:',time,y);
xlabel('k'); ylabel('y_r(k)、y(k)');
legend('y_r(k)','y(k)'); axis([0 L -20 20]);
subplot(2,1,2);
plot(time,u);
xlabel('k'); ylabel('u(k)'); axis([0 L -40 40]);
figure(2)
subplot(211)
plot([1:L],thetae(1:ng+1,:),[1:L],thetae(ng+nf+3:ng+2+nf+nc,:));
xlabel('k'); ylabel('参数估计 g、c');
legend('g_0','g_1','c_1'); axis([0 L -3 4]);
subplot(212)
plot([1:L],thetae(ng+2:ng+2+nf,:));
xlabel('k'); ylabel('参数估计 f');
legend('f_0','f_1','f_2','f_3','f_4'); axis([0 L 0 4]);
```

4.3 广义最小方差自校正控制

为了克服最小方差控制的一些固有缺陷，特别是其不适用于非最小相位系统且输入控制量未受约束的情况，D. W. Clarke 和 P. J. Gawthrop 于 1975 年提出了广义最小方差控制算法(generalized minimum variance control, GMVC)。其基本思想为：在求解控制律的性能指标中，引入对控制量的加权项，从而限制控制作用过于剧烈变化；另外，只要适当选择性能指标中的各加权多项式，广义最小方差控制可以适用于非最小相位系统。该算法仍采用定理 4－1 所述的单步预测模型，保留了最小方差控制算法简单易懂的优点。

4.3.1 广义最小方差控制

1. 广义最小方差控制律

设被控对象为

$$A(z^{-1})y(k)=z^{-d}B(z^{-1})u(k)+C(z^{-1})\xi(k) \tag{4.3.1}$$

式中有关符号的含义同式(4.2.1)，$C(z^{-1})$ 为 Hurwitz 多项式。

选择性能指标函数为

$$J=\mathrm{E}\{[P(z^{-1})y(k+d)-R(z^{-1})y_r(k+d)]^2+[Q(z^{-1})u(k)]^2\} \tag{4.3.2}$$

式中，$y(k+d)$，$y_r(k+d)$ 分别为第 $(k+d)$ 时刻的系统实际输出及期望输出；$u(k)$ 为第 k 时刻的控制量；$P(z^{-1})$、$R(z^{-1})$ 和 $Q(z^{-1})$ 分别为实际输出、期望输出和控制量的加权多项式，它们分别具有改善闭环系统性能、柔化期望输出和约束控制量的作用[6]，且

$$\begin{cases}P(z^{-1})=1+p_1z^{-1}+p_2z^{-2}+\cdots+p_{n_p}z^{-n_p}\\ R(z^{-1})=r_0+r_1z^{-1}+r_2z^{-2}+\cdots+r_{n_r}z^{-n_r}\\ Q(z^{-1})=q_0+q_1z^{-1}+q_2z^{-2}+\cdots+q_{n_q}z^{-n_q}\end{cases}$$

上述多项式的阶次及参数根据实际需要确定。

控制系统的设计任务是选择控制律,使得式(4.3.2)中的性能指标 J 最小。下面利用推导最小方差控制律的类似方法,由以下定理给出广义最小方差控制的主要结果,并加以证明。

定理 4-3(广义最小方差控制)

对于对象(4.3.1),使性能指标(4.3.2)最小的广义最小方差控制律为

$$u(k)=\frac{R(z^{-1})y_r(k+d)-P(z^{-1})y^*(k+d\mid k)}{\dfrac{q_0}{b_0}Q(z^{-1})} \tag{4.3.3}$$

或

$$u(k)=\frac{C(z^{-1})R(z^{-1})y_r(k+d)-G(z^{-1})P(z^{-1})y(k)}{\dfrac{q_0}{b_0}C(z^{-1})Q(z^{-1})+F(z^{-1})P(z^{-1})} \tag{4.3.4}$$

证明:将式(4.2.9)代入(4.3.2)得

$$J=\mathrm{E}\{[PE\xi(k+d)+Py^*(k+d\mid k)-Ry_r(k+d)]^2+[Qu(k)]^2\}$$

上式中,$E\xi(k+d)$是系统随机干扰 $\xi(k+j)(j\geqslant1)$的线性组合,它与系统当前及过去的输入/输出观测值$\{\boldsymbol{Y}^k,\boldsymbol{U}^k\}$及期望输出序列$\{y_r(k)\}$是相互独立的,因此上式可写为

$$J=\mathrm{E}\{[PE\xi(k+d)]^2+[Py^*(k+d\mid k)-Ry_r(k+d)]^2+[Qu(k)]^2\}=\mathrm{E}\{\bar{J}\}$$

式中

$$\bar{J}=[PE\xi(k+d)]^2+[Py^*(k+d\mid k)-Ry_r(k+d)]^2+[Qu(k)]^2$$

将 $\bar{J}$ 对 $u(k)$ 求偏导,并令其为 0,即

$$\frac{\partial\bar{J}}{\partial u(k)}=2[Py^*(k+d\mid k)-Ry_r(k+d)]\frac{\partial[Py^*(k+d\mid k)]}{\partial u(k)}+2[Qu(k)]\frac{\partial[Qu(k)]}{\partial u(k)}=0 \tag{4.3.5}$$

又由式(4.2.2)、式(4.2.3)和 $Q(z^{-1})$ 的表达式得

$$\frac{\partial[Py^*(k+d\mid k)]}{\partial u(k)}=b_0 \tag{4.3.6a}$$

$$\frac{\partial[Qu(k)]}{\partial u(k)}=q_0 \tag{4.3.6b}$$

将式(4.3.6)代入式(4.3.5)中,得到使性能指标函数(4.3.2)为极小的必要条件

$$[Py^*(k+d\mid k)-Ry_r(k+d)]b_0+[Qu(k)]q_0=0$$

由此可得广义最小方差控制律为

$$u(k)=\frac{Ry_r(k+d)-Py^*(k+d\mid k)}{\dfrac{q_0}{b_0}Q}$$

即式(4.3.3)成立。

将式(4.2.2)代入式(4.3.3),得广义最小方差控制律另一表达形式为

$$u(k)=\frac{CRy_r(k+d)-GPy(k)}{\dfrac{q_0}{b_0}CQ+FP}$$

即式(4.3.4)成立。

使性能指标函数为极小的充分条件是下列不等式成立，即

$$\frac{\partial}{\partial u(k)}\left(\frac{\partial \bar{J}}{\partial u(k)}\right)=2b_0^2+2q_0^2>0$$

可以看出，上式总成立。因此，由式(4.3.3)和式(4.3.4)表达的控制律能保证系统的性能指标函数(4.3.2)为极小。因此，定理 4-3 得证。

由定理 4-3 知，广义最小方差控制有两种控制律，即式(4.3.3)和式(4.3.4)。前者利用最优输出预测 $y^*(k+d\mid k)$ 作为反馈组成控制作用，称为隐式控制律；后者直接利用被控对象的输出作为反馈组成控制作用，称为显式控制律。

2. 闭环系统分析

对于被控对象(4.3.1)，由式(4.3.4)可得广义最小方差控制系统的结构框图如图 4.5 所示。

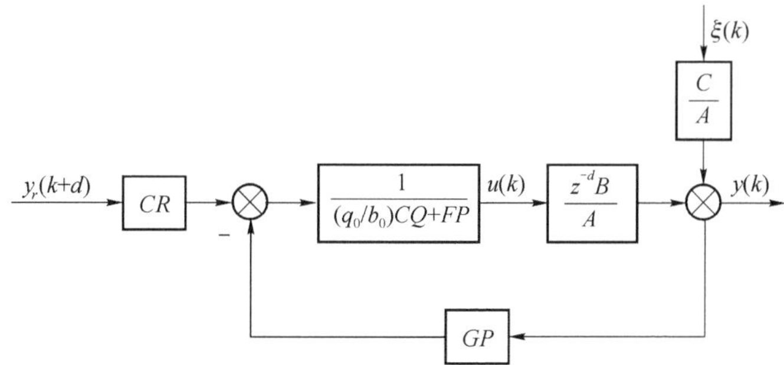

图 4.5 广义最小方差控制系统结构

由图 4.5 很容易求得闭环系统输出为

$$y(k)=\frac{CR\dfrac{1}{\left(\dfrac{q_0}{b_0}\right)CQ+FP}\dfrac{z^{-d}B}{A}}{1+\dfrac{1}{\left(\dfrac{q_0}{b_0}\right)CQ+FP}\dfrac{z^{-d}B}{A}GP}y_r(k+d)+\frac{\dfrac{C}{A}}{1+\dfrac{1}{\left(\dfrac{q_0}{b_0}\right)CQ+FP}\dfrac{z^{-d}B}{A}GP}\xi(k)$$

$$=\frac{BCR}{\left[\left(\dfrac{q_0}{b_0}\right)CQ+FP\right]A+z^{-d}BGP}y_r(k)+\frac{C\left[\left(\dfrac{q_0}{b_0}\right)CQ+FP\right]}{\left[\left(\dfrac{q_0}{b_0}\right)CQ+FP\right]A+z^{-d}BGP}\xi(k)$$

将式(4.2.3)($z^{-d}G=C-AE,F=BE$)代入上式并化简得

$$y(k)=\frac{BCR}{C\left[\left(\dfrac{q_0}{b_0}\right)QA+BP\right]}y_r(k)+\frac{C\left[\left(\dfrac{q_0}{b_0}\right)CQ+FP\right]}{C\left[\left(\dfrac{q_0}{b_0}\right)QA+BP\right]}\xi(k)$$

$$=\frac{BRy_r(k)+\left[\left(\dfrac{q_0}{b_0}\right)CQ+FP\right]\xi(k)}{\left(\dfrac{q_0}{b_0}\right)QA+BP} \tag{4.3.7a}$$

同理也可以得到 $u(k)$ 为

$$u(k)=\frac{CR\dfrac{1}{\left(\dfrac{q_0}{b_0}\right)CQ+FP}}{1+\dfrac{1}{\left(\dfrac{q_0}{b_0}\right)CQ+FP}\dfrac{z^{-d}B}{A}GP}y_r(k+d)-\frac{\dfrac{C}{A}GP\dfrac{1}{\left(\dfrac{q_0}{b_0}\right)CQ+FP}}{1+\dfrac{1}{\left(\dfrac{q_0}{b_0}\right)CQ+FP}\dfrac{z^{-d}B}{A}GP}\xi(k)$$

$$=\frac{ACR}{\left[\left(\dfrac{q_0}{b_0}\right)CQ+FP\right]A+z^{-d}BGP}y_r(k+d)-\frac{CGP}{\left[\left(\dfrac{q_0}{b_0}\right)CQ+FP\right]A+z^{-d}BGP}\xi(k)$$

$$=\frac{ACR}{C\left[\left(\dfrac{q_0}{b_0}\right)QA+BP\right]}y_r(k+d)-\frac{CGP}{C\left[\left(\dfrac{q_0}{b_0}\right)QA+BP\right]}\xi(k)$$

$$=\frac{ARy_r(k+d)-GP\xi(k)}{\left(\dfrac{q_0}{b_0}\right)QA+BP} \tag{4.3.7b}$$

则闭环系统的特征方程为

$$D=\frac{q_0}{b_0}QA+BP=0 \tag{4.3.8}$$

由式(4.3.8)可以看出,只要适当地选择 $Q(z^{-1})$(包括 q_0)、$P(z^{-1})$,即可保证系统的稳定性和良好的闭环动态特性。特别地,当被控对象为非最小相位系统时,即 $B(z^{-1})$ 为不稳定多项式时,仍可通过适当选取加权多项式 $Q(z^{-1})$ 和 $P(z^{-1})$,使系统特征根处于稳定范围之内,这样广义最小方差控制就可以用于控制非最小相位系统了。由式(4.3.7b)可知,加权多项式的选择,特别是 q_0,对控制量的大小也有一定的约束作用。

当取 $Q(z^{-1})=0$ 时,性能指标函数(4.3.2)中便不包含对控制作用 $u(k)$ 的约束,此时,广义最小方差控制退化为最小方差控制,特征方程退化为

$$D=BP=0$$

此时,多项式 $B(z^{-1})$ 的零点就是闭环系统的极点。当被控对象为非最小相位系统时,闭环系统就不稳定了。

在进行控制系统设计时,一般情况下,可取加权多项式 $P(z^{-1})=1$、$R(z^{-1})=1$、$Q(z^{-1})=q_0$[6],此时 q_0 大小的选取需要在稳定性和快速性方面进行权衡。若 q_0 过小,接近于最小方差控制,几乎失去对控制作用的约束,对非最小相位系统的闭环稳定性难以保证;若 q_0 过大,这时容易满足闭环系统的稳定性,但由于对控制作用约束太强而使系统几乎在开环的状态下运行,根本达不到最小方差控制的目的。当单独调整 q_0 难以调节好系统时,可适当提高加权多项式的阶次。

算法 4-4(广义最小方差控制,GMVC)

已知:被控对象的结构与参数。

Step1 输入初始数据,并设置加权多项式 $P(z^{-1})$、$R(z^{-1})$ 和 $Q(z^{-1})$。

Step2 求解 Diophantine 方程(4.2.3),得到多项式 E、F 和 G 的系数。

Step3 采样当前实际输出 $y(k)$ 和期望输出 $y_r(k+d)$。

Step4　利用式(4.3.4)计算并实施 $u(k)$。

Step5　返回 Step3($k \to k+1$),继续循环。

仿真实例 4.6

设被控对象为如下开环不稳定非最小相位系统:

$$y(k)-1.7y(k-1)+0.7y(k-2)=u(k-4)+2u(k-5)+\xi(k)+0.2\xi(k-1)$$

式中,$\xi(k)$ 是方差为 0.1 的白噪声。

由仿真实例 4.1 的(2)知,该系统的 Diophantine 方程的解为

$$\begin{cases}E(z^{-1})=1+1.9z^{-1}+2.53z^{-2}+2.971z^{-3}\\G(z^{-1})=3.2797-2.0797z^{-1}\\F(z^{-1})=1+3.9z^{-1}+6.33z^{-2}+8.031z^{-3}+5.942z^{-4}\end{cases}$$

取 $P(z^{-1})=1, R(z^{-1})=1, Q(z^{-1})=2$,则由式(4.3.4)得此系统的广义最小方差控制律为

$$u(k)=\frac{(1+0.2z^{-1})y_r(k+d)-(3.2797-2.0797z^{-1})y(k)}{5+4.7z^{-1}+6.33z^{-2}+8.031z^{-3}+5.942z^{-4}}$$

即

$$\begin{aligned}u(k)=&-0.94u(k-1)-1.266u(k-2)-1.6062u(k-3)-1.1884u(k-4)+\\&0.2y_r(k+4)+0.04y_r(k+3)-0.6559y(k)+0.4159y(k-1)\end{aligned}$$

并可仿照仿真实例 4.3,递推计算 $y(k)$ 和 $u(k)$,$k=1,2,\cdots$,以观测系统实际输出跟踪阶跃设定值的情况。

取 $P(z^{-1})=1$、$R(z^{-1})=1$、$Q(z^{-1})=q_0$,其中 q_0 分别取 0.5、2、20;期望输出 $y_r(k)$ 是幅值为 10 的方波信号,采用广义最小方差控制,其控制效果如图 4.6 所示。

由图 4.6 可以看出,当 q_0 取值较小时,广义最小方差控制近似退化为最小方差控制,从而无法控制非最小相位系统;当 q_0 取值过大时,则对控制量约束太强,无法实现最优控制。

需要说明的是,对于广义最小方差控制,由于 q_0 的引入,一般会导致闭环系统存在稳态输出误差,这一结论也可以从对式(4.3.7a)的分析获得。而对于这里采用的被控对象,在保证闭环系统稳定的前提下,无论 q_0 如何取值,都不会产生稳态输出误差(具体什么原因读者可以分析一下)。读者可以将仿真程序中的被控对象改为如下开环不稳定非最小相位系统:

$$y(k)-2y(k-1)+0.7y(k-2)=u(k-4)+2u(k-5)+\xi(k)+0.2\xi(k-1)$$

并通过取不同的 q_0 值以观察稳态输出误差现象。

仿真程序:chap4_06_GMVC.m

```
%广义最小方差控制(显式控制律)
clear all; close all;

a=[1 -1.7 0.7]; b=[1 2]; c=[1 0.2]; d=4; %对象参数(无稳态误差)
%a=[1 -2 0.7]; b=[1 2]; c=[1 0.2]; d=4; %对象参数(有稳态误差)
na=length(a)-1; nb=length(b)-1; nc=length(c)-1; %na、nb、nc 为多项式 A、B、C 阶次
nf=nb+d-1; ng=na-1; %nf、ng 为多项式 F、G 的阶次

P=1; R=1; Q=2; %加权多项式
```

```
np = length(P) - 1; nr = length(R) - 1; nq = length(Q) - 1;

L = 400; % 控制步数
uk = zeros(d + nb,1); % 输入初值:uk(i)表示 u(k - i);
yk = zeros(na,1); % 输出初值
yrk = zeros(nc,1); % 期望输出初值
xik = zeros(nc,1); % 白噪声初值
yr = 10 * [ones(L/4,1); - ones(L/4,1);ones(L/4,1); - ones(L/4 + d,1)]; % 期望输出
xi = sqrt(0.1) * randn(L,1); % 白噪声序列
[e,f,g] = sindiophantine(a,b,c,d); % 求解单步 Diophantine 方程
CQ = conv(c,Q); FP = conv(f,P); CR = conv(c,R); GP = conv(g,P); % CQ = C * Q
for k = 1:L
    time(k) = k;
    y(k) = - a(2:na + 1) * yk + b * uk(d:d + nb) + c * [xi(k);xik]; % 采集输出数据

    u(k) = ( - Q(1) * CQ(2:nc + nq + 1) * uk(1:nc + nq)/b(1) - FP(2:np + nf + 1) * uk(1:np + nf)...
        + CR * [yr(k + d: - 1:k + d - min(d,nr + nc)); yrk(1:nr + nc - d)]...
        - GP * [y(k); yk(1:np + ng)])/(Q(1) * CQ(1)/b(1) + FP(1)); % 求控制量

    % 更新数据
    for i = d + nb: - 1:2
        uk(i) = uk(i - 1);
    end
    uk(1) = u(k);

    for i = na: - 1:2
        yk(i) = yk(i - 1);
    end
    yk(1) = y(k);

    for i = nc: - 1:2
        yrk(i) = yrk(i - 1);
        xik(i) = xik(i - 1);
    end
    if nc>0
        yrk(1) = yr(k);
        xik(1) = xi(k);
    end
end
subplot(2,1,1);
plot(time,yr(1:L),'r:',time,y);
xlabel('k'); ylabel('y_r(k)、y(k)');
```

```
legend('y_r(k)','y(k)');
subplot(2,1,2);
plot(time,u);
xlabel('k'); ylabel('u(k)');
```

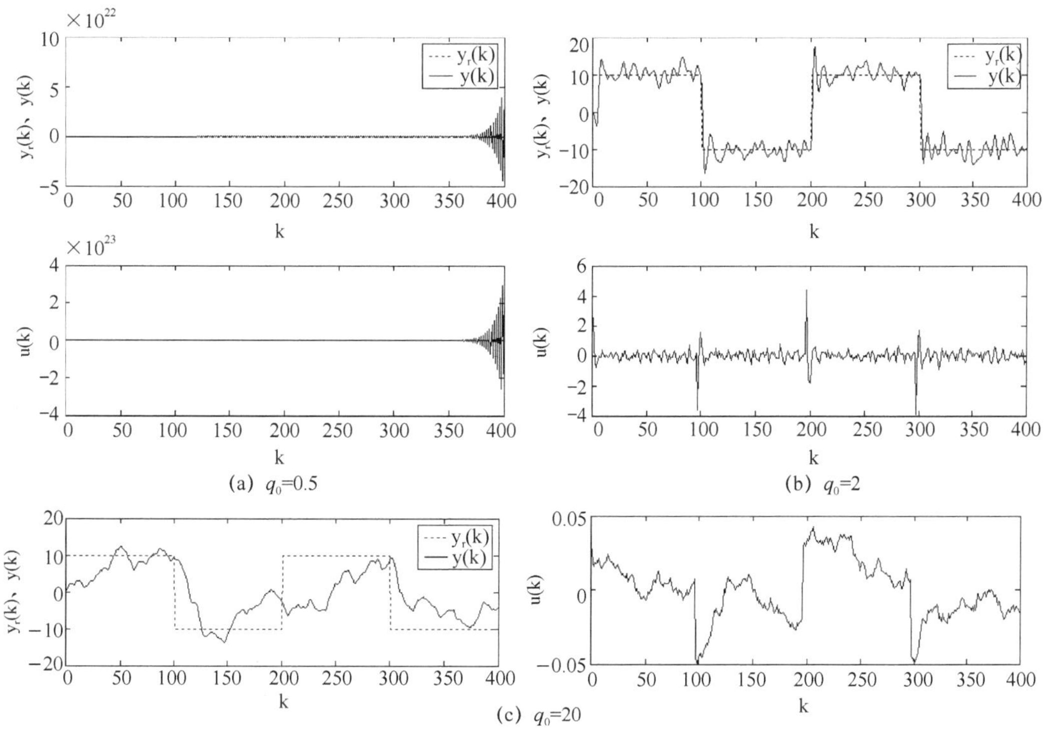

图 4.6　广义最小方差控制

4.3.2　广义最小方差间接自校正控制

当被控对象(4.3.1)的参数未知时,可采用自校正控制算法。与最小方差自校正控制算法类似,广义最小方差自校正控制也分为间接算法和直接算法。下面将首先介绍间接算法,即首先利用递推增广最小二乘法在线实时估计对象参数,然后再利用估计参数设计广义最小方差控制律。

算法 4-5(广义最小方差间接自校正控制)

已知:模型阶次 n_a、n_b、n_c 及纯延时 d。

Step1　设置初值 $\hat{\boldsymbol{\theta}}(0)$ 和 $\boldsymbol{P}(0)$,输入初始数据,并设置加权多项式 $P(z^{-1})$、$R(z^{-1})$ 和 $Q(z^{-1})$。

Step2　采样当前实际输出 $y(k)$ 和期望输出 $y_r(k+d)$。

Step3　利用递推增广最小二乘法(2.3.25)在线实时估计被控对象参数 $\hat{\boldsymbol{\theta}}$,即 $\hat{A}$、$\hat{B}$ 和 $\hat{C}$。

Step4　求解 Diophantine 方程(4.2.3),得到多项式 E、F 和 G 的系数。

Step5　利用式(4.3.4)计算并实施 $u(k)$。

Step6　返回 Step2($k \rightarrow k+1$),继续循环。

仿真实例 4.7

设被控对象为开环不稳定非最小相位系统:

$$y(k)-1.7y(k-1)+0.7y(k-2)=u(k-4)+2u(k-5)+\xi(k)+0.2\xi(k-1)$$

式中,$\xi(k)$ 是方差为 0.1 的白噪声。

取初值 $\boldsymbol{P}(0)=10^6\boldsymbol{I}$,$\hat{\boldsymbol{\theta}}(0)=\mathbf{0.001}$;设置加权多项式 $P(z^{-1})=1$、$R(z^{-1})=1$ 和 $Q(z^{-1})=2$;期望输出 $y_r(k)$ 是幅值为 10 的方波信号,采用广义最小方差自校正控制间接算法,其控制效果如图 4.7 所示。

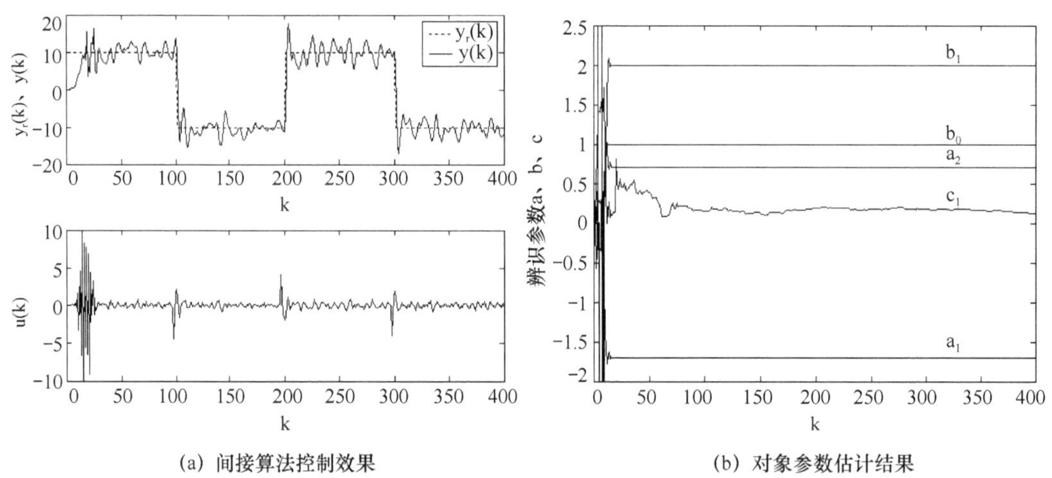

(a) 间接算法控制效果　　(b) 对象参数估计结果

图 4.7　广义最小方差间接自校正控制

【说明】

这里不能取 $\hat{\boldsymbol{\theta}}(0)=\mathbf{0}$,因为 $k=1$ 时刻,$f_0(1)=\hat{b}_0(1)=0$,利用式(4.3.4)计算控制量时,出现除零现象。

仿真程序:chap4_07_GMVSTC_indirect.m

```
%广义最小方差自校正控制(间接算法)
clear all; close all;

a=[1 -1.7 0.7]; b=[1 2]; c=[1 0.2]; d=4; %对象参数
na=length(a)-1; nb=length(b)-1; nc=length(c)-1; %na、nb、nc 为多项式 A、B、C 阶次
nf=nb+d-1; ng=na-1; %nf、ng 为多项式 F、G 的阶次

Pw=1; R=1; Q=2; %加权多项式 P、R、Q
np=length(Pw)-1; nr=length(R)-1; nq=length(Q)-1;

L=400; %控制步数
uk=zeros(d+nb,1); %输入初值:uk(i)表示 u(k-i);
yk=zeros(na,1); %输出初值
```

```
yrk = zeros(nc,1); % 期望输出初值
xik = zeros(nc,1); % 白噪声初值
xiek = zeros(nc,1); % 白噪声估计初值
yr = 10 * [ones(L/4,1); - ones(L/4,1);ones(L/4,1); - ones(L/4 + d,1)]; % 期望输出
xi = sqrt(0.1) * randn(L,1); % 白噪声序列

%RELS 初值设置
thetae_1 = 0.001 * ones(na + nb + 1 + nc,1);%非常小的正数(此处不能为 0)
P = 10^6 * eye(na + nb + 1 + nc);
for k = 1 : L
    time(k) = k;
    y(k) = - a(2 : na + 1) * yk + b * uk(d : d + nb) + c * [xi(k);xik]; %采集输出数据

    %递推增广最小二乘法
    phie = [ - yk;uk(d : d + nb);xiek];
    K = P * phie/(1 + phie' * P * phie);
    thetae( : ,k) = thetae_1 + K * (y(k) - phie' * thetae_1);
    P = (eye(na + nb + 1 + nc) - K * phie') * P;

    xie = y(k) - phie' * thetae( : ,k); %白噪声的估计值

    %提取辨识参数
    ae = [1 thetae(1 : na,k)']; be = thetae(na + 1 : na + nb + 1,k)'; ce = [1 thetae(na + nb + 2 : na +
    nb + 1 + nc,k)'];
    if abs (ce(2))>0.9
          ce(2) = sign(ce(2)) * 0.9;
    end

    [e,f,g] = sindiophantine(ae,be,ce,d); %求解单步 Diophantine 方程
    CQ = conv(ce,Q); FP = conv(f,Pw); CR = conv(ce,R); GP = conv(g,Pw); % CQ = Ce * Q
    u(k) = ( - Q(1) * CQ(2 : nc + nq + 1) * uk(1 : nc + nq)/be(1) - FP(2 : np + nf + 1) * uk(1 : np + nf)...
           + CR * [yr(k + d : - 1 : k + d - min(d,nr + nc)); yrk(1 : nr + nc - d)]...
           - GP * [y(k); yk(1 : np + ng)])/(Q(1) * CQ(1)/be(1) + FP(1)); %求控制量

    %更新数据
    thetae_1 = thetae( : ,k);

    for i = d + nb : - 1 : 2
        uk(i) = uk(i - 1);
    end
    uk(1) = u(k);
```

```
        for i = na : -1 : 2
            yk(i) = yk(i-1);
        end    yk(1) = y(k);

        for i = nc : -1 : 2
            yrk(i) = yrk(i-1);
            xik(i) = xik(i-1);
            xiek(i) = xiek(i-1);
        end
        if nc >0
            yrk(1) = yr(k);
            xik(1) = xi(k);
            xiek(1) = xie;
        end
    end
    figure(1);
    subplot(2,1,1);
    plot(time,yr(1 : L),'r : ',time,y);
    xlabel('k'); ylabel('y_r(k)、y(k)');
    legend('y_r(k)','y(k)'); axis([0 L -20 20]);
    subplot(2,1,2);
    plot(time,u);
    xlabel('k'); ylabel('u(k)'); axis([0 L -10 10]);
    figure(2)
    plot([1 : L],thetae);
    xlabel('k'); ylabel(' 辨识参数 a、b、c');
    legend('a_1','a_2','b_0','b_1','c_1'); axis([0 L -2 2.5]);
```

4.3.3 广义最小方差直接自校正控制

当被控对象(4.3.1)的参数未知时,也可以利用递推算法直接估计广义最小方差控制器的参数,即广义最小方差自校正控制直接算法。由式(4.3.4)知,在选定加权多项式 $P(z^{-1})$、$R(z^{-1})$和 $Q(z^{-1})$后,只需再确定多项式 $G(z^{-1})$、$F(z^{-1})$和 $C(z^{-1})$,即可确定广义最小方差控制律 $u(k)$。控制器参数的估计模型及递推公式与最小方差直接自校正控制相同,在此仅将结论总结如下。

控制器参数递推估计公式为

$$\begin{cases}\hat{\boldsymbol{\theta}}(k)=\hat{\boldsymbol{\theta}}(k-1)+\boldsymbol{K}(k)[y(k)-\hat{\boldsymbol{\varphi}}^{\mathrm{T}}(k-d)\hat{\boldsymbol{\theta}}(k-1)]\\ \boldsymbol{K}(k)=\dfrac{\boldsymbol{P}(k-1)\hat{\boldsymbol{\varphi}}(k-d)}{1+\hat{\boldsymbol{\varphi}}^{\mathrm{T}}(k-d)\boldsymbol{P}(k-1)\hat{\boldsymbol{\varphi}}(k-d)}\\ \boldsymbol{P}(k)=[\boldsymbol{I}-\boldsymbol{K}(k)\hat{\boldsymbol{\varphi}}^{\mathrm{T}}(k-d)]\boldsymbol{P}(k-1)\end{cases} \tag{4.3.9a}$$

式中

$$\begin{cases}\hat{\boldsymbol{\varphi}}(k-d)=[y(k-d),\cdots,y(k-d-n_g),u(k-d),\cdots,u(k-d-n_f),\\ \qquad -\hat{y}^*(k-1),\cdots,-\hat{y}^*(k-n_c)]^{\mathrm{T}}\in\mathbf{R}^{(n_g+n_f+2+n_c)\times 1}\\ \hat{\boldsymbol{\theta}}=[\hat{g}_0,\cdots,\hat{g}_{n_g},\hat{f}_0,\cdots,\hat{f}_{n_f},\hat{c}_1,\cdots,\hat{c}_{n_c}]^{\mathrm{T}}\in\mathbf{R}^{(n_g+n_f+2+n_c)\times 1}\\ \hat{y}^*(k)=\hat{\boldsymbol{\varphi}}^{\mathrm{T}}(k-d)\hat{\boldsymbol{\theta}}(k-d)\text{或 }\hat{y}^*(k)=y_r(k)\end{cases}\tag{4.3.9b}$$

由式(4.3.4)得广义最小方差控制律为

$$u(k)=\frac{1}{\dfrac{q_0^2}{\hat{f}_0}+\hat{f}_0}\left\{\left[\frac{q_0}{\hat{f}_0}(q_0-\hat{C}Q)+(\hat{f}_0-\hat{F}P)\right]u(k)+\hat{C}Ry_r(k+d)-\hat{G}Py(k)\right\}\tag{4.3.10}$$

由式(4.3.10)知，在控制算法实施过程中，如果 $\hat{f}_0$ 趋于 0，则会出现除零现象。为此，应对 $\hat{f}_0$ 的最小值加以约束，这就意味着应当事先知道 $\hat{f}_0$ 的符号和下界，或事先确定 $\hat{f}_0$ 的值。

算法 4-6(广义最小方差直接自校正控制)

已知：模型阶次 n_a、n_b、n_c 及纯延时 d。

Step1　设置初值 $\hat{\boldsymbol{\theta}}(0)$ 和 $\boldsymbol{P}(0)$，输入初始数据，并设置加权多项式 $P(z^{-1})$、$R(z^{-1})$ 和 $Q(z^{-1})$。

Step2　采样当前实际输出 $y(k)$ 和期望输出 $y_r(k+d)$。

Step3　根据式(4.3.9b)构造观测数据向量 $\hat{\boldsymbol{\varphi}}(k-d)$，利用参数估计递推公式(4.3.9a)在线实时估计控制器参数 $\hat{\boldsymbol{\theta}}$，即 $\hat{G}$、$\hat{f}$ 和 $\hat{C}$。

Step4　利用式(4.3.10)计算并实施 $u(k)$。

Step5　返回 Step2$(k\rightarrow k+1)$，继续循环。

仿真实例 4.8

设被控对象为如下开环不稳定非最小相位系统：

$$y(k)-1.7y(k-1)+0.7y(k-2)=u(k-4)+2u(k-5)+\xi(k)+0.2\xi(k-1)$$

式中，$\xi(k)$是方差为 0.1 的白噪声。

取初值 $\boldsymbol{P}(0)=10^6\boldsymbol{I}$、$\hat{\boldsymbol{\theta}}(0)=\boldsymbol{0}$，$\hat{f}_0$ 的下界为 $f_{\min}=0.1$；设置加权多项式 $P(z^{-1})=1$，$R(z^{-1})=1$，$Q(z^{-1})=2$；期望输出 $y_r(k)$是幅值为 10 的方波信号，采用广义最小方差自校正控制直接算法，其控制效果如图 4.8 所示。

仿真程序：chap4_08_GMVSTC_direct.m

```
%广义最小方差自校正控制(直接算法)
clear all; close all;

a=[1 -1.7 0.7]; b=[1 2]; c=[1 0.2]; d=4; %对象参数
na=length(a)-1; nb=length(b)-1; nc=length(c)-1; %na、nb、nc为多项式A、B、C阶次
nf=nb+d-1; ng=na-1; %nf、ng为多项式F、G的阶次

Pw=1; R=1; Q=2; %加权多项式P、R、Q
np=length(Pw)-1; nr=length(R)-1; nq=length(Q)-1;
```

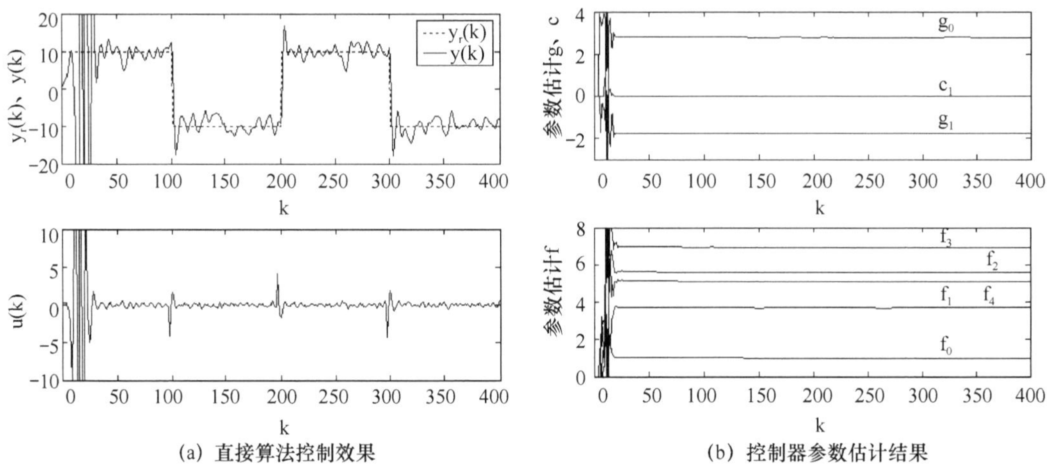

(a) 直接算法控制效果　　　(b) 控制器参数估计结果

图 4.8　广义最小方差直接自校正控制

```
L = 400; % 控制步数
uk = zeros(d + nf,1); % 输入初值:uk(i)表示 u(k - i);
yk = zeros(d + ng,1); % 输出初值
yek = zeros(nc,1); % 最优输出预测估计初值
yrk = zeros(nc,1); % 期望输出初值
xik = zeros(nc,1); % 白噪声初值
yr = 10 * [ones(L/4,1); - ones(L/4,1);ones(L/4,1); - ones(L/4 + d,1)]; % 期望输出
xi = sqrt(0.1) * randn(L,1); % 白噪声序列

%递推估计初值
thetaek = zeros(na + nb + d + nc,d);
P = 10^6 * eye(na + nb + d + nc);
for k = 1:L
    time(k) = k;
    y(k) = - a(2:na + 1) * yk(1:na) + b * uk(d:d + nb) + c * [xi(k);xik]; %采集输出数据

    %递推增广最小二乘法
    phie = [yk(d:d + ng);uk(d:d + nf); - yek(1:nc)];
    K = P * phie/(1 + phie' * P * phie);
    thetae(:,k) = thetaek(:,1) + K * (y(k) - phie' * thetaek(:,1));
    P = (eye(na + nb + d + nc) - K * phie') * P;

    ye = phie' * thetaek(:,d); % 最优预测输出的估计值(必须为 thetae(:,k - d))
    % ye = yr(k); % 预测输出的估计值可取 yr(k)

    %提取辨识参数
    ge = thetae(1:ng + 1,k)'; fe = thetae(ng + 2:ng + nf + 2,k)'; ce = [1 thetae(ng + nf + 3:ng + nf + 2 + nc,k)'];
```

```
    if abs(ce(2))>0.9
        ce(2) = sign(ce(2)) * 0.9;
    end
    if fe(1)<0.1 %设 f0 的下界为 0.1
        fe(1) = 0.1;
    end
    CQ = conv(ce,Q); FP = conv(fe,Pw); CR = conv(ce,R); GP = conv(ge,Pw); % CQ = Ce * Q

    u(k) = ( - Q(1) * CQ(2:nc + nq + 1) * uk(1:nc + nq)/fe(1) - FP(2:np + nf + 1) * uk(1:np + nf)...
         + CR * [yr(k + d: - 1:k + d - min(d,nr + nc)); yrk(1:nr + nc - d)]...
         - GP * [y(k); yk(1:np + ng)])/(Q(1) * Q(1)/fe(1) + fe(1)); %求控制量

    %更新数据
    for i = d: - 1:2
        thetaek(:,i) = thetaek(:,i - 1);
    end
    thetaek(:,1) = thetae(:,k);

    for i = d + nf: - 1:2
        uk(i) = uk(i - 1);
    end
    uk(1) = u(k);

    for i = d + ng: - 1:2
        yk(i) = yk(i - 1);
    end
    yk(1) = y(k);

    for i = nc: - 1:2
        yek(i) = yek(i - 1);
        yrk(i) = yrk(i - 1);
        xik(i) = xik(i - 1);
    end
    if nc>0
        yek(1) = ye;
        yrk(1) = yr(k);
        xik(1) = xi(k);
    end
end
figure(1);
subplot(2,1,1);
plot(time,yr(1:L),'r:',time,y);
```

```
xlabel('k'); ylabel('y_r(k)、y(k)');
legend('y_r(k)','y(k)'); axis([0 L -20 20]);
subplot(2,1,2);
plot(time,u);
xlabel('k'); ylabel('u(k)'); axis([0 L -10 10]);
figure(2)
subplot(211)
plot([1:L],thetae(1:ng+1,:),[1:L],thetae(ng+nf+3:ng+2+nf+nc,:));
xlabel('k'); ylabel('参数估计 g、c');
legend('g_0','g_1','c_1'); axis([0 L -3 4]);
subplot(212)
plot([1:L],thetae(ng+2:ng+2+nf,:));
xlabel('k'); ylabel('参数估计 f');
legend('f_0','f_1','f_2','f_3','f_4'); axis([0 L 0 8]);
```

4.4 广义预测控制

与最小方差控制相比,广义最小方差控制在性能上有所改善,能够实现对非最小相位系统的控制,并对控制作用有一定的约束;但在实际工程应用中,如何选择适当的加权多项式,仍有一定的困难。要解决非最小相位系统和复杂工业对象的自适应控制问题,还需要研究更先进的控制算法。20 世纪 70 年代末和 20 世纪 80 年代初、中期,出现了基于多步预测和滚动优化的模型预测控制(model predictive control, MPC),它为更好地解决复杂工业对象的自适应控制问题提供了新的方向。本节将对预测控制进行详细介绍,特别是广义预测控制(generalized predictive control, GPC)。

4.4.1 预测控制的提出

预测控制不是某一种统一理论的产物,而是源于工业实践,在积极吸收其他学科的思想、方法和成果的基础上,并在工业实践过程中发展和完善起来的一类计算机控制算法。

从控制理论与技术的发展历史来看,20 世纪 60 年代初期,以状态空间法为基础的现代控制理论创立以来,对自动控制技术的发展起到了积极的推动作用,在航天、航空等领域的应用也取得了令人瞩目的成就。但随着科学技术的不断进步和工业生产的迅速发展,对大型、复杂和不确定性系统实行自动控制的要求不断提高,使得现代控制理论的局限性日益明显,究其原因有以下几点:

① 现代控制理论过分依赖被控对象的精确数学模型,而在现实工业过程中,往往很难建立精确的数学模型;即使一些被控对象能够建立起精确的数学模型,但也会因其结构十分复杂而难于设计和实现有效的控制。

② 由于生产环境的改变和外部扰动的影响,实际工业过程经常伴随着非线性、时变性和不确定性。在这种情况下,按理想模型设计的所谓最优控制系统只不过是数学意义上的最优罢了,而对实际工业过程而言就失去了最优性,更有甚者会导致控制品质严重下降而无法正常生产。

③ 在现代化复杂工业过程中，为了取得良好的经济效益和优良的调节品质，往往要求在多变量、多目标和有约束的情况下设计相应的控制系统，而以状态空间法为基础的最优控制难以满足这一要求。

以上因素严重阻碍了现代控制理论在工业过程中的有效应用，工业过程迫切需要新的优化控制方法。

从工程应用的角度，人们希望对象的模型尽量简化，系统在不确定性因素的影响下能保持良好的性能（鲁棒性），且要求控制算法简单，易于实现，以满足实时控制的需要。实践的需要向控制理论提出了新的挑战，促使人们寻找对模型要求低、控制质量好、在线实现简便的控制算法；同时，计算机技术的飞速发展为各种新的控制算法的研究提供了强大的物质基础，预测控制就是在这种背景下产生的。

1978 年，法国的 J. Richalet 等人在系统脉冲响应的基础上，提出了模型预测启发控制（model predictive heuristic control，MPHC），并介绍了其在工业过程控制中的应用效果；1982 年，R. Rouhani 等提出了基于脉冲响应的模型算法控制（model algorithmic control，MAC）；1974 年，动态矩阵控制（dynamic matrix control，DMC）被应用于美国壳牌石油公司的生产装置上，并于 1980 年由 C. R. Culter 等在美国化工年会上公开发表，它是建立在阶跃响应模型上的一种预测控制。这些预测控制算法以对象的有限脉冲响应或有限阶跃响应为模型，在每一个控制周期内采用滚动推移的方式在线对过程进行有限时域内的优化控制（即滚动优化），它对过程的模型要求低，算法简单，易于实现，同时在优化过程中不断利用测量信息进行反馈校正，在一定程度上克服了不确定性的影响，在复杂的工业过程控制中显现出良好的控制性能。

与此同时，1973 年 K. J. Åstrom 等提出最小方差自校正控制。随后，自适应和自校正控制理论得到了迅速发展和完善。一般说来，一个成功的自适应控制算法应能适用于：① 非最小相位系统。因为最小相位的连续系统当采样频率高到一定程度时，所获得的是一个非最小相位系统；② 时变或具有未知时滞的系统；③ 开环不稳定系统和易于导致不稳定极点的系统；④ 模型阶次未知的系统。对于这些系统，前面介绍的自适应算法尚无法满足。其关键之处在于前面介绍的自适应控制算法需要建立较精确的数学模型，但实际的工业过程又往往难于建立精确模型。例如，系统的时滞往往难于精确确定，而对于最小方差控制器，如果时延估计不准确，则控制精度将大大降低。因此，寻求对模型要求低，又具有自适应能力的控制算法就是理所当然的了。广义预测控制（GPC）就是这样一种算法，是随着自适应控制的研究而发展起来的一种预测控制算法。GPC 的相关理论及仿真程序实现将在 4.4.3 小节中详述。

4.4.2　预测控制的基本机理

工业上的成功应用，使预测控制的研究不断发展和完善，至今，各类预测控制算法已不少于数十种。虽然各种算法的形式各不相同，但总的来说，预测控制属于一种基于模型的控制算法，所以，也称之为模型预测控制。各类预测控制算法的共性可概括为三点[11,12]：预测模型、滚动优化和反馈校正。这三要素也是预测控制区别于其他控制方法的基本特征，同时也是预测控制在实际工程应用中取得成功的技术关键。

1. 预测模型

预测控制采用的模型称为预测模型。预测控制对模型的要求不同于其他传统的控制方法,它强调的是模型的功能而不是模型的结构,只要模型可利用过去已知数据信息预测系统未来的输出行为,就可以作为预测模型。因此,不仅状态方程、传递函数这类传统的模型可作为预测模型,而且在实际工业过程中较易获得的脉冲响应模型或阶跃响应模型,以及易于在线辨识并能描述不稳定系统的 CARMA 模型和 CARIMA 模型都可以作为预测模型。例如,在 DMC、MAC 等预测控制策略中,采用了阶跃响应、脉冲响应等非参数模型,而 GPC 等预测控制策略则选择 CARMA 模型、CARIMA 模型、状态空间模型等参数模型。此外,非线性系统、分布参数系统的模型,只要具备上述功能,也可以作为预测模型使用。

由此看来,预测控制打破了传统控制中对模型结构的严格要求,更着眼于在信息的基础上,根据功能的需求按最方便的途径建立模型。这是它优于其他控制算法的原因之一,也是它在工业实际中能广泛应用的前提。

2. 滚动优化

预测控制也是一种优化控制算法,通过某一性能指标的最优来确定未来的控制作用。这一性能指标涉及系统未来的行为,例如,可取对象输出跟踪某一期望轨迹的方差最小;又如,要求控制能量为最小,而同时保持输出在某一给定范围内等。常用性能指标如下式所示

$$J=\mathrm{E}\left\{\sum_{j=N_1}^{N_2}[y(k+j)-y_r(k+j)]^2+\sum_{j=1}^{N_u}[\gamma_j\Delta u(k+j-1)]^2\right\} \tag{4.4.1}$$

式中,$y(k+j)$ 和 $y_r(k+j)$ 为系统未来时刻 $k+j$ 时的实际输出和期望输出;N_1 为最小输出长度;N_2 为最大输出长度(也称为预测长度);N_u 为控制长度;γ_j 为控制加权系数,一般取为常值。

由式(4.4.1)可以看出,预测控制中的优化与通常的离散最优控制算法不同,这主要表现在预测控制中的优化目标不是采用一成不变的全局最优化目标,而是采用滚动式的有限时域优化策略。也就是说,优化不是一次离线进行,而是反复在线进行的。在每一采样时刻,优化性能指标只涉及未来有限的时域,而到下一采样时刻,这一优化时域同时向后推移。因此,预测控制在每一时刻有一个相对于该时刻的优化性能指标,以便根据最新的实测数据更新未来的控制序列(又称为投影控制),即实现滚动优化。这种具有有限时域的优化目标虽然只能使它获得全局的次优解,但由于这种优化过程是在线反复进行的,始终把优化过程建立在从实际过程中获得的最新信息的基础上,能更为及时地校正模型失配、时变和干扰等引起的不确定性,因此可以获得鲁棒性较好的结果,使控制保持实际上的最优。

3. 反馈校正

预测控制算法在进行滚动优化时,优化的基点应与实际系统一致。但作为基础的预测模型,只是对象动态特性的粗略描述(实际中不可能获得精确的数学模型),由于实际系统中存在的非线性、时变、模型失配和干扰等不确定因素,基于不变模型的预测不可能准确地与实际情况完全相符,这就需要用附加的预测手段补充模型预测的不足,或者对基础模型进行在线修正。滚动优化只有建立在这种反馈校正的基础上,才能体现出其优越性。因此,预测控制在每个控制周期,通过优化性能指标(4.4.1)都会确定一组未来的控制作用 $[u(k),\cdots,u(k+N_u-1)]$,为了

防止模型失配或环境干扰引起控制对理想状态的偏离，并不是将这些控制作用逐一全部实施，而只是实施当前时刻的控制作用 $u(k)$ 。到下一采样时刻，则首先检测对象的实际输出，并利用这一实时信息对基于模型的预测进行修正，然后再进行新的优化。

反馈校正的形式是多样的，可以在保持预测模型不变的基础上，对未来的误差作出预测并加以补偿[13]，也可以根据在线辨识的原理直接修正预测模型。无论采取何种校正形式，预测控制都把优化建立在系统实际输出的基础上，并力图对系统未来的动态行为作出较准确的预测。因此，预测控制中的优化不仅基于模型，而且利用了反馈信息，因而构成了闭环优化。

综上所述，预测控制具有鲜明的特征，是一种基于预测模型、滚动优化并结合反馈校正的优化控制算法。预测控制的基本结构如图 4.9 所示。

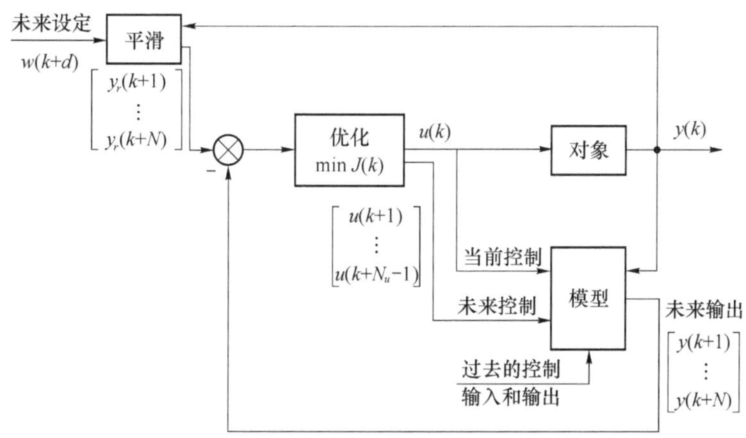

图 4.9　预测控制的基本结构

下面结合图 4.9，进一步说明预测控制的生成过程[11]。

① 在每个“当前采样时刻 k ”，基于对象的某种预测模型，利用过去、当前和将来的控制输入以及过去和当前的系统输出，对系统未来某段时间内的输出序列进行预测(多步预测)，如图 4.9 中的 $[y(k+1),\cdots,y(k+N)]$ 。而前述的最小方差控制和广义最小方差控制的最优预测，不包含将来的控制输入，而且是单步预测。

② 未来的控制序列 $[u(k),\cdots,u(k+N_u-1)]$ 是通过极小化形如式(4.4.1)的目标函数得到的，将使未来输出预测序列 $y(k+j)$ 沿某个参考轨迹 $y_r(k+j)$ 到达设定值，如图 4.10 所示。

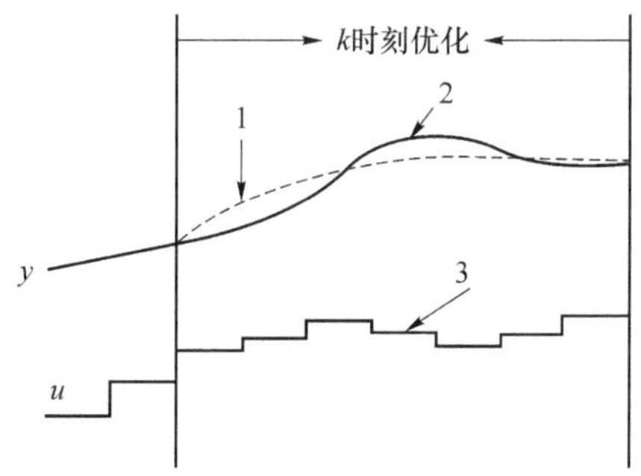

1—参考轨迹；2—预测输出；3—控制量

图 4.10　滚动优化

在预测控制中,为了使输出 $y(k)$ 按一定响应速度平滑地过渡到设定值 w,参考轨迹通常取为如下一阶滞后(一阶平滑)模型:

$$\begin{cases} y_r(k)=y(k) \\ y_r(k+j)=\alpha y_r(k+j-1)+(1-\alpha)w, \quad j=1,2,\cdots,N \end{cases} \tag{4.4.2}$$

式中,$\alpha \in [0,1)$ 为输出柔化系数。

这样可以使 $y_r(k+j)$ 平滑地过渡到设定值 w,当需要缓慢过渡时,可选择 α 接近于 1;同时,也可使未来控制序列得到“柔化”。当然,参考轨迹的思想也可以应用于其他控制算法中。

③ 尽管预测控制在每一控制周期内,通过优化某个性能指标,可获得 N_u 个未来控制作用 $\{u(k+j),j=0,1,\cdots,N_u-1\}$,但在当前时刻 k,仅对过程实施当前时刻的控制作用 $u(k)$。

④ 将所有序列平移,准备进行下次采样。在下次采样后,上述过程都需重复进行,以便根据最新实测数据更新未来控制序列,即实现反馈校正和滚动优化。

各种预测控制算法虽然在模型、约束条件和性能指标上存在着一些差异,但基本上都具有上述三个基本特征,且生成过程也类似。

下面将具体介绍一种具有代表性的预测控制算法——广义预测控制。

4.4.3 广义预测控制

广义预测控制(GPC)是 D. W. Clarke 等人于 1987 年提出的一种重要的自适应控制算法,在保持最小方差自校正控制的在线辨识、输出预测、最小输出方差控制的基础上,吸取了 DMC 和 MAC 中的滚动优化策略,兼具自适应控制和预测控制的性能。GPC 基于参数模型,引入了不相等的预测长度和控制长度,系统设计灵活方便,具有预测模型、滚动优化和在线反馈校正等特征,呈现出优良的控制性能和鲁棒性。

1. j 步最优预测

GPC 采用下列 CARIMA 模型:

$$A(z^{-1})y(k)=z^{-d}B(z^{-1})u(k)+C(z^{-1})\xi(k)/\Delta \tag{4.4.3}$$

式中,$y(k)$、$u(k)$ 和 $\xi(k)$ 分别为系统的输出、输入和白噪声;$\Delta=1-z^{-1}$ 为差分算子,且

$$\begin{cases} A(z^{-1})=1+a_1z^{-1}+a_2z^{-2}+\cdots+a_{n_a}z^{-n_a} \\ B(z^{-1})=b_0+b_1z^{-1}+b_2z^{-2}+\cdots+b_{n_b}z^{-n_b} \\ C(z^{-1})=1+c_1z^{-1}+c_2z^{-2}+\cdots+c_{n_c}z^{-n_c} \end{cases}$$

这里,假定系统的纯延时 $d=1$,即

$$A(z^{-1})y(k)=B(z^{-1})u(k-1)+C(z^{-1})\xi(k)/\Delta \tag{4.4.4}$$

若被控对象纯延时 $d>1$,只需令多项式 $B(z^{-1})$ 中的前 $d-1$ 项系数为零即可,即

$$b_0=b_1=\cdots=b_{d-2}=0$$

式(4.4.4)可简化为

$$\overline{A}(z^{-1})y(k)=B(z^{-1})\Delta u(k-1)+C(z^{-1})\xi(k) \tag{4.4.5}$$

式中

$$\overline{A}(z^{-1})=A(z^{-1})\Delta=A(z^{-1})(1-z^{-1})=1+\bar{a}_1z^{-1}+\cdots+\bar{a}_{n_{\bar{a}}}z^{-n_{\bar{a}}}$$

$$n_{\bar{a}}=n_a+1,\ \bar{a}_0=1,\ \bar{a}_{n_{\bar{a}}}=-a_{n_a};\ \bar{a}_i=a_i-a_{i-1},\ 1\leqslant i\leqslant n_a$$

在进行 GPC 设计时，与最小方差控制类似，需要提前对系统输出量进行预测，根据所得的最优预测值计算所需的控制作用。不同的是，后者为单步输出预测，而 GPC 则需要多步输出预测。

定理 4-4(CARIMA 模型 j 步最优预测)

对于被控对象(4.4.5)，将 $(k+j)$ 时刻的输出预测误差记为

$$\tilde{y}(k+j\mid k)=y(k+j)-\hat{y}(k+j\mid k),\ j\geqslant 1$$

则使预测误差的方差

$$J=\mathrm{E}\{\tilde{y}^2(k+j\mid k)\} \tag{4.4.6}$$

最小的 j 步最优预测 $y^*(k+j\mid k)$ 由下列差分方程给出

$$C(z^{-1})y^*(k+j\mid k)=G_j(z^{-1})y(k)+F_j(z^{-1})\Delta u(k+j-1) \tag{4.4.7}$$

其中，$F_j(z^{-1})$ 和 $G_j(z^{-1})$ 满足如下 Diophantine 方程

$$\begin{cases}C(z^{-1})=\bar{A}(z^{-1})E_j(z^{-1})+z^{-j}G_j(z^{-1})\\ F_j(z^{-1})=B(z^{-1})E_j(z^{-1})\end{cases} \tag{4.4.8a}$$

式中

$$\begin{cases}E_j(z^{-1})=1+e_{j,1}z^{-1}+\cdots+e_{j,n_{ej}}z^{-n_{ej}}\\ G_j(z^{-1})=g_{j,0}+g_{j,1}z^{-1}+\cdots+g_{j,n_{gj}}z^{-n_{gj}}\\ F_j(z^{-1})=f_{j,0}+f_{j,1}z^{-1}+\cdots+f_{j,n_{fj}}z^{-n_{fj}}\\ \deg E_j=j-1,\quad \deg G_j=n_{\bar{a}}-1=n_a,\quad \deg F_j=n_b+j-1\end{cases} \tag{4.4.8b}$$

这时，最优预测误差为

$$\tilde{y}^*(k+j\mid k)=E_j(z^{-1})\xi(k+j) \tag{4.4.9}$$

证明：(证明过程与定理 4-1 类似)

由式(4.4.5)和式(4.4.8a)可得

$$y(k+j)=E_j\xi(k+j)+\frac{B}{\bar{A}}\Delta u(k+j-1)+\frac{G_j}{\bar{A}}\xi(k) \tag{4.4.10}$$

又由式(4.4.5)知

$$\xi(k)=\frac{\bar{A}}{C}y(k)-\frac{B}{C}\Delta u(k-1)$$

将上式代入式(4.4.10)，再利用式(4.4.8a)化简后得

$$y(k+j)=E_j\xi(k+j)+\frac{F_j}{C}\Delta u(k+j-1)+\frac{G_j}{C}y(k) \tag{4.4.11}$$

将式(4.4.11)代入性能指标(4.4.6)中，得

$$\begin{aligned}J&=\mathrm{E}\{[y(k+j)-\hat{y}(k+j\mid k)]^2\}\\&=\mathrm{E}\left\{\left[E_j\xi(k+j)+\frac{F_j}{C}\Delta u(k+j-1)+\frac{G_j}{C}y(k)-\hat{y}(k+j\mid k)\right]^2\right\}\\&=\mathrm{E}\{[E_j\xi(k+j)]^2\}+\mathrm{E}\left\{\left[\frac{F_j}{C}\Delta u(k+j-1)+\frac{G_j}{C}y(k)-\hat{y}(k+j\mid k)\right]^2\right\}\end{aligned}$$

上式右边第一项不可控,欲使 J 最小,需使上式右边第二项为 0,即

$$\hat{y}(k+j \mid k)=\frac{G_j}{C}y(k)+\frac{F_j}{C}\Delta u(k+j-1)=y^*(k+j \mid k) \tag{4.4.12}$$

即式(4.4.7)成立,且此时

$$J_{\min}=\mathrm{E}\{[E_j\xi(k+j)]^2\}$$

最优预测误差为

$$\tilde{y}^*(k+j \mid k)=E_j(z^{-1})\xi(k+j)$$

即式(4.4.9)成立,则定理 4-4 得证。

式(4.4.11)称为输出预测模型,式(4.4.7)为最优输出预测方程,式(4.4.8)称为多步 Diophantine 方程。对于 GPC 算法,需要在线求解多步 Diophantine 方程,可采用递推算法,详见 4.1 节。

性能指标函数(4.4.1)可表示为矩阵形式,即

$$J=\mathrm{E}\{[\boldsymbol{Y}-\boldsymbol{Y}_r]^{\mathrm{T}}[\boldsymbol{Y}-\boldsymbol{Y}_r]+\Delta\boldsymbol{U}^{\mathrm{T}}\boldsymbol{\Gamma}\Delta\boldsymbol{U}\} \tag{4.4.13}$$

式中

$$\boldsymbol{Y}=[y(k+N_1),y(k+N_1+1),\cdots,y(k+N_2)]^{\mathrm{T}}$$

$$\boldsymbol{Y}_r=[y_r(k+N_1),y_r(k+N_1+1),\cdots,y_r(k+N_2)]^{\mathrm{T}}$$

$$\Delta\boldsymbol{U}=[\Delta u(k),\Delta u(k+1),\cdots,\Delta u(k+N_u-1)]^{\mathrm{T}}$$

$$\boldsymbol{\Gamma}=\mathrm{diag}(\gamma_1,\gamma_2,\cdots,\gamma_{N_u})$$

下面将分别介绍 $C(z^{-1})=1$ 和 $C(z^{-1})\neq 1$ 时的 GPC 算法。

2. $C(z^{-1})=1$ 时的广义预测控制

当 $C(z^{-1})=1$ 时,对象预测模型(4.4.11)将简化为

$$y(k+j)=F_j\Delta u(k+j-1)+G_jy(k)+E_j\xi(k+j) \tag{4.4.14}$$

当取 $N_1=1$、$N_2=N_u=N$ 时,由式(4.4.14)及式(4.4.8b)得

$$\begin{aligned} y(k+1)&=F_1\Delta u(k)+G_1y(k)+E_1\xi(k+1)\\ &=f_{1,0}\Delta u(k)+f_{1,1}\Delta u(k-1)+\cdots+f_{1,n_b}\Delta u(k-n_b)+G_1y(k)+\xi(k+1)\\ y(k+2)&=F_2\Delta u(k+1)+G_2y(k)+E_2\xi(k+2)\\ &=f_{2,0}\Delta u(k+1)+f_{2,1}\Delta u(k)+f_{2,2}\Delta u(k-1)+\cdots+f_{1,n_b+1}\Delta u(k-n_b)+\\ &\quad G_2y(k)+\xi(k+2)+e_{2,1}\xi(k+1)\\ &\vdots\\ y(k+N)&=F_N\Delta u(k+N-1)+G_Ny(k)+E_N\xi(k+N)\\ &=f_{N,0}\Delta u(k+N-1)+\cdots+f_{N,N-1}\Delta u(k)+f_{N,N}\Delta u(k-1)+\cdots+\\ &\quad f_{N,n_b+N-1}\Delta u(k-n_b)+G_Ny(k)+\xi(k+N)+e_{N,1}\xi(k+N-1)+\cdots+\\ &\quad e_{N,N-1}\xi(k+1) \end{aligned}$$

将以上诸式写成矩阵形式为

$$\boldsymbol{Y}=\boldsymbol{F}_1\Delta\boldsymbol{U}+\boldsymbol{F}_2\Delta\boldsymbol{U}(k-j)+\boldsymbol{G}\boldsymbol{Y}(k)+\boldsymbol{E}\boldsymbol{\xi}=\boldsymbol{F}_1\Delta\boldsymbol{U}+\boldsymbol{Y}_1+\boldsymbol{E}\boldsymbol{\xi} \tag{4.4.15}$$

式中:

$\boldsymbol{Y}_1=\boldsymbol{F}_2\Delta\boldsymbol{U}(k-j)+\boldsymbol{G}\boldsymbol{Y}(k)$ 为基于过去输入输出的输出预测响应;

$\boldsymbol{Y}=[y(k+1),y(k+2),\cdots,y(k+N)]^{\mathrm{T}}$ 为未来的预测输出；

$\Delta\boldsymbol{U}=[\Delta u(k),\Delta u(k+1),\cdots,\Delta u(k+N-1)]^{\mathrm{T}}$ 为当前和未来的控制增量向量；

$\Delta\boldsymbol{U}(k-j)=[\Delta u(k-1),\Delta u(k-2),\cdots,\Delta u(k-n_b)]^{\mathrm{T}}$ 为过去的控制增量向量；

$\boldsymbol{Y}(k)=[y(k),y(k-1),\cdots,y(k-n_a)]^{\mathrm{T}}$ 为当前及过去的实际输出；

$\boldsymbol{\xi}=[\xi(k+1),\xi(k+2),\cdots,\xi(k+N)]^{\mathrm{T}}$ 为未来的白噪声向量；

$$\boldsymbol{F}_1=\begin{bmatrix} f_{1,0} & 0 & \cdots & 0 \\ f_{2,1} & f_{2,0} & \cdots & 0 \\ \vdots & \vdots & & \vdots \\ f_{N,N-1} & f_{N,N-2} & \cdots & f_{N,0} \end{bmatrix}_{N\times N} \qquad \boldsymbol{F}_2=\begin{bmatrix} f_{1,1} & f_{1,2} & \cdots & f_{1,n_b} \\ f_{2,2} & f_{2,3} & \cdots & f_{2,n_b+1} \\ \vdots & \vdots & & \vdots \\ f_{N,N} & f_{N,N+1} & \cdots & f_{N,n_b+N-1} \end{bmatrix}_{N\times n_b}$$

$$\boldsymbol{G}=\begin{bmatrix} g_{1,0} & g_{1,1} & \cdots & g_{1,n_a} \\ g_{2,0} & g_{2,1} & \cdots & g_{2,n_a} \\ \vdots & \vdots & & \vdots \\ g_{N,0} & g_{N,1} & \cdots & g_{N,n_a} \end{bmatrix}_{N\times(n_a+1)} \qquad \boldsymbol{E}=\begin{bmatrix} 1 & 0 & \cdots & 0 \\ e_{2,1} & 1 & \cdots & 0 \\ \vdots & \vdots & & \vdots \\ e_{N,N-1} & e_{N,N-2} & \cdots & 1 \end{bmatrix}_{N\times N}$$

可以看出，式(4.4.15)将未来时刻的预测输出序列分解为两个分量，一个分量 $\boldsymbol{F}_1\Delta\boldsymbol{U}$ 取决于当前和未来的控制量，另一分量 $\boldsymbol{Y}_1$ 取决于过去的控制量和输出。

将式(4.4.15)代入式(4.4.13)中，得

$$J=\mathrm{E}\{[\boldsymbol{F}_1\Delta\boldsymbol{U}+\boldsymbol{Y}_1+\boldsymbol{E\xi}-\boldsymbol{Y}_r]^{\mathrm{T}}[\boldsymbol{F}_1\Delta\boldsymbol{U}+\boldsymbol{Y}_1+\boldsymbol{E\xi}-\boldsymbol{Y}_r]+\Delta\boldsymbol{U}^{\mathrm{T}}\boldsymbol{\Gamma}\Delta\boldsymbol{U}\}$$

由 $\dfrac{\partial J}{\partial\Delta\boldsymbol{U}}=0$ 得 GPC 控制增量向量为

$$\Delta\boldsymbol{U}(k)=(\boldsymbol{F}_1^{\mathrm{T}}\boldsymbol{F}_1+\boldsymbol{\Gamma})^{-1}\boldsymbol{F}_1^{\mathrm{T}}[\boldsymbol{Y}_r-\boldsymbol{F}_2\Delta\boldsymbol{U}(k-j)-\boldsymbol{GY}(k)] \tag{4.4.16}$$

则当前时刻的控制量为

$$\begin{aligned} u(k)&=u(k-1)+\Delta u(k) \\ &=u(k-1)+[1,0,\cdots,0](\boldsymbol{F}_1^{\mathrm{T}}\boldsymbol{F}_1+\boldsymbol{\Gamma})^{-1}\boldsymbol{F}_1^{\mathrm{T}}[\boldsymbol{Y}_r-\boldsymbol{F}_2\Delta\boldsymbol{U}(k-j)-\boldsymbol{GY}(k)] \end{aligned} \tag{4.4.17}$$

若对象参数未知，则需在线估计对象参数，实施自适应 GPC 算法。由于 $C(q^{-1})=1$，由式(4.4.3)得

$$\begin{aligned} \Delta y(k)&=[1-A(z^{-1})]\Delta y(k)+B(z^{-1})\Delta u(k-1)+\xi(k) \\ &=\boldsymbol{\varphi}^{\mathrm{T}}(k)\boldsymbol{\theta}+\xi(k) \end{aligned} \tag{4.4.18}$$

式中

$$\begin{cases} \boldsymbol{\varphi}(k)=[-\Delta y(k-1),\cdots,-\Delta y(k-n_a),\Delta u(k-1),\cdots,\Delta u(k-n_b-1)]^{\mathrm{T}} \\ \boldsymbol{\theta}=[a_1,\cdots,a_{n_a},b_0,\cdots,b_{n_b}]^{\mathrm{T}} \end{cases}$$

采用带遗忘因子的递推最小二乘法估计对象参数，即

$$\begin{cases} \hat{\boldsymbol{\theta}}(k)=\hat{\boldsymbol{\theta}}(k-1)+\boldsymbol{K}(k)[\Delta y(k)-\boldsymbol{\varphi}^{\mathrm{T}}(k)\hat{\boldsymbol{\theta}}(k-1)] \\ \boldsymbol{K}(k)=\dfrac{\boldsymbol{P}(k-1)\boldsymbol{\varphi}(k)}{\lambda+\boldsymbol{\varphi}^{\mathrm{T}}(k)\boldsymbol{P}(k-1)\boldsymbol{\varphi}(k)} \\ \boldsymbol{P}(k)=\dfrac{1}{\lambda}[\boldsymbol{I}-\boldsymbol{K}(k)\boldsymbol{\varphi}^{\mathrm{T}}(k)]\boldsymbol{P}(k-1) \end{cases} \tag{4.4.19}$$

综上所述，$C(q^{-1})=1$ 时 GPC 自适应算法的实施步骤可归纳如下。

算法 4-7($C(q^{-1})=1$ 时 Clarke-GPC)

已知：n_a、n_b 及 d。

Step1　设置初值 $\hat{\boldsymbol{\theta}}(0)$ 和 $\boldsymbol{P}(0)$，输入初始数据，并设置控制参数如 N_1、N_2、N_u，以及控制加权矩阵 $\boldsymbol{\Gamma}$、输出柔化系数 α、遗忘因子 λ 等。

Step2　采样当前实际输出 $y(k)$ 和参考轨迹输出 $y_r(k+j)$。

Step3　利用遗忘因子递推最小二乘法(4.4.19)在线实时估计被控对象参数 $\hat{\boldsymbol{\theta}}$，即 $\hat{A}$、$\hat{B}$。

Step4　求解 Diophantine 方程(4.4.8)，解出多项式 E_j、G_j 和 F_j。

Step5　构造向量 $\boldsymbol{Y}_r$、$\Delta\boldsymbol{U}(k-j)$、$\boldsymbol{Y}(k)$ 及矩阵 $\boldsymbol{G}$、$\boldsymbol{F}_1$、$\boldsymbol{F}_2$。

Step6　利用式(4.4.17)计算并实施 $u(k)$。

Step7　返回 Step2($k \to k+1$)，继续循环。

下面讨论一下控制参数 N_1、N_2、N_u 的选择问题[11]。

① N_1 的选择：当对象纯延时 d 已知时，可选 $N_1=d$，此时矩阵 $\boldsymbol{G}$、$\boldsymbol{F}_1$、$\boldsymbol{F}_2$ 的维数将降低，从而可以减小计算量；但在自适应控制的情况下，d 常常是时变或未知的，此时只能取 $N_1=1$。仿真实验表明，N_1 可以在相当大的范围内选择而不会影响系统的稳定性。

② N_2 的选择：由于性能指标函数中含有未来的控制，因此输出长度 N_2 应考虑包括受当前控制影响较大的所有响应段，所以 N_2 应至少大于多项式 $B(z^{-1})$ 的阶次 n_b。从物理上看，N_2 应选得更大一些，例如，接近过程的上升时间。

③ N_u 的选择：对于开环稳定的简单过程，可选 $N_u=1$，这时 $(\boldsymbol{F}_1^{\mathrm{T}}\boldsymbol{F}_1+\boldsymbol{\Gamma})^{-1}$ 退化为标量运算。对于不稳定或强振荡的对象，可以把 N_u 取为对象的不稳定的极点数与欠阻尼极点数之和。仿真表明，如此选择的 N_u，对于上述较难控制的对象，可获得较满意的性能。

因此，在实际的 GPC 算法中，常取 $N_1=d$、$N_2=N$、$N_u \leqslant N_2$，且令

$$\Delta u(k+j-1)=0\ ,\ j>N_u$$

则 GPC 最优控制律(4.4.16)中的各项元素变为

$\Delta\boldsymbol{U}=[\Delta u(k),\Delta u(k+1),\cdots,\Delta u(k+N_u-1)]^{\mathrm{T}}$ 为当前和未来的控制增量向量；

$\boldsymbol{Y}_r=[y_r(k+N_1),y_r(k+N_1+1),\cdots,y_r(k+N)]^{\mathrm{T}}$ 为未来的参考轨迹输出；

$\Delta\boldsymbol{U}(k-j)=[\Delta u(k-1),\Delta u(k-2),\cdots,\Delta u(k-n_b)]^{\mathrm{T}}$ 为过去的控制增量向量；

$\boldsymbol{Y}(k)=[y(k),y(k-1),\cdots,y(k-n_a)]^{\mathrm{T}}$ 为当前及过去的系统输出；

$$\boldsymbol{F}_1=\begin{bmatrix} f_{N_1,N_1-1} & f_{N_1,N_1-2} & \cdots & f_{N_1,0} & 0 & \cdots & 0 \\ f_{N_1+1,N_1} & f_{N_1+1,N_1-1} & \cdots & f_{N_1+1,1} & f_{N_1+1,0} & \cdots & 0 \\ \vdots & \vdots & \vdots & \vdots & \vdots & \ddots & \vdots \\ & & \cdots & & & & f_{N_u,0} \\ & & & \vdots & & & \\ f_{N,N-1} & f_{N,N-2} & \cdots & \cdots & \cdots & \cdots & f_{N,N-N_u} \end{bmatrix}_{(N-N_1+1)\times N_u} \quad (\text{假设 } N_u \geqslant N_1)$$

$$\boldsymbol{F}_2=\begin{bmatrix} f_{N_1,N_1} & f_{N_1,N_1+1} & \cdots & f_{N_1,n_b+N_1-1} \\ f_{N_1+1,N_1+1} & f_{N_1+1,N_1+2} & \cdots & f_{N_1+1,n_b+N_1} \\ \vdots & \vdots & & \vdots \\ f_{N,N} & f_{N,N+1} & \cdots & f_{N,n_b+N-1} \end{bmatrix}_{(N-N_1+1)\times n_b}$$

$$G=\begin{bmatrix} g_{N_1,0} & g_{N_1,1} & \cdots & g_{N_1,n_a} \\ g_{N_1+1,0} & g_{N_1+1,1} & \cdots & g_{N_1+1,n_a} \\ \vdots & \vdots & & \vdots \\ g_{N,0} & g_{N,1} & \cdots & g_{N,n_a} \end{bmatrix}_{(N-N_1+1)\times(n_a+1)}$$

仿真实例 4.9

设被控对象为如下开环不稳定非最小相位系统：

$$y(k)-2y(k-1)+1.1y(k-2)=u(k-4)+2u(k-5)+\xi(k)/\Delta$$

式中，$\xi(k)$ 为方差为 0.01 的白噪声。

与最小方差控制类似，这里仍分两种情况进行仿真。

(1) 对象参数已知时(GPC 算法)

由系统差分方程知

$$y(k)-3y(k-1)+3.1y(k-2)-1.1y(k-3)=\Delta u(k-4)+2\Delta u(k-5)+\xi(k)$$

即

$$\begin{cases}\overline{A}(z^{-1})=1-3z^{-1}+3.1z^{-2}-1.1z^{-3}\\ B(z^{-1})=z^{-3}+2z^{-4} \quad (\because 令\ d=1)\end{cases}$$

对于 Diophantine 方程(4.4.8)，可利用手动递推方法(仿照仿真实例 4.2)或本书编写的 MATLAB 函数 multidiophantine.m 进行求解，这里采用后一种方法。

取 $N_1=4$、$N_2=8$、$N_u=2$，解得

$$F_1=\begin{bmatrix} 1 & 0 \\ 5 & 1 \\ 11.9 & 5 \\ 21.3 & 11.9 \\ 32.51 & 21.3 \end{bmatrix},\quad F_2=\begin{bmatrix} 5 & 11.9 & 21.3 & 19 \\ 11.9 & 21.3 & 32.51 & 27.02 \\ 21.3 & 32.51 & 44.59 & 35.14 \\ 32.51 & 44.59 & 56.419 & 42.558 \\ 44.59 & 56.419 & 66.789 & 48.462 \end{bmatrix}$$

$$G=\begin{bmatrix} 13.51 & -22.96 & 10.45 \\ 17.57 & -31.431 & 14.861 \\ 21.279 & -39.606 & 19.327 \\ 24.231 & -46.6379 & 23.4069 \\ 26.0551 & -51.7092 & 26.6541 \end{bmatrix}$$

取控制加权矩阵 $\boldsymbol{\Gamma}$ 为单位阵 $\boldsymbol{I}_{2\times2}$，则

$$[1,0,\cdots,0](\boldsymbol{F}_1^{\mathrm{T}}\boldsymbol{F}_1+\boldsymbol{\Gamma})^{-1}\boldsymbol{F}_1^{\mathrm{T}}=[0.0259\quad 0.0876\quad 0.0981\quad 0.0513\quad -0.0538]$$

则由式(4.4.17)得 GPC 控制律为

$$u(k)=u(k-1)+[0.0259,0.0876,0.0981,0.0513,-0.0538]$$
$$[\boldsymbol{Y}_r-\boldsymbol{F}_2\Delta\boldsymbol{U}(k-j)-\boldsymbol{GY}(k)]$$

假设历史输入/输出数据 $\Delta u(-4)$、$\Delta u(-3)$、$\Delta u(-2)$、$\Delta u(-1)$、$\Delta u(0)$、$y(-2)$、$y(-1)$ 和 $y(0)$ 均为 0，取期望输出 $w(k)$ 为幅值为 10 的阶跃信号，输出柔化系数 $\alpha=0.7$，并令白噪声 $\xi(k)$ 的方差 $\sigma^2=0$，则可仿照仿真实例 4.3，递推计算 $y(k)$ 和 $u(k)$，$k=1,2,\cdots$，以观测系统实际输出跟踪阶跃设定值的情况。

取 $N_1=4$、$N_2=8$、$N_u=2$，控制加权矩阵 $\boldsymbol{\Gamma}$ 为单位阵 $\boldsymbol{I}_{2\times2}$，输出柔化系数 $\alpha=0.7$；期望输

出 $w(k)$ 为幅值为 10 的方波信号。采用 GPC 算法,其控制效果如图 4.11 所示。

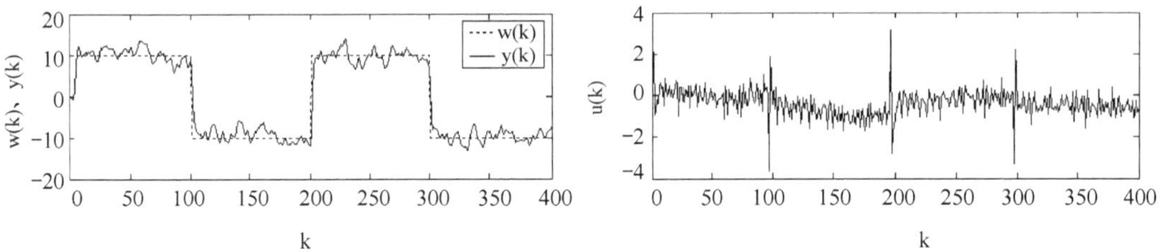

图 4.11 Clarke-GPC 控制算法($C(q^{-1})=1$)

仿真程序:chap4_09_GPC_NoIden.m

```
%Clarke 广义预测控制(C=1)(对象参数已知)
%N1=d、N、Nu 取不同的值
clear all; close all;

a=[1 -2 1.1]; b=[1 2]; c=1; d=4; %对象参数
na=length(a)-1; b=[zeros(1,d-1) b]; nb=length(b)-1; %na、nb 为多项式 A、B 阶次(因 d! =1,对 b 添 0)
aa=conv(a,[1 -1]); naa=na+1; %aa 的阶次
N1=d; N=8; Nu=2; %最小输出长度、预测长度、控制长度
gamma=1*eye(Nu); alpha=0.7; %控制加权矩阵、输出柔化系数

L=400; %控制步数
uk=zeros(d+nb,1); %输入初值:uk(i)表示 u(k-i)
duk=zeros(d+nb,1); %控制增量初值
yk=zeros(naa,1); %输出初值
w=10*[ones(L/4,1);-ones(L/4,1);ones(L/4,1);-ones(L/4+d,1)]; %设定值
xi=sqrt(0.01)*randn(L,1); %白噪声序列

%求解多步 Diophantine 方程并构建 F1、F2、G
[E,F,G]=multidiophantine(aa,b,c,N);
G=G(N1:N,:);
F1=zeros(N-N1+1,Nu); F2=zeros(N-N1+1,nb);
for i=1:N-N1+1
    for j=1:min(i,Nu);        F1(i,j)=F(i+N1-1,i+N1-1-j+1);    end
    for j=1:nb;                F2(i,j)=F(i+N1-1,i+N1-1+j);      end
end

for k=1:L
    time(k)=k;
    y(k)=-aa(2:naa+1)*yk+b*duk(1:nb+1)+xi(k); %采集输出数据
    Yk=[y(k); yk(1:na)]; %构建向量 Y(k)
    dUk=duk(1:nb); %构建向量 ΔU(k-j)
```

```
    %参考轨迹
    yr(k) = y(k);
    for i = 1 : N
        yr(k + i) = alpha * yr(k + i - 1) + (1 - alpha) * w(k + d);
    end
    Yr = [yr(k + N1 : k + N)]'; %构建向量 Yr(k)

    %求控制量
    dU = inv(F1' * F1 + gamma) * F1' * (Yr - F2 * dUk - G * Yk); %ΔU
    du(k) = dU(1); u(k) = uk(1) + du(k);

    %更新数据
    for i = 1 + nb: -1 : 2
        uk(i) = uk(i - 1);
        duk(i) = duk(i - 1);
    end
    uk(1) = u(k);
    duk(1) = du(k);

    for i = naa: -1 : 2
        yk(i) = yk(i - 1);
    end
    yk(1) = y(k);
end
subplot(2,1,1);
plot(time,w(1 : L),'r : ',time,y);
xlabel('k'); ylabel('w(k)、y(k)');
legend('w(k)','y(k)');
subplot(2,1,2);
plot(time,u);
xlabel('k'); ylabel('u(k)');
```

(2) 对象参数未知时(GPC 自适应算法)

当被控对象参数未知时，可采用自适应控制算法，即首先利用递推最小二乘法在线实时估计对象参数，然后再设计 GPC 控制律，实施步骤见“算法 4－7”。

取初值 $\boldsymbol{P}(0)=10^6\boldsymbol{I}$、$\hat{\boldsymbol{\theta}}(0)=\mathbf{0.001}$，遗忘因子 $\lambda=1$；控制参数 $N_1=4$、$N_2=8$、$N_u=2$，控制加权矩阵 $\boldsymbol{\Gamma}$ 为单位阵 $\boldsymbol{I}_{2\times2}$，输出柔化系数 $\alpha=0.7$；期望输出 $w(k)$ 为幅值为 10 的方波信号，采用 GPC 自适应算法，仿真结果如图 4.12 所示。

仿真程序：chap4_10_GPC_Iden.m

```
%Clarke 广义预测控制(C = 1)(对象参数未知)
%N1 = d、N、Nu 取不同的值
```

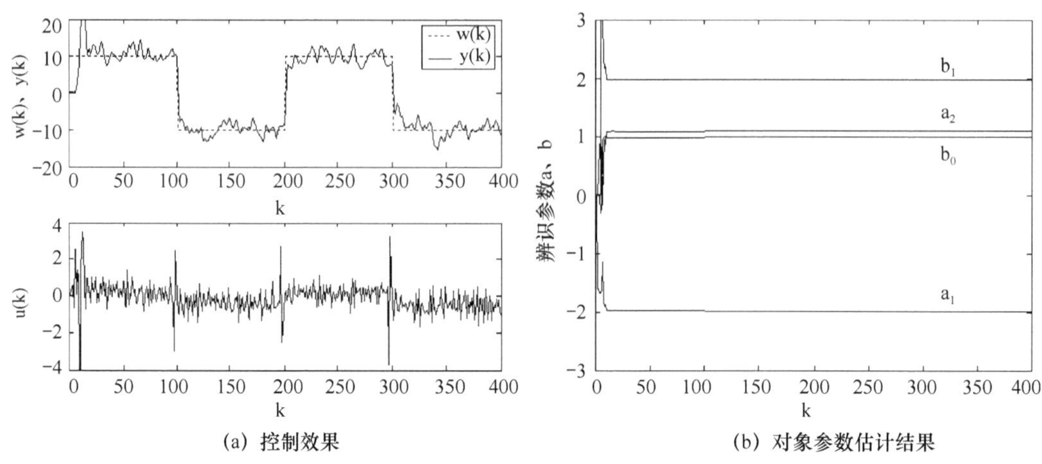

(a) 控制效果　　　　(b) 对象参数估计结果

图 4.12　Clarke-GPC 自适应算法($C(q^{-1})=1$)

```
clear all; close all;

a = [1  - 2 1.1]; b = [1 2]; c = 1; d = 4; % 对象参数
na = length(a) - 1; b = [zeros(1,d - 1) b]; nb = length(b) - 1; % na、nb 为多项式 A、B 阶次(因 d! = 1,
                                                                 % 对 b 添 0)
naa = na + 1; % aa 的阶次

N1 = d; N = 8; Nu = 2; % 最小输出长度、预测长度、控制长度
gamma = 1 * eye(Nu); alpha = 0.7; % 控制加权矩阵、输出柔化系数

L = 400; % 控制步数
uk = zeros(d + nb,1); % 输入初值：uk(i)表示 u(k - i)
duk = zeros(d + nb,1); % 控制增量初值
yk = zeros(na,1); % 输出初值
dyk = zeros(na,1); % 输出增量初值
w = 10 * [ones(L/4,1); - ones(L/4,1);ones(L/4,1); - ones(L/4 + d,1)]; % 设定值
xi = sqrt(0.01) * randn(L,1); % 白噪声序列

 % RLS 初值
thetae_1 = 0.001 * ones(na + nb - d + 2,1); % 不辨识 b 中添加的 0
P = 10^6 * eye(na + nb - d + 2);
lambda = 1; % 遗忘因子[0.9 1]
for k = 1 : L
    time(k) = k;
    dy(k) = - a(2 : na + 1) * dyk(1 : na) + b * duk(1 : nb + 1) + xi(k);
    y(k) = yk(1) + dy(k); % 采集输出数据
    Yk = [y(k); yk(1 : na)]; % 构建向量 Y(k)
    dUk = duk(1 : nb); % 构建向量 ΔU(k - j)
```

```
%参考轨迹
yr(k) = y(k);
for i = 1 : N
    yr(k + i) = alpha * yr(k + i - 1) + (1 - alpha) * w(k + d);
end
Yr = [yr(k + N1 : k + N)]'; %构建向量 Yr(k)

%递推最小二乘法
phi = [ - dyk(1 : na);duk(d : nb + 1)];
K = P * phi/(lambda + phi' * P * phi);
thetae( : ,k) = thetae_1 + K * (dy(k) - phi' * thetae_1);
P = (eye(na + nb - d + 2) - K * phi') * P/lambda;

%提取辨识参数
ae = [1 thetae(1 : na,k)']; be = [zeros(1,d - 1) thetae(na + 1 : na + nb - d + 2,k)'];
aae = conv(ae,[1  - 1]);

%求解多步 Diophantine 方程并构建 F1、F2、G
[E,F,G] = multidiophantine(aae,be,c,N);
G = G(N1 : N, : );
F1 = zeros(N - N1 + 1,Nu); F2 = zeros(N - N1 + 1,nb);
for i = 1 : N - N1 + 1
    for j = 1 : min(i,Nu);        F1(i,j) = F(i + N1 - 1,i + N1 - 1 - j + 1);   end
    for j = 1 : nb;               F2(i,j) = F(i + N1 - 1,i + N1 - 1 + j);       end
end

%求控制量
dU = inv(F1' * F1 + gamma) * F1' * (Yr - F2 * dUk - G * Yk); % ΔU
du(k) = dU(1); u(k) = uk(1) + du(k);

%更新数据
thetae_1 = thetae( : ,k);

for i = 1 + nb : - 1 : 2
    uk(i) = uk(i - 1);
    duk(i) = duk(i - 1);
end
uk(1) = u(k);
duk(1) = du(k);

for i = na : - 1 : 2
    yk(i) = yk(i - 1);
    dyk(i) = dyk(i - 1);
end
yk(1) = y(k);
```

```
    dyk(1) = dy(k);
end
figure(1);
subplot(2,1,1);
plot(time,w(1 : L),'r : ',time,y);
xlabel('k'); ylabel('w(k)、y(k)');
legend('w(k)','y(k)'); axis([0 L - 20 20]);
subplot(2,1,2);
plot(time,u);
xlabel('k'); ylabel('u(k)'); axis([0 L - 4 4]);
figure(2);
plot([1 : L],thetae);
xlabel('k'); ylabel('辨识参数 a、b');
legend('a_1','a_2','b_0','b_1'); axis([0 L - 3 3]);
```

3. $C(z^{-1})\neq 1$ 时的广义预测控制

当 $C(z^{-1})\neq 1$ 且为 Hurwitz 多项式时,对象预测模型(4.4.11)可改写为

$$y(k+j)=F_j\Delta u_f(k+j-1)+G_jy_f(k)+E_j\xi(k+j) \tag{4.4.20a}$$

式中

$$\begin{cases}\Delta u_f(k+j-1)=\dfrac{\Delta u(k+j-1)}{C(z^{-1})}\\[2ex] y_f(k)=\dfrac{y(k)}{C(z^{-1})}\end{cases} \tag{4.4.20b}$$

其中,$\Delta u_f(k+j-1)$ 称为滤波控制增量,$y_f(k)$ 称为滤波输出。

取 $j=N_1,N_1+1,\cdots,N$,与 $C(z^{-1})=1$ 的推导方法类似,由式(4.4.20)和式(4.4.8b)得

$$\boldsymbol{Y}=\boldsymbol{F}_1\Delta\boldsymbol{U}_f+\boldsymbol{F}_2\Delta\boldsymbol{U}_f(k-j)+\boldsymbol{G}\boldsymbol{Y}_f(k)+\boldsymbol{E}\xi \tag{4.4.21}$$

式中:

$\boldsymbol{Y}=[y(k+N_1),y(k+N_1+1),\cdots,y(k+N)]^{\mathrm{T}}$ 为未来的预测输出;

$\Delta\boldsymbol{U}_f=[\Delta u_f(k),\Delta u_f(k+1),\cdots,\Delta u_f(k+N_u-1)]^{\mathrm{T}}$ 为当前和未来的滤波控制增量向量;

$\Delta\boldsymbol{U}_f(k-j)=[\Delta u_f(k-1),\Delta u_f(k-2),\cdots,\Delta u_f(k-n_b)]^{\mathrm{T}}$ 为过去的滤波控制增量向量;

$\boldsymbol{Y}_f(k)=[y_f(k),y_f(k-1),\cdots,y_f(k-n_a)]^{\mathrm{T}}$ 为当前及过去的滤波输出;

$\boldsymbol{\xi}=[\xi(k+1),\xi(k+2),\cdots,\xi(k+N)]^{\mathrm{T}}$ 为未来的白噪声向量;

$$\boldsymbol{F}_1=\begin{bmatrix} f_{N_1,N_1-1} & f_{N_1,N_1-2} & \cdots & f_{N_1,0} & 0 & \cdots & 0\\ f_{N_1+1,N_1} & f_{N_1+1,N_1-1} & \cdots & f_{N_1+1,1} & f_{N_1+1,0} & \cdots & 0\\ \vdots & \vdots & \vdots & \vdots & \vdots & \ddots & \vdots\\ & & & & & \cdots & f_{N_u,0}\\ & & & & & \vdots & \\ f_{N,N-1} & f_{N,N-2} & \cdots & \cdots & \cdots & \cdots & f_{N,N-N_u}\end{bmatrix}_{(N-N_1+1)\times N_u} \quad (\text{假设 } N_u\geqslant N_1)$$

$$
\boldsymbol{F}_2=\begin{bmatrix} f_{N_1,N_1} & f_{N_1,N_1+1} & \cdots & f_{N_1,n_b+N_1-1} \\ f_{N_1+1,N_1+1} & f_{N_1+1,N_1+2} & \cdots & f_{N_1+1,n_b+N_1} \\ \vdots & \vdots & & \vdots \\ f_{N,N} & f_{N,N+1} & \cdots & f_{N,n_b+N-1} \end{bmatrix}_{(N-N_1+1)\times n_b}
$$

$$
\boldsymbol{G}=\begin{bmatrix} g_{N_1,0} & g_{N_1,1} & \cdots & g_{N_1,n_a} \\ g_{N_1+1,0} & g_{N_1+1,1} & \cdots & g_{N_1+1,n_a} \\ \vdots & \vdots & & \vdots \\ g_{N,0} & g_{N,1} & \cdots & g_{N,n_a} \end{bmatrix}_{(N-N_1+1)\times(n_a+1)}
$$

$$
\boldsymbol{E}=\begin{bmatrix} e_{N_1,N_1-1} & e_{N_1,N_1-2} & \cdots & 1 & 0 & \cdots & 0 \\ e_{N_1+1,N_1} & e_{N_1+1,N_1-1} & \cdots & e_{N_1+1,1} & 1 & \cdots & 0 \\ \vdots & \vdots & \vdots & \vdots & \vdots & \ddots & \vdots \\ e_{N,N-1} & e_{N,N-2} & \cdots & \cdots & \cdots & \cdots & 1 \end{bmatrix}_{(N-N_1+1)\times N}
$$

则相应的 GPC 控制律为

$$
\Delta\boldsymbol{U}_f(k)=(\boldsymbol{F}_1^{\mathrm{T}}\boldsymbol{F}_1+\boldsymbol{\Gamma})^{-1}\boldsymbol{F}_1^{\mathrm{T}}[\boldsymbol{Y}_r-\boldsymbol{F}_2\Delta\boldsymbol{U}_f(k-j)-\boldsymbol{G}\boldsymbol{Y}_f(k)] \tag{4.4.22}
$$

取控制律中的第一个分量为

$$
\Delta u_f(k)=[1,0,\cdots,0](\boldsymbol{F}_1^{\mathrm{T}}\boldsymbol{F}_1+\boldsymbol{\Gamma})^{-1}\boldsymbol{F}_1^{\mathrm{T}}[\boldsymbol{Y}_r-\boldsymbol{F}_2\Delta\boldsymbol{U}_f(k-j)-\boldsymbol{G}\boldsymbol{Y}_f(k)] \tag{4.4.23}
$$

则由式(4.4.20b)得当前控制作用为

$$
u(k)=u(k-1)+\Delta u(k)=u(k-1)+C(z^{-1})\Delta u_f(k) \tag{4.4.24}
$$

当对象参数未知时,需要在线估计对象参数,实施 GPC 自适应算法。

当 $C(z^{-1})\neq 1$ 时,由式(4.4.3)得

$$
\begin{aligned}\Delta y(k)&=[1-A(z^{-1})]\Delta y(k)+B(z^{-1})\Delta u(k-1)+C(z^{-1})\xi(k)\\&=\boldsymbol{\varphi}^{\mathrm{T}}(k)\boldsymbol{\theta}+\xi(k)\end{aligned} \tag{4.4.25}
$$

式中

$$
\begin{cases}\boldsymbol{\varphi}(k)=[-\Delta y(k-1),\cdots,-\Delta y(k-n_a),\Delta u(k-1),\cdots,\\ \qquad\quad \Delta u(k-n_b-1),\xi(k-1),\cdots,\xi(k-n_c)]^{\mathrm{T}}\\ \boldsymbol{\theta}=[a_1,\cdots,a_{n_a},b_0,\cdots,b_{n_b},c_1,\cdots,c_{n_c}]^{\mathrm{T}}\end{cases}
$$

由于 $\boldsymbol{\varphi}(k)$ 中的 $\xi(k)$ 不可测,所以只能用其估计值 $\hat{\xi}(k)$ 来代替,即

$$
\hat{\xi}(k)=\Delta y(k)-\Delta\hat{y}(k)=\Delta y(k)-\hat{\boldsymbol{\varphi}}^{\mathrm{T}}(k)\hat{\boldsymbol{\theta}} \tag{4.4.26}
$$

式中

$$
\begin{cases}\hat{\boldsymbol{\varphi}}(k)=[-\Delta y(k-1),\cdots,-\Delta y(k-n_a),\Delta u(k-1),\cdots,\\ \qquad\quad \Delta u(k-n_b-1),\hat{\xi}(k-1),\cdots,\hat{\xi}(k-n_c)]^{\mathrm{T}}\\ \hat{\boldsymbol{\theta}}=[\hat{a}_1,\cdots,\hat{a}_{n_a},\hat{b}_0,\cdots,\hat{b}_{n_b},\hat{c}_1,\cdots,\hat{c}_{n_c}]^{\mathrm{T}}\end{cases}
$$

采用遗忘因子递推增广最小二乘法估计对象参数,即

$$\begin{cases}\hat{\boldsymbol{\theta}}(k)=\hat{\boldsymbol{\theta}}(k-1)+\boldsymbol{K}(k)[\Delta y(k)-\hat{\boldsymbol{\varphi}}^{\mathrm{T}}(k)\hat{\boldsymbol{\theta}}(k-1)]\\ \boldsymbol{K}(k)=\dfrac{\boldsymbol{P}(k-1)\hat{\boldsymbol{\varphi}}(k)}{\lambda+\hat{\boldsymbol{\varphi}}^{\mathrm{T}}(k)\boldsymbol{P}(k-1)\hat{\boldsymbol{\varphi}}(k)}\\ \boldsymbol{P}(k)=\dfrac{1}{\lambda}[\boldsymbol{I}-\boldsymbol{K}(k)\hat{\boldsymbol{\varphi}}^{\mathrm{T}}(k)]\boldsymbol{P}(k-1)\end{cases}\tag{4.4.27}$$

综上所述，$C(z^{-1})\neq 1$ 时 GPC 自适应算法的实施步骤可归纳如下。

算法 4-8($C(z^{-1})\neq 1$ 时 Clarke-GPC)

已知：n_a、n_b、n_c 及 d。

Step1 设置初值 $\hat{\boldsymbol{\theta}}(0)$ 和 $\boldsymbol{P}(0)$，输入初始数据，并设置控制参数如 N_1、N、N_u，以及控制加权矩阵 $\boldsymbol{\Gamma}$、输出柔化系数 α、遗忘因子 λ 等；

Step2 采样当前实际输出 $y(k)$ 和参考轨迹输出 $y_r(k+j)$；

Step3 利用遗忘因子递推增广最小二乘法(4.4.27)在线实时估计被控对象参数 $\hat{\boldsymbol{\theta}}$，即 $\hat{A}$、$\hat{B}$ 和 $\hat{C}$；

Step4 求解 Diophantine 方程(4.4.8)，解出多项式 E_j、G_j 和 F_j；

Step5 构造向量 $\boldsymbol{Y}_r$、$\Delta\boldsymbol{U}_f(k-j)$、$\boldsymbol{Y}_f(k)$ 及矩阵 $\boldsymbol{G}$、$\boldsymbol{F}_1$、$\boldsymbol{F}_2$；

Step6 利用式(4.4.23)、式(4.4.24)计算并实施 $u(k)$；

Step7 返回 Step2($k\rightarrow k+1$)，继续循环。

仿真实例 4.10

设被控对象为如下开环不稳定非最小相位系统：

$$y(k)-2y(k-1)+1.1y(k-2)=u(k-4)+2u(k-5)+\frac{\xi(k)+0.5\xi(k-1)}{\Delta}$$

式中，$\xi(k)$ 为方差为 0.01 的白噪声。

(1) 对象参数已知时(GPC 算法)

取 $N_1=4$、$N_2=8$、$N_u=2$，控制加权矩阵 $\boldsymbol{\Gamma}$ 为单位阵 $\boldsymbol{I}_{2\times 2}$，输出柔化系数 $\alpha=0.7$；期望输出 $w(k)$ 为幅值为 10 的方波信号，采用 GPC 算法，其控制效果如图 4.13 所示。

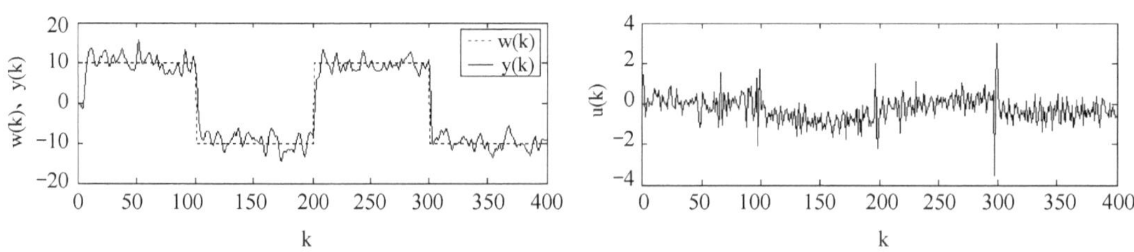

图 4.13 Clarke-GPC 控制算法($C(q^{-1})\neq 1$)

仿真程序：chap4_11_GPC_NoIden_C.m

```
%Clarke 广义预测控制(C! = 1)(对象参数已知)
%N1 = d、N、Nu 取不同的值
clear all; close all;
```

```
a = [1 -2 1.1]; b = [1 2]; c = [1 0.5]; d = 4; % 对象参数
na = length(a) - 1; b = [zeros(1,d-1) b]; nb = length(b) - 1; nc = length(c) - 1; % 多项式 A、B、C 阶
                                                          /% 次(因 d! = 1,对 b 添 0)
aa = conv(a,[1 -1]); naa = na + 1; % aa 的阶次

N1 = d; N = 8; Nu = 2; % 最小输出长度、预测长度、控制长度
gamma = 1 * eye(Nu); alpha = 0.7; % 控制加权矩阵、输出柔化系数

L = 400; % 控制步数
uk = zeros(d + nb,1); % 输入初值：uk(i)表示 u(k-i)
duk = zeros(d + nb,1); % 控制增量初值
dufk = zeros(max(nb,nc),1); % 滤波控制增量初值
yk = zeros(naa,1); % 输出初值
yfk = zeros(max(na,nc),1); % 滤波输出初值
xik = zeros(nc,1); % 白噪声初值
w = 10 * [ones(L/4,1); - ones(L/4,1);ones(L/4,1); - ones(L/4 + d,1)]; % 设定值
xi = sqrt(0.01) * randn(L,1); % 白噪声序列

% 求解多步 Diophantine 方程并构建 F1、F2、G
[E,F,G] = multidiophantine(aa,b,c,N);
G = G(N1 : N, : );
F1 = zeros(N - N1 + 1,Nu); F2 = zeros(N - N1 + 1,nb);
for i = 1 : N - N1 + 1
    for j = 1 : min(i,Nu);      F1(i,j) = F(i + N1 - 1,i + N1 - 1 - j + 1);   end
    for j = 1 : nb;              F2(i,j) = F(i + N1 - 1,i + N1 - 1 + j);      end
end

for k = 1 : L
    time(k) = k;
    y(k) = - aa(2 : naa + 1) * yk + b * duk(1 : nb + 1) + c * [xi(k);xik]; % 采集输出数据
    yf(k) = - c(2 : nc + 1) * yfk(1 : nc) + y(k);
    Yfk = [yf(k);yfk(1 : na)]; % 构建向量 Yf(k)
    dUfk = dufk(1 : nb); % 构建向量 ΔUf(k-j)

    % 参考轨迹
    yr(k) = y(k);
    for i = 1 : N
        yr(k + i) = alpha * yr(k + i - 1) + (1 - alpha) * w(k + d);
    end
    Yr = [yr(k + N1 : k + N)]'; % 构建向量 Yr(k)

    % 求控制律
```

```
    dUf = inv(F1' * F1 + gamma) * F1' * (Yr - F2 * dUfk - G * Yfk); % ΔUf
    duf(k) = dUf(1);
    du(k) = c * [duf(k); dufk(1 : nc)];
    u(k) = uk(1) + du(k);

    %更新数据
    for i = 1 + nb : -1 : 2
        uk(i) = uk(i - 1);
        duk(i) = duk(i - 1);
    end
    uk(1) = u(k);
    duk(1) = du(k);

    for i = max(nb,nc) : -1 : 2
        dufk(i) = dufk(i - 1);
    end
    dufk(1) = duf(k);

    for i = naa : -1 : 2
        yk(i) = yk(i - 1);
    end
    yk(1) = y(k);

    for i = max(na,nc) : -1 : 2
        yfk(i) = yfk(i - 1);
    end
    yfk(1) = yf(k);

    for i = nc : -1 : 2
        xik(i) = xik(i - 1);
    end
    if nc > 0
        xik(1) = xi(k);
    end
end
subplot(2,1,1);
plot(time,w(1 : L),'r : ',time,y);
xlabel('k'); ylabel('w(k)、y(k)');
legend('w(k)','y(k)');
subplot(2,1,2);
plot(time,u);
xlabel('k'); ylabel('u(k)');
```

(2) 对象参数未知时(GPC 自适应算法)

当被控对象参数未知时,可采用自适应控制算法,即首先利用递推增广最小二乘法在线实时估计对象参数,然后再设计 GPC 控制律,实施步骤见"算法 4-8"。

取初值 $\boldsymbol{P}(0)=10^6\boldsymbol{I}$ 、$\hat{\boldsymbol{\theta}}(0)=\mathbf{0.001}$,遗忘因子 $\lambda=1$;控制参数 $N_1=4$、$N=8$、$N_u=2$,控制加权矩阵 $\boldsymbol{\Gamma}$ 为单位阵 $\boldsymbol{I}_{2\times 2}$,输出柔化系数 $\alpha=0.7$;期望输出 $w(k)$ 为幅值为 10 的方波信号,采用 GPC 自适应算法,仿真结果如图 4.14 所示。

可以看出,由于式(4.4.20b)辅助变量的引入,$C(z^{-1})$ 的参数对系统的影响较大,且该算法仅适用于 $C(z^{-1})$ 稳定的系统。

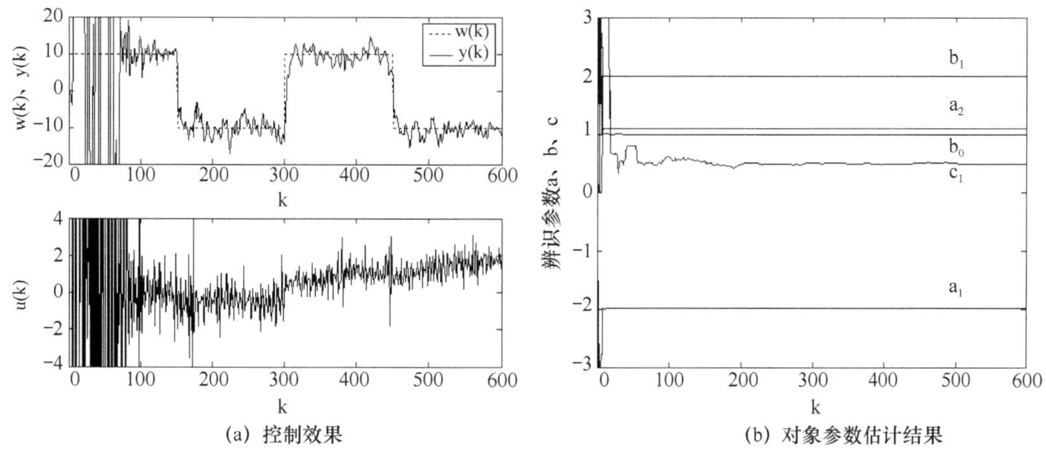

(a) 控制效果　　(b) 对象参数估计结果

图 4.14　Clarke-GPC 自适应算法($C(q^{-1})\neq 1$)

仿真程序:chap4_12_GPC_Iden_C.m

```
%Clarke 广义预测控制(C! =1)(对象参数未知)
%N1=d、N、Nu 取不同的值
clear all; close all;

a=[1 -2 1.1]; b=[1 2]; c=[1 0.5]; d=4; %对象参数
na=length(a)-1; b=[zeros(1,d-1) b]; nb=length(b)-1; nc=length(c)-1; %多项式 A、B、C 阶
                                                                   %次(因 d! =1,对 b 添 0)
naa=na+1; %aa 的阶次

N1=d; N=8; Nu=2; %最小输出长度、预测长度、控制长度
gamma=1*eye(Nu); alpha=0.7; %控制加权矩阵、输出柔化系数

L=600; %控制步数
uk=zeros(d+nb,1); %输入初值:uk(i)表示 u(k-i)
duk=zeros(d+nb,1); %控制增量初值
dufk=zeros(max(nb,nc),1); %滤波控制增量初值
yk=zeros(na,1); %输出初值
```

```
dyk = zeros(na,1); % 输出增量初值
yfk = zeros(max(na,nc),1); % 滤波输出初值
xik = zeros(nc,1); % 白噪声初值
xiek = zeros(nc,1); % 白噪声估计初值
w = 10 * [ones(L/4,1); - ones(L/4,1);ones(L/4,1); - ones(L/4 + d,1)]; % 设定值
xi = sqrt(0.01) * randn(L,1); % 白噪声序列

%RELS 初值
thetae_1 = 0.001 * ones(na + nb - d + 2 + nc,1); % 不辨识 b 中添加的 0
P = 10^6 * eye(na + nb - d + 2 + nc);
lambda = 1; % 遗忘因子[0.9 1]
for k = 1 : L
    time(k) = k;
    dy(k) = - a(2 : na + 1) * dyk(1 : na) + b * duk(1 : nb + 1) + c * [xi(k);xik];
    y(k) = yk(1) + dy(k); % 采集输出数据

    %参考轨迹
    yr(k) = y(k);
    for i = 1 : N
        yr(k + i) = alpha * yr(k + i - 1) + (1 - alpha) * w(k + d);
    end
    Yr = [yr(k + N1 : k + N)]'; % 构建向量 Yr(k)

    %递推增广最小二乘法
    phie = [ - dyk(1 : na);duk(d : nb + 1);xiek];
    K = P * phie/(lambda + phie' * P * phie);
    thetae( : ,k) = thetae_1 + K * (dy(k) - phie' * thetae_1);
    P = (eye(na + nb - d + 2 + nc) - K * phie') * P/lambda;

    xie = dy(k) - phie' * thetae( : ,k); % 白噪声的估计值

    %提取辨识参数
    ae = [1 thetae(1 : na,k)']; be = [zeros(1,d - 1) thetae(na + 1 : na + nb - d + 2,k)'];ce = [1 the-
    tae(na + nb - d + 3 : na + nb - d + 2 + nc,k)'];
    aae = conv(ae,[1  - 1]);
    if abs(ce(2))>0.9
        ce(2) = sign(ce(2)) * 0.9;
    end

    %求解滤波变量
    yf(k) = - ce(2 : nc + 1) * yfk(1 : nc) + y(k);
    Yfk = [yf(k);yfk(1 : na)]; dUfk = dufk(1 : nb); % 构建向量 Yf(k)、ΔUf(k - j)
```

```
%求解多步 Diophantine 方程并构建 F1、F2、G
[E,F,G] = multidiophantine(aae,be,ce,N);
G = G(N1 : N, : );
F1 = zeros(N - N1 + 1,Nu); F2 = zeros(N - N1 + 1,nb);
for i = 1 : N - N1 + 1
    for j = 1 : min(i,Nu);     F1(i,j) = F(i + N1 - 1,i + N1 - 1 - j + 1);  end
    for j = 1 : nb;            F2(i,j) = F(i + N1 - 1,i + N1 - 1 + j);      end
end

%求控制律
dUf = inv(F1' * F1 + gamma) * F1' * (Yr - F2 * dUfk - G * Yfk); % ΔUf
duf(k) = dUf(1);
du(k) = ce * [duf(k);dufk(1 : nc)];
u(k) = uk(1) + du(k);

%更新数据
thetae_1 = thetae( : ,k);

for i = 1 + nb : -1 : 2
    uk(i) = uk(i - 1);
    duk(i) = duk(i - 1);
end
uk(1) = u(k);
duk(1) = du(k);

for i = max(nb,nc) : -1 : 2
    dufk(i) = dufk(i - 1);
end
dufk(1) = duf(k);

for i = na : -1 : 2
    yk(i) = yk(i - 1);
    dyk(i) = dyk(i - 1);
end
yk(1) = y(k);
dyk(1) = dy(k);

for i = max(na,nc) : -1 : 2
    yfk(i) = yfk(i - 1);
end
yfk(1) = yf(k);
```

```
        for i = nc : -1 : 2
            xik(i) = xik(i-1);
            xiek(i) = xiek(i-1);
        end
        if nc > 0
            xik(1) = xi(k);
            xiek(1) = xie;
        end
    end
    figure(1);
    subplot(2,1,1);
    plot(time,w(1 : L),'r : ',time,y);
    xlabel('k'); ylabel('w(k)、y(k)');
    legend('w(k)','y(k)'); axis([0 L -20 20]);
    subplot(2,1,2);
    plot(time,u);
    xlabel('k'); ylabel('u(k)'); axis([0 L -4 4]);
    figure(2)
    plot([1 : L],thetae);
    xlabel('k'); ylabel('辨识参数 a、b、c');
    legend('a_1','a_2','b_0','b_1','c_1'); axis([0 L -3 3]);
```

4.5 改进的广义预测控制

从 4.4 节的介绍和仿真结果可知，D. W. Clarke 等提出的 GPC 算法具有优良的控制性能。但也有其固有缺陷，如计算量较大、算法过于复杂等，且在实际应用中还受到 $C(z^{-1})$ 稳定的限制。

1990 年，金元郁等[14]基于 CARIMA 模型，采用新的途径建立预测模型，进而提出了一种改进的广义预测控制算法。这种算法不受 $C(z^{-1})$ 稳定的限制，且算法简单、计算量较小，保留了 GPC 的基本特征和优点。另外，在算法中考虑了被控对象的纯延时，若无系统纯延时的先验信息，可令改进算法中 $d=1$，此时具有与 D. W. Clarke 的 GPC 算法相同的控制策略。

1992 年，金元郁[15]又将文献[14]中的结论及算法推广到 CARMA 模型，提出了一种基于 CARMA 模型的新型广义预测控制算法。

下面将介绍这两种改进的 GPC 算法(称为 JGPC)，这里仅给出结论，具体推导过程可参考文献[14, 15]。

4.5.1 基于 CARIMA 模型的 JGPC

被控对象的 CARIMA 模型可表示成

$$A(z^{-1})y(k)=z^{-d}B(z^{-1})\Delta u(k)+C(z^{-1})\xi(k) \tag{4.5.1}$$

式中，$y(k)$、$\Delta u(k)$ 和 $\xi(k)$ 分别表示输出、控制增量和白噪声，d 为纯延时；且

$$
\begin{cases}
A(z^{-1}) = 1 + a_{1,1}z^{-1} + a_{1,2}z^{-2} + \cdots + a_{1,n_a}z^{-n_a}\ (\text{相当于 4.4 节的 } \Delta A(z^{-1})) \\
B(z^{-1}) = b_{1,0} + b_{1,1}z^{-1} + b_{1,2}z^{-2} + \cdots + b_{1,n_b}z^{-n_b}, \quad b_{1,0} \neq 0 \\
C(z^{-1}) = 1 + c_{1,1}z^{-1} + c_{1,2}z^{-2} + \cdots + c_{1,n_c}z^{-n_c}
\end{cases}
$$

由式(4.5.1)递推，系统将来时刻的最小方差输出预测模型为

$$
\boldsymbol{Y}^* = \boldsymbol{Y}_m + \boldsymbol{G}\Delta\boldsymbol{U} \tag{4.5.2}
$$

式中

$$
\begin{aligned}
&\boldsymbol{Y}^* = [y^*(k+d \mid k), y^*(k+d+1 \mid k), \cdots, y^*(k+N \mid k)]^{\mathrm{T}} (N \text{ 为预测长度}) \\
&\boldsymbol{Y}_m = [y_m(k+d), y_m(k+d+1), \cdots, y_m(k+N)]^{\mathrm{T}} \qquad (4.5.3) \\
&\Delta\boldsymbol{U} = [\Delta u(k), \Delta u(k+1), \cdots, \Delta u(k+N-d)]^{\mathrm{T}} \\
&\Delta u(k+i) = u(k+i) - u(k+i-1), \quad i = 0,1,\cdots,N-d \qquad (4.5.4)
\end{aligned}
$$

$$
\boldsymbol{G} = \begin{bmatrix}
b_{1,0} & 0 & \cdots & 0 \\
b_{2,0} & b_{1,0} & \cdots & 0 \\
\vdots & \vdots & & \vdots \\
b_{N-d+1,0} & b_{N-d,0} & \cdots & b_{1,0}
\end{bmatrix}_{(N-d+1)\times(N-d+1)} \tag{4.5.5}
$$

式(4.5.3)中的 $y_m(k+j)$ 完全由过去的控制输入和输出确定，可由下式推出：

$$
\begin{aligned}
y_m(k+j) = &-\sum_{i=1}^{n_a} a_{1,i} y_m(k+j-i) + \sum_{i=0}^{n_b} b_{1,i} \Delta u(k+j-d-i \mid k) + \\
&\sum_{i=0}^{n_c} c_{1,i} \xi(k+j-i \mid k), \quad j = 1,2,\cdots,N
\end{aligned} \tag{4.5.6}
$$

式中

$$
\Delta u(k+i \mid k) = \begin{cases} 0, i \geqslant 0 \\ \Delta u(k+i), i < 0 \end{cases}
$$

$$
\xi(k+i \mid k) = \begin{cases} 0, i > 0 \\ \xi(k+i), i \leqslant 0 \end{cases}
$$

$$
y_m(k+i) = y(k+i), \ i \leqslant 0
$$

式(4.5.5)中矩阵元素由下式递推算出

$$
b_{j,0} = b_{1,j-1} - \sum_{i=1}^{j_1} a_{1,i} b_{j-i,0}, \quad j = 2,3,\cdots,N-d+1 \tag{4.5.7}
$$

式中，$j_1 = \min\{j-1, n_a\}$；当 $j-1 > n_b$ 时，$b_{1,j-1} = 0$。

本书中将递推求解控制矩阵 $\boldsymbol{G}$ 编成了 MATLAB 函数 Gsolve.m。求解 $\boldsymbol{G}$ 时，只需调用该函数即可，详见仿真程序。

另外，设参考轨迹为

$$
\begin{cases}
y_r(k+d-1) = y_m(k+d-1) \\
y_r(k+d+i) = \alpha y_r(k+d+i-1) + (1-\alpha) w(k+d), \quad i = 0,1,\cdots,N-d \\
\boldsymbol{Y}_r = [y_r(k+d), y_r(k+d+1), \cdots, y_r(k+N)]^{\mathrm{T}}
\end{cases} \tag{4.5.8}
$$

式中，$w(k)$ 为 k 时刻的期望输出，α 为输出柔化系数，$\boldsymbol{Y}_r$ 为参考轨迹向量。

极小化如下目标函数：

$$J=\mathrm{E}\{(\boldsymbol{Y}-\boldsymbol{Y}_r)^{\mathrm{T}}(\boldsymbol{Y}-\boldsymbol{Y}_r)+\Delta\boldsymbol{U}^{\mathrm{T}}\boldsymbol{\Gamma}\Delta\boldsymbol{U}\} \tag{4.5.9}$$

得相应 JGPC 控制律为

$$\Delta\boldsymbol{U}=(\boldsymbol{G}^{\mathrm{T}}\boldsymbol{G}+\boldsymbol{\Gamma})^{-1}\boldsymbol{G}^{\mathrm{T}}(\boldsymbol{Y}_r-\boldsymbol{Y}_m) \tag{4.5.10}$$

则当前时刻的控制量为

$$u(k)=u(k-1)+\Delta u(k)=u(k-1)+[1,0,\cdots,0](\boldsymbol{G}^{\mathrm{T}}\boldsymbol{G}+\boldsymbol{\Gamma})^{-1}\boldsymbol{G}^{\mathrm{T}}(\boldsymbol{Y}_r-\boldsymbol{Y}_m) \tag{4.5.11}$$

当对象(4.5.1)参数未知时，可采用如下遗忘因子递推增广最小二乘法进行参数估计：

$$\begin{cases}\hat{\boldsymbol{\theta}}(k)=\hat{\boldsymbol{\theta}}(k-1)+\boldsymbol{K}(k)[y(k)-\hat{\boldsymbol{\varphi}}^{\mathrm{T}}(k)\hat{\boldsymbol{\theta}}(k-1)]\\ \boldsymbol{K}(k)=\dfrac{\boldsymbol{P}(k-1)\hat{\boldsymbol{\varphi}}(k)}{\lambda+\hat{\boldsymbol{\varphi}}^{\mathrm{T}}(k)\boldsymbol{P}(k-1)\hat{\boldsymbol{\varphi}}(k)}\\ \boldsymbol{P}(k)=\dfrac{1}{\lambda}[\boldsymbol{I}-\boldsymbol{K}(k)\hat{\boldsymbol{\varphi}}^{\mathrm{T}}(k)]\boldsymbol{P}(k-1)\end{cases} \tag{4.5.12}$$

式中

$$\begin{cases}\hat{\boldsymbol{\varphi}}(k)=[-y(k-1),\cdots,-y(k-n_a),\Delta u(k-d),\cdots,\\ \qquad\Delta u(k-n_b-d),\hat{\xi}(k-1),\cdots,\hat{\xi}(k-n_c)]^{\mathrm{T}}\\ \hat{\boldsymbol{\theta}}=[\hat{a}_{1,1},\cdots,\hat{a}_{1,n_a},\hat{b}_{1,0},\cdots,\hat{b}_{1,n_b},\hat{c}_{1,1},\cdots,\hat{c}_{1,n_c}]^{\mathrm{T}}\\ \hat{\xi}(k)=y(k)-\hat{y}(k)=y(k)-\hat{\boldsymbol{\varphi}}^{\mathrm{T}}(k)\hat{\boldsymbol{\theta}}\end{cases}$$

综上所述，基于 CARIMA 模型的 JGPC 自适应算法的实施步骤可归纳如下。

算法 4-9(基于 CARIMA 模型的 JGPC)

已知：n_a 、n_b 、n_c 及 d 。

Step1　设置初值 $\hat{\boldsymbol{\theta}}(0)$ 和 $\boldsymbol{P}(0)$，输入初始数据，并选择预测长度 N、控制加权矩阵 $\boldsymbol{\Gamma}$、输出柔化系数 α、遗忘因子 λ 等；

Step2　采样当前实际输出 $y(k)$ 和参考轨迹输出 $y_r(k+j)$ ；

Step3　利用遗忘因子递推增广最小二乘法(4.5.12)在线实时估计被控对象参数 $\hat{\boldsymbol{\theta}}$ ，即 $\hat{A}$ 、$\hat{B}$ 和 $\hat{C}$ ；

Step4　利用式(4.5.7)计算控制矩阵 $\boldsymbol{G}$ ；

Step5　计算并构造向量 $\boldsymbol{Y}_m$ 和 $\boldsymbol{Y}_r$ ；

Step6　利用式(4.5.11)计算并实施 $u(k)$ ；

Step7　返回 Step2($k\rightarrow k+1$)，继续循环。

仿真实例 4.11

设被控对象为如下开环不稳定非最小相位系统，且 $C(z^{-1})$ 不稳定：

$$y(k)-3y(k-1)+3.1y(k-2)-1.1y(k-3)=$$
$$\Delta u(k-4)+2\Delta u(k-5)+\xi(k)-2.5\xi(k-1)$$

式中，$\xi(k)$ 为方差为 0.01 的白噪声。

若被控对象参数已知，可采用 JGPC 算法对其进行控制。由系统差分方程知

$$\begin{cases} A(z^{-1}) = 1 + a_{1,1}z^{-1} + a_{1,2}z^{-2} + a_{1,3}z^{-3} = 1 - 3z^{-1} + 3.1z^{-2} - 1.1z^{-3} \\ B(z^{-1}) = b_{1,0} + b_{1,1}z^{-1} = 1 + 2z^{-1}, d = 4 \\ C(z^{-1}) = 1 + c_{1,1}z^{-1} = 1 - 2.5z^{-1} \end{cases}$$

即 $n_a = 3; a_{1,1} = -3, a_{1,2} = 3.1, a_{1,3} = -1.1; b_{1,0} = 1, b_{1,1} = 2$。

取预测长度 $N = 8$，则由递推公式(4.5.7)得

$j = 2$ 时，$j_1 = \min\{j-1, n_a\} = 1, b_{2,0} = b_{1,1} - \sum_{i=1}^{1} a_{1,i} b_{2-i,0} = b_{1,1} - a_{1,1} b_{1,0} = 5$

$j = 3$ 时，$j_1 = 2, b_{3,0} = b_{1,2} - \sum_{i=1}^{2} a_{1,i} b_{3-i,0} = b_{1,2} - a_{1,1} b_{2,0} - a_{1,2} b_{1,0} = 11.9$

$j = 4$ 时，$j_1 = 3, b_{4,0} = b_{1,3} - \sum_{i=1}^{3} a_{1,i} b_{4-i,0} = b_{1,3} - a_{1,1} b_{3,0} - a_{1,2} b_{2,0} - a_{1,3} b_{1,0} = 21.3$

$j = 5$ 时，$j_1 = 3, b_{5,0} = b_{1,4} - \sum_{i=1}^{3} a_{1,i} b_{5-i,0} = b_{1,4} - a_{1,1} b_{4,0} - a_{1,2} b_{3,0} - a_{1,3} b_{2,0} = 32.51$

则控制矩阵 $\boldsymbol{G}$ 为

$$\boldsymbol{G} = \begin{bmatrix} 1 & 0 & 0 & 0 & 0 \\ 5 & 1 & 0 & 0 & 0 \\ 11.9 & 5 & 1 & 0 & 0 \\ 21.3 & 11.9 & 5 & 1 & 0 \\ 32.51 & 21.3 & 11.9 & 5 & 1 \end{bmatrix}$$

取控制加权矩阵 $\boldsymbol{\Gamma}$ 为单位阵 $\boldsymbol{I}_{5\times5}$，则

$$[1, 0, \cdots, 0](\boldsymbol{G}^{\mathrm{T}}\boldsymbol{G} + \boldsymbol{\Gamma})^{-1}\boldsymbol{G}^{\mathrm{T}} = [0.0259 \quad 0.0876 \quad 0.0981 \quad 0.0513 \quad -0.0538]$$

则由式(4.5.11)得 JGPC 控制律为

$$u(k) = u(k-1) + [0.0556 \quad 0.1421 \quad 0.0576 \quad -0.0186 \quad -0.0034](\boldsymbol{Y}_r - \boldsymbol{Y}_m)$$

假设历史输入/输出数据 $\Delta u(-4)$、$\Delta u(-3)$、$\Delta u(-2)$、$\Delta u(-1)$、$\Delta u(0)$、$y(-2)$、$y(-1)$ 和 $y(0)$ 均为 0，取期望输出 $w(k)$ 为幅值为 10 的阶跃信号，输出柔化系数 $\alpha = 0.7$，并令白噪声 $\xi(k)$ 的方差 $\sigma^2 = 0$，则可仿照仿真实例 4.3，递推计算 $y(k)$ 和 $u(k)$，$k = 1, 2, \cdots$，以观测系统实际输出跟踪阶跃设定值的情况。

当被控对象参数未知时，可采用 JGPC 自适应控制算法。取初值 $\boldsymbol{P}(0) = 10^6 \boldsymbol{I}$、$\hat{\boldsymbol{\theta}}(0) = \mathbf{0.001}$，遗忘因子 $\lambda = 1$；预测长度 $N = 8$，控制加权矩阵 $\boldsymbol{\Gamma}$ 为单位阵 $\boldsymbol{I}_{5\times5}$，输出柔化系数 $\alpha = 0.7$；期望输出 $w(k)$ 为幅值为 10 的方波信号，采用 JGPC 自适应算法，仿真结果如图 4.15 所示。

可以看出，改进的 GPC 算法适用于 $C(z^{-1})$ 不稳定的开环不稳定非最小相位系统。

仿真程序：chap4_13_JGPC_CARIMA.m

```
%基于 CARIMA 模型的 JGPC(C! =1)(对象参数未知)
clear all; close all;

a=conv([1 -2 1.1],[1 -1]); b=[1 2]; c=[1 -2.5]; d=4; %对象参数(C可以不稳定)
na=length(a)-1; nb=length(b)-1; nc=length(c)-1; %na、nb、nc 为多项式 A、B、C 阶次

N=8; gamma=1*eye(N-d+1); alpha=0.7; %预测长度、控制加权矩阵、输出柔化系数
```

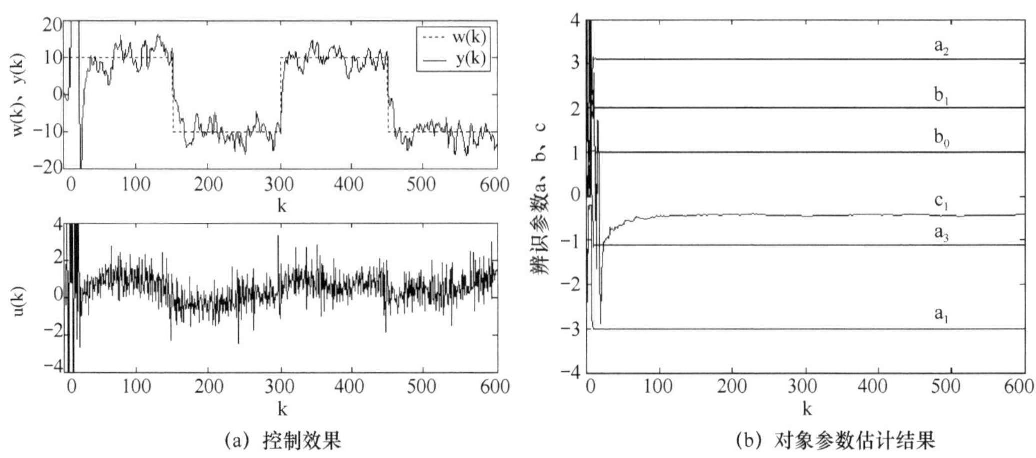

(a) 控制效果　　(b) 对象参数估计结果

图 4.15　基于 CARIMA 模型的 JGPC 自适应算法

```
L = 600; % 控制步数
uk = zeros(d + nb,1); % 输入初值：uk(i)表示 u(k - i)
duk = zeros(d + nb,1); % 控制增量初值
yk = zeros(na,1); % 输出初值
xik = zeros(nc,1); % 白噪声初值
xiek = zeros(nc,1); % 白噪声估计初值
w = 10 * [ones(L/4,1); - ones(L/4,1);ones(L/4,1); - ones(L/4 + d,1)]; % 设置值
xi = sqrt(0.01) * randn(L,1); % 白噪声序列

% RELS 初值
thetae_1 = 0.001 * ones(na + nb + 1 + nc,1);
P = 10^6 * eye(na + nb + 1 + nc);
lambda = 1; % 遗忘因子[0.9 1]
for k = 1 : L
    time(k) = k;
    y(k) = - a(2 : na + 1) * yk + b * duk(d : d + nb) + c * [xi(k);xik]; % 采集输出数据

    % 递推增广最小二乘法
    phie = [ - yk(1 : na);duk(d : d + nb);xiek];
    K = P * phie/(lambda + phie' * P * phie);
    thetae( : ,k) = thetae_1 + K * (y(k) - phie' * thetae_1);
    P = (eye(na + nb + 1 + nc) - K * phie') * P/lambda;

    xie = y(k) - phie' * thetae( : ,k); % 白噪声的估计值

    % 提取辨识参数
    ae = [1 thetae(1 : na,k)']; be = thetae(na + 1 : na + nb + 1,k)'; ce = [1 thetae(na + nb + 2 : na +
nb + 1 + nc,k)'];
```

```
G = Gsolve(ae,be,d,N); % 求解控制矩阵 G

% 计算模型预测输出向量 Ym
ym(k) = y(k);
for j = 1 : N
    ym(k + j) = - ae(2 : na + 1) * [ym(k + j - 1 : - 1 : k + j - min(j,na))';yk(1 : na - j)];
    for i = 0 : nb
        if j - d - i<0
            ym(k + j) = ym(k + j) + be(i + 1) * duk(d + i - j);
        end
    end
    for i = 0 : nc
        if j - i == 0
            ym(k + j) = ym(k + j) + ce(i + 1) * xi(k);
        elseif j - i<0
            ym(k + j) = ym(k + j) + ce(i + 1) * xik(i - j);
        end
    end
end
Ym = [ym(k + d : k + N)]'; % 构造向量 Ym

% 参考轨迹向量 Yr
yr(k + d - 1) = ym(k + d - 1);
for i = 0 : N - d
    yr(k + d + i) = alpha * yr(k + d + i - 1) + (1 - alpha) * w(k + d);
end
Yr = [yr(k + d : k + N)]'; % 构造向量 Yr

% 求控制律
dU = inv(G' * G + gamma) * G' * (Yr - Ym); % ΔU
du(k) = dU(1); u(k) = uk(1) + du(k);

% 更新数据
thetae_1 = thetae( : ,k);

for i = d + nb : - 1 : 2
    uk(i) = uk(i - 1);
    duk(i) = duk(i - 1);
end
uk(1) = u(k);
duk(1) = du(k);
```

```
    for i = na : -1 : 2
        yk(i) = yk(i-1);
    end
    yk(1) = y(k);

    for i = nc : -1 : 2
        xik(i) = xik(i-1);
        xiek(i) = xiek(i-1);
    end
    if nc > 0
        xik(1) = xi(k);
        xiek(1) = xie;
    end
end
figure(1);
subplot(2,1,1);
plot(time,w(1:L),'r:',time,y);
xlabel('k'); ylabel('w(k)、y(k)');
legend('w(k)','y(k)'); axis([0 L -20 20]);
subplot(2,1,2);
plot(time,u);
xlabel('k'); ylabel('u(k)'); axis([0 L -4 4]);
figure(2)
plot([1:L],thetae);
xlabel('k'); ylabel('辨识参数 a、b、c');
legend('a_1','a_2','a_3','b_0','b_1','c_1'); axis([0 L -4 4]);
```

仿真程序:求解 *G* 的函数 Gsolve.m

```
function G = Gsolve(a,b,d,N)
%*********************************************************
  %功能:改进 GPC 控制矩阵 G 的求解(CARIMA 模型)
  %调用格式:G = Gsolve(a,b,d,N)
  %输入参数:多项式 A、B(行向量)、纯滞后和预测长度(共 4 个)
  %输出参数:控制矩阵 G
%*********************************************************
na = length(a) - 1; nb = length(b) - 1; %na 是多项式 A 的阶次,nb 是多项式 B 的阶次
a1 = a(2:na+1);

G = zeros(N-d+1);
G(1,1) = b(1);
for j = 2:N-d+1
    ab = 0;
```

```
    for i = 1 : min(j - 1,na)
        ab = ab + a1(i) * G(j - i,1);
    end
    if j<= nb + 1
        b1j = b(j);
    else
        b1j = 0;
    end
    G(j,1) = b1j - ab;
    for i = 2 : j
        G(j,i) = G(j - 1,i - 1);
    end
end
```

4.5.2 基于 CARMA 模型的 JGPC

被控对象的 CARMA 模型可表示成

$$A(z^{-1})y(k)=z^{-d}B(z^{-1})u(k)+C(z^{-1})\xi(k) \tag{4.5.13}$$

式中，$y(k)$、$u(k)$ 和 $\xi(k)$ 分别表示输出、控制量和白噪声，d 为纯延时；且

$$\begin{cases} A(z^{-1})=1+a_{1,1}z^{-1}+a_{1,2}z^{-2}\cdots+a_{1,n_a}z^{-n_a} \\ B(z^{-1})=b_{1,0}+b_{1,1}z^{-1}+b_{1,2}z^{-2}+\cdots+b_{1,n_b}z^{-n_b}, \quad b_{1,0}\neq 0 \\ C(z^{-1})=1+c_{1,1}z^{-1}+c_{1,2}z^{-2}+\cdots+c_{1,n_c}z^{-n_c} \end{cases}$$

由式(4.5.13)递推，系统将来时刻的最小方差输出预测模型为

$$\boldsymbol{Y}^*=\boldsymbol{Y}_m+\boldsymbol{G}\Delta\boldsymbol{U} \tag{4.5.14}$$

式中

$$\boldsymbol{Y}^*=[y^*(k+d\mid k),y^*(k+d+1\mid k),\cdots,y^*(k+N\mid k)]^{\mathrm{T}}\ (N\ 为预测长度)$$

$$\boldsymbol{Y}_m=[y_m(k+d),y_m(k+d+1),\cdots,y_m(k+N)]^{\mathrm{T}} \tag{4.5.15}$$

$$\Delta\boldsymbol{U}=[\Delta u(k),\Delta u(k+1),\cdots,\Delta u(k+N-d)]^{\mathrm{T}}$$

$$\Delta u(k+i)=u(k+i)-u(k-1),i=0,1,\cdots,N-d \tag{4.5.16}$$

$$\boldsymbol{G}=\begin{bmatrix} b_{1,0} & 0 & \cdots & 0 \\ b_{2,0} & b_{1,0} & \cdots & 0 \\ \vdots & \vdots & & \vdots \\ b_{N-d+1,0} & b_{N-d,0} & \cdots & b_{1,0} \end{bmatrix}_{(N-d+1)\times(N-d+1)} \tag{4.5.17}$$

式(4.5.15)中的 $y_m(t+k)$ 完全由过去的控制输入和输出确定，可由下式推出：

$$y_m(k+j)=-\sum_{i=1}^{n_a}a_{1,i}y_m(k+j-i)+\sum_{i=0}^{n_b}b_{1,i}u(k+j-d-i\mid k)+\sum_{i=0}^{n_c}c_{1,i}\xi(k+j-i\mid k),\quad j=1,2,\cdots,N \tag{4.5.18}$$

式中

$$u(k+i \mid k)=\begin{cases}u(k-1), i \geqslant 0 \\ u(k+i), i<0\end{cases}$$

$$\xi(k+i \mid k)=\begin{cases}0, i>0 \\ \xi(k+i), i \leqslant 0\end{cases}$$

$$y_m(k+i)=y(k+i), i \leqslant 0$$

式(4.5.17)中矩阵元素由下式递推算出：

$$b_{j,0}=b_{1,j-1}+\sum_{i=1}^{j_1} a_{1,i} b_{j-i,0}, \quad j=2,3,\cdots,N-d+1 \tag{4.5.19}$$

式中，$j_1=\min\{j-1, n_a\}$；当 $j-1>n_b$ 时，$b_{1,j-1}=0$。

极小化目标函数

$$J=\mathrm{E}\{(\boldsymbol{Y}-\boldsymbol{Y}_r)^{\mathrm{T}}(\boldsymbol{Y}-\boldsymbol{Y}_r)+\Delta \boldsymbol{U}^{\mathrm{T}} \boldsymbol{\Gamma} \Delta \boldsymbol{U}\} \tag{4.5.20}$$

得相应 JGPC 控制增量向量为

$$\Delta \boldsymbol{U}=(\boldsymbol{G}^{\mathrm{T}} \boldsymbol{G}+\boldsymbol{\Gamma})^{-1} \boldsymbol{G}^{\mathrm{T}}(\boldsymbol{Y}_r-\boldsymbol{Y}_m) \tag{4.5.21}$$

则当前时刻的控制量为

$$u(k)=u(k-1)+\Delta u(k)=u(k-1)+[1,0,\cdots,0](\boldsymbol{G}^{\mathrm{T}} \boldsymbol{G}+\boldsymbol{\Gamma})^{-1} \boldsymbol{G}^{\mathrm{T}}(\boldsymbol{Y}_r-\boldsymbol{Y}_m) \tag{4.5.22}$$

当对象(4.5.13)参数未知时，可采用如下遗忘因子递推增广最小二乘法进行参数估计：

$$\begin{cases}\hat{\boldsymbol{\theta}}(k)=\hat{\boldsymbol{\theta}}(k-1)+\boldsymbol{K}(k)[y(k)-\hat{\boldsymbol{\varphi}}^{\mathrm{T}}(k) \hat{\boldsymbol{\theta}}(k-1)] \\ \boldsymbol{K}(k)=\dfrac{\boldsymbol{P}(k-1) \hat{\boldsymbol{\varphi}}(k)}{\lambda+\hat{\boldsymbol{\varphi}}^{\mathrm{T}}(k) \boldsymbol{P}(k-1) \hat{\boldsymbol{\varphi}}(k)} \\ \boldsymbol{P}(k)=\dfrac{1}{\lambda}[\boldsymbol{I}-\boldsymbol{K}(k) \hat{\boldsymbol{\varphi}}^{\mathrm{T}}(k)] \boldsymbol{P}(k-1)\end{cases} \tag{4.5.23}$$

式中

$$\begin{cases}\hat{\boldsymbol{\varphi}}(k)=[-y(k-1), \cdots,-y(k-n_a), u(k-d), \cdots, u(k-n_b-d), \hat{\xi}(k-1), \cdots, \hat{\xi}(k-n_c)]^{\mathrm{T}} \\ \hat{\boldsymbol{\theta}}=[\hat{a}_{1,1}, \cdots, \hat{a}_{1,n_a}, \hat{b}_{1,0}, \cdots, \hat{b}_{1,n_b}, \hat{c}_{1,1}, \cdots, \hat{c}_{1,n_c}]^{\mathrm{T}} \\ \hat{\xi}(k)=y(k)-\hat{y}(k)=y(k)-\hat{\boldsymbol{\varphi}}^{\mathrm{T}}(k) \hat{\boldsymbol{\theta}}\end{cases}$$

综上所述，基于 CARMA 模型的 JGPC 自适应算法的实施步骤可归纳如下。

算法 4-10(基于 CARMA 模型的 JGPC)

已知：n_a、n_b、n_c 及 d。

Step1　设置初值 $\hat{\boldsymbol{\theta}}(0)$ 和 $\boldsymbol{P}(0)$，输入初始数据，并设置预测长度 N、控制加权矩阵 $\boldsymbol{\Gamma}$、输出柔化系数 α、遗忘因子 λ 等；

Step2　采样当前实际输出 $y(k)$ 和参考轨迹输出 $y_r(k+j)$；

Step3　利用遗忘因子递推增广最小二乘法(4.5.23)在线实时估计被控对象参数 $\hat{\boldsymbol{\theta}}$，即 $\hat{A}$、$\hat{B}$ 和 $\hat{C}$；

Step4　利用式(4.5.19)求解控制矩阵 $\boldsymbol{G}$；

Step5　计算并构造向量 $\boldsymbol{Y}_m$ 和 $\boldsymbol{Y}_r$；

Step6　利用式(4.5.22)计算并实施 $u(k)$；

Step7　返回 Step2($k \to k+1$)，继续循环。

仿真实例 4.12

设被控对象为如下开环不稳定非最小相位系统，且 $C(z^{-1})$ 不稳定：

$$y(k)-2y(k-1)+1.1y(k-2)=u(k-4)+2u(k-5)+\xi(k)-2.5\xi(k-1)$$

式中，$\xi(k)$ 为方差为 0.01 的白噪声。

若被控对象参数已知，可采用 JGPC 算法对其进行控制。由系统差分方程知

$$\begin{cases}A(z^{-1})=1+a_{1,1}z^{-1}+a_{1,2}z^{-2}=1-2z^{-1}+1.1z^{-2}\\B(z^{-1})=b_{1,0}+b_{1,1}z^{-1}=1+2z^{-1}, \quad d=4\\C(z^{-1})=1+c_{1,1}z^{-1}=1-2.5z^{-1}\end{cases}$$

即 $n_a=2$；$a_{1,1}=-2$，$a_{1,2}=1.1$；$b_{1,0}=1$，$b_{1,1}=2$。

取预测长度 $N=8$，则由递推公式(4.5.19)得

$$j=2\text{ 时}, j_1=\min\{j-1,n_a\}=1, b_{2,0}=b_{1,1}-\sum_{i=1}^{1}a_{1,i}b_{2-i,0}=b_{1,1}-a_{1,1}b_{1,0}=4$$

$$j=3\text{ 时}, j_1=2, b_{3,0}=b_{1,2}-\sum_{i=1}^{2}a_{1,i}b_{3-i,0}=b_{1,2}-a_{1,1}b_{2,0}-a_{1,2}b_{1,0}=6.9$$

$$j=4\text{ 时}, j_1=2, b_{4,0}=b_{1,3}-\sum_{i=1}^{2}a_{1,i}b_{4-i,0}=b_{1,3}-a_{1,1}b_{3,0}-a_{1,2}b_{2,0}=9.4$$

$$j=5\text{ 时}, j_1=2, b_{5,0}=b_{1,4}-\sum_{i=1}^{2}a_{1,i}b_{5-i,0}=b_{1,4}-a_{1,1}b_{4,0}-a_{1,2}b_{3,0}=11.21$$

则控制矩阵 $\boldsymbol{G}$ 为

$$\boldsymbol{G}=\begin{bmatrix}1 & 0 & 0 & 0 & 0\\4 & 1 & 0 & 0 & 0\\6.9 & 4 & 1 & 0 & 0\\9.4 & 6.9 & 4 & 1 & 0\\11.21 & 9.4 & 6.9 & 4 & 1\end{bmatrix}$$

取控制加权矩阵 $\boldsymbol{\Gamma}$ 为单位阵 $\boldsymbol{I}_{5\times5}$，则

$$[1,0,\cdots,0](\boldsymbol{G}^{\mathrm{T}}\boldsymbol{G}+\boldsymbol{\Gamma})^{-1}\boldsymbol{G}^{\mathrm{T}}=[0.093\,3 \quad 0.203\,8 \quad 0.027\,8 \quad -0.017\,0 \quad -0.003\,1]$$

则由式(4.5.22)得 JGPC 控制律为

$$u(k)=u(k-1)+[0.093\,3 \quad 0.203\,8 \quad 0.027\,8 \quad -0.017\,0 \quad -0.003\,1](\boldsymbol{Y}_r-\boldsymbol{Y}_m)$$

假设历史输入/输出数据 $u(-4)$、$u(-3)$、$u(-2)$、$u(-1)$、$u(0)$、$y(-1)$和 $y(0)$均为 0，取期望输出 $w(k)$为幅值为 10 的阶跃信号，输出柔化系数 $\alpha=0.7$，并令白噪声 $\xi(k)$的方差 $\sigma^2=0$，则可仿照仿真实例 4.3，递推计算 $y(k)$和 $u(k)$，$k=1,2,\cdots$，以观测系统实际输出跟踪阶跃设定值的情况。

当被控对象参数未知时，可采用 JGPC 自适应控制算法。取初值 $\boldsymbol{P}(0)=10^6\boldsymbol{I}$、$\hat{\boldsymbol{\theta}}(0)=\mathbf{0.001}$，遗忘因子 $\lambda=1$；控制器参数 $N=8$，控制加权矩阵 $\boldsymbol{\Gamma}$ 为单位阵 $\boldsymbol{I}_{5\times5}$，输出柔化系数 $\alpha=0.7$；期望输出 $w(k)$ 为幅值为 10 的方波信号，采用改进的 GPC 自适应算法，仿真结果如图 4.16所示。

可以看出，改进的 GPC 算法可适用于 $C(z^{-1})$ 不稳定的开环不稳定非最小相位系统。

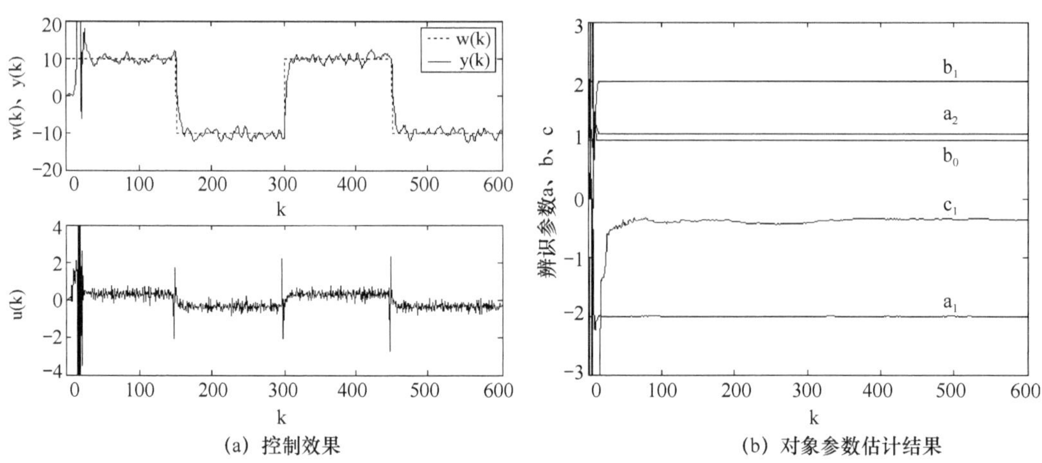

(a) 控制效果　　(b) 对象参数估计结果

图 4.16　基于 CARMA 模型的 JGPC 自适应算法

仿真程序:chap4_14_JGPC_CARMA.m

```
%基于 CARMA 模型的 JGPC(C! = 1)(对象参数未知)
clear all; close all;

a = [1 -2 1.1]; b = [1 2]; c = [1 -2.5]; d = 4; %对象参数(C 可以不稳定)
na = length(a) - 1; nb = length(b) - 1; nc = length(c) - 1; %na、nb、nc 为多项式 A、B、C 阶次

N = 8; gamma = 1 * eye(N - d + 1); alpha = 0.7; %预测长度、控制加权矩阵、输出柔化系数

L = 600; %控制步数
uk = zeros(d + nb,1); %输入初值:uk(i)表示 u(k - i)
yk = zeros(na,1); %输出初值
xik = zeros(nc,1); %白噪声初值
xiek = zeros(nc,1); %白噪声估计初值
w = 10 * [ones(L/4,1); - ones(L/4,1);ones(L/4,1); - ones(L/4 + d,1)]; %设置值
xi = sqrt(0.01) * randn(L,1); %白噪声序列

%RELS 初值
thetae_1 = 0.001 * ones(na + nb + 1 + nc,1);
P = 10^6 * eye(na + nb + 1 + nc);
lambda = 1; %遗忘因子[0.9 1]
for k = 1 : L
    time(k) = k;
    y(k) = - a(2 : na + 1) * yk + b * uk(d : d + nb) + c * [xi(k);xik]; %采集输出数据

    %递推增广最小二乘法
    phie = [ - yk(1 : na);uk(d : d + nb);xiek];
    K = P * phie/(lambda + phie' * P * phie);
```

```
thetae(：,k) = thetae_1 + K * (y(k) - phie' * thetae_1);
P = (eye(na + nb + 1 + nc) - K * phie') * P/lambda;

xie = y(k) - phie' * thetae(：,k); % 白噪声的估计值

% 提取辨识参数
ae = [1 thetae(1：na,k)']; be = thetae(na + 1：na + nb + 1,k)'; ce = [1 thetae(na + nb + 2：na + nb + 1 +
nc,k)'];

G = Gsolve(ae,be,d,N); % 求解控制矩阵 G

% 计算模型预测输出向量 Ym
ym(k) = y(k);
for j = 1：N
    ym(k + j) = - ae(2：na + 1) * [ym(k + j - 1：-1：k + j - min(j,na))';yk(1：na - j)];
    for i = 0：nb
        if j - d - i >= 0
            ym(k + j) = ym(k + j) + be(i + 1) * uk(1);
        else
            ym(k + j) = ym(k + j) + be(i + 1) * uk(d + i - j);
        end
    end
    for i = 0：nc
        if j - i == 0
            ym(k + j) = ym(k + j) + ce(i + 1) * xi(k);
        elseif j - i < 0
            ym(k + j) = ym(k + j) + ce(i + 1) * xik(i - j);
        end
    end
end
Ym = [ym(k + d：k + N)]'; % 构造向量 Ym

% 参考轨迹向量 Yr
yr(k + d - 1) = ym(k + d - 1);
for i = 0：N - d
    yr(k + d + i) = alpha * yr(k + d + i - 1) + (1 - alpha) * w(k + d);
end
Yr = [yr(k + d：k + N)]'; % 构造向量 Yr

% 求控制律
dU = inv(G' * G + gamma) * G' * (Yr - Ym); % ΔU
du(k) = dU(1); u(k) = uk(1) + du(k);
```

```
    %更新数据
    thetae_1 = thetae(: ,k);

    for i = d + nb: -1 : 2
        uk(i) = uk(i - 1);
    end
    uk(1) = u(k);

    for i = na: -1 : 2
        yk(i) = yk(i - 1);
    end
    yk(1) = y(k);

    for i = nc: -1 : 2
        xik(i) = xik(i - 1);
        xiek(i) = xiek(i - 1);
    end
    if nc >0
        xik(1) = xi(k);
        xiek(1) = xie;
    end
end
figure(1);
subplot(2,1,1);
plot(time,w(1 : L),'r : ',time,y);
xlabel('k'); ylabel('w(k)、y(k)');
legend('w(k)','y(k)'); axis([0 L - 20 20]);
subplot(2,1,2);
plot(time,u);
xlabel('k'); ylabel('u(k)'); axis([0 L - 4 4]);
figure(2)
plot([1 : L],thetae);
xlabel('k'); ylabel('辨识参数 a、b、c');
legend('a_1','a_2','b_0','b_1','c_1'); axis([0 L - 3 3]);
```

第5章　基于常规控制策略的自校正控制

第4章介绍的自校正控制器是基于对某一性能指标的最优化而设计的，而本章将介绍两种基于常规控制策略的自校正控制器的设计方法。这些方法与传统的控制方法密切相关，常具有直观、工程概念明确、鲁棒性强和适用范围广等优点。因此，颇受工程技术人员的喜爱，已成为一类重要的自校正控制器设计方法[1]。

5.1　极点配置自校正控制

众所周知，对于线性定常系统，不仅系统的稳定性取决于极点的分布，而且系统的动态性能如上升时间、超调量、振荡次数等，在很大程度上也与极点的位置密切相关。因此，设计者选择某种反馈控制律，只要让闭环极点移到希望的位置上，就可使闭环系统性能满足预先规定的性能指标，这就是极点配置设计方法。

由此可见，与最小方差控制和广义最小方差控制不同，这种方法可以不必对消被控对象的零点，所以在控制非最小相位系统时，不存在不稳定问题，也避免了小心试凑控制加权参数等困难。其次，它能方便地将被控对象的纯延时纳入零点多项式，从而不需要纯延时的精确信息。此外，由于希望的极点位置是基于瞬态响应的性能要求，因此还使它具有工程概念直观、易于考虑各种工程约束等优点。当然，一般来讲，极点配置设计方法已不是"最优意义"下的控制，同时算法相对来说较复杂。

5.1.1　极点配置控制

设系统采用如下数学模型

$$\begin{aligned} A(z^{-1})y(k) &= z^{-d}B(z^{-1})u(k)+C(z^{-1})\xi(k) \\ &= z^{-d}B(z^{-1})u(k)+v(k) \end{aligned} \tag{5.1.1}$$

式中，$y(k)$和$u(k)$表示系统的输出和输入；$\xi(k)$和$v(k)$分别表示白噪声和有色噪声，$d\geqslant 1$为纯延时，且

$$\begin{cases} v(k)=C(z^{-1})\xi(k) \\ A(z^{-1})=1+a_1z^{-1}+a_2z^{-2}+\cdots+a_{n_a}z^{-n_a} \\ B(z^{-1})=b_0+b_1z^{-1}+b_2z^{-2}+\cdots+b_{n_b}z^{-n_b} \\ C(z^{-1})=1+c_1z^{-1}+c_2z^{-2}+\cdots+c_{n_c}z^{-n_c} \end{cases}$$

，且$A(z^{-1})$和$B(z^{-1})$互质，即无公因子。

我们设计极点配置控制律(pole placement control，PPC)如下：

$$F(z^{-1})u(k)=R(z^{-1})y_r(k+d)-G(z^{-1})y(k) \tag{5.1.2}$$

式中，$F(z^{-1})$、$R(z^{-1})$、$G(z^{-1})$是待定多项式，$y_r(k)$为参考输入。

于是，极点配置控制系统的结构如图5.1所示，闭环系统的输出为

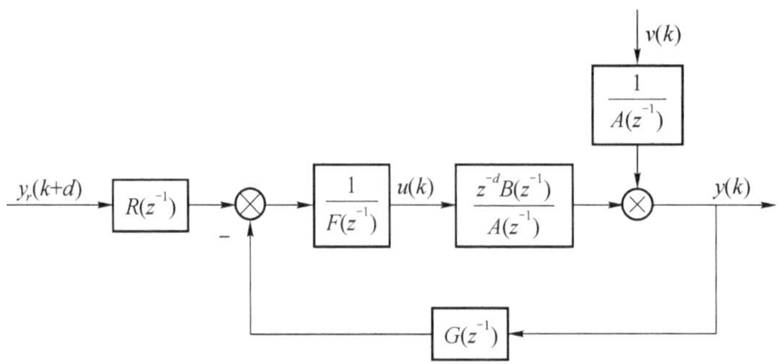

图 5.1 极点配置控制系统结构

$$y(k)=\frac{R\,\frac{1}{F}\,\frac{z^{-d}B}{A}}{1+\frac{1}{F}\,\frac{z^{-d}B}{A}G}y_r(k+d)+\frac{\frac{1}{A}}{1+\frac{1}{F}\,\frac{z^{-d}B}{A}G}v(k)$$

$$=\frac{z^{-d}BR}{AF+z^{-d}BG}y_r(k+d)+\frac{F}{AF+z^{-d}BG}v(k) \tag{5.1.3}$$

闭环特征方程为如下形式的 Diophantine 方程:

$$AF+z^{-d}BG=T \tag{5.1.4}$$

极点配置控制的设计任务是:根据系统的固有特性和控制要求,确定期望的闭环特征多项式 $T(z^{-1})$,进而通过式(5.1.4)确定 $F(z^{-1})$、$G(z^{-1})$,最后由式(5.1.2)计算出控制量。

设期望的输入输出表达式为

$$A_m(z^{-1})y_m(k)=z^{-d}B_m(z^{-1})y_r(k+d) \tag{5.1.5}$$

式中,$A_m(z^{-1})$和 $B_m(z^{-1})$分别为期望传递函数分母多项式和分子多项式,且两多项式互质。

为了获得期望的输入输出响应,由式(5.1.3)和式(5.1.5)得

$$\frac{z^{-d}BR}{AF+z^{-d}BG}=\frac{z^{-d}B_m}{A_m} \tag{5.1.6}$$

所设计的控制器可能会使原被控对象的一些零点被抵消,但从实际工程上来说,控制器的极点只能与稳定的被控对象零点相对消,而对于对象的不稳定零点和阻尼差的零点是不希望与控制器的极点相对消的。为此,将多项式 B 分解为

$$B=B^+B^- \tag{5.1.7}$$

式中,B^+为由稳定的和阻尼良好的零点所组成的首一多项式,这些零点可以与控制器的极点相对消;B^-为由不稳定的和阻尼差的零点组成的多项式。当 $B^+=1$,表示 B 中没有任何零点被对消;当 $B^-=b_0$,表示 B 中所有零点都可以被对消。

则式(5.1.6)可改写为

$$\frac{B^+B^-R}{AF+z^{-d}B^+B^-G}=\frac{B_m}{A_m} \tag{5.1.8}$$

由于 A 与 B 互质,由式(5.1.8)知,若 B^+被对消,则 B^+应能除尽 F,即

$$F=F_1B^+ \tag{5.1.9}$$

则式(5.1.8)变为

$$\frac{B^-R}{AF_1+z^{-d}B^-G}=\frac{B_m}{A_m} \tag{5.1.10}$$

由于对象的不稳定零点 B^- 不被对消，则 B^- 不可能是 $AF_1+z^{-d}B^-G$ 的一个因子，又由式(5.1.10)等号两边分子多项式可知，被保留的零点 B^- 应由 B_m 反映出来，即

$$B_m=B_m'B^- \tag{5.1.11a}$$

由式(5.1.3)、式(5.1.8)及式(5.1.11a)得闭环系统输出为

$$y(k)=\frac{B_m'B^-}{A_m}y_r(k)+\frac{F}{AF+z^{-d}BG}v(k)$$

由上式可知，为使闭环系统稳态输出无偏差，可取

$$B_m'=\frac{A_m(1)}{B^-(1)} \tag{5.1.11b}$$

于是式(5.1.10)可变为

$$\frac{R}{AF_1+z^{-d}B^-G}=\frac{B_m'}{A_m} \tag{5.1.12}$$

由式(5.1.12)可知，A_m 是$(AF_1+z^{-d}B^-G)$的一个因子，则

$$AF_1+z^{-d}B^-G=A_0A_m \tag{5.1.13}$$

$$R=B_m'A_0 \tag{5.1.14}$$

式中，A_0 为引入的稳定的观测器多项式，且其响应速度应当快于 A_m；当扰动性质已知时，用最优滤波理论确定最优观测器为 $A_0=C$。

由式(5.1.14)知，如果 B_m' 和 A_0 选定，则可确定多项式 R。接下来的工作就是利用式(5.1.13)来求解多项式 F_1 和 G。为保证 Diophantine 方程(5.1.13)有唯一解，令 AF_1 和 $z^{-d}B^-G$ 的阶次相同，且等式右边阶次小于左边阶次，即要求各多项式的阶次满足下列关系：

$$\begin{cases}\deg G=\deg A-1\\ \deg F_1=\deg B^-+d-1\\ \deg A_m+\deg A_0\leqslant\deg A+\deg B^-+d-1\end{cases} \tag{5.1.15}$$

下面将讨论形如式(5.1.13)的 Diophantine 方程的求解问题。

Diophantine 方程的求解本质上与求解线性方程组相同。不失一般性，设方程式

$$AF+BG=T \tag{5.1.16}$$

式中，A、B、T 为已知多项式，次数分别为 n_a、n_b、n_t，且 $n_t\leqslant n_a+n_b-1$；F、G 为待求多项式，次数分别为 $n_f=n_b-1$、$n_g=n_a-1$。

令 Diophantine 方程(5.1.16)等号两边同幂项的系数相等，则可得其线性方程组的形式：

$$\begin{bmatrix} a_0 & 0 & \cdots & 0 & b_0 & 0 & \cdots & 0\\ a_1 & a_0 & \cdots & \vdots & b_1 & b_0 & \cdots & 0\\ \vdots & a_1 & \cdots & 0 & b_2 & b_1 & \cdots & 0\\ & \vdots & \ddots & \vdots & \vdots & \vdots & \ddots & \vdots\\ a_{n_a} & & & a_1 & b_{n_b} & & & b_1\\ 0 & a_{n_a} & & & 0 & b_{n_b} & & b_2\\ \vdots & & \ddots & \vdots & \vdots & & \ddots & \vdots\\ \underbrace{0 \quad \cdots \quad 0 \quad}_{n_f+1=n_b\text{列}} & & & a_{n_a} & \underbrace{0 \quad \cdots \quad 0 \quad}_{n_g+1=n_a\text{列}} & & & b_{n_b} \end{bmatrix}\begin{bmatrix} f_0\\ f_1\\ \vdots\\ f_{n_f}\\ g_0\\ g_1\\ \vdots\\ g_{n_g}\end{bmatrix}=\begin{bmatrix} t_0\\ t_1\\ \vdots\\ t_{n_t}\\ 0\\ 0\\ \vdots\\ 0\end{bmatrix} \tag{5.1.17}$$

上式左边的矩阵称为 Sylvester 矩阵。若多项式 A、B 互质,则此 Sylvester 矩阵非奇异,即式(5.1.17)存在唯一解。求解方程组(5.1.17)的方法很多,如高斯消元法等。而在 MATLAB 中,可直接通过"左除"运算进行求解。为求解形如式(5.1.13)的 Diophantine 方程,本书中编写了 MATLAB 函数 diophantine.m,见仿真实例 5.1。但需要注意的是,若调用此函数,需要将其放在与应用程序同一目录下。

此外,为了保证控制律(5.1.2)是因果关系的,即控制器是物理上可实现的,其必要条件为:

$$\deg A_m - \deg B_m \geqslant \deg A - \deg B \tag{5.1.18a}$$

$$\deg A_0 \geqslant 2\deg A - \deg A_m - \deg B^+ - 1 \tag{5.1.18b}$$

上述两式的证明见文献[11]。

综上所述,极点配置控制算法可归纳如下。

算法 5-1(极点配置控制,PPC)

已知:多项式 A、$z^{-d}B$。

性能要求:多项式 A_m、B_m 和 A_0。

相容性条件:$B_m = B'_m B^-$(B^-能除尽 B_m)

$\deg A_m - \deg B_m \geqslant \deg A - \deg B$

$\deg A_0 \geqslant 2\deg A - \deg A_m - \deg B^+ - 1$

Step1 将多项式 B 进行因式分解:$B = B^- B^+$;

Step2 根据相容性条件及系统性能要求,确定多项式 A_m、B_m,其中取 $B'_m = \dfrac{A_m(1)}{B^-(1)}$,保证系统稳态输出无误差;

Step3 综合考虑相容性条件(5.1.18b)和式(5.1.15)及响应速度,确定稳定多项式 A_0(若多项式 C 已知,可选 $A_0 = C$)。此外,A_0 的阶次也可以简单取为 $\deg A_0 = 2\deg A - \deg A_m - \deg B^+ - 1$;

Step4 求解 Diophantine 方程(5.1.13)中的 F_1、G,并由式(5.1.9)求解 F,由式(5.1.14)求解 R;

Step5 输入初始数据;

Step6 采样当前实际输出 $y(k)$和参考输入 $y_r(k+d)$;

Step7 由式(5.1.2)计算并实施控制量 $u(k)$;

Step8 返回 Step6($k \to k+1$),继续循环。

仿真实例 5.1

设被控对象为

$$G(s) = \frac{1}{s(s+1)} e^{-s}$$

要求期望闭环系统为自然频率 $\omega = 1$ rad/s 和阻尼系数 $\xi = 0.7$ 的 2 阶系统,且稳态输出无误差。

解:(下面求解过程的运算均由 MATLAB 求得,读者也可手工进行计算)

采用零阶保持器,并取采样周期 $T_s = 0.5$ s,对上述连续系统离散化,得

$$G(z^{-1})=\frac{z^{-3}(0.1065+0.0902z^{-1})}{1-1.6065z^{-1}+0.6065z^{-2}}$$

其极点分别为：$p_1=1$ 和 $p_2=0.6065$；零点为：$z_1=-0.8467$。

期望的闭环系统为自然频率 $\omega=1$ rad/s 和阻尼系数 $\xi=0.7$ 的 2 阶系统，则其闭环特征多项式为

$$T(s)=s^2+2\xi\omega s+\omega^2=s^2+1.4s+1$$

同样离散化后为

$$A_m(z^{-1})=1-1.3205z^{-1}+0.4966z^{-2}$$

极点为：$p_{m1}=0.6602+\mathrm{j}0.2463$ 和 $p_{m2}=0.6602-\mathrm{j}0.2463$。

(1) 考虑系统零点不被对消的情况

Step1：离散化系统的零点为 $z_1=-0.8467$，接近单位圆，属于阻尼较差的情况，因此不让这个零点与控制器极点相对消，即

$$B^+=1,\quad B^-=0.1065+0.0902z^{-1}$$

Step2：为使稳态输出无误差，取 B'_m 为

$$B'_m=\frac{A_m(1)}{B^-(1)}=0.8951,\quad B_m=B'_mB^-=0.0954+0.0807z^{-1}$$

Step3：由式(5.1.15)得

$$\deg A_0\leqslant \deg A+\deg B^-+d-1-\deg A_m=2+1+3-1-2=3$$

由式(5.1.18b)得

$$\deg A_0\geqslant 2\deg A-\deg A_m-\deg B^+-1=2\times2-2-0-1=1$$

这里取 $\deg A_0=1$，考虑其快速性，选择 $A_0=1+0.5z^{-1}$。

Step4：利用式(5.1.17)，即 MATLAB 函数 diophantine.m（读者也可以根据同幂项系数相等手工计算），求得

$$F_1=1+0.4804z^{-1}+0.4052z^{-2}+0.1994z^{-3}$$

$$G=2.4099-1.3407z^{-1}$$

由式(5.1.9)得

$$F=F_1B^+=F_1=1+0.4804z^{-1}+0.4052z^{-2}+0.1994z^{-3}$$

由式(5.1.14)得

$$R=B'_mA_0=0.8951+0.4476z^{-1}$$

Step5：由式(5.1.2)得控制律为

$$\begin{aligned}u(k)=&-(0.4804z^{-1}+0.4052z^{-2}+0.1994z^{-3})u(k)+\\&(0.8951+0.4476z^{-1})y_r(k+3)-(2.4099-1.3407z^{-1})y(k)\end{aligned}$$

下面看一下极点配置方法的控制效果，取期望输出 $y_r(k)$ 为幅值为 10 的方波信号。程序中通过选择 Val 的值来确定被控对象的零点是否被对消，若被控对象零点的绝对值小于程序中的 Val，则被对消。对于本例，这里取 Val=0.8，即被控对象零点 $z_1=-0.8467$ 不被对消，极点配置方法的控制效果如图 5.2 所示。

(2) 考虑系统零点被对消的情况

Step1：离散化系统的零点为 $z_1=-0.8467$，虽接近单位圆，属于阻尼较差的情况，但仍属于稳定零点，可考虑将其与控制器极点相对消，即

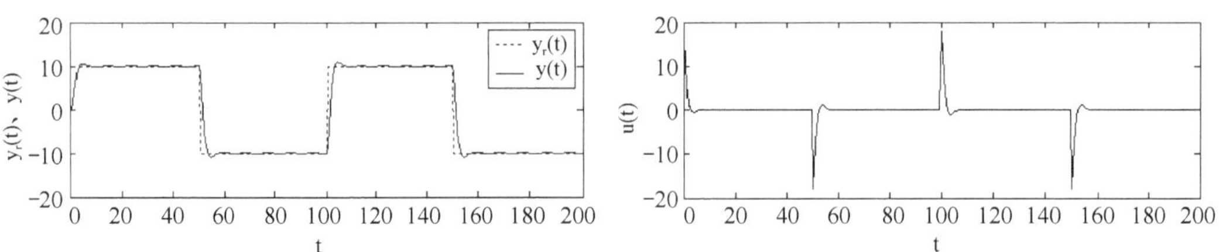

图 5.2 极点配置控制(零点不对消)

$$B^{+}=1+0.8467z^{-1}, \quad B^{-}=0.1065$$

Step2:为使稳态输出无误差,取 B'_m 为

$$B'_m=\frac{A_m(1)}{B^{-}(1)}=1.6531, \quad B_m=B'_mB^{-}=0.1761$$

Step3:由式(5.1.15)得

$$\deg A_0=2\deg A-\deg A_m-\deg B^{+}-1=2\times 2-2-1-1=0$$

所以取 $A_0=1$。

Step4:利用式(5.1.17),即 MATLAB 函数 diophantine.m(读者也可以根据同幂项相等手工计算),求得

$$F_1=1+0.2861z^{-1}+0.3496z^{-2}$$

$$G=3.6436-1.9905z^{-1}$$

由式(5.1.9)得

$$F=F_1B^{+}=1+1.1328z^{-1}+0.5918z^{-2}+0.2960z^{-3}$$

由式(5.1.14)得

$$R=B'_mA_0=1.6531$$

Step5:由式(5.1.2)得控制律为

$$u(k)=-(1.1328z^{-1}+0.5918z^{-2}+0.2960z^{-3})u(k)+1.6531y_r(k+3)-$$
$$(3.6436-1.9905z^{-1})y(k)$$

下面看一下被控对象零点 $z_1=-0.8467$ 被对消时,极点配置方法的控制效果。这里,仍取期望输出 $y_r(k)$为幅值为 10 的方波信号,程序中取 Val=0.9,控制效果如图 5.3 所示。

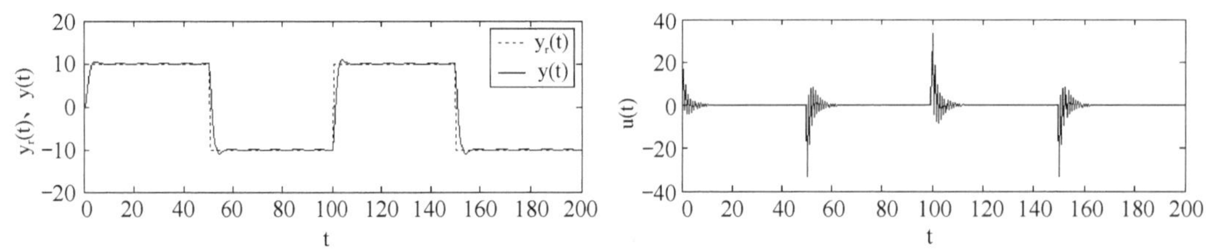

图 5.3 极点配置控制(零点被对消)

对比图 5.2 和图 5.3 可以看出,图 5.3 的控制信号出现的震荡现象,就是由于对消了对象中阻尼较差的零点 $z_1=-0.8467$ 而引起的;如果不对消对象的零点,即图 5.2 的情况,则避免了控制信号剧烈震荡的现象,此时系统的输入/输出信号均变化缓和,闭环系统性能良好。

仿真程序：chap5_01_PPC.m

```
%极点配置控制(PPC)(连续系统离散化)
clear all; close all;

%被控对象离散化
den = [1 1 0]; num = [1]; Ts = 0.5; Td = 0; %连续系统对象参数
sys = tf(num,den,'inputdelay',Td); %连续系统传递函数
dsys = c2d(sys,Ts,'zoh'); %离散化
[dnum,a] = tfdata(dsys,'v'); %提取离散系统数据
na = length(a) - 1; b = dnum(2 : na + 1); nb = length(b) - 1;
d = Td/Ts + 1; %纯延时

%期望特性离散化
den = [1 2 * 0.7 * 1 1^2]; num = [1];
sys = tf(num,den);
dsys = c2d(sys,Ts,'zoh');
[dnum,Am] = tfdata(dsys,'v'); %提取 Am
nam = length(Am) - 1; %期望特征多项式阶次

%多项式 B 的分解
br = roots(b); %求 B 的根
b0 = b(1); b1 = 1; %b0 为 B- ;b1 为 B+
Val = 0.8; %通过修改临界值,确定 B 零点是否对消(零点绝对值小于临界值,则被抵消)
for i = 1 : nb %分解 B-、B+
    if abs(br(i))> = Val
        b0 = conv(b0,[1 -br(i)]);
    else
        b1 = conv(b1,[1 -br(i)]);
    end
end

Bm1 = sum(Am)/sum(b0);Bm = Bm1 * b0; %确定多项式 Bm

%确定多项式 A0
na0 = 2 * na - 1 - nam - (length(b1) - 1); %观测器最低阶次
A0 = 1;
for i = 1 : na0
    A0 = conv(A0,[1 0.5]); %生成观测器
end

%计算 Diophantine 方程,得到 F、G、R
```

```
[F1,G] = diophantine(a,b0,d,A0,Am); % 注意,此处为 b0
F = conv(F1,b1); R = Bm1 * A0;
nf = length(F) - 1; ng = length(G) - 1; nr = length(R) - 1;

L = 400; % 控制步数
uk = zeros(d + nb,1); % 输入初值 : uk(i)表示 u(k - i)
yk = zeros(na,1); % 输出初值
yrk = zeros(na,1); % 期望输出初值
yr = 10 * [ones(L/4,1); - ones(L/4,1);ones(L/4,1); - ones(L/4 + d,1)]; % 期望输出

for k = 1 : L
    time(k) = k * Ts;
    y(k) = - a(2 : na + 1) * yk + b * uk(d : d + nb); % 采集输出数据

    u(k) = ( - F(2 : nf + 1) * uk(1 : nf) + R * [yr(k + d : - 1 : k + d - min(d,nr));yrk(1 : nr - d)] -
    G * [y(k);yk(1 : ng)])/F(1); % 求控制量

    % 更新数据
    for i = d + nb : - 1 : 2
        uk(i) = uk(i - 1);
    end
    uk(1) = u(k);

    for i = na : - 1 : 2
        yk(i) = yk(i - 1);
        yrk(i) = yrk(i - 1);
    end
    yk(1) = y(k);
    yrk(1) = yr(k);
end
subplot(2,1,1);
plot(time,yr(1 : L),'r : ',time,y);
xlabel('t'); ylabel('y_r(t)、y(t)');
legend('y_r(t)','y(t)');
subplot(2,1,2);
plot(time,u);
xlabel('t'); ylabel('u(t)');
```

仿真程序:求解 Diophantine 方程的函数 diophantine. m

```
function [F1,G] = diophantine(A,B,d,A0,Am)
% *************************************************************
  % 功能:Diophanine 方程的求解
```

```
  % 调用格式:[F1,G] = diophantine(A,B,d,A0,Am)
  % 输入参数:多项式 A、B 系数向量、纯延时 d、多项式 A0、Am 系数向量(行向量)
  % 输出参数:Diophanine 方程的解 F1、G(行向量)
% ***********************************************************
dB = [zeros(1,d) B];
na = length(A) - 1; nd = length(dB) - 1;
T1 = conv(A0,Am); nt = length(T1); T = [T1';zeros(na + nd - nt,1)];

% 求解 Sylvester 矩阵
AB = zeros(na + nd);
for i = 1 : na + 1
    for j = 1 : nd
        AB(i + j - 1,j) = A(i);
    end
end
for i = 1 : nd + 1
    for j = 1 : na
        AB(i + j - 1,j + nd) = dB(i);
    end
end
% 得到 F1,G
L = (AB)\T;
F1 = [ L(1 : nd)]';
G = [ L(nd + 1 : na + nd)]';
```

5.1.2　极点配置间接自校正控制

5.1.1 节中介绍的极点配置控制方法是在假定被控对象参数已知的情况下，设计控制器多项式 F、G 和 R，使得闭环系统的极点按希望的动态响应来配置。当被控对象参数未知时，则需要进行自校正控制。极点配置设计方法也有两种自校正控制结构，即间接自校正控制和直接自校正控制。下面首先介绍间接自校正控制。

设被控对象模型如式(5.1.1)，则可表示为

$$y(k)=\boldsymbol{\varphi}^{\mathrm{T}}(k)\boldsymbol{\theta}+\xi(k) \tag{5.1.19}$$

式中

$$\begin{cases}\boldsymbol{\varphi}(k)=[-y(k-1),\cdots,-y(k-n_a),u(k-d),\cdots,u(k-d-n_b),\xi(k-1),\cdots,\\ \qquad \xi(k-n_c)]^{\mathrm{T}}\in\mathbf{R}^{(n_a+n_b+1+n_c)\times 1}\\ \boldsymbol{\theta}=[a_1,\cdots,a_{n_a},b_0,\cdots,b_{n_b},c_1,\cdots,c_{n_c}]^{\mathrm{T}}\in\mathbf{R}^{(n_a+n_b+1+n_c)\times 1}\end{cases}$$

则参数估计可采用遗忘因子递推增广最小二乘法，即

$$
\begin{cases}
\hat{\boldsymbol{\theta}}(k)=\hat{\boldsymbol{\theta}}(k-1)+\boldsymbol{K}(k)[y(k)-\hat{\boldsymbol{\varphi}}^{\mathrm{T}}(k)\hat{\boldsymbol{\theta}}(k-1)] \\
\boldsymbol{K}(k)=\dfrac{\boldsymbol{P}(k-1)\hat{\boldsymbol{\varphi}}(k)}{\lambda+\hat{\boldsymbol{\varphi}}^{\mathrm{T}}(k)\boldsymbol{P}(k-1)\hat{\boldsymbol{\varphi}}(k)} \\
\boldsymbol{P}(k)=\dfrac{1}{\lambda}[\boldsymbol{I}-\boldsymbol{K}(k)\hat{\boldsymbol{\varphi}}^{\mathrm{T}}(k)]\boldsymbol{P}(k-1)
\end{cases}
\tag{5.1.20}
$$

式中

$$
\begin{cases}
\hat{\boldsymbol{\varphi}}(k)=[-y(k-1),\cdots,-y(k-n_a),u(k-d),\cdots,u(k-n_b-d),\hat{\xi}(k-1),\cdots,\hat{\xi}(k-n_c)]^{\mathrm{T}} \\
\hat{\boldsymbol{\theta}}=[\hat{a}_1,\cdots,\hat{a}_{n_a},\hat{b}_0,\cdots,\hat{b}_{n_b},\hat{c}_1,\cdots,\hat{c}_{n_c}]^{\mathrm{T}} \\
\hat{\xi}(k)=y(k)-\hat{y}(k)=y(k)-\hat{\boldsymbol{\varphi}}^{\mathrm{T}}(k)\hat{\boldsymbol{\theta}}
\end{cases}
$$

则极点配置间接自校正控制算法可归纳如下。

算法 5-2(极点配置间接自校正控制)

已知:模型结构 n_a、n_b、n_c 及 d 和期望闭环特征多项式 A_m。

Step1 设置初值 $\hat{\boldsymbol{\theta}}(0)$、$\boldsymbol{P}(0)$及遗忘因子 λ,输入初始数据;

Step2 综合考虑相容性条件(5.1.18b)和式(5.1.15)及响应速度,确定稳定多项式 A_0(若多项式 C 已知,可选 $A_0=C$)。此外,A_0 的阶次也可以简单取为 $\deg A_0=2\deg A-\deg A_m-\deg B^+-1$;

Step3 采样当前实际输出 $y(k)$和期望输出 $y_r(k+d)$;

Step4 利用遗忘因子递推增广最小二乘法(5.1.20)在线实时估计被控对象参数 $\hat{\boldsymbol{\theta}}$,即 $\hat{A}$、$\hat{B}$ 和 $\hat{C}$;

Step5 将多项式 B 进行因式分解:$B=B^-B^+$,并确定 $B_m'=\dfrac{A_m(1)}{B^-(1)}$,保证系统稳态输出无误差;

Step6 求解 Diophantine 方程(5.1.13)中的 F_1、G,并由式(5.1.9)求解 F,由式(5.1.14)求解 R;

Step7 由式(5.1.2)计算并实施控制量 $u(k)$;

Step8 返回 Step3($k\to k+1$),继续循环。

仿真实例 5.2

设被控对象为如下:(在仿真实例 5.1 离散对象的基础上加了有色噪声)

$$
\begin{aligned}
&y(k)-1.6065y(k-1)+0.6065y(k-2)\\
&=0.1065u(k-3)+0.0902u(k-4)+\xi(k)+0.5\xi(k-1)
\end{aligned}
$$

式中,$\xi(k)$为方差为 0.01 的白噪声。

期望传递函数分母多项式为

$$
A_m(z^{-1})=1-1.3205z^{-1}+0.4966z^{-2}
$$

取初值 $\boldsymbol{P}(0)=10^6\boldsymbol{I}$、$\hat{\boldsymbol{\theta}}(0)=\mathbf{0.001}$,遗忘因子 $\lambda=1$;期望输出 $y_r(k)$为幅值为 10 的方波信号。

这里将极点配置自校正控制间接算法分为两种情况进行仿真。仿真结果如图 5.4 和

图 5.5 所示。

(1) 考虑系统零点不被对消的情况(仿真程序中取 Val=0.0)

由 $\deg A_0 = 2\deg A - \deg A_m - \deg B^+ - 1 = 2\times 2 - 2 - 0 - 1 = 1$,取 $A_0 = 1 + 0.5z^{-1}$。当被控对象的参数未知时,由其模型结构可知,它只有一个零点(设为 z_1),但其大小未知,需要通过参数辨识获得。为保证系统运行过程中系统的零点总不被对消,仿真程序中取 Val=0.0,表示仅当 $|z_1|<0.0$ 时,才对消系统的零点(但此条件永远不成立)。仿真结果如图 5.4 所示。

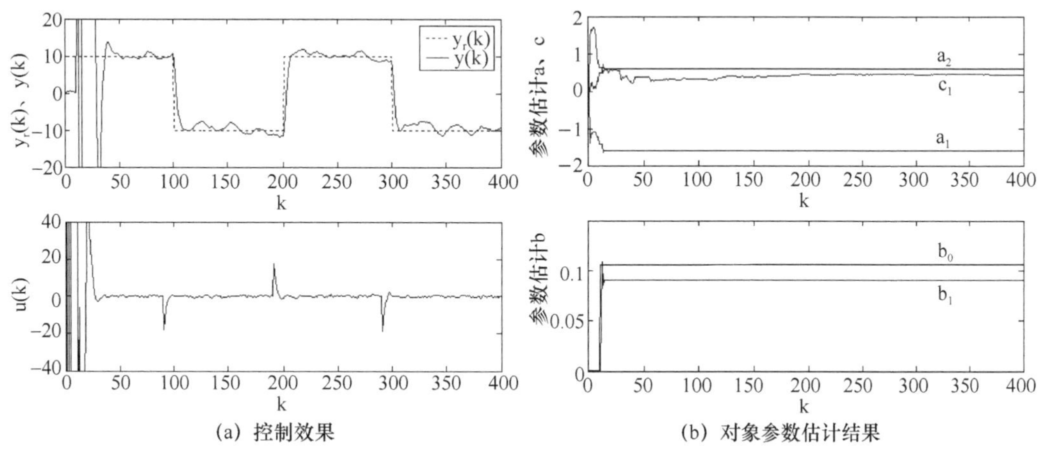

图 5.4　极点配置间接自校正控制(零点不对消)

(2) 考虑系统零点被对消的情况(仿真程序中取 Val=0.9)

由 $\deg A_0 = 2\deg A - \deg A_m - \deg B^+ - 1 = 2\times 2 - 2 - 1 - 1 = 0$,取 $A_0 = 1$。在被控对象参数辨识过程中,尤其是辨识初期,参数估计值存在较大的振荡现象,致使系统零点也在其真值上下振荡。仿真程序中取 Val=0.9,表示只要 $|z_1|<0.9$,就对消系统的零点。仿真结果如图 5.5 所示。

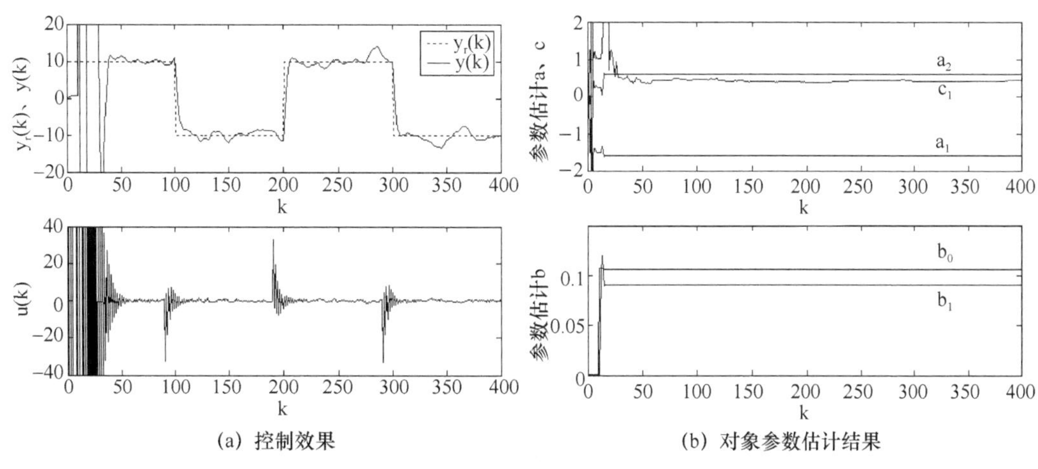

图 5.5　极点配置间接自校正控制(零点被对消)

从图 5.4 和图 5.5 可以看出,无论是否对消系统零点,极点配置间接自校正控制效果均良好。但图 5.5 由于对消了阻尼较差的零点,则导致系统在输出阶跃变化初期,控制作用有较剧烈的振荡,而图 5.4 则不存在这种现象。

仿真程序:chap5_02_PP_STC.m

```
%极点配置间接自校正控制
clear all; close all;

a=[1 -1.6065 0.6065]; b=[0.1065 0.0902]; c=[1 0.5]; d=10; %对象参数
Am=[1 -1.3205 0.4966]; %期望闭环特征多项式
na=length(a)-1; nb=length(b)-1; nc=length(c)-1; %na、nb、nc为多项式A、B、C
nam=length(Am)-1; %Am阶次
nf=nb+d-1; ng=na-1;

L=400; %控制步数
uk=zeros(d+nb,1); %输入初值：uk(i)表示u(k-i)
yk=zeros(na,1); %输出初值
yrk=zeros(na,1); %期望输出初值
xik=zeros(nc,1); %白噪声初值
xiek=zeros(nc,1); %白噪声估计初值
yr=10*[ones(L/4,1);-ones(L/4,1);ones(L/4,1);-ones(L/4+d,1)]; %期望输出
xi=sqrt(0.01)*randn(L,1); %白噪声序列

%RELS初值
thetae_1=0.001*ones(na+nb+1+nc,1);
P=10^6*eye(na+nb+1+nc);
lambda=1; %遗忘因子[0.9 1]
for k=1:L
    time(k)=k;
    y(k)=-a(2:na+1)*yk+b*uk(d:d+nb)+c*[xi(k);xik]; %采集输出数据

    %递推增广最小二乘法
    phie=[-yk(1:na);uk(d:d+nb);xiek];
    K=P*phie/(lambda+phie'*P*phie);
    thetae(:,k)=thetae_1+K*(y(k)-phie'*thetae_1);
    P=(eye(na+nb+1+nc)-K*phie')*P/lambda;

    xie=y(k)-phie'*thetae(:,k); %白噪声的估计值

    %提取辨识参数
    ae=[1 thetae(1:na,k)']; be=thetae(na+1:na+nb+1,k)'; ce=[1 thetae(na+nb+2:na+nb+
1+nc,k)'];
    if nc>0
        if abs(ce(2))>0.8
            ce(2)=sign(ce(2))*0.8;
```

```
    end
end

%多项式 B 的分解
br = roots(be); %求 B 的根
b0 = be(1); b1 = 1; %b0 为 B- ;b1 为 B+
Val = 0.9; %通过修改临界值,确定 B 零点是否对消(零点绝对值小于临界值,则被抵消)
for i = 1 : nb %分解 B-、B+
    if abs(br(i))>= Val
        b0 = conv(b0,[1 -br(i)]);
    else
        b1 = conv(b1,[1 -br(i)]);
    end
end

Bm1 = sum(Am)/sum(b0); %确定多项式 Bm'

%确定多项式 A0
%A0 = ce; %可取 A0 = C
na0 = 2 * na - 1 - nam - (length(b1) - 1); %观测器最低阶次
A0 = 1;
for i = 1 : na0
    A0 = conv(A0,[1 0.5]); %生成观测器
end

%计算 Diophantine 方程,得到 F、G、R
[F1,G] = diophantine(ae,b0,d,A0,Am);
F = conv(F1,b1); R = Bm1 * A0;
nr = length(R) - 1;

u(k) = (-F(2 : nf + 1) * uk(1 : nf) + R * [yr(k + d : -1 : k + d - min(d,nr));yrk(1 : nr - d)] -
G * [y(k);yk(1 : ng)])/F(1); %求控制量

%更新数据
thetae_1 = thetae( : ,k);

for i = d + nb : -1 : 2
    uk(i) = uk(i - 1);
end
uk(1) = u(k);

for i = na : -1 : 2
```

```
        yk(i) = yk(i-1);
        yrk(i) = yrk(i-1);
    end
    yk(1) = y(k);
    yrk(1) = yr(k);

    for i = nc : -1 : 2
        xik(i) = xik(i-1);
        xiek(i) = xiek(i-1);
    end
    if nc > 0
        xik(1) = xi(k);
        xiek(1) = xie;
    end
end
figure(1);
subplot(2,1,1);
plot(time,yr(1 : L),'r : ',time,y);
xlabel('k'); ylabel('y_r(k)、y(k)');
legend('y_r(k)','y(k)'); axis([0 L -20 20]);
subplot(2,1,2);
plot(time,u);
xlabel('k'); ylabel('u(k)'); axis([0 L -40 40]);
figure(2)
subplot(211)
plot([1 : L],thetae(1 : na, : ),[1 : L],thetae(na + nb + 2 : na + nb + 1 + nc, : ));
xlabel('k'); ylabel('参数估计 a、c');
legend('a_1','a_2','c_1'); axis([0 L -2 2]);
subplot(212)
plot([1 : L],thetae(na + 1 : na + nb + 1, : ));
xlabel('k'); ylabel('参数估计 b');
legend('b_0','b_1'); axis([0 L 0 0.15]);
```

5.1.3 极点配置直接自校正控制

极点配置间接自校正控制算法尽管在概念上比较直观,但在具体应用时会遇到一些困难[11]:

① 为了保证参数估计收敛到正确值,模型结构必须正确,过程输出必须持续激励;

② 计算量较大,且控制器参数与对象的参数估计之间存在比较复杂的关系,系统的稳定性比较难分析;

③ 从对象参数映射到控制器参数时可能存在一些奇异点,例如当被估计的对象模型有重

合的极点和零点时，以极点配置为基础的设计方法就会出现奇异点。所以，在求解极点配置设计问题之前，应将公共的极点和零点消去。

相对而言，如果把估计模型按控制器的参数重新参数化，直接估计控制器参数，从而可简化工作，提高系统的实时性，这就是极点配置直接自校正控制的思想。这里仅介绍针对最小相位系统的极点配置直接自校正控制，对于非最小相位系统的情况，可参考相关文献[11，6]。

考虑干扰 $\xi(k)=0$ 的最小相位系统，即

$$A(z^{-1})y(k)=z^{-d}B(z^{-1})u(k) \tag{5.1.21}$$

式中，$B(z^{-1})$为稳定多项式。

多项式 B 的所有零点均可对消，所以

$$B=B^{+}B^{-}=b_0B^{+} \tag{5.1.22}$$

则式(5.1.13)变为

$$AF_1+z^{-d}b_0G=A_0A_m \tag{5.1.23}$$

上式两边同乘 $y(k)$，由式(5.1.21)、式(5.1.9)，得

$$\begin{aligned}A_0A_my(k)&=F_1Ay(k)+z^{-d}b_0Gy(k)\\&=F_1z^{-d}Bu(k)+z^{-d}b_0Gy(k)\\&=b_0Fu(k-d)+b_0Gy(k-d)\\&=\overline{F}u(k-d)+\overline{G}y(k-d)\end{aligned} \tag{5.1.24a}$$

式中，$\overline{F}=b_0F$，$\overline{G}=b_0G$，并设

$$\begin{cases}\deg A_0=2\deg A-\deg A_m-\deg B-1\\\deg\overline{F}=\deg F=\deg B+d-1\\\deg\overline{G}=\deg G=\deg A-1\end{cases} \tag{5.1.24b}$$

式(5.1.24)可变为

$$\begin{aligned}y(k)&=\frac{1}{A_0A_m}[\overline{F}u(k-d)+\overline{G}y(k-d)]\\&=\overline{F}u_f(k-d)+\overline{G}y_f(k-d)\end{aligned} \tag{5.1.25}$$

式中

$$\begin{cases}u_f(k-d)=\dfrac{1}{A_0A_m}u(k-d)\\[2ex]y_f(k-d)=\dfrac{1}{A_0A_m}y(k-d)\end{cases}$$

为滤波输入和输出。

式(5.1.25)可表示为

$$y(k)=\boldsymbol{\varphi}^{\mathrm{T}}(k)\overline{\boldsymbol{\theta}} \tag{5.1.26}$$

式中

$$\begin{cases}\boldsymbol{\varphi}(k)=[u_f(k-d),\cdots,u_f(k-d-n_f),y_f(k-d),\cdots,y_f(k-d-n_g)]^{\mathrm{T}}\\\overline{\boldsymbol{\theta}}=[\bar{f}_0,\cdots,\bar{f}_{n_f},\bar{g}_0,\cdots,\bar{g}_{n_g}]^{\mathrm{T}}\end{cases}$$

则可采用遗忘因子递推最小二乘法估计对象参数，即

$$\begin{cases}\hat{\bar{\boldsymbol{\theta}}}(k)=\hat{\bar{\boldsymbol{\theta}}}(k-1)+\boldsymbol{K}(k)[y(k)-\boldsymbol{\varphi}^{\mathrm{T}}(k)\hat{\bar{\boldsymbol{\theta}}}(k-1)]\\ \boldsymbol{K}(k)=\dfrac{\boldsymbol{P}(k-1)\boldsymbol{\varphi}(k)}{\lambda+\boldsymbol{\varphi}^{\mathrm{T}}(k)\boldsymbol{P}(k-1)\boldsymbol{\varphi}(k)}\\ \boldsymbol{P}(k)=\dfrac{1}{\lambda}[\boldsymbol{I}-\boldsymbol{K}(k)\boldsymbol{\varphi}^{\mathrm{T}}(k)]\boldsymbol{P}(k-1)\end{cases} \tag{5.1.27}$$

由式(5.1.7)、式(5.1.9)及式(5.1.13)可知闭环特征方程为

$$AF+z^{-d}BG=A_0A_mB^+ \tag{5.1.28}$$

由上式知,当 A、A_m、A_0 和 B^+ 为首一多项式时,F 也为首一多项式,则由 $\bar{F}=b_0F$ 得

$$\bar{f}_0=b_0$$

则多项式 F、G 的参数估计为

$$\hat{\boldsymbol{\theta}}=[1,\hat{f}_1,\cdots,\hat{f}_{n_f},\hat{g}_0,\cdots,\hat{g}_{n_g}]^{\mathrm{T}}=\frac{\hat{\bar{\boldsymbol{\theta}}}}{\hat{b}_0}=\frac{\hat{\bar{\boldsymbol{\theta}}}}{\hat{\bar{f}}_0} \tag{5.1.29}$$

另外,为了使稳态输出无误差,由式(5.1.11b)、式(5.1.14)和式(5.1.22)知,可取 R 为

$$R=\frac{A_m(1)}{\hat{\bar{f}}_0}A_0 \tag{5.1.30}$$

综上所述,极点配置直接自校正控制算法可归纳如下。

算法 5-3(极点配置直接自校正控制)

已知:模型结构 n_a、n_b 及 d,期望闭环特征多项式 A_m 和期望观测器 A_0。

Step1　设置初值 $\hat{\bar{\boldsymbol{\theta}}}(0)$、$\boldsymbol{P}(0)$及遗忘因子 λ,输入初始数据,并由式(5.1.24b)确定 F、G 的阶次;

Step2　采样当前实际输出 $y(k)$和期望输出 $y_r(k+d)$;

Step3　求滤波输入/输出 $u_f(k-d)$、$y_f(k-d)$,并利用旧的滤波输入输出信息构成观测数据向量 $\boldsymbol{\varphi}(k)$;

Step4　利用遗忘因子递推最小二乘法(5.1.27)在线实时估计参数 $\hat{\bar{\boldsymbol{\theta}}}$,进而由式(5.1.29)求得 $\hat{\boldsymbol{\theta}}$,即 $\hat{F}$ 和 $\hat{G}$;

Step5　由式(5.1.30)求得多项式 R;

Step6　由式(5.1.2)计算并实施控制量 $u(k)$;

Step7　返回 Step2($k\to k+1$),继续循环。

仿真实例 5.3

设被控对象为如下开环不稳定最小相位系统:

$$y(k)-2y(k-1)+1.1y(k-2)=u(k-3)+0.5u(k-4)$$

期望传递函数分母多项式为

$$A_m(z^{-1})=1-1.320\,5z^{-1}+0.496\,6z^{-2}$$

取初值 $\boldsymbol{P}(0)=10^6\boldsymbol{I}$、$\hat{\bar{\boldsymbol{\theta}}}(0)=\mathbf{0.001}$,遗忘因子 $\lambda=1$;期望输出 $y_r(k)$为幅值为 10 的方波信号;由式(5.1.24b)得 $\deg A_0=2\deg A-\deg A_m-\deg B-1=2\times2-2-1-1=0$,取 $A_0=1$。采用极点配置直接自校正控制,仿真结果如图 5.6 所示。

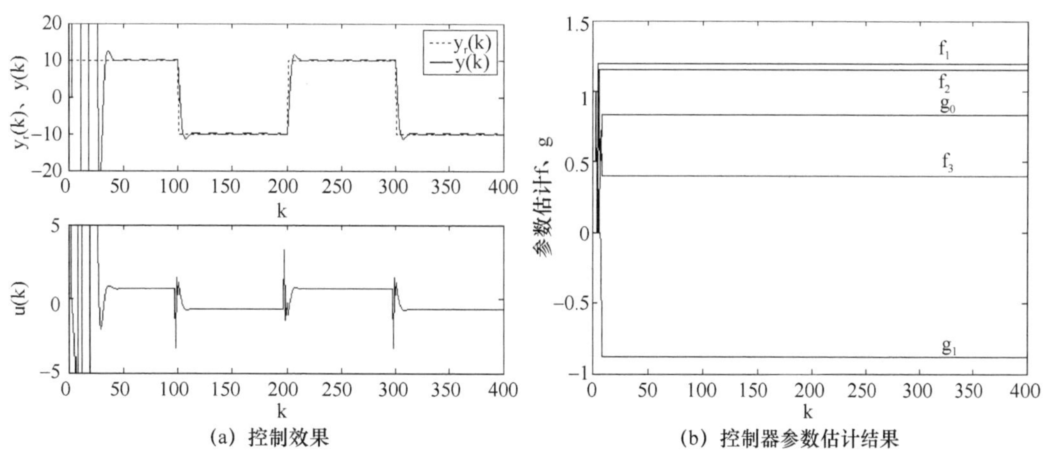

(a) 控制效果　　(b) 控制器参数估计结果

图 5.6　极点配置直接自校正控制

仿真程序:chap5_03_PP_STC_Direct.m

```
%极点配置直接自校正控制（最小相位确定性系统）
clear all; close all;

a = [1 -2 1.1]; b = [1 0.5]; d = 3; Am = [1 -1.3 0.5]; %对象参数及期望闭环特征多项式
na = length(a) - 1; nb = length(b) - 1; nam = length(Am) - 1; %na、nb、nam 为多项式 A、B、Am 阶次
nf = nb + d - 1; ng = na - 1; %F、G 的阶次

%确定多项式 A0
na0 = 2 * na - nam - nb - 1; %观测器最低阶次
A0 = 1;
for i = 1 : na0
    A0 = conv(A0,[1 0.3 - i * 0.1]); %生成观测器
end
AA = conv(A0,Am); naa = na0 + nam; %A0 * Am
nfg = max(naa,max(nf,ng)); %用于 ufk、yuf 更新
nr = na0; %R 的阶次

L = 400; %控制步数
uk = zeros(d + nb,1); %输入初值：uk(i)表示 u(k - i)
ufk = zeros(d + nfg,1); %滤波输入初值
yk = zeros(max(na,d),1); %输出初值
yfk = zeros(d + nfg,1); %滤波输出初值
yrk = zeros(max(na,d),1); %期望输出初值
yr = 10 * [ones(L/4,1); - ones(L/4,1);ones(L/4,1); - ones(L/4 + d,1)]; %期望输出

%RLS 初值
thetae_1 = 0.001 * ones(nf + ng + 2,1);
```

```
P = 10^6 * eye(nf + ng + 2);
lambda = 1; % 遗忘因子[0.9 1]
for k = 1 : L
    time(k) = k;
    y(k) = - a(2 : na + 1) * yk(1 : na) + b * uk(d : d + nb); % 采集输出数据
    ufk(d) = - AA(2 : naa + 1) * ufk(d + 1 : d + naa) + uk(d); % 滤波输入输出
    yfk(d) = - AA(2 : naa + 1) * yfk(d + 1 : d + naa) + yk(d);

    % 递推最小二乘法
    phie = [ufk(d : d + nf);yfk(d : d + ng)];
    K = P * phie/(lambda + phie' * P * phie);
    thetae( : ,k) = thetae_1 + K * (y(k) - phie' * thetae_1);
    P = (eye(nf + ng + 2) - K * phie') * P/lambda;

    % 提取辨识参数
    be0 = thetae(1,k); thetaeb( : ,k) = thetae( : ,k)/be0;
    Fe = thetaeb(1 : nf + 1,k)'; Ge = thetaeb(nf + 2 : nf + ng + 2,k)';

    Bm1 = sum(Am)/be0; % Bm'
    R = Bm1 * A0;

    u(k) = ( - Fe(2 : nf + 1) * uk(1 : nf) + R * [yr(k + d : - 1 : k + d - min(d,nr));yrk(1 : nr - d)] -
    Ge * [y(k);yk(1 : ng)])/Fe(1); % 控制量

    % 更新数据
    thetae_1 = thetae( : ,k);

    for i = d + nb : - 1 : 2
        uk(i) = uk(i - 1);
    end
    uk(1) = u(k);

    for i = max(na,d) : - 1 : 2
        yk(i) = yk(i - 1);
        yrk(i) = yrk(i - 1);
    end
    yk(1) = y(k);
    yrk(1) = yr(k);

    for i = d + nfg : - 1 : d + 1
        ufk(i) = ufk(i - 1);
        yfk(i) = yfk(i - 1);
```

```
    end
end
figure(1);
subplot(2,1,1);
plot(time,yr(1:L),'r:',time,y);
xlabel('k'); ylabel('y_r(k)、y(k)');
legend('y_r(k)','y(k)'); axis([0 L -20 20]);
subplot(2,1,2);
plot(time,u);
xlabel('k'); ylabel('u(k)'); axis([0 L -5 5]);
figure(2)
plot([1:L],thetaeb(2:nf+ng+2,:));
xlabel('k'); ylabel('参数估计 f、g');
legend('f_1','f_2','f_3','g_0','g_1'); axis([0 L -1 1.5]);
```

5.2　自校正 PID 控制

在实际工程中，应用最为广泛的控制律为比例、积分、微分控制，简称 PID 控制。20 世纪 30 年代末，微分控制的加入标志着 PID 控制成为一种标准结构。在其发展历程中，它以结构简单、稳定性好、工作可靠、调整方便而成为工业控制的主要技术之一。在 PID 控制中，一个至关重要的问题是 PID 参数的整定。参数整定的优劣，不仅会影响到控制质量，而且还会影响到控制系统的稳定性和鲁棒性。典型的 PID 参数整定方法是在获取被控对象数学模型的基础上，根据某一整定原则来确定 PID 参数值。

自校正 PID 控制是自校正控制思想与常规 PID 控制相结合的产物，吸收了两者的优点，不仅需要调整的参数少，而且还能够根据对象特性的变化在线修改这些参数，从而增强了控制器的自适应能力。

5.2.1　常规 PID 控制

这里仅介绍增量式 PID 控制算法，如下式所示

$$\Delta u(k)=k_p(e(k)-e(k-1))+k_ie(k)+k_d(e(k)-2e(k-1)+e(k-2)) \tag{5.2.1}$$

式中，k_p、k_i、k_d 为 PID 调节参数，且

$$\begin{cases}\Delta u(k)=u(k)-u(k-1)\\ e(k)=y_r(k)-y(k)\end{cases}$$

其中，$u(k)$、$y_r(k)$和 $y(k)$分别为控制量、期望输出和实际输出。

式(5.2.1)可表示为

$$\Delta u(k)=g_0e(k)+g_1e(k-1)+g_2e(k-2) \tag{5.2.2}$$

式中，$g_i(i=0,1,2)$为可调参数。

由式(5.2.2)得控制器离散时间传递函数为

$$\frac{u(k)}{e(k)}=\frac{g_0+g_1z^{-1}+g_2z^{-2}}{1-z^{-1}}$$

上式则可表示为

$$F(z^{-1})u(k)=R(z^{-1})y_r(k)-G(z^{-1})y(k) \tag{5.2.3}$$

式中

$$F(z^{-1})=1-z^{-1},\quad R(z^{-1})=G(z^{-1})=g_0+g_1z^{-1}+g_2z^{-2}$$

可以看出,式(5.2.3)同极点配置控制律(5.1.2)形式完全相同。

另外,$R(z^{-1})$还可以取其他形式,如

$$R(z^{-1})=G(1)=g_0+g_1+g_2 \tag{5.2.4a}$$

$$R(z^{-1})=g_1z^{-1} \tag{5.2.4b}$$

仿真实例 5.4

设被控对象为

$$G(s)=\frac{1}{s(s+1)}\mathrm{e}^{-s}$$

取采样周期 $T_s=0.5$ s,期望输出 $y_r(k)$为幅值为 10 的方波信号,采用增量式 PID 控制算法,其中 $k_p=0.4$、$k_i=0.0$、$k_d=1$,其控制效果如图 5.7 所示。

由图 5.7 可以看出,常规 PID 算法对于本例对象的控制效果良好,但 PID 控制器参数不易整定。

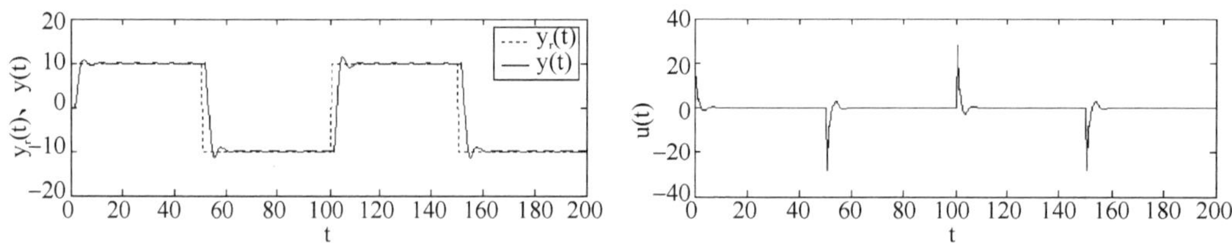

图 5.7 增量式 PID 控制

仿真程序:chap5_04_PID.m

```
%增量式 PID 控制
clear all; close all;

den=[1 1 0]; num=[1]; Ts=0.5; Td=1; %连续系统对象
sys=tf(num,den,'inputdelay',Td);
dsys=c2d(sys,Ts,'zoh');
[dnum,a]=tfdata(dsys,'v');
na=length(a)-1; b=dnum(2:na+1); nb=length(b)-1;
d=Td/Ts+1;

kp=0.4; ki=0.0; kd=1; %PID 控制器参数(试凑法)

L=400; %控制步数
uk=zeros(d+nb,1); %输入初值:uk(i)表示 u(k-i)
yk=zeros(na,1); %输出初值
```

```
ek = zeros(2,1); % 输出误差初值
yr = 10 * [ones(L/4,1); - ones(L/4,1);ones(L/4,1); - ones(L/4,1)]; % 期望输出

for k = 1 : L
    time(k) = k * Ts;
    y(k) = - a(2 : na + 1) * yk + b * uk(d : d + nb); % 采集输出数据
    e(k) = yr(k) - y(k);
    % 增量式 PID 控制律
    du = kp * (e(k) - ek(1)) + ki * e(k) + kd * (e(k) - 2 * ek(1) + ek(2));
    u(k) = uk(1) + du;

    % 更新数据
    for i = d + nb : - 1 : 2
        uk(i) = uk(i - 1);
    end
    uk(1) = u(k);

    for i = na : - 1 : 2
        yk(i) = yk(i - 1);
    end
    yk(1) = y(k);
    ek(2) = ek(1);ek(1) = e(k);
end
subplot(2,1,1);
plot(time,yr(1 : L),'r : ',time,y);
xlabel('t'); ylabel('y_r(t)、y(t)');
legend('y_r(t)','y(t)');
subplot(2,1,2);
plot(time,u);
xlabel('t'); ylabel('u(t)');
```

5.2.2　自校正 PID 控制

自校正 PID 控制器的设计思路是：以式(5.2.3)为控制器基本形式，引入递推算法估计对象参数，并将估计结果按极点配置法进行控制器参数的设计。这里仅考察二阶系统，它可以代表一大类典型的工业过程。下面以此为例，介绍自校正 PID 控制器的设计。

设被控对象为

$$A(z^{-1})y(k)=z^{-d}B(z^{-1})u(k)+e(k) \tag{5.2.5}$$

式中，$u(k)$和 $y(k)$表示系统的输入和输出，$e(k)$为外部扰动，$d\geqslant 1$ 为纯延时，且

$$\begin{cases}A(z^{-1})=1+a_1z^{-1}+a_2z^{-2}\\ B(z^{-1})=b_0+b_1z^{-1}+b_2z^{-2}+\cdots+b_{n_b}z^{-n_b}\end{cases}$$

对系统(5.2.5)采用 PID 控制，为了消除常值干扰，控制器必须有积分作用。此时，对应

的 PID 控制器可表示为

$$F_1(z^{-1})u(k)=R(z^{-1})y_r(k)-G(z^{-1})y(k) \tag{5.2.6}$$

式中

$$F_1(z^{-1})=F(z^{-1})\Delta \tag{5.2.7}$$

且

$$\begin{cases}F(z^{-1})=1+f_1z^{-1}+\cdots+f_{n_f}z^{-n_f}\\G(z^{-1})=g_0+g_1z^{-1}+g_2z^{-2}\\R(z^{-1})=G(1)=g_0+g_1+g_2\end{cases}$$

将式(5.2.6)代入式(5.2.5)得闭环系统输出为

$$y(k)=\frac{BR}{AF_1+z^{-d}BG}y_r(k-d)+\frac{F_1}{AF_1+z^{-d}BG}e(k)$$

令闭环特征多项式为期望传递函数分母多项式,即

$$AF_1+z^{-d}BG=A_m \tag{5.2.8}$$

式中,对于 A_m 的选择仍需满足"算法 5-1"中相应的相容性条件。

结合式(5.2.7),上式又可表示成

$$\Delta AF+z^{-d}BG=A_m \tag{5.2.9}$$

式中,$\Delta A(z^{-1})=(1-z^{-1})A(z^{-1})$。

为保证式(5.2.9)有唯一解,令 ΔAF 和 $z^{-d}BG$ 的阶次相同(已知 $\deg\Delta A=3$、$\deg G=2$),且等式右边阶次小于左边阶次,即要求各多项式的阶次满足下列关系:

$$\begin{cases}\deg F=\deg B+d-1\\\deg A_m\leqslant\deg B+d+2\end{cases} \tag{5.2.10}$$

则 Diophantine 方程(5.2.9)中多项式 F、G 的参数可利用本书中编写的 MATLAB 函数 diophantine.m 进行求解。

当 $A(z^{-1})$、$B(z^{-1})$参数未知时,需要采用自校正控制算法。同样,自校正 PID 控制仍有间接自校正控制和直接自校正控制两种方式,这里仅介绍间接自校正控制算法,归纳如下:

算法 5-4(自校正 PID 控制间接算法)

已知:模型结构 n_a、n_b 及 d,期望闭环特征多项式 A_m。

Step1　设置初值 $\hat{\boldsymbol{\theta}}(0)$、$\boldsymbol{P}(0)$及遗忘因子 λ,输入初始数据;

Step2　采样当前实际输出 $y(k)$和期望输出 $y_r(k)$;

Step3　利用遗忘因子递推最小二乘法在线实时估计被控对象参数 $\hat{\boldsymbol{\theta}}$,即 $\hat{A}$、$\hat{B}$;

Step4　求解式(5.2.9)中的 F 和 G,进而取 $F_1=\Delta F$ 和 $R=G(1)$;

Step5　由式(5.2.6)计算并实施控制量 $u(k)$;

Step6　返回 Step2($k\to k+1$),继续循环。

仿真实例 5.5

设被控对象如下:(在仿真实例 5.4 离散对象的基础上加了常值干扰)

$$y(k)-1.6065y(k-1)+0.6065y(k-2)=0.1065(k-3)+0.0902u(k-4)+e(k)$$

式中,$e(k)=2$ 为常值干扰。

期望传递函数分母多项式为

$$A_m(z^{-1})=1-1.3205z^{-1}+0.4966z^{-2}$$

取期望输出 $y_r(k)$ 为幅值为 10 的方波信号。下面分两种情况进行仿真。

(1) 对象参数已知时(极点配置 PID 控制)

由系统差分方程知

$$\begin{cases}\Delta A=1-2.6065z^{-1}+2.213z^{-2}-0.6065z^{-3}\\B=0.1065+0.0902z^{-1},\quad d=3\end{cases}$$

利用 MATLAB 函数 diophantine.m 求解式(5.2.9)得

$$F=1+1.286z^{-1}+1.6356z^{-2}+0.8282z^{-3}$$

$$G=11.2246-15.8984z^{-1}+5.5691z^{-2}$$

则

$$F_1=F\Delta=1+0.286z^{-1}+0.3496z^{-2}-0.8073z^{-3}-0.8282z^{-4}$$

$$R=G(1)=0.8953$$

则由式(5.2.6)得极点配置 PID 控制律为

$$u(k)=-(0.286z^{-1}+0.3496z^{-2}-0.8073z^{-3}-0.8282z^{-4})u(k)+0.8953y_r(k)$$
$$-(11.2246-15.8984z^{-1}+5.5691z^{-2})y(k)$$

仿真结果如图 5.8 所示。

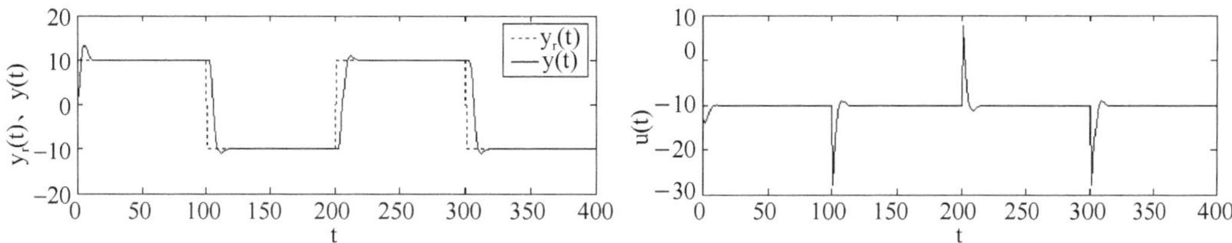

图 5.8　极点配置 PID 控制

仿真程序:chap5_05_PID_PPC.m[①]

```
%PID 极点配置控制(二阶系统,对象参数已知)
clear all; close all;

a=[1 -1.6065 0.6065]; b=[0.1065 0.0902]; d=3; Am=[1 -1.3205 0.4966]; %对象参数及期望闭
                                                                     %环特征多项式
na=length(a)-1; nb=length(b)-1; nam=length(Am)-1; %na、nb、nc、nam 为多项式 A、B、C、Am 阶次
nf1=nb+d+2-(na+1)+1; ng=2; %nf1=nf+1

%求解 Diophantine 方程,得到 F、G、R
[F,G]=diophantine(conv(a,[1 -1]),b,d,1,Am); %A0=1
F1=conv(F,[1 -1]); R=sum(G);
```

① 此程序是针对二阶系统编写的。若被控对象是一阶系统或其他高阶系统,则需要重新推导控制算法,并相应地修改此程序。

```
L = 400; % 控制步数
uk = zeros(d + nb,1); % 输入初值：uk(i)表示 u(k - i)
yk = zeros(na,1); % 输出初值
yr = 10 * [ones(L/4,1); - ones(L/4,1);ones(L/4,1); - ones(L/4,1)]; % 期望输出
e = 2 * ones(L,1); % 常值干扰

for k = 1 : L
    time(k) = k;
    y(k) = - a(2 : na + 1) * yk + b * uk(d : d + nb) + e(k); % 采集输出数据

    u(k) = ( - F1(2 : nf1 + 1) * uk(1 : nf1) + R * yr(k) - G * [y(k);yk(1 : ng)])/F1(1); % 求控制量

    % 更新数据
    for i = d + nb : - 1 : 2
         uk(i) = uk(i - 1);
    end
    uk(1) = u(k);

    for i = na : - 1 : 2
         yk(i) = yk(i - 1);
    end
    yk(1) = y(k);
end
subplot(2,1,1);
plot(time,yr(1 : L),'r : ',time,y);
xlabel('t'); ylabel('y_r(t)、y(t)');
legend('y_r(t)','y(t)');
subplot(2,1,2);
plot(time,u);
xlabel('t'); ylabel('u(t)');
```

(2)对象参数未知时(自校正 PID 控制间接算法)

取初值 $\boldsymbol{P}(0)=10^6\boldsymbol{I}$、$\hat{\boldsymbol{\theta}}(0)=\mathbf{0.001}$,遗忘因子 $\lambda=1$;期望输出 $y_r(k)$为幅值为 10 的方波信号。采用自校正 PID 控制间接算法,仿真结果如图 5.9 所示。

仿真程序:chap5_06_STC_PID.m

```
% 自校正 PID 控制(二阶系统,对象参数未知)
clear all; close all;

a = [1  - 1.6065 0.6065]; b = [0.1065 0.0902]; d = 3; Am = [1  - 1.3205 0.4966]; % 对象参数及期望闭
                                                                              % 环特征多项式
na = length(a) - 1; nb = length(b) - 1; nam = length(Am) - 1; % na、nb、nc、nam 为多项式 A、B、C、Am 阶次
```

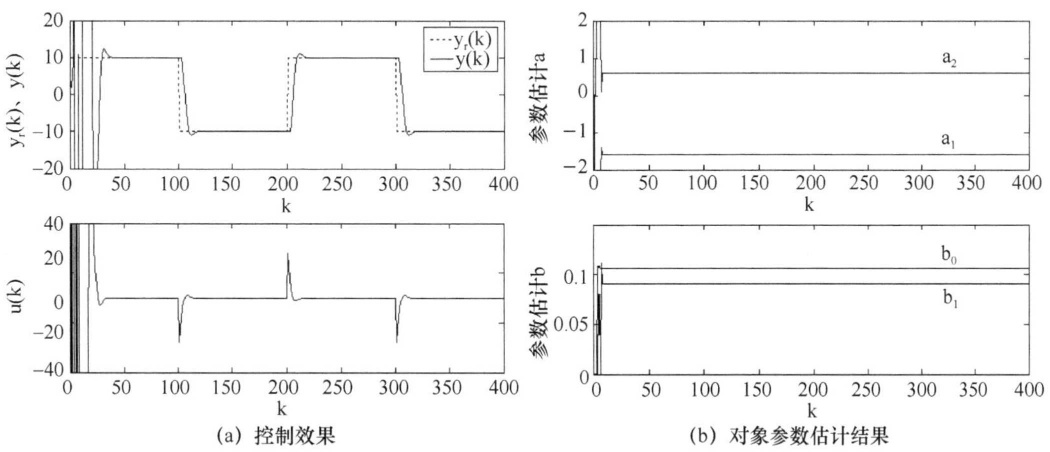

(a) 控制效果　　(b) 对象参数估计结果

图 5.9　自校正 PID 控制间接算法

```
nf1 = nb + d + 2 - (na + 1) + 1; ng = 2; % nf1 = nf + 1
L = 400; % 控制步数
uk = zeros(d + nb,1); % 输入初值：uk(i)表示 u(k - i)
yk = zeros(na,1); % 输出初值
yr = 10 * [ones(L/4,1); - ones(L/4,1);ones(L/4,1); - ones(L/4,1)]; % 期望输出
e = 2 * ones(L,1); % 常值干扰

%RLS 初值
thetae_1 = 0.001 * ones(na + nb + 1,1);
P = 10^6 * eye(na + nb + 1);
lambda = 1; % 遗忘因子[0.9 1]
for k = 1 : L
    time(k) = k;
    y(k) = - a(2 : na + 1) * yk + b * uk(d : d + nb) + e(k); % 采集输出数据

    % 递推最小二乘法
    phie = [ - yk(1 : na);uk(d : d + nb)];
    K = P * phie/(lambda + phie' * P * phie);
    thetae( : ,k) = thetae_1 + K * (y(k) - phie' * thetae_1);
    P = (eye(na + nb + 1) - K * phie') * P/lambda;

    % 提取辨识参数
    ae = [1 thetae(1 : na,k)']; be = thetae(na + 1 : na + nb + 1,k)';

    % 计算 Diophantine 方程,得到 F、G、R
    [F,G] = diophantine(conv(ae,[1 - 1]),be,d,1,Am); % A0 = 1
    F1 = conv(F,[1 - 1]); R = sum(G);
```

```
    u(k) = (-F1(2:nf1+1)*uk(1:nf1)+R*yr(k)-G*[y(k);yk(1:ng)])/F1(1); %求控制量

    %更新数据
    thetae_1 = thetae(:,k);

    for i = d+nb:-1:2
        uk(i) = uk(i-1);
    end
    uk(1) = u(k);

    for i = na:-1:2
        yk(i) = yk(i-1);
    end
    yk(1) = y(k);
end
figure(1);
subplot(2,1,1);
plot(time,yr(1:L),'r:',time,y);
xlabel('k'); ylabel('y_r(k)、y(k)');
legend('y_r(k)','y(k)'); axis([0 L -20 20]);
subplot(2,1,2);
plot(time,u);
xlabel('k'); ylabel('u(k)'); axis([0 L -40 20]);
figure(2)
subplot(211)
plot([1:L],thetae(1:na,:));
xlabel('k'); ylabel('参数估计 a');
legend('a_1','a_2'); axis([0 L -2 2]);
subplot(212)
plot([1:L],thetae(na+1:na+nb+1,:));
xlabel('k'); ylabel('参数估计 b');
legend('b_0','b_1'); axis([0 L 0 0.15]);
```

第6章 神经网络辨识与控制

前面章节介绍了线性系统的辨识与自适应控制，但在现实世界里，非线性系统是普遍存在的。在接下来的章节里，将介绍三种广泛应用于非线性系统辨识与控制的技术：神经网络、模糊系统和无模型自适应控制。本章将首先介绍神经网络在系统辨识与自适应控制中的应用，包括 BP 神经网络和 RBF 神经网络。

6.1 基于 BP 神经网络的系统辨识

6.1.1 BP 神经网络

1986 年，在 D. E. Rumelhart 和 J. L. McClelland 等人编写的专著《Parallel Distributed Processing：Explorations in the Microstructures of Cognition》中，提出了多层前馈网络的误差反向传播算法（back propagation，简称 BP 算法），因此该网络也称为 BP 网络。

BP 神经网络一般为多层感知器模型，包括输入层、隐含层（单层或多层）和输出层。网络训练的目标是使网络的输出逼近期望的输出，训练过程由如下两个过程组成[17]。

① 信号前向传播：输入样本从输入层传入，经隐含层处理后传向输出层，这是信号的正向传播。在信号的前向传递过程中，网络的权值是固定不变的，每一层神经元的状态只影响下一层神经元的状态。若输出层的输出与期望的输出不符合精度要求，则转入误差的反向传播阶段。

② 误差反向传播：期望输出与网络输出之间的差值，即误差信号，由输出层开始，以某种形式通过隐含层向输入层逐层反向传播，并将误差分摊给各层的所有单元，从而获得各层单元的误差信号，此误差信号即作为修正各单元的依据，对网络各层的权值进行调整。

这种信号前向传播与误差反向传播是周而复始地进行的。权值不断动态调整的过程，也就是网络学习训练的过程，此过程一直进行到网络输出误差减少到可接受的程度或进行到预先设定的学习次数为止。

对于 BP 神经网络，只要有足够多的隐含层和隐含层节点，就可以逼近任意的非线性映射关系，而且 BP 算法属于全局逼近算法，使得 BP 网络具有较好的泛化能力。因此，BP 网络可应用于信息处理、模式识别、模型辨识、系统控制等多个领域。

6.1.2 基于局部误差的 BP 神经网络辨识

设非线性 SISO 系统采用如下非线性扩展自回归滑动平均模型（nonlinear extended auto-regressive moving average model，NARMAX）描述：

$$y(k)=f(y(k-1),\cdots,y(k-n_y);u(k-d),\cdots,u(k-n_u)) \tag{6.1.1}$$

式中，$u(\cdot)$ 和 $y(\cdot)$ 分别为系统的输入和输出，$f(\cdot)$ 表示系统输入与输出之间的非线性关系；$d\geqslant 1$ 为系统纯延时，若 d 时变或未知，可令 $d=1$。

为了建立上述非线性系统的模型,也将 BP 神经网络选为 NARMAX 模型,即

$$y_m(k)=f_m(y(k-1),\cdots,y(k-n_y);u(k-d),\cdots,u(k-n_u)) \tag{6.1.2}$$

这一模型是基于当前最新观测数据,对系统的输出进行一步超前预报,所以称为系统的一步预报模型。BP 神经网络系统辨识的结构如图 6.1 所示。

用于非线性 SISO 系统辨识的三层 BP 神经网络典型结构如图 6.2 所示。

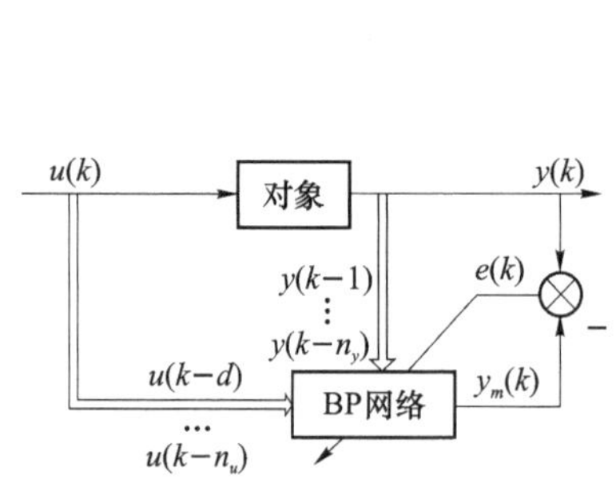

图 6.1 基于 BP 网络的非线性系统辨识结构

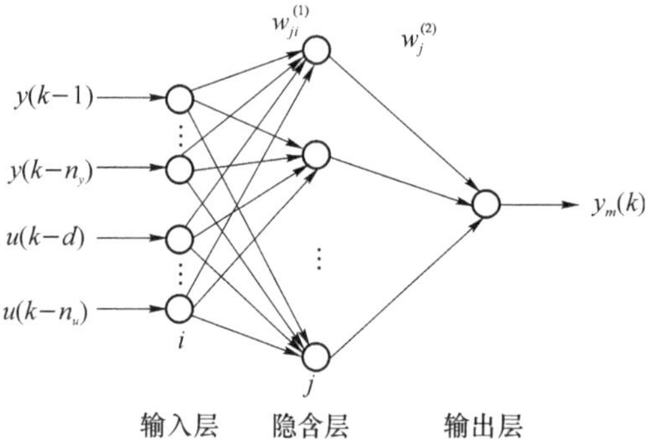

y(k−1)
y(k−n_y)
u(k−d)
u(k−n_u)
$w_{ji}^{(1)}$
$w_j^{(2)}$
$y_m(k)$
i
j
输入层 隐含层 输出层

图 6.2 BP 神经网络结构

网络的输入取为 $X(k)=\{y(k-1),\cdots,y(k-n_y);u(k-d),\cdots,u(k-n_u)\}$,输出为 $y_m(k)$,隐含层的激励函数取为 log-sigmoid 函数,即

$$f(x)=\frac{1}{1+\mathrm{e}^{-x}}$$

则激励函数的导数为

$$f'=\frac{\mathrm{d}f(x)}{\mathrm{d}x}=\frac{\mathrm{e}^{-x}}{(1+\mathrm{e}^{-x})^2} \tag{6.1.3}$$

下面看一下 BP 网络是如何训练的,即信号前向传播和误差反向传播的过程。

(1) 信号前向传播:计算 BP 网络的输出

输入层神经元的输出为

$$O_i^{(1)}(k)=X_i(k),\quad i=1,2,\cdots,n,\quad n=n_y+n_u-d+1 \tag{6.1.4}$$

式中,$X_i(k)$和$O_i^{(1)}(k)$分别为其第 i 个元素,即 k 时刻第 i 个输入层神经元的输入和输出,上角标(1)代表输入层。

隐含层神经元的输入、输出分别为

$$\mathrm{net}_j^{(2)}(k)=\sum_{i=1}^{n}w_{ji}^{(1)}(k-1)O_i^{(1)}(k) \tag{6.1.5a}$$

$$O_j^{(2)}(k)=f(\mathrm{net}_j^{(2)}(k)),\quad j=1,2,\cdots,m \tag{6.1.5b}$$

式中,$\mathrm{net}_j^{(2)}(k)$和$O_j^{(2)}(k)$分别为 k 时刻第 j 个隐含层神经元的输入和输出,上角标(2)代表隐含层,m 为隐含层节点数;$w_{ji}^{(1)}(k-1)$为$(k-1)$时刻第 i 个输入层神经元至第 j 个隐含层神经元的连接权值。

输出层神经元的输出为

$$y_m(k)=\sum_{j=1}^{m}w_j^{(2)}(k-1)O_j^{(2)}(k) \tag{6.1.6}$$

式中,$w_j^{(2)}(k-1)$为$(k-1)$时刻第 j 个隐含层神经元至输出层神经元的权值。

期望输出与网络输出误差为

$$e(k)=y(k)-y_m(k) \tag{6.1.7}$$

式中，$y(k)$和 $y_m(k)$分别为期望输出(系统实际输出)与网络输出。

取性能指标函数为

$$E(k)=\frac{1}{2}e^2(k) \tag{6.1.8}$$

(2) 误差反向传播：采用 δ 学习算法，调整 BP 网络各层间的权值

根据梯度下降法，权值的学习算法如下。

① 隐含层至输出层的权值 $w_j^{(2)}$：

由式(6.1.8)和式(6.1.7)得

$$\delta^{(2)}=\frac{\partial E(k)}{\partial y_m(k)}=\frac{\partial E(k)}{\partial e(k)}\frac{\partial e(k)}{\partial y_m(k)}=-e(k) \tag{6.1.9}$$

由式(6.1.9)和式(6.1.6)得

$$\frac{\partial E(k)}{\partial w_j^{(2)}(k-1)}=\frac{\partial E(k)}{\partial y_m(k)}\frac{\partial y_m(k)}{\partial w_j^{(2)}(k-1)}=\delta^{(2)}O_j^{(2)}(k)=-e(k)O_j^{(2)}(k) \tag{6.1.10}$$

则隐含层至输出层的权值 $w_j^{(2)}$ 的学习算法为

$$\Delta w_j^{(2)}(k)=-\eta\frac{\partial E(k)}{\partial w_j^{(2)}(k-1)}=\eta e(k)O_j^{(2)}(k) \tag{6.1.11a}$$

式中，η 为学习速率，且 $\eta>0$。则 k 时刻隐含层至输出层的权值为

$$w_j^{(2)}(k)=w_j^{(2)}(k-1)+\Delta w_j^{(2)}(k) \tag{6.1.11b}$$

② 输入层至隐含层的权值 $w_{ji}^{(1)}$：

由式(6.1.9)和式(6.1.6)得

$$\delta_j^{(1)}=\frac{\partial E(k)}{\partial O_j^{(2)}(k)}=\frac{\partial E(k)}{\partial y_m(k)}\frac{\partial y_m(k)}{\partial O_j^{(2)}(k)}=\delta^{(2)}w_j^{(2)}(k-1) \tag{6.1.12}$$

则由式(6.1.12)和式(6.1.5)及式(6.1.3)得

$$\begin{aligned}\frac{\partial E(k)}{\partial w_{ji}^{(1)}(k-1)}&=\frac{\partial E(k)}{\partial O_j^{(2)}(k)}\frac{\partial O_j^{(2)}(k)}{\partial \mathrm{net}_j^{(2)}(k)}\frac{\partial \mathrm{net}_j^{(2)}(k)}{\partial w_{ji}^{(1)}(k-1)}=\delta_j^{(1)}f'(\mathrm{net}_j^{(2)}(k))O_i^{(1)}(k)\\&=-e(k)w_j^{(2)}(k-1)f'(\mathrm{net}_j^{(2)}(k))O_i^{(1)}(k)\end{aligned} \tag{6.1.13}$$

则 $w_{ji}^{(1)}$ 的学习算法为

$$\Delta w_{ji}^{(1)}(k)=-\eta\frac{\partial E(k)}{\partial w_{ji}^{(1)}(k-1)}=\eta e(k)w_j^{(2)}(k-1)f'(\mathrm{net}_j^{(2)}(k))O_i^{(1)}(k) \tag{6.1.14a}$$

式中

$$f'(\mathrm{net}_j^{(2)}(k))=\left.\frac{\mathrm{e}^{-x}}{(1+\mathrm{e}^{-x})^2}\right|_{x=\mathrm{net}_j^{(2)}(k)}$$

则 k 时刻输入层至隐含层的权值为

$$w_{ji}^{(1)}(k)=w_{ji}^{(1)}(k-1)+\Delta w_{ji}^{(1)}(k) \tag{6.1.14b}$$

由式(6.1.11)和式(6.1.14)可以看出，在修正权值 $w(k)$时，采用的是最简单的最速下降

寻优算法。这种算法只是按 k 时刻的负梯度方向进行修正,而没有考虑以前积累的经验,即以前时刻的梯度方向,从而常常使学习过程发生振荡,致使收敛缓慢。为此,加入动量项,权值调整律变为

$$\begin{cases} w_j^{(2)}(k)=w_j^{(2)}(k-1)+\Delta w_j^{(2)}(k)+\alpha(w_j^{(2)}(k-1)-w_j^{(2)}(k-2)) \\ w_{ji}^{(1)}(k)=w_{ji}^{(1)}(k-1)+\Delta w_{ji}^{(1)}(k)+\alpha(w_{ji}^{(1)}(k-1)-w_{ji}^{(1)}(k-2)) \end{cases} \tag{6.1.15}$$

式中,α 为动量项因子,且 $\alpha\in[0,1)$。

算法 6-1(基于局部误差的 BP 神经网络辨识)

已知非线性系统结构参数,如 n_y、n_u、d 等。

Step1 输入系统初始数据,设置 BP 网络初始权值 $w_{ji}^{(1)}(0)$、$w_j^{(2)}(0)$ 及其他参数,如隐含层神经元个数 m、学习速率 η、动量项因子 α 等;

Step2 采样期望输出 $y(k)$,并由式(6.1.4)~式(6.1.6)计算当前网络输出 $y_m(k)$;

Step3 利用式(6.1.11a)和式(6.1.14a)计算权值增量 $\Delta w_j^{(2)}(k)$ 和 $\Delta w_{ji}^{(1)}(k)$;

Step4 利用式(6.1.15)计算权值 $w_j^{(2)}(k)$ 和 $w_{ji}^{(1)}(k)$;

Step5 返回 Step2($k\to k+1$),继续循环。

仿真实例 6.1

设如下非线性系统:

$$y(k)=u^3(k-2)+u^3(k-3)+\frac{0.8+y^3(k-1)}{1+y^2(k-1)+y^4(k-2)}$$

取输入信号为 $u(k)=0.8\sin(0.01\pi k)$;采用 4-6-1 三层结构的 BP 神经网络,即输入为 $\{y(k-1),y(k-2);u(k-2),u(k-3)\}$,输出为 $y_m(k)$,隐含层节点数为 6;取动量因子 $\alpha=0.05$。

取学习速率 η 分别为 0.01、0.5、1.0 和 2.0 时,BP 神经网络辨识结果如图 6.3 所示。

由图 6.3 可以看出,学习速率 η 的选取对 BP 神经网络训练的影响非常大。当 η 选得过小时,网络收敛速度慢,训练时间长,模型辨识精度低;当 η 选得过大时,训练过程将会振荡甚至发散。因此,若想获得良好的网络训练速度和模型辨识精度,需要合理地选取学习速率:或根据经验选取固定不变的 η,或采用改进的学习速率可变的 BP 算法。需要说明的是,为准确观察学习速率对 BP 网络训练的影响,这里仿真时将网络权值的初值选为了固定值(见仿真程序),而非由 rands 函数产生①。

此外,动量因子 α、网络权值初值、隐含层节点数等参数的选取也会对网络的训练产生影响,读者可以通过修改程序代码进行测试。

仿真程序:chap6_01_BPNN_Iden_local.m

```
%基于局部误差的 BP 神经网络辨识
clear all; close all;
```

---

① 需要区别三个类似的 MATLAB 函数:
rands 函数,用于产生神经网络权值的随机初值,范围在 −1~1 之间;
rand 函数,用于产生 0~1 均匀分布的伪随机数;
randn 函数,用于产生正态分布的均值为 0、方差为 1 的随机数。

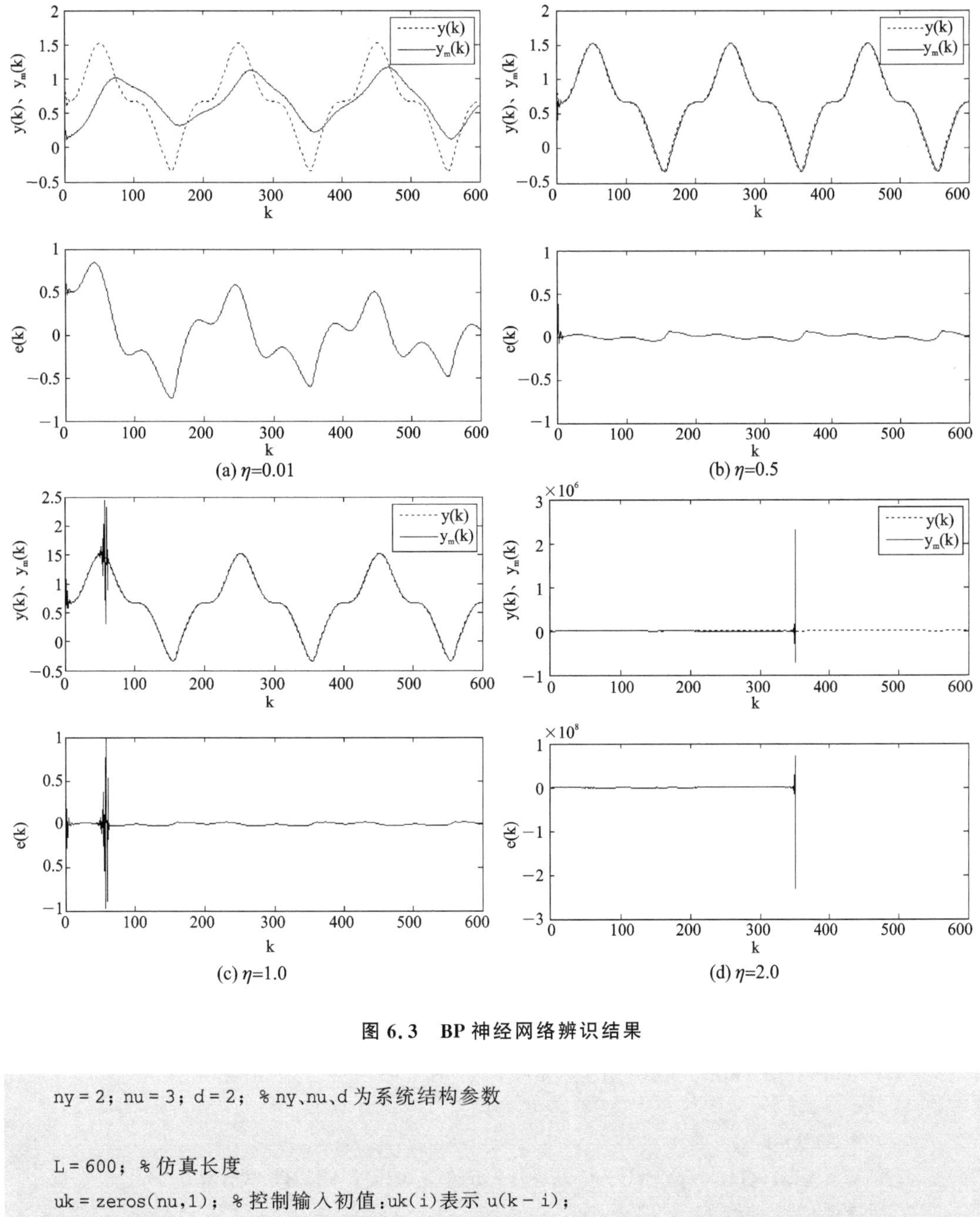

(a) η=0.01　　(b) η=0.5

(c) η=1.0　　(d) η=2.0

图 6.3　BP 神经网络辨识结果

```
ny = 2； nu = 3； d = 2； % ny、nu、d 为系统结构参数

L = 600； % 仿真长度
uk = zeros(nu,1)； % 控制输入初值：uk(i)表示 u(k - i)；
yk = zeros(ny,1)； % 系统输出初值

 % 设置 BP 网络参数
n = ny + nu - d + 1； m = 6； % n、m 分别为输入层和隐含层节点数
eta = 0.5； % 学习速率
alpha = 0.05； % 动量因子
```

```
w1k1 = [ - 0.8633     0.9231     0.1046     0.7128
   - 0.1273     0.5248   - 0.5638   - 0.1951
   - 0.6523   - 0.9853     0.5447   - 0.3640
   - 0.9478     0.3601   - 0.5439     0.2173
     0.9094     0.4119   - 0.2583     0.8204
   - 0.1388     0.2903     0.7819     0.8182];
% w1k1 = rands(m,n); % 输入层至隐含层权值的初值：w1ki 表示 w1(k - i)
w1k2 = w1k1;
w2k1 = [0.1832  - 0.3349  0.7061  - 0.1152  0.8087  - 0.9336];
% w2k1 = rands(1,m); % 隐含层至输出层权值的初值：w2ki 表示 w2(k - i)
w2k2 = w2k1;

for  k = 1:L
    time(k) = k;
    u(k) = 0.8 * sin(0.01 * pi * k); % 控制输入信号
    y(k) = uk(2)^3 + uk(3)^3 + (0.8 + yk(1)^3)/(1 + yk(1)^2 + yk(2)^4); % 采集系统输出数据

    % 计算 BP 网络输出
    X = [yk; uk(d:nu)];
    O1 = X;
    net2 = w1k1 * O1;
    O2 = 1./(1 + exp( - net2));
    ym(k) = w2k1 * O2;

    e(k) = y(k) - ym(k); % 模型误差

    % BP 网络训练
    dw2 = eta * e(k) * O2';
    w2 = w2k1 + dw2 + alpha * (w2k1 - w2k2); % w2(k)

    df = exp( - net2)./(1 + exp( - net2)).^2; % 激励函数的导数
    dw1 = eta * e(k) * w2k1'. * df * O1'; % 矩阵形式计算
    % for j = 1:m
        % for i = 1:n
            % dw1(j,i) = eta * e(k) * w2k1(j) * df(j) * O1(i); % 标量形式计算
        % end
    % end
    w1 = w1k1 + dw1 + alpha * (w1k1 - w1k2); % w1(k)

    % 更新数据
    w1k2 = w1k1; w1k1 = w1;
    w2k2 = w2k1; w2k1 = w2;
```

```
    for i = nu: - 1:2
        uk(i) = uk(i - 1);
    end
    uk(1) = u(k);

    for i = ny: - 1:2
        yk(i) = yk(i - 1);
    end
    yk(1) = y(k);
end
subplot(211)
plot(time,y,'r:',time,ym,'k');
xlabel('k'); ylabel('y(k)、y_m(k)');
legend('y(k)','y_m(k)'); % axis([0 L - .4 1.6]);
subplot(212)
plot(time,y - ym,'k');
xlabel('k'); ylabel('e(k)'); axis([0 L - 1 1]);
```

以上介绍的是基于局部误差的 BP 神经网络系统辨识算法，即在每一采样时刻，利用当前的最新输入样本及其对应的系统输出数据，对网络权值进行调整，以达到当前时刻的输出误差平方最小，而未考虑全局误差平方和的大小，致使获得的神经网络模型泛化能力极差。而判断一个神经网络模型是否优良，不是看其对已有数据的拟合能力，而是看其对未来的预测能力（泛化能力）。例如，取图 6.3(b)中 $k=600$ 时的权值，即

$$
\boldsymbol{w}^{(1)}(600)=\begin{bmatrix} -0.8636 & 0.9063 & 0.1142 & 0.7152 \\ -0.1340 & 0.5349 & -0.5624 & -0.1881 \\ -0.6303 & -1.0082 & 0.5633 & -0.3626 \\ -0.9515 & 0.3592 & -0.5399 & 0.2215 \\ 0.9268 & 0.3838 & -0.2346 & 0.8257 \\ -0.1506 & 0.3201 & 0.7703 & 0.8224 \end{bmatrix}
$$

$$
\boldsymbol{w}^{(2)}(600)=[0.3360 \quad -0.1615 \quad 0.9604 \quad 0.0587 \quad 1.0013 \quad -0.7268]
$$

对系统输出 $y(k)(k=1,2,\cdots,1\,200)$进行拟合，其结果如图 6.4 所示。

由图 6.4 可以看出，无论是对于训练数据还是测试数据，基于局部误差获得的神经网络模型基本无泛化能力。

仿真程序：chap6_02_BPNN_Iden_local_test.m

```
% 基于局部误差的 BP 神经网络辨识(模型测试)
clear all; close all;

ny = 2; nu = 3; d = 2; % ny、nu、d 为系统结构参数

L = 600; % 仿真长度
uk = zeros(nu,1); % 控制输入初值:uk(i)表示 u(k - i);
```

```
yk = zeros(ny,1); % 系统输出初值

% BP 网络训练后获得的参数(k = 600)
w1 = [-0.8636    0.9063    0.1142    0.7152
      -0.1340    0.5349   -0.5624   -0.1881
      -0.6303   -1.0082    0.5633   -0.3626
      -0.9515    0.3592   -0.5399    0.2215
       0.9268    0.3838   -0.2346    0.8257
      -0.1506    0.3201    0.7703    0.8224]; % 输入层至隐含层权值
w2 = [0.3360  -0.1615  0.9604  0.0587  1.0013  -0.7268]; % 隐含层至输出层权值

% BP 网络模型测试
for  k = 1:2 * L
    time(k) = k;
    u(k) = 0.8 * sin(0.01 * pi * k); % 控制输入信号
    y(k) = uk(2)^3 + uk(3)^3 + (0.8 + yk(1)^3)/(1 + yk(1)^2 + yk(2)^4); % 采集系统输出数据

    % 计算 BP 网络输出
    X = [yk; uk(d:nu)];
    O1 = X;
    net2 = w1 * O1;
    O2 = 1./(1 + exp(-net2));
    ymt(k) = w2 * O2;

    et(k) = y(k) - ymt(k); % 模型误差

    % 更新数据
    for i = nu: -1:2
        uk(i) = uk(i-1);
    end
    uk(1) = u(k);

    for i = ny: -1:2
        yk(i) = yk(i-1);
    end
    yk(1) = y(k);
end
subplot(211)
plot(time,y,'r:',time,ymt,'k');
xlabel('k'); ylabel('y(k)、y_m(k)');
legend('y(k)','y_m(k)'); % axis([0 L -.4 1.6]);
subplot(212)
```

```
plot(time,et,'k');
xlabel('k'); ylabel('e(k)'); axis([0 L -1.5 1]);
```

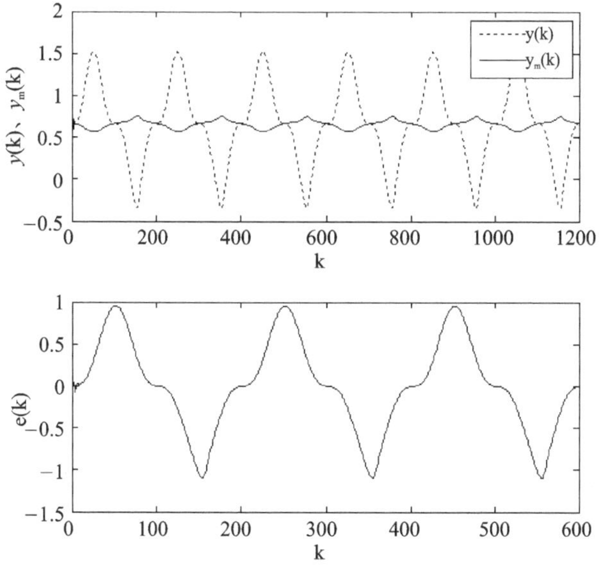

图 6.4　BP 神经网络模型泛化能力测试

6.1.3　基于全局误差的 BP 神经网络辨识

基于全局误差的 BP 神经网络辨识的核心算法就是基于局部误差的辨识算法，所不同的仅仅在于：后者以当前误差为训练目标，如式(6.1.8)所示；而前者则以全局误差为训练目标，即

$$E_g=\sum_{k=1}^{L}E(k)=\frac{1}{2}\sum_{k=1}^{L}e^2(k) \tag{6.1.16}$$

基于全局误差的神经网络辨识过程，是神经网络在外界输入样本的刺激下不断动态调整网络的连接权值，以使网络输出不断地接近期望输出，直至网络输出的全局误差减少到可接受的程度，或者进行到预先设定的学习次数为止。

算法 6-2(基于全局误差的 BP 神经网络辨识)

已知非线性系统结构参数，如 n_y、n_u、d 等。

Step1　输入系统初始数据；设置 BP 网络初始权值 $w_{ji}^{(1)}(0)$、$w_j^{(2)}(0)$ 及其他参数，如隐含层神经元个数 m、学习速率 η、动量项因子 α 等；设置全局误差精度值 ε 或最大学习次数 M。

Step2　采集一定长度的输入样本及其对应的期望输出 $y(k)$，并分为两种：训练数据和测试数据。

Step3　利用训练数据，由式(6.1.4)～式(6.1.6)计算当前网络输出 $y_m(k)$。

Step4　利用式(6.1.11a)、(6.1.14a)计算权值增量 $\Delta w_j^{(2)}(k)$ 和 $\Delta w_{ji}^{(1)}(k)$。

Step5　利用式(6.1.15)计算权值 $w_j^{(2)}(k)$ 和 $w_{ji}^{(1)}(k)$。

Step6　循环执行 Step3～Step5 L 次后（L 为训练样本个数），利用式(6.1.16)计算全局误差，判断其是否满足要求。当误差达到预设精度或学习次数大于设定的最大次数时，将获得

最终的网络权值矩阵 $w^{(1)}$、$w^{(2)}$,结束学习算法;否则,返回 Step3,进入下一轮学习。

Step7 利用测试数据及网络权值 $w^{(1)}$、$w^{(2)}$ 计算网络输出,测试网络泛化能力(预测能力)。

仿真实例 6.2

设如下非线性系统:

$$y(k)=u^3(k-2)+u^3(k-3)+\frac{0.8+y^3(k-1)}{1+y^2(k-1)+y^4(k-2)}$$

取输入信号为 $u(k)=0.8\sin(0.01\pi k)$;采用 4－6－1 三层结构的 BP 神经网络,即输入为 $\{y(k-1),y(k-2);u(k-2),u(k-3)\}$,输出为 $y_m(k)$,隐含层节点数为 6;取动量因子 $\alpha=0.05$。

下面将分两种情况,分别考察学习速率和全局误差精度对 BP 神经网络辨识效果的影响。

(1) 全局误差精度固定($E_g=0.002$),考察学习速率对网络训练能力和泛化能力的影响

取学习速率 η 分别为 0.01、0.1 和 0.5 时,BP 神经网络辨识结果如图 6.5～图 6.7 所示,具体数据结果如表 6.1 所列。

表 6.1 学习速率对 BP 网络辨识的影响($E_g=0.002$)

学习速率 η	训练步数	测试数据全局误差 E_{gt}
0.01	19 030	0.001 6
0.1	2 642	0.043 0
0.5	196	0.102 7

从图 6.5～图 6.7 及表 6.1 可以看出,随着学习速率的增大,达到相同的全局误差精度所需要的训练步数越来越少,而泛化能力则稍有下降(这可以从测试数据的全局误差看出)。

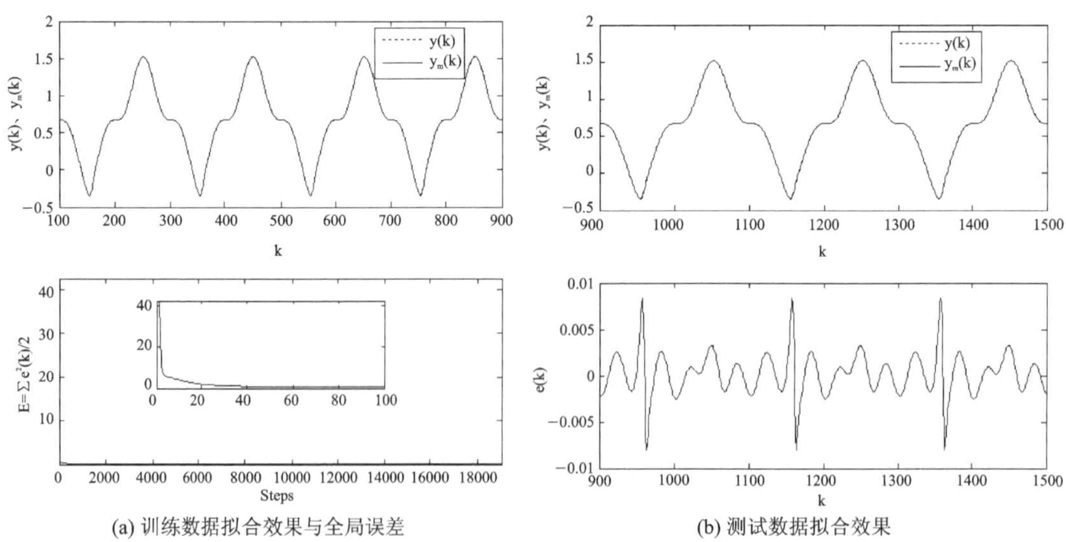

图 6.5 BP 神经网络辨识结果($\eta=0.01$)

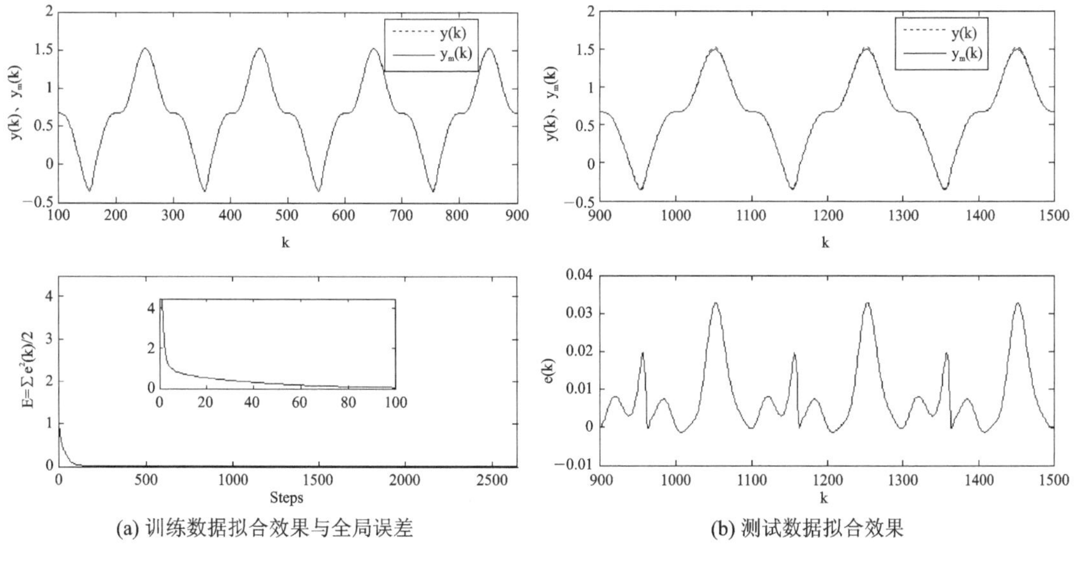

(a) 训练数据拟合效果与全局误差　　(b) 测试数据拟合效果

图 6.6　BP 神经网络辨识结果($\eta=0.1$)

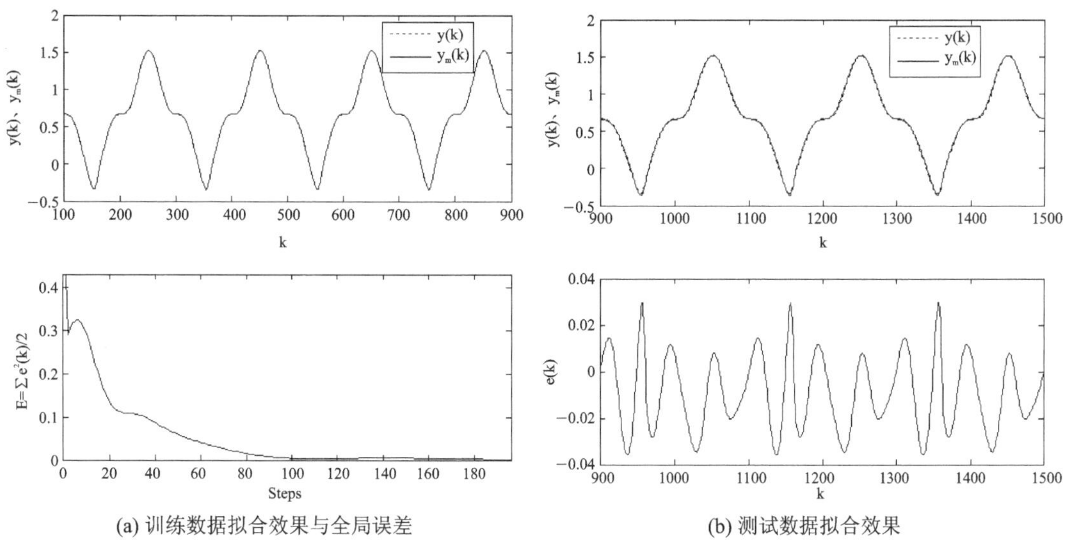

(a) 训练数据拟合效果与全局误差　　(b) 测试数据拟合效果

图 6.7　BP 神经网络辨识结果($\eta=0.5$)

(2) 学习速率固定($\eta=0.5$),考察全局误差精度对网络训练能力和泛化能力的影响

取训练数据全局误差精度 E_g 分别为 0.1、0.01 和 0.000 5 时,BP 神经网络辨识结果如图 6.8～图 6.10 所示,具体数据结果如表 6.2 所列。

表 6.2　训练数据全局误差对 BP 网络辨识的影响($\eta=0.5$)

训练样本全局误差 E_g	训练步数	测试样本全局误差 E_{gt}
0.1	36	25.290 4
0.01	87	3.682 5
0.002	196	0.102 7
0.000 5	1 102	0.220 5

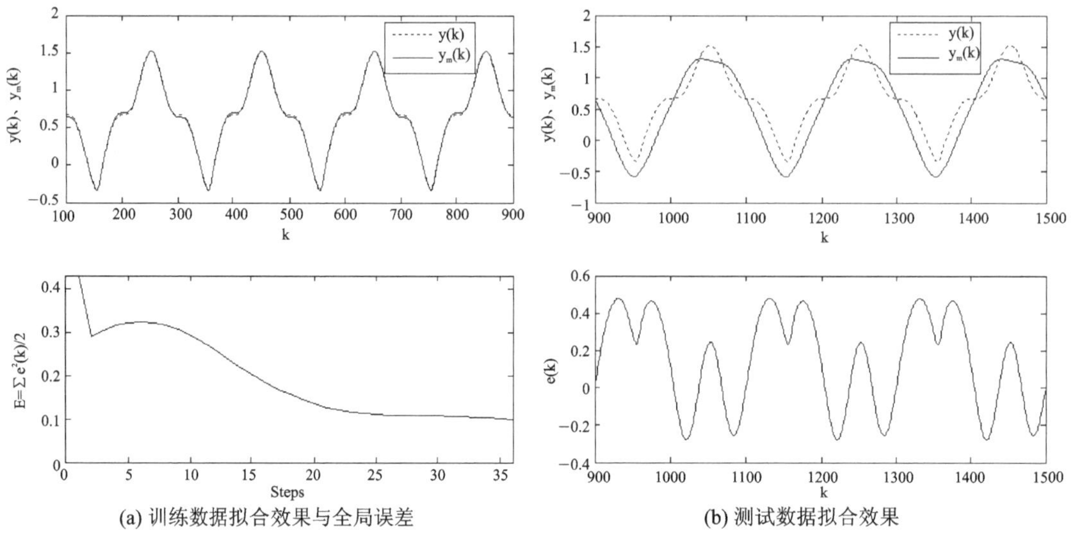

(a) 训练数据拟合效果与全局误差　　(b) 测试数据拟合效果

图 6.8　BP 神经网络辨识结果($E_g=0.1$)

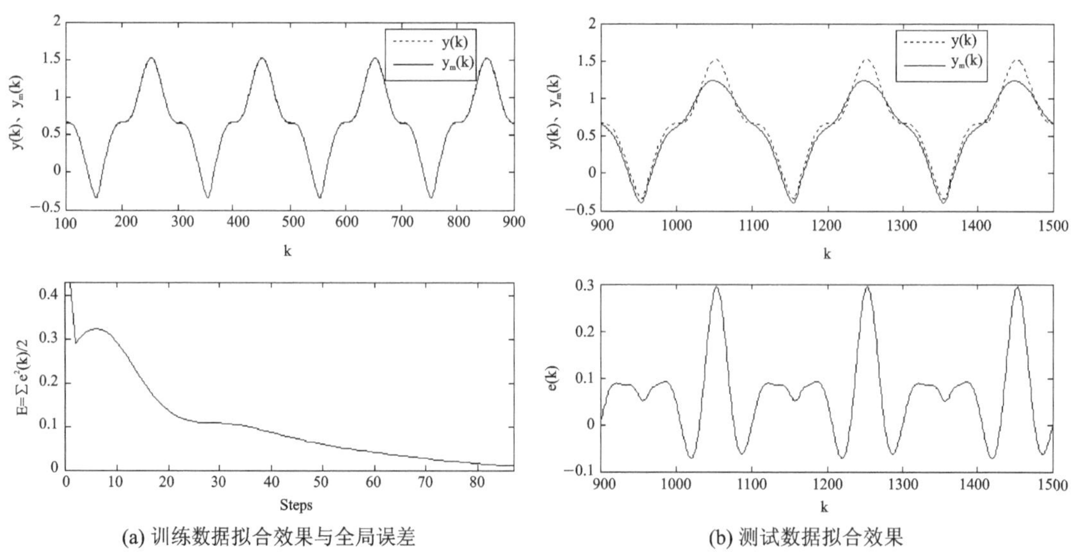

(a) 训练数据拟合效果与全局误差　　(b) 测试数据拟合效果

图 6.9　BP 神经网络辨识结果($E_g=0.01$)

从图 6.7～图 6.10 及表 6.2 可以看出,当学习速率固定不变时,随着全局误差精度要求的提高(E_g 的减小),网络训练所需的步数逐渐增加,泛化能力也显著提高。但是否是训练数据的全局误差精度要求越高,神经网络的泛化能力就越强呢?将图 6.10 的结果与图 6.7 进行对照,可知答案是否定的。当取 $E_g=0.000\,5$ 时,与 $E_g=0.002$ 相比,训练精度虽然提高了,但网络的泛化能力却不升反降($E_{gt}\big|_{E_g=0.000\,5}=0.220\,5$,$E_{gt}\big|_{E_g=0.002}=0.102\,7$),这就是所谓的“过拟合”现象,即网络在训练时学习了过多的样本细节,而最终不能反映样本内含的规律。因此,在训练网络时,不能一味地追求训练误差最小,这样容易出现“过拟合”现象,可通过实时检测误差变化率以确定最佳训练次数。

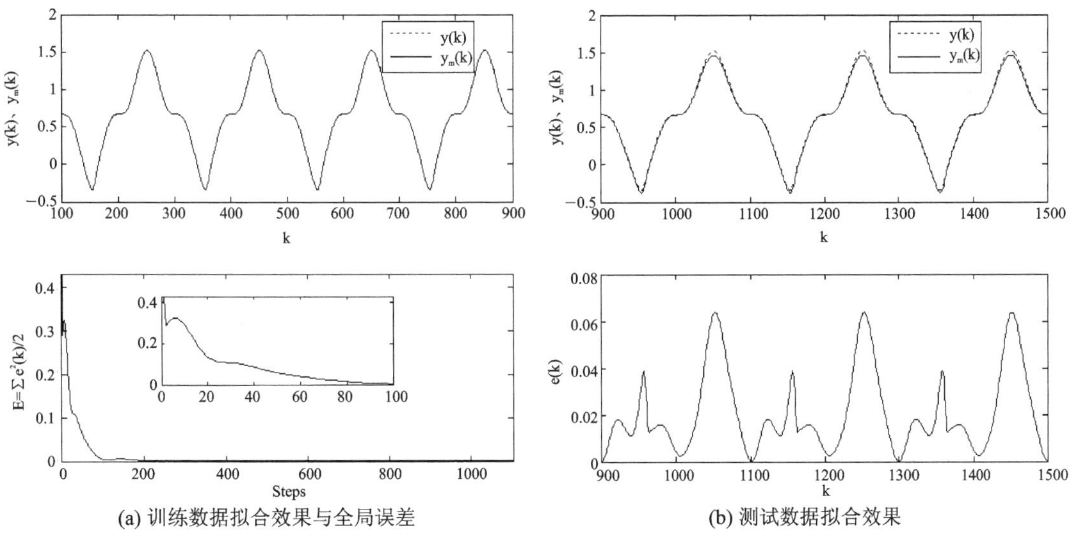

(a) 训练数据拟合效果与全局误差　　(b) 测试数据拟合效果

图 6.10　BP 神经网络辨识结果(E_g = 0.000 5)

仿真程序:chap6_03_BPNN_Iden_global.m

```
%基于全局误差的 BP 神经网络辨识
clear all; close all;

ny = 2; nu = 3; d = 2; % ny、nu、d 为系统结构参数

L = 600; %仿真长度
uk = zeros(nu,1); %控制输入初值:uk(i)表示 u(k-i);
yk = zeros(ny,1); %系统输出初值

%设置 BP 网络参数
n = ny + nu - d + 1; m = 6; % n、m 分别为输入层和隐含层节点数
eta = 0.5; %学习速率
alpha = 0.05; %动量因子
%w1k1 = rands(m,n); %输入层至隐含层权值的初值: w1ki 表示 w1(k-i)
w1k1 = [ -0.8633    0.9231    0.1046    0.7128
         -0.1273    0.5248   -0.5638   -0.1951
         -0.6523   -0.9853    0.5447   -0.3640
         -0.9478    0.3601   -0.5439    0.2173
    0.9094    0.4119   -0.2583    0.8204
   -0.1388    0.2903    0.7819    0.8182];
w1k2 = w1k1;
%w2k1 = rands(1,m); %隐含层至输出层权值的初值: w2ki 表示 w2(k-i)
w2k1 = [0.1832   -0.3349   0.7061   -0.1152   0.8087   -0.9336];
w2k2 = w2k1;
```

```
%产生训练样本 2.5L 个
for  k = 1:2.5 * L
    time(k) = k;
    u(k) = 0.8 * sin(0.01 * pi * k); %控制输入信号
    y(k) = uk(2)^3 + uk(3)^3 + (0.8 + yk(1)^3)/(1 + yk(1)^2 + yk(2)^4); %采集系统输出数据

    %更新数据
    for i = nu:-1:2
        uk(i) = uk(i-1);
    end
    uk(1) = u(k);

    for i = ny:-1:2
        yk(i) = yk(i-1);
    end
    yk(1) = y(k);
end

%利用 X(k)训练 BP 网络,k = 100, 101, ..., 900
eg = 10; %初始化全局误差
epsilon = 0.002; %全局误差精度
num = 0; %初始化训练步数
M = 100; %最大训练次数

while(eg>epsilon) %由全局误差控制训练次数
%while(num<M) %直接设定训练次数
    num = num + 1;
    es(num) = 0;
    for k = 100:1.5 * L
        %计算 BP 网络输出
        X = [y(k-1); y(k-2); u(k-2); u(k-3)];
        O1 = X;
        net2 = w1k1 * O1;
        O2 = 1./(1 + exp(-net2));
        ym(k) = w2k1 * O2;

        e(k) = y(k) - ym(k); %模型误差
        es(num) = es(num) + e(k)^2/2; %累计误差平方

        %BP 网络训练
        dw2 = eta * e(k) * O2';
        w2 = w2k1 + dw2 + alpha * (w2k1 - w2k2); %w2(k)
```

```
            df = exp( - net2)./(1 + exp( - net2)).^2; % 激励函数的导数
            dw1 = eta * e(k) * w2k1'.* df * O1'; % 矩阵形式计算
            w1 = w1k1 + dw1 + alpha * (w1k1 - w1k2); % w1(k)

            % 更新数据
            w1k2 = w1k1; w1k1 = w1;
            w2k2 = w2k1; w2k1 = w2;
        end
        eg = es(num);
    end % 获得满足全局误差要求的权值 w1、w2

    % 利用 X(k)测试 BP 网络模型(w1、w2),k = 901, 902, ..., 1500
    egt = 0; % 测试样本的输出全局误差
    for k = 1.5 * L + 1:2.5 * L
        % 计算 BP 网络输出
        X = [y(k - 1); y(k - 2); u(k - 2); u(k - 3)];
        O1 = X;
        net2 = w1k1 * O1;
        O2 = 1./(1 + exp( - net2));
        ymt(k) = w2k1 * O2;

        et(k) = y(k) - ymt(k); % 模型误差
        egt = egt + et(k)^2/2;
    end

    t1 = 100:1.5 * L;
    figure(1);
    subplot(211)
    plot(t1,y(t1),'r:',t1,ym(t1),'k');
    xlabel('k'); ylabel('y(k)、y_m(k)');
    legend('y(k)','y_m(k)'); % axis([0 L - .4 1.6]);
    subplot(212)
    plot(1:num,es,'k');
    xlabel('Steps'); ylabel('E = \Sigma{e^2(k)/2}'); axis([0 num 0 max(es)]);
    if num>500
        axes('Position',[0.3,0.25,0.4,0.16]); % 生成子图
        t0 = 1:100;
        plot(t0,es(t0),'b'); axis([0 max(t0) 0 max(es)]);
    end

    t2 = 1.5 * L + 1:2.5 * L;
    figure(2);
```

```
subplot(211)
plot(t2,y(t2),'r:',t2,ymt(t2),'k');
xlabel('k'); ylabel('y(k)、y_m(k)');
legend('y(k)','y_m(k)'); % axis([0 L -.4 1.6]);
subplot(212)
plot(t2,et(t2),'k');
xlabel('k'); ylabel('e(k)'); % axis([0 L -.5 .5]);
```

6.2 基于 RBF 神经网络的系统辨识与控制

6.2.1 RBF 神经网络

1987 年,M. J. D. Powell 提出了多变量插值的径向基函数(radial basis function, RBF)方法。1989 年,J. E. Moody 和 C. J. Darken 提出了径向基函数神经网络。该网络为具有输入层、隐含层(单层)和输出层 3 层结构的前馈网络,从输入层空间到隐含层空间的变换是非线性的,而从隐含层空间到输出层空间的变换是线性的。

构成 RBF 神经网络的基本思想是:用 RBF 作为隐含层节点的"基"构成隐含层空间,这样可以将输入矢量直接映射到隐空间(不通过权进行连接)。当 RBF 的参数确定后,这种非线性映射关系也就确定了;而隐含层空间到输出层空间的映射是线性的,即网络的输出是隐含层节点输出的线性加权和。因此,网络的权值可以用各种线性优化算法进行求解,如 LMS 算法、RLS 算法等,从而可大大加快学习速度,并可避免局部极小问题。

RBF 网络的学习过程与 BP 网络类似,仍可采用 BP 算法,其主要区别在于使用的激励函数不同:BP 网络隐含层使用的是 Sigmoid 函数,而 RBF 网络采用的是 RBF 基函数;前者的激励函数是全局的,后者的激励函数是局部的。

如前所述,BP 网络具有很好的逼近非线性映射能力和泛化能力,但由于 BP 网络为全局逼近网络,每一次样本学习都要重新调整网络的所有权值,收敛速度慢,易于陷入局部极值,这一点难以满足需要自适应功能的实时控制的要求。而 RBF 网络是局部逼近的神经网络,与 BP 神经网络相比,收敛速度大大提高,并可避免局部极小问题,适于实时控制的要求。

6.2.2 基于 RBF 神经网络的系统辨识

设非线性 SISO 系统采用如下非线性扩展自回归滑动平均模型(NARMAX)描述:

$$y(k)=f(y(k-1),\cdots,y(k-n_y);u(k-d),\cdots,u(k-n_u)) \tag{6.2.1}$$

式中,$u(\cdot)$和 $y(\cdot)$分别为系统的输入和输出,$f(\cdot)$表示系统输入与输出之间的非线性关系;$d\geqslant 1$ 为系统纯延时,若 d 时变或未知,可令 $d=1$。

为了建立上述非线性系统的模型,将 RBF 神经网络也选为 NARMAX 模型,即

$$y_m(k)=f_m(y(k-1),\cdots,y(k-n_y);u(k-d),\cdots,u(k-n_u)) \tag{6.2.2}$$

RBF 神经网络系统辨识的结构与 BP 神经网络相同,如图 6.1 所示。

用于非线性 SISO 系统辨识的 RBF 神经网络典型结构如图 6.11 所示。图 6.11 中,$R_j(\boldsymbol{x})$为径向基函数,$j=1,2,\cdots,m$。

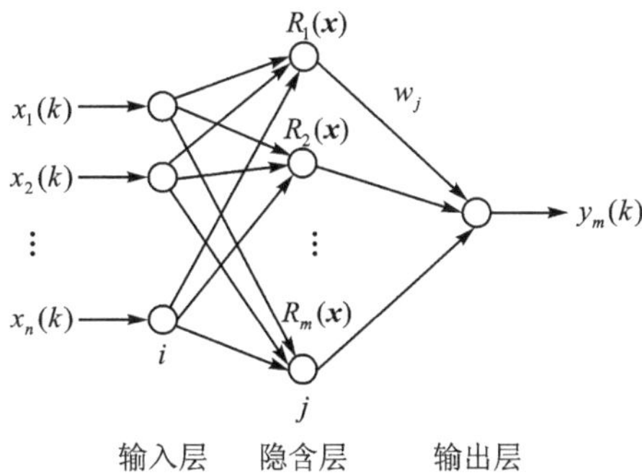

图 6.11　RBF 神经网络结构

网络的输入取为 $\boldsymbol{x}=[x_1(k),x_2(k),\cdots,x_n(k)]^{\mathrm{T}}=[y(k-1),\cdots,y(k-n_y);u(k-d),\cdots,u(k-n_u)]^{\mathrm{T}}$（$n$ 为输入层节点个数且 $n=n_y+n_u-d+1$），输出为 $y_m(k)$，隐含层的激励函数取为高斯(Gaussian)基函数，即

$$R_j(\boldsymbol{x})=\exp\left(-\frac{\|\boldsymbol{x}-\boldsymbol{c}_j\|^2}{2b_j^2}\right),\quad j=1,2,\cdots,m \tag{6.2.3}$$

式中，$\boldsymbol{c}_j$ 为第 j 个基函数的中心点，且 $\boldsymbol{c}_j=[c_{j1},c_{j2},\cdots,c_{jn}]^{\mathrm{T}}$，$b_j$ 是一个可以自由选择的参数，它决定该基函数围绕中心点的宽度，m 为隐含层节点个数。则激励函数的导数为

$$\frac{\partial R_j(\boldsymbol{x})}{\partial b_j}=\exp\left(-\frac{\|\boldsymbol{x}-\boldsymbol{c}_j\|^2}{b_j^2}\right)\frac{\|\boldsymbol{x}-\boldsymbol{c}_j\|^2}{b_j^3}=R_j(\boldsymbol{x})\frac{\|\boldsymbol{x}-\boldsymbol{c}_j\|^2}{b_j^3} \tag{6.2.4a}$$

$$\frac{\partial R_j(\boldsymbol{x})}{\partial c_{ji}}=\exp\left(-\frac{\|\boldsymbol{x}-\boldsymbol{c}_j\|^2}{b_j^2}\right)\frac{(x_i-c_{ji})}{b_j^2}=R_j(\boldsymbol{x})\frac{(x_i-c_{ji})}{b_j^2} \tag{6.2.4b}$$

下面看一下 RBF 神经网络是如何训练的，即信号前向传播和误差反向传播的过程。

(1) 信号前向传播：计算 RBF 网络的输出

输入层神经元的输出为 $\boldsymbol{x}(k)=[x_1(k),x_2(k),\cdots,x_n(k)]^{\mathrm{T}}$，而由式(6.2.3)知，隐含层神经元的输出为

$$R_j(\boldsymbol{x}(k))=\exp\left(-\frac{\|\boldsymbol{x}(k)-\boldsymbol{c}_j(k-1)\|^2}{b_j^2(k-1)}\right),\quad j=1,2,\cdots,m \tag{6.2.5}$$

输出层神经元的输出为

$$y_m(k)=\sum_{j=1}^{m}w_j(k-1)R_j(\boldsymbol{x}(k)) \tag{6.2.6}$$

式中，$w_j(k-1)$为$(k-1)$时刻第 j 个隐含层神经元至输出层神经元的权值。

由图 6.1 知，用于训练 RBF 网络的误差为

$$e(k)=y(k)-y_m(k) \tag{6.2.7}$$

式中，$y(k)$为系统实际输出，$y_m(k)$为模型输出。

取性能指标函数为

$$E(k)=\frac{1}{2}e^2(k) \tag{6.2.8}$$

(2) 误差反向传播：采用 δ 学习算法，调整 RBF 网络各层间的权值

根据梯度下降法，权值的学习算法如下。

① 隐含层至输出层的权值 $w_j(k)$:

由式(6.2.8)和式(6.2.7)得

$$\delta^{(2)}=\frac{\partial E(k)}{\partial y_m(k)}=\frac{\partial E(k)}{\partial e(k)}\frac{\partial e(k)}{\partial y_m(k)}=-e(k) \tag{6.2.9}$$

由式(6.2.9)和式(6.2.6)得

$$\frac{\partial E(k)}{\partial w_j(k-1)}=\frac{\partial E(k)}{\partial y_m(k)}\frac{\partial y_m(k)}{\partial w_j(k-1)}=\delta^{(2)}R_j(\boldsymbol{x}(k))=-e(k)R_j(\boldsymbol{x}(k)) \tag{6.2.10}$$

则隐含层至输出层的权值 $w_j(k)$的学习算法为

$$\Delta w_j(k)=-\eta\frac{\partial E(k)}{\partial w_j(k-1)}=\eta e(k)R_j(\boldsymbol{x}(k)) \tag{6.2.11a}$$

$$w_j(k)=w_j(k-1)+\Delta w_j(k)+\alpha(w_j(k-1)-w_j(k-2)) \tag{6.2.11b}$$

式中,η 为学习速率($\eta>0$),α 为动量项因子($\alpha\in[0,1)$)。

② 隐含层高斯基函数参数 $b_j(k)$和 $c_{ji}(k)$:

由式(6.2.9)和式(6.2.6)得

$$\delta_j^{(1)}=\frac{\partial E(k)}{\partial R_j(\boldsymbol{x}(k))}=\frac{\partial E(k)}{\partial y_m(k)}\frac{\partial y_m(k)}{\partial R_j(\boldsymbol{x}(k))}=\delta^{(2)}w_j(k-1) \tag{6.2.12}$$

则由式(6.2.12)和式(6.2.4)得

$$\begin{aligned}\frac{\partial E(k)}{\partial b_j(k-1)}&=\frac{\partial E(k)}{\partial R_j(\boldsymbol{x}(k))}\frac{\partial R_j(\boldsymbol{x}(k))}{\partial b_j(k-1)}\\&=-e(k)w_j(k-1)R_j(\boldsymbol{x}(k))\frac{\|\boldsymbol{x}(k)-\boldsymbol{c}_j(k-1)\|^2}{b_j^3(k-1)}\end{aligned} \tag{6.2.13}$$

$$\begin{aligned}\frac{\partial E(k)}{\partial c_{ji}(k-1)}&=\frac{\partial E(k)}{\partial R_j(\boldsymbol{x}(k))}\frac{\partial R_j(\boldsymbol{x}(k))}{\partial c_{ji}(k-1)}\\&=-e(k)w_j(k-1)R_j(\boldsymbol{x}(k))\frac{x_i(k)-c_{ji}(k-1)}{b_j^2(k-1)}\end{aligned} \tag{6.2.14}$$

则 $b_j(k)$、$c_{ji}(k)$的学习算法为

$$\Delta b_j(k)=-\eta\frac{\partial E(k)}{\partial b_j(k-1)}=\eta e(k)w_j(k-1)R_j(\boldsymbol{x}(k))\frac{\|\boldsymbol{x}(k)-\boldsymbol{c}_j(k-1)\|^2}{b_j^3(k-1)} \tag{6.2.15a}$$

$$b_j(k)=b_j(k-1)+\Delta b_j(k)+\alpha(b_j(k-1)-b_j(k-2)) \tag{6.2.15b}$$

$$\Delta c_{ji}(k)=-\eta\frac{\partial E(k)}{\partial c_{ji}(k-1)}=\eta e(k)w_j(k-1)R_j(\boldsymbol{x}(k))\frac{x_i(k)-c_{ji}(k-1)}{b_j^2(k-1)} \tag{6.2.16a}$$

$$c_{ji}(k)=c_{ji}(k-1)+\Delta c_{ji}(k)+\alpha(c_{ji}(k-1)-c_{ji}(k-2)) \tag{6.2.16b}$$

算法 6-3(基于 RBF 神经网络的系统辨识)

已知非线性系统结构参数,如 n_y、n_u、d 等。

Step1 输入系统初始数据,设置 RBF 网络参数初值 $b_j(0)$、$c_{ji}(0)$、$w_j(0)$及其他参数,如隐含层神经元个数 m、学习速率 η、动量项因子 α 等。

Step2 采样实际系统输出 $y(k)$,并由式(6.2.5)和式(6.2.6)计算当前网络输出 $y_m(k)$。

Step3 利用式(6.2.11a)、式(6.2.15a)及式(6.2.16a)计算网络参数增量 $\Delta w_j(k)$、

$\Delta b_j(k)$和 $\Delta c_{ji}(k)$。

Step4　利用式(6.2.11b)、式(6.2.15b)及式(6.2.16b)计算网络参数 $w_j(k)$、$b_j(k)$和 $c_{ji}(k)$。

Step5　返回 Step2($k \to k+1$),继续循环。

仿真实例 6.3

设如下非线性系统:

$$y(k)=u^3(k-2)+u^3(k-3)+\frac{0.8+y^3(k-1)}{1+y^2(k-1)+y^4(k-2)}$$

取输入信号为 $u(k)=0.8\sin(0.01\pi k)$;采用 4－6－1 结构的 RBF 神经网络,输入为 $\{y(k-1),y(k-2);u(k-2),u(k-3)\}$,输出为 $y_m(k)$,隐含层节点数为 6;并取学习速率 $\eta=0.5$ 和动量项因子 $\alpha=0.05$,则 RBF 神经网络模型输出与实际系统输出的拟合情况如图 6.12 所示。

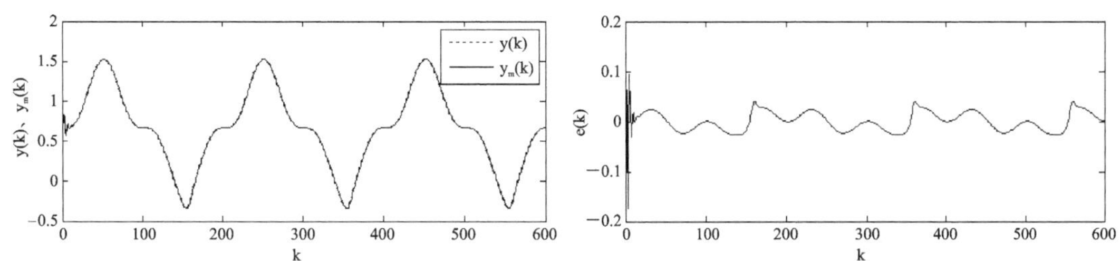

图 6.12　RBF 神经网络辨识结果

与 BP 神经网络类似,利用 RBF 神经网络进行系统辨识时,学习速率 η、动量因子 α、高斯基函数参数初值 $b_j(0)$与 $c_{ji}(0)$、权值初值 $w_j(0)$、隐含层节点数 m 等网络参数的设置对网络的训练均有影响,读者可以通过修改程序代码进行测试。

仿真程序:chap6_04_RBFNN_Iden_local.m

```
%基于局部误差的 RBF 神经网络辨识
clear all; close all;

ny = 2; nu = 3; d = 2; % ny、nu、d 为系统结构参数

L = 600; % 仿真长度
uk = zeros(nu,1); % 控制输入初值:uk(i)表示 u(k-i);
yk = zeros(ny,1); % 系统输出初值

% 设置 RBF 网络参数
n = ny + nu - d + 1; m = 6; % n、m 分别为输入层和隐含层节点数
eta = 0.5; % 学习速率
alpha = 0.05; % 动量因子
ck1 = 20 * ones(m,n); ck2 = ck1; % 隐含层中心向量初值: cki 表示 c(k-i)
```

```
bk1 = 40 * ones(m,1); bk2 = bk1; % 隐含层中心向量初值：bki 表示 b(k - i)
wk1 = rands(1,m); wk2 = wk1; % 隐含层至输出层权值的初值：wki 表示 w(k - i)
R = zeros(m,1); % 定义 R 结构
db = zeros(m,1); % 定义 Δb 结构
dc = zeros(m,n); % 定义 Δc 结构

for k = 1:L
    time(k) = k;
    u(k) = 0.8 * sin(0.01 * pi * k); % 控制输入信号
    y(k) = uk(2)^3 + uk(3)^3 + (0.8 + yk(1)^3)/(1 + yk(1)^2 + yk(2)^4); % 采集系统输出数据

    % 计算 RBF 网络输出
    x = [yk; uk(d:nu)];
    for j = 1:m
        R(j) = exp( - norm(x - ck1(j,:)')^2/(2 * bk1(j)^2));
    end
    ym(k) = wk1 * R;

    e(k) = y(k) - ym(k); % 模型误差

    % RBF 网络训练
    dw = eta * e(k) * R'; % Δw(k)
    for j = 1:m
        db(j) = eta * e(k) * wk1(j) * R(j) * norm(x - ck1(j,:)')^2/bk1(j)^3; % Δb(k)
        for i = 1:n
            dc(j,i) = eta * e(k) * wk1(j) * R(j) * (x(i) - ck1(j,i))/bk1(j)^2; % Δc(k)
        end
    end

    w = wk1 + dw + alpha * (wk1 - wk2);
    b = bk1 + db + alpha * (bk1 - bk2);
    c = ck1 + dc + alpha * (ck1 - ck2);

    % 更新数据
    bk2 = bk1; bk1 = b;
    ck2 = ck1; ck1 = c;
    wk2 = wk1; wk1 = w;

    for i = nu: - 1:2
        uk(i) = uk(i - 1);
    end
    uk(1) = u(k);
```

```
    for i = ny: - 1:2
        yk(i) = yk(i - 1);
    end
    yk(1) = y(k);
end
subplot(211)
plot(time,y,'r:',time,ym,'k');
xlabel('k'); ylabel('y(k)、y_m(k)');
legend('y(k)','y_m(k)'); axis([0 L - .5 2]);
subplot(212)
plot(time,y - ym,'k');
xlabel('k'); ylabel('e(k)'); % axis([0 L - .5 .5]);
```

6.2.3　基于 RBF 神经网络的 PID 自校正控制

基于 RBF 神经网络的 PID 自校正控制结构如图 6.13 所示。

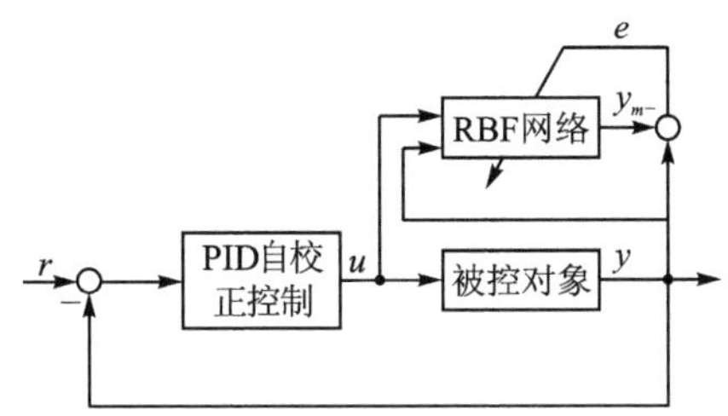

图 6.13　基于 RBF 网络的 PID 自校正控制结构

这里采用增量式 PID 控制算法，即

$$\Delta u(k)=K_p(k-1)x_{c1}(k)+K_i(k-1)x_{c2}(k)+K_d(k-1)x_{c3}(k) \tag{6.2.17}$$

式中，K_p、K_i、K_d 为 PID 调节参数，且

$$\begin{cases} e_c(k)=r(k)-y(k) \\ x_{c1}(k)=e_c(k)-e_c(k-1) \\ x_{c2}(k)=e_c(k) \\ x_{c3}(k)=e_c(k)-2e_c(k-1)+e_c(k-2) \end{cases} \tag{6.2.18}$$

则控制律为

$$u(k)=u(k-1)+\Delta u(k) \tag{6.2.19}$$

取性能指标函数为

$$E_c(k)=\frac{1}{2}e_c^2(k) \tag{6.2.20}$$

采用梯度下降法调整 PID 参数如下：

$$\Delta K_p(k)=-\eta_c\frac{\partial E_c(k)}{\partial K_p(k-1)}=-\eta_c\frac{\partial E_c(k)}{\partial y(k)}\frac{\partial y(k)}{\partial u(k)}\frac{\partial u(k)}{\partial K_p(k-1)}=\eta_c e_c(k)\frac{\partial y(k)}{\partial u(k)}x_{c1}(k) \tag{6.2.21a}$$

$$\Delta K_i(k)=-\eta_c\frac{\partial E_c(k)}{\partial K_i(k-1)}=-\eta_c\frac{\partial E_c(k)}{\partial y(k)}\frac{\partial y(k)}{\partial u(k)}\frac{\partial u(k)}{\partial K_i(k-1)}=\eta_c e_c(k)\frac{\partial y(k)}{\partial u(k)}x_{c2}(k) \tag{6.2.21b}$$

$$\Delta K_d(k)=-\eta_c\frac{\partial E_c(k)}{\partial K_d(k-1)}=-\eta_c\frac{\partial E_c(k)}{\partial y(k)}\frac{\partial y(k)}{\partial u(k)}\frac{\partial u(k)}{\partial K_d(k-1)}=\eta_c e_c(k)\frac{\partial y(k)}{\partial u(k)}x_{c3}(k) \tag{6.2.21c}$$

则 PID 参数的学习算法为

$$K_p(k)=K_p(k-1)+\Delta K_p(k)+\alpha_c(K_p(k-1)-K_p(k-2)) \tag{6.2.22a}$$

$$K_i(k)=K_i(k-1)+\Delta K_i(k)+\alpha_c(K_i(k-1)-K_i(k-2)) \tag{6.2.22b}$$

$$K_d(k)=K_d(k-1)+\Delta K_d(k)+\alpha_c(K_d(k-1)-K_d(k-2)) \tag{6.2.22c}$$

由式(6.2.21)和式(6.2.22)知,计算 PID 参数时,需要用到$\frac{\partial y(k)}{\partial u(k)}$(称为 Jacobian 信息),但由于被控对象模型未知,Jacobian 信息无法直接求解,可做如下近似处理:

$$\frac{\partial y(k)}{\partial u(k)}\approx\frac{\partial y_m(k)}{\partial u(k)} \tag{6.2.23}$$

取 RBF 网络的输入为

$$\boldsymbol{x}=[x_1(k),x_2(k),\cdots,x_n(k)]^{\mathrm{T}}=[y(k-1),\cdots,y(k-n_y);u(k),\cdots,u(k-n_u)]^{\mathrm{T}}$$

即 $x_{n_y+1}(k)=u(k)$,则由式(6.2.6)和式(6.2.5)得

$$\frac{\partial y_m(k)}{\partial u(k)}=\sum_{j=1}^{m}w_j(k-1)\frac{\partial R_j(\boldsymbol{x}(k))}{\partial u(k)}=\sum_{j=1}^{m}w_j(k-1)R_j(\boldsymbol{x}(k))\frac{c_{j(n_y+1)}(k-1)-u(k)}{b_j^2(k-1)} \tag{6.2.24}$$

算法 6-4(基于 RBF 神经网络的 PID 自校正控制)

已知非线性系统结构参数,如 n_y、n_u、d 等。

Step1 输入系统初始数据;设置 RBF 网络参数初值 $b_j(0)$、$c_{ji}(0)$、$w_j(0)$及其他参数,如隐含层神经元个数 m、学习速率 η、动量项因子 α 等;设置 PID 参数初值及其训练参数,即 $K_p(0)$、$K_i(0)$、$K_d(0)$、学习速率 η_c 和动量项因子 α_c。

Step2 采样实际系统输出 $y(k)$和参考输入 $y_r(k)$,并由式(6.2.17)~式(6.2.19)计算 $u(k)$。

Step3 由式(6.2.5)和式(6.2.6)计算当前网络输出 $y_m(k)$,并由式(6.2.23)和式(6.2.24)计算 Jacobian 信息。

Step4 利用式(6.2.21)和式(6.2.22)计算 PID 参数 $K_p(k)$、$K_i(k)$、$K_d(k)$。

Step5 利用式(6.2.11)、式(6.2.15)及式(6.2.16)计算网络参数 $w_j(k)$、$b_j(k)$、$c_{ji}(k)$。

Step6 返回 Step2($k\to k+1$),继续循环。

仿真实例 6.4

设如下非线性系统:

$$y(k)=u^3(k-2)+u^3(k-3)+\frac{0.8+y^3(k-1)}{1+y^2(k-1)+y^4(k-2)}$$

取参考输入信号为方波信号 $y_r(k)=0.25\mathrm{sign}(\sin(0.002\pi k))+0.75$;采用 6-10-1 结构的 RBF 神经网络,输入为$\{y(k-1),y(k-2);u(k),u(k-1),u(k-2),u(k-3)\}$,输出为 $y_m(k)$,隐含层节点数为 10;取网络训练学习速率 $\eta=0.5$,动量项因子 $\alpha=0.05$;取 PID 参数

初值均为 0，PID 参数学习速率 $\eta_c=1$、动量项因子 $\alpha=0.1$，则基于 RBF 神经网络的 PID 自校正控制结果如图 6.14 所示。

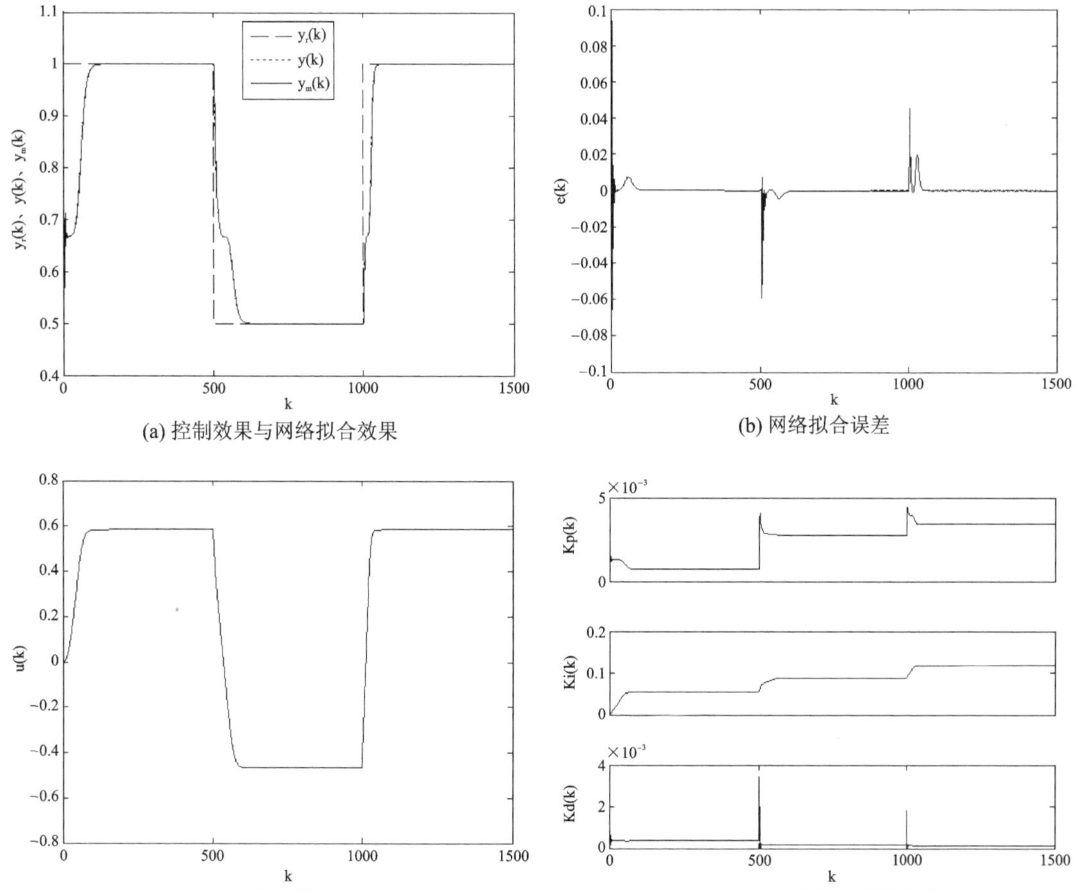

(a) 控制效果与网络拟合效果

(b) 网络拟合误差

(c) 控制信号

(d) PID参数自适应调整

图 6.14　基于 RBF 神经网络的 PID 自校正控制结果

由图 6.14 可以看出，基于 RBF 神经网络的系统辨识效果和 PID 自校正控制效果均良好。但由图 6.14(d)可以看出，随着参考输入信号的周期性阶跃变化，比例参数 K_p 和积分参数 K_i 也周期性地不断增大。这样，随着时间 k 的推移，PID 参数势必将会导致系统的发散。将仿真长度取为 3 500 时，仿真结果如图 6.15 所示。可以看出，系统在 $k=3\,000$ 之后开始振荡发散；而且，此时 RBF 网络并未向系统稳定的方向调整 PID 参数，而是继续增大 K_p 和 K_i，这更加速了系统的发散。

这里以积分参数 K_i 为例，分析其自适应调整规律。图 6.15 对应的 Jacobian 信息由 RBF 网络辨识获得，其规律如图 6.16 所示。可以看出，该系统的 Jacobian 信息在仿真时间范围内总是正数，且由式(6.2.18)和式(6.2.21b)得

$$\Delta K_i(k)=\eta_c e_c^2(k)\frac{\partial y(k)}{\partial u(k)}>0$$

即 $\Delta K_i(k)$恒大于 0，则积分参数 $K_i(k)$将随着时间的推移而逐渐增大，并最终导致系统的发

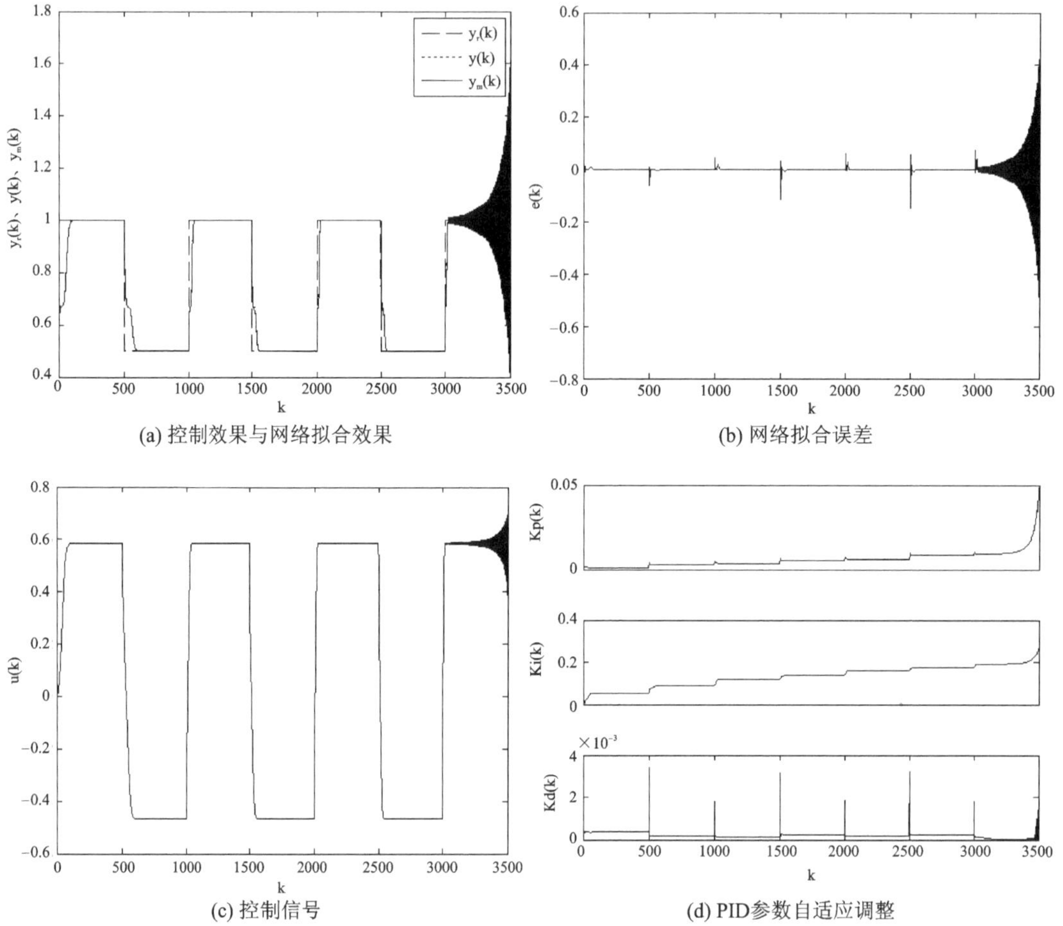

$y_r(k)$
$y(k)$
$y_m(k)$
$y_r(k)$、$y(k)$、$y_m(k)$
k
(a) 控制效果与网络拟合效果
e(k)
k
(b) 网络拟合误差
u(k)
k
(c) 控制信号
Kp(k)
Ki(k)
$\times 10^{-3}$
Kd(k)
k
(d) PID参数自适应调整

图 6.15　基于 RBF 神经网络的 PID 自校正控制结果(续)

dy(k)/du(k)
k

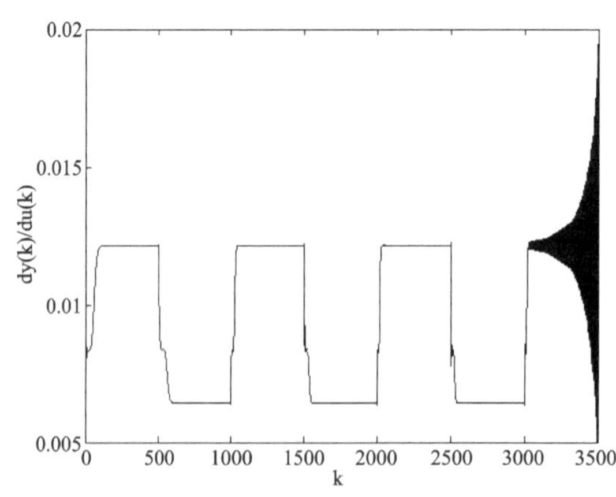

图 6.16　Jacobian 信息的辨识

散。如何改进基于 RBF 神经网络的 PID 自校正控制算法,以保证闭环系统的稳定性,读者可以尝试着分析和解决这个问题。

仿真程序:chap6_05_RBFNN_PID. m

```
%基于局部误差的 RBF 神经网络辨识 + PID 自校正控制
clear all; close all;

ny = 2; nu = 3; d = 2; % ny、nu、d 为系统结构参数

L = 1500; %仿真长度
uk = zeros(nu,1); %控制输入初值:uk(i)表示 u(k-i);
yk = zeros(ny,1); %系统输出初值

%设置 RBF 网络参数
n = ny + nu + 1; m = 10; % n、m 分别为输入层和隐含层节点数(注意:输入层和隐含层节点数与辨识程序
                          % chap6_04 不同!)
eta = 0.5; %学习速率
alpha = 0.05; %动量因子
ck1 = 20 * ones(m,n); ck2 = ck1; %隐含层中心向量初值: cki 表示 c(k-i)
bk1 = 40 * ones(m,1); bk2 = bk1; %隐含层中心向量初值: bki 表示 b(k-i)
wk1 = [0.3219  0.4595  0.7815  0.9646  0.5381  0.1629  0.8566  0.1602  -0.9660
-0.7583];
%wk1 = rands(1,m);
wk2 = wk1; %隐含层至输出层权值的初值: wki 表示 w(k-i)
R = zeros(m,1); %定义 R 结构
db = zeros(m,1); %定义 Δb 结构
dc = zeros(m,n); %定义 Δc 结构

%设置 PID 参数初值
Kp1 = 0.0; Kp2 = Kp1; %比例: Kpi 表示 Kp(k-i)
Ki1 = 0.0; Ki2 = Ki1; %积分: Kii 表示 Ki(k-i)
Kd1 = 0.0; Kd2 = Kd1; %微分: Kdi 表示 Kd(k-i)
eck1 = 0;  eck2 = 0; %误差: ecki 表示 ec(k-i)

etac = 1; %PID 参数学习速率
alphac = 0.1; %PID 参数动量因子

for k = 1:L
    time(k) = k;
    y(k) = uk(2)^3 + uk(3)^3 + (0.8 + yk(1)^3)/(1 + yk(1)^2 + yk(2)^4); %采集系统输出数据

    %计算 PID 控制量 u(k)
    yr(k) = 0.25 * sign(sin(0.002 * pi * k)) + 0.75;
    ec(k) = yr(k) - y(k);
```

```
xc(1) = ec(k) - eck1;
xc(2) = ec(k);
xc(3) = ec(k) - 2 * eck1 + eck2;

du = Kp1 * xc(1) + Ki1 * xc(2) + Kd1 * xc(3); % 控制增量 Δu(k)
u(k) = uk(1) + du;

%计算 RBF 网络输出
x = [yk; u(k); uk]; % RBF 网络输入(包含 u(k)!!!)
for j = 1:m
    R(j) = exp( - norm(x - ck1(j,:)')^2/(2 * bk1(j)^2));
end
ym(k) = wk1 * R;

%计算 Jacobian 信息
J(k) = 0;
for j = 1:m
    J(k) = J(k) + wk1(j) * R(j) * (ck1(j,ny + 1) - u(k))/bk1(j)^2;
end

%PID 参数学习
dKp = etac * ec(k) * J(k) * xc(1); % Δkp(k)
dKi = etac * ec(k) * J(k) * xc(2);
dKd = etac * ec(k) * J(k) * xc(3);

Kp(k) = Kp1 + dKp + alphac * (Kp1 - Kp2); % Kp(k)
Ki(k) = Ki1 + dKi + alphac * (Ki1 - Ki2);
Kd(k) = Kd1 + dKd + alphac * (Kd1 - Kd2);
if Kp(k)<0
    Kp(k) = 0;
end
if Ki(k)<0
    Ki(k) = 0;
end
if Kd(k)<0
    Kd(k) = 0;
end

%RBF 网络训练
e(k) = y(k) - ym(k); %模型误差

dw = eta * e(k) * R'; % Δw(k)
```

```
    for j = 1:m
        db(j) = eta * e(k) * wk1(j) * R(j) * norm(x - ck1(j,:)')^2/bk1(j)^3;  % Δb(k)
        for i = 1:n
            dc(j,i) = eta * e(k) * wk1(j) * R(j) * (x(i) - ck1(j,i))/bk1(j)^2;  % Δc(k)
        end
    end

    w = wk1 + dw + alpha * (wk1 - wk2);
    b = bk1 + db + alpha * (bk1 - bk2);
    c = ck1 + dc + alpha * (ck1 - ck2);

    % 更新数据
    bk2 = bk1; bk1 = b;
    ck2 = ck1; ck1 = c;
    wk2 = wk1; wk1 = w;

    for i = nu: - 1:2
        uk(i) = uk(i - 1);
    end
    uk(1) = u(k);

    for i = ny: - 1:2
        yk(i) = yk(i - 1);
    end
    yk(1) = y(k);

    eck2 = eck1; eck1 = ec(k);
    Kp2 = Kp1; Kp1 = Kp(k);
    Ki2 = Ki1; Ki1 = Ki(k);
    Kd2 = Kd1; Kd1 = Kd(k);
end
figure(1);
plot(time,yr,'r - - ',time,y,'k:',time,ym,'k');
xlabel('k'); ylabel('y_r(k)、y(k)、y_m(k)');
legend('y_r(k)','y(k)','y_m(k)'); axis([0 L 0.4 1.1]);
figure(2);
plot(time,y - ym,'k');
xlabel('k'); ylabel('e(k)'); axis([0 L - .1 .1]);
figure(3);
plot(time,u,'k');
xlabel('k'); ylabel('u(k)'); axis([0 L - .8 .8]);
figure(4);
```

```
subplot(311)
plot(time,Kp,'k');
set(gca,'xtick',[]); ylabel('Kp(k)');
subplot(312)
plot(time,Ki,'k');
set(gca,'xtick',[]); ylabel('Ki(k)');
subplot(313)
plot(time,Kd,'k');
xlabel('k'); ylabel('Kd(k)'); axis([0 L -.5 .5]);
figure(5)
plot(time,J,'k');
xlabel('k'); ylabel('dy(k)/du(k)');
```

第7章　模糊控制与模糊神经网络辨识

第6章介绍的神经网络根据人脑的信息处理过程来构造人工神经网络，从而模仿人的智能。本章将介绍另外一种模仿人的智能方法——模糊系统。

7.1　引　言

1965年，美国加州大学教授L. A. Zadeh在其发表的著名论文*Fuzzy Sets*中首先提出用"隶属函数"来定量描述模糊性的模糊集合理论，由此奠定了模糊数学的基础。

模糊集合论自提出以来，发展十分迅速，并在许多领域中获得了广泛应用。最早取得应用成果的是英国的E. H. Mamdanl教授，他于1974年首次将模糊逻辑应用到蒸汽发动机的压力和速度的控制中，取得了比常规PID控制更好的结果，开创了模糊控制理论在工程应用上的先河。1980年英国的I. G. Umbers成功地将模糊控制理论应用到水泥窑的自动控制中，为模糊理论的实际应用开辟了崭新的前景。从此以后，模糊集合论得到了迅速发展。它不仅在工业控制中获得了广泛应用，而且也迅速扩展到其他领域，如地铁自动化、电梯群控制、智能交通、冰箱、空调、洗衣机、相机镜头的自动聚焦等。

与神经网络一样，模糊集合论不仅可以用于系统控制中，还可以用于系统建模与辨识中，下面将分别介绍模糊集合论在这两方面的典型应用。

7.2　模糊逻辑控制

模糊逻辑控制(fuzzy logic control，FLC)，简称模糊控制，是以模糊集合论、模糊语言变量和模糊逻辑推理为基础的一种具有反馈通道闭环结构的计算机控制技术。它不依赖于被控对象的数学模型，而只需要现场操作人员和有关专家的经验、知识或操作数据，鲁棒性和自适应性好，可实现对复杂对象的有效控制。

7.2.1　模糊控制系统的设计

模糊控制系统的基本结构如图7.1所示，主要由模糊控制器和被控对象组成，其中模糊控制器是其核心部分。模糊控制算法的实现可以概括为以下4个步骤：

1）根据当前采样，得到e和ec，并将其作为模糊控制器的输入；

2）将输入变量e和ec的精确值变为模糊量E和EC。

3）根据输入量E和EC及模糊控制规则，按模糊推理合成计算出控制量U(模糊量)。

4）将控制量U反模糊化得到精确的控制量u。

如图7.1所示，模糊控制器一般以被控对象的输出误差和输出误差变化率为输入量，以施加于被控对象的控制量作为输出量。模糊控制器的设计主要由以下4部分组成[28, 29]。

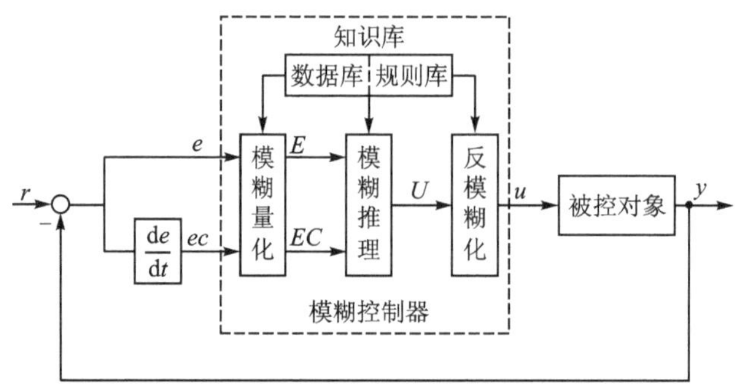

图 7.1　模糊控制系统基本结构

1. 精确量的模糊化

这部分的作用是将输入的精确量转换为模糊量。根据精确量实际变化范围$[a,b]$,合理选择模糊变量的论域为$[-n,n]$,通过量化因子$k=2n/(b-a)$,将其转换成若干等级的离散论域,如 7 个等级为{负大,负中,负小,零,正小,正中,正大},简写为{NB, NM, NS, Z, PS, PM, PB};利用知识库中确定的模糊子集隶属函数(常用的有三角形、梯形、钟形、S 形、Z 形、高斯型等),得到精确输入量的模糊量,用相应的模糊集合表示。

2. 知识库

知识库通常由数据库和规则库两部分组成。

(1) 数据库包含了与模糊控制规则和模糊数据处理有关的各种参数,其中包括各模糊语言变量的隶属函数、量化因子以及模糊空间的分级数等。

(2) 规则库包含了用模糊语言变量表示的一系列控制规则,是操作经验和专家知识的总结,是进行模糊推理的依据。模糊控制规则由一系列"IF - THEN"型的模糊条件语句组成。

3. 模糊推理

模糊推理是模糊控制器的核心,是采用模糊逻辑由给定的输入模糊量到输出模糊量的映射过程。考虑如图 7.1 所示的模糊控制器,设模糊规则库由如下 n 条规则组成。

$$R_i:\text{if } E \text{ is } A_i \text{ and } EC \text{ is } B_i \text{ then } U \text{ is } C_i, i=1,2,\cdots,n \tag{7.2.1}$$

式中,E 和 EC 为输入语言变量,U 为输出语言变量;A_i、B_i 和 C_i 分别是 E、EC 和 U 在其论域上的语言变量值(模糊集合)。

设已知模糊控制器的输入模糊量为:E is A' and EC is B',则根据模糊控制规则进行近似推理,可以得出输出模糊量 U(用模糊集合 C'表示)为

$$\begin{gathered} C'=(A' \wedge B')\circ R \\ R=\bigcup_{i=1}^{n} R_i \\ R_i=(A_i \wedge B_i)\rightarrow C_i \end{gathered} \tag{7.2.2}$$

式中,"∧"为与运算,"∘"为合成运算,"→"为蕴含运算。与运算通常采用求交(取小)或求积(代数积)的方法,合成运算通常采用最大-最小或最大-积的方法,蕴含运算通常采用求交或求

积的方法。

4. 输出量的反模糊化

由以上模糊推理得到的是模糊量 $U=C'$。要将其用于实际控制中,必须先将其转换成清晰量,这个过程即为输出量的反模糊化。常见的反模糊方法有最大隶属度法、区域重心法、区域二分法等。

算法 7-1(模糊控制)

Step1　确定模糊控制系统结构,特别是模糊控制器结构,即根据具体系统需要,确定控制器的输入量(如输入的维数、具体物理量等)、输出量(变量或其增量)等;

Step2　定义输入和输出模糊集及其论域;

Step3　定义输入和输出隶属函数;

Step4　基于专家的经验和控制工程知识,建立模糊控制规则;

Step5　输入系统初始数据,设置量化因子;

Step6　采样当前实际输出 $y(k)$ 和期望输出 $y_r(k)$,计算模糊控制器的精确输入量;

Step7　进行精确输入量的模糊化;

Step8　基于模糊输入量进行模糊推理,得到模糊输出量①;

Step9　进行模糊输出量的反模糊化,得到控制量 $u(k)$;

Step10　返回 Step6($k \to k+1$),继续循环。

7.2.2　模糊控制 M 文件仿真

1. 常用的 MATLAB 函数

MATLAB 提供了许多进行模糊系统分析与设计的工具箱函数,但受到篇幅的限制,这里仅介绍本节用到的部分函数[30],其他更多函数的使用方法可通过 MATLAB 的 help 文档查询。

(1) newfis

功能:建立新的模糊推理系统(fuzzy inference system,FIS)。

用法:a=newfis(fisName, fisType, andMethod, orMethod, impMethod, aggMethod, defuzzMethod)

说明:该函数的输出变量为 FIS 结构,输入变量最多可有 7 个,分别用于指定 FIS 结构名、FIS 类型、and 方法、or 方法、蕴含方法、聚集方法和反模糊化方法。使用时,可只指定 FIS 结构名,其他采用默认设置,即分别为 mamdani、min、max、min、max、centroid(重心法)。

示例:

```
a = newfis('fuzcon');
getfis(a) % 获取 FIS 结构的特性
```

① 实际工程应用时,可离线建立模糊输入量至模糊输出量之间的映射关系,即模糊控制查询表。这样,在每个周期的实时控制中,仅需根据模糊输入量查表获得模糊输出量,而无需模糊推理计算,可大大节约程序运算时间。

(2) addvar

功能:向 FIS 中添加变量。

用法:a = addvar(a, 'varType', 'varName', varBounds)

说明:变量只能添加到 MATLAB 工作空间中已建立的 FIS 结构中,即必须先建立 FIS 结构,再添加变量(后面介绍的添加隶属函数、添加规则亦是如此)。该函数有 4 个输入变量,分别为 FIS 结构名、变量类型('input'或'output')、变量名、变量取值范围(论域)。添加的变量按其添加顺序从 1 开始编号,且输入变量和输出变量单独编号。

示例:

```
a = newfis('fuzcon');
a = addvar(a, 'input', 'e', [-6 6]);
getfis(a, 'input', 1) % 获取 FIS 结构的特性
```

(3) addmf

功能:向 FIS 中添加隶属函数。

用法:a = addmf(a,'varType', varIndex,'mfName','mfType', mfParams)

说明:该函数有 6 个输入变量,分别为 FIS 结构名、变量类型('input'或'output'中之一)、变量编号、隶属函数名、隶属函数类型、隶属函数参数设置。添加的隶属函数按其添加顺序从 1 开始编号。

示例:

```
a = newfis('fuzcon');
a = addvar(a, 'input', 'e', [-6 6]);
a = addmf(a, 'input', 1, 'N', 'trimf', [-6 -3 0]); % trimf 为三角形隶属函数,含 3 个参数
a = addmf(a, 'input', 1, 'Z', 'trimf', [-3 0 3]);
a = addmf(a, 'input', 1, 'P', 'trimf', [0 3 6]);
plotmf(a, 'input', 1); % 绘制指定变量的所有隶属函数
```

(4) addrule

功能:向 FIS 中添加规则。

用法:a = addrule(a, ruleList)

说明:该函数有 2 个输入变量,分别为 FIS 结构名和 ruleList 表示的规则矩阵。

规则矩阵的格式有严格的要求:若模糊控制器有 m 个输入、n 个输出,则规则矩阵将有 $m+n+2$ 列,其中,前 m 列表示控制器的输入,每列的数值表示输入变量隶属函数的编号;接着的 n 列表示控制器的输出,每列的数值表示输出变量隶属函数的编号;倒数第 2 列为该条规则的权值(0~1);倒数第 1 列的值用于指定模糊操作符的类型:1(and)或 2(or)。

示例:

```
ruleList = [1 1 1 1 1; 1 2 2 1 1];
a = addrule(a, ruleList);    % 如果 a 有 2 输入 1 输出,则第一行表示"If Input 1 is MF 1 and Input
                             % 2 is MF 1, then Output 1 is MF 1.",且该条控制规则权值为 1,模糊
                             % 操作选择"and"
```

(5) evalfis

功能:执行模糊推理计算。

用法:output= evalfis(input, fismat)

说明:该函数有 2 个输入变量。input 是指精确输入量的数值或矩阵,若输入为 $M\times N$ 矩阵(N 为输入变量数),则 evalfis 将矩阵的每一行看做输入向量,并在输出变量 output 中产生 $M\times L$ 矩阵(L 为输出变量数),每一行为输出向量;fismat 是指 FIS 结构名。

示例:

```
du = evalfis([2 1; 1 1], a)
```

2. 仿真实例 7.1

设如下非线性系统:

$$y(k)=u^3(k-2)+u^3(k-3)+\frac{0.8+y^3(k-1)}{1+y^2(k-1)+y^4(k-2)}$$

取参考输入信号为方波信号 $y_r(k)=0.25\text{sign}(\sin(0.002\pi k))+0.75$。

(1) 采用如图 7.1 所示的典型模糊控制器结构,即输入量取为

$$\begin{cases}e(k)=y_r(k)-y(k)\\ ec(k)=e(k)-e(k-1)\end{cases}$$

但与图 7.1 不同的是,这里输出量取为控制增量 $uc(k)$,而非控制量 $u(k)(=u(k-1)+uc(k))$。

(2) 定义 e、ec 和 uc 的模糊集均为{NB, NM, NS, Z, PS, PM, PB},论域也均为[−6　6]。

(3) 输入和输出隶属函数均取为三角形隶属函数,如图 7.2 所示。

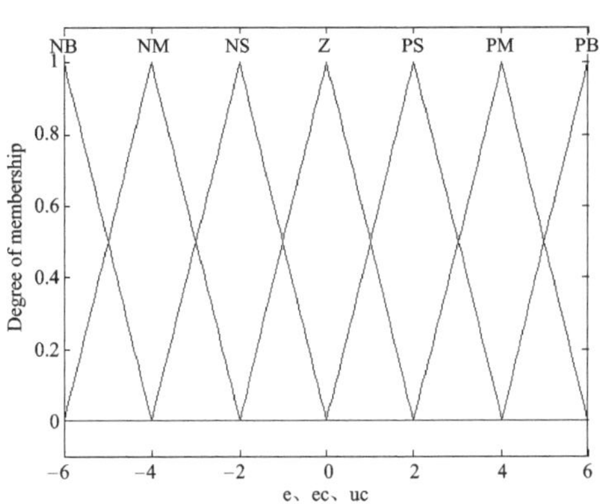

图 7.2　e、ec 和 uc 的隶属函数

(4) 在总结专家经验和控制工程知识的基础上,采用表 7.1 所列的模糊控制规则。

表 7.1　模糊控制规则表

UC		*EC*						
		NB	NM	NS	Z	PS	PM	PB
E	NB	NB	NB	NM	NM	NS	NS	Z
	NM	NB	NM	NM	NS	NS	Z	PS
	NS	NM	NM	NS	NS	Z	PS	PS
	Z	NM	NS	NS	Z	PS	PS	PM
	PS	NS	NS	Z	PS	PS	PM	PM
	PM	NS	Z	PS	PS	PM	PM	PB
	PB	Z	PS	PS	PM	PM	PB	PB

(5) 由于参考输入 $y_r(k)$为周期为 1 000 的方波信号(上、下幅值分别为 1 和 0.5),可知输入量 e 和 ec 的大体变化范围为[−0.5　0.5],因此取输入量化因子 $k_e = k_{ec} = 12$;但由于输出量 uc 的变化范围不易确定,因此输出量化因子 k_{uc} 需试凑获得。当 k_{uc} 分别取为 0.002、0.005 和 0.008 时,模糊控制结果如图 7.3 所示。

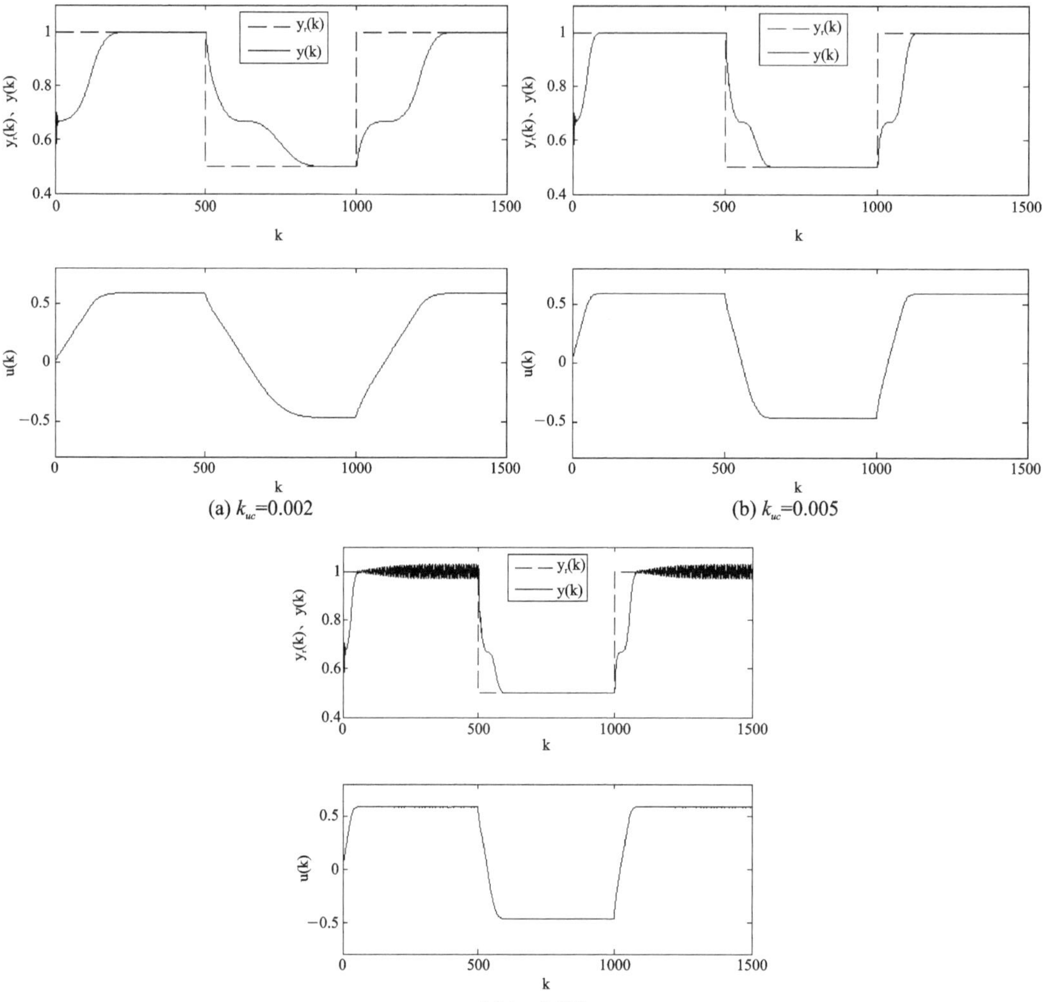

(a) k_{uc}=0.002

(b) k_{uc}=0.005

(c) k_{uc}=0.008

图 7.3　模糊控制结果

由图 7.3 可以看出,k_{uc} =0.005 时,模糊控制效果较好;当 k_{uc} 取值过小时,控制响应速度较慢;当 k_{uc} 取值过大时,控制响应速度快但易振荡发散。

仿真程序:chap7_01_FLC_M.m

```
%非线性系统模糊逻辑控制(FLC)
clear all; close all;

%%%%%%%%%%%%%%%%%% 建立 FIS 结构  %%%%%%%%%%%%%%%%%%%
```

```
a = newfis('fuzcon_m'); % 新建 FIS

% 添加输入变量 e、ec、uc 及其隶属函数(三角形)
a = addvar(a, 'input', 'e', [-6 6]);
a = addmf(a, 'input', 1, 'NB', 'trimf', [-8 -6 -4]);
a = addmf(a, 'input', 1, 'NM', 'trimf', [-6 -4 -2]);
a = addmf(a, 'input', 1, 'NS', 'trimf', [-4 -2  0]);
a = addmf(a, 'input', 1, 'Z', 'trimf', [-2  0  2]);
a = addmf(a, 'input', 1, 'PS', 'trimf', [0   2  4]);
a = addmf(a, 'input', 1, 'PM', 'trimf', [2   4  6]);
a = addmf(a, 'input', 1, 'PB', 'trimf', [4   6  8]);

a = addvar(a, 'input', 'ec', [-6 6]);
a = addmf(a, 'input', 2, 'NB', 'trimf', [-8 -6 -4]);
a = addmf(a, 'input', 2, 'NM', 'trimf', [-6 -4 -2]);
a = addmf(a, 'input', 2, 'NS', 'trimf', [-4 -2  0]);
a = addmf(a, 'input', 2, 'Z', 'trimf', [-2  0  2]);
a = addmf(a, 'input', 2, 'PS', 'trimf', [0   2  4]);
a = addmf(a, 'input', 2, 'PM', 'trimf', [2   4  6]);
a = addmf(a, 'input', 2, 'PB', 'trimf', [4   6  8]);

a = addvar(a, 'output', 'uc', [-6 6]);
a = addmf(a, 'output', 1, 'NB', 'trimf', [-8 -6 -4]);
a = addmf(a, 'output', 1, 'NM', 'trimf', [-6 -4 -2]);
a = addmf(a, 'output', 1, 'NS', 'trimf', [-4 -2  0]);
a = addmf(a, 'output', 1, 'Z', 'trimf', [-2  0  2]);
a = addmf(a, 'output', 1, 'PS', 'trimf', [0   2  4]);
a = addmf(a, 'output', 1, 'PM', 'trimf', [2   4  6]);
a = addmf(a, 'output', 1, 'PB', 'trimf', [4   6  8]);

% 建立规则库
r0 = [1 1 2 2 3 3 4
    1 2 2 3 3 4 5
    2 2 3 3 4 5 5
    2 3 3 4 5 5 6
    3 3 4 5 5 6 6
    3 4 5 5 6 6 7
    4 5 5 6 6 7 7]; % 控制规则表
for i = 1: 7
    for j = 1:7
        r1((i-1)*7+j,:) = [i, j, r0(i,j)];
    end
```

```
end
rulelist = [r1, ones(49,2)];
a = addrule(a, rulelist); % 添加规则

%writefis(a,'fuzcon_m'); % 将建好的 FIS 保存到磁盘的当前目录中
%a = readfis('fuzcon_m'); % 从磁盘当前目录中装入已建好的 FIS

%%%%%%%%%%%%%%%%%%  实时控制  %%%%%%%%%%%%%%%%%%
ny = 2; nu = 3; d = 2; Ts = 1;   % ny、nu、d 为系统结构参数,Ts 为采样周期

L = 1500; % 仿真长度
uk = zeros(nu,1); % 控制输入初值:uk(i)表示 u(k-i);
yk = zeros(ny,1); % 系统输出初值
ek1 = 0; % e(k-1)

ke = 12; kec = 12; kuc = 0.005; % 量化因子
for k = 1:L
    time(k) = k*Ts;
    y(k) = uk(2)^3 + uk(3)^3 + (0.8 + yk(1)^3)/(1 + yk(1)^2 + yk(2)^4); % 采集系统输出数据

    yr(k) = 0.25*sign(sin(0.002*pi*k)) + 0.75; % 采集期望输出数据
    e(k) = yr(k) - y(k);
    ec = (e(k) - ek1)/Ts;

    e1 = ke*e(k); ec1 = kec*ec; % 模糊控制器输入
    if e1>6
        e1 = 6;
    end
    if e1<-6
        e1 = -6;
    end
    if ec1>6
        ec1 = 6;
    end
    if ec1<-6
        ec1 = -6;
    end

    uc = kuc*evalfis([e1 ec1],a); % 执行模糊推理计算
    u(k) = uk(1) + uc;

    % 更新数据
```

```
    for i = nu: - 1:2
        uk(i) = uk(i - 1);
    end
    uk(1) = u(k);

    for i = ny: - 1:2
        yk(i) = yk(i - 1);
    end
    yk(1) = y(k);

    ek1 = e(k);
end
figure(1)
plotmf(a, 'input', 1);
xlabel('e、ec、uc');
figure(2)
subplot(211)
plot(time,yr,'r - - ',time,y,'k');
xlabel('k'); ylabel('y_r(k)、y(k)');
legend('y_r(k)','y(k)'); axis([0 L 0.4 1.1]);
subplot(212)
plot(time,u,'k');
xlabel('k'); ylabel('u(k)'); axis([0 L - .8 .8]);
```

对于仿真程序 chap7_01,可以用一对 MATLAB 函数(writefis 和 readfis)将其一分为二:前者 chap7_02a 用于建立 FIS 结构,并利用 writefis 函数将其以 fis 文件的格式保存在磁盘中(运行此程序后,在磁盘当前目录下会出现一个文件 fuzcon_m. fis);后者 chap7_02b 首先利用 readfis 函数从磁盘中读取已建好的 FIS 结构(fis 文件),然后用其进行实时模糊控制。

仿真程序:chap7_02a_FLC_M_writefis. m

```
% 非线性系统模糊逻辑控制(建立 FIS + writefis)
clear all; close all;

a = newfis('fuzcon_m'); % 新建 FIS

% 添加输入变量 e、ec、uc 及其隶属函数(三角形)
a = addvar(a, 'input', 'e', [ - 6 6]);
a = addmf(a, 'input', 1, 'NB', 'trimf', [ - 8  - 6  - 4]);
a = addmf(a, 'input', 1, 'NM', 'trimf', [ - 6  - 4  - 2]);
a = addmf(a, 'input', 1, 'NS', 'trimf', [ - 4  - 2   0]);
a = addmf(a, 'input', 1, 'Z', 'trimf', [ - 2   0   2]);
a = addmf(a, 'input', 1, 'PS', 'trimf', [0   2   4]);
```

```
a = addmf(a, 'input', 1, 'PM', 'trimf', [2  4  6]);
a = addmf(a, 'input', 1, 'PB', 'trimf', [4  6  8]);

a = addvar(a, 'input', 'ec', [-6 6]);
a = addmf(a, 'input', 2, 'NB', 'trimf', [-8 -6 -4]);
a = addmf(a, 'input', 2, 'NM', 'trimf', [-6 -4 -2]);
a = addmf(a, 'input', 2, 'NS', 'trimf', [-4 -2  0]);
a = addmf(a, 'input', 2, 'Z', 'trimf', [-2  0  2]);
a = addmf(a, 'input', 2, 'PS', 'trimf', [0  2  4]);
a = addmf(a, 'input', 2, 'PM', 'trimf', [2  4  6]);
a = addmf(a, 'input', 2, 'PB', 'trimf', [4  6  8]);

a = addvar(a, 'output', 'uc', [-6 6]);
a = addmf(a, 'output', 1, 'NB', 'trimf', [-8 -6 -4]);
a = addmf(a, 'output', 1, 'NM', 'trimf', [-6 -4 -2]);
a = addmf(a, 'output', 1, 'NS', 'trimf', [-4 -2  0]);
a = addmf(a, 'output', 1, 'Z', 'trimf', [-2  0  2]);
a = addmf(a, 'output', 1, 'PS', 'trimf', [0  2  4]);
a = addmf(a, 'output', 1, 'PM', 'trimf', [2  4  6]);
a = addmf(a, 'output', 1, 'PB', 'trimf', [4  6  8]);

figure(1)
plotmf(a, 'input', 1); %绘制指定变量的所欲隶属函数
xlabel('e、ec、uc');

%建立规则库
r0 = [1 1 2 2 3 3 4
    1 2 2 3 3 4 5
    2 2 3 3 4 5 5
    2 3 3 4 5 5 6
    3 3 4 5 5 6 6
    3 4 5 5 6 6 7
    4 5 5 6 6 7 7]; %控制规则表
for i = 1: 7
    for j = 1:7
        r1((i-1)*7+j,:) = [i, j, r0(i,j)];
    end
end
rulelist = [r1, ones(49,2)];
a = addrule(a, rulelist); %添加规则

writefis(a,'fuzcon_m'); %将建好的FIS保存到磁盘的当前目录中
```

仿真程序：chap7_02b_FLC_M_readfis.m

```
%非线性系统模糊逻辑控制(readfis + 实时控制)
clear all; close all;

a = readfis('fuzcon_m');    %从磁盘当前目录中装入已建好的 FIS

ny = 2; nu = 3; d = 2; Ts = 1;% ny、nu、d 为系统结构参数,Ts 为采样周期

L = 1500; %仿真长度
uk = zeros(nu,1); %控制输入初值:uk(i)表示 u(k - i);
yk = zeros(ny,1); %系统输出初值
ek1 = 0; %e(k - 1)

ke = 12; kec = 12; kuc = 0.005; %量化因子
for k = 1:L
    time(k) = k * Ts;
    y(k) = uk(2)^3 + uk(3)^3 + (0.8 + yk(1)^3)/(1 + yk(1)^2 + yk(2)^4); %采集系统输出数据

    yr(k) = 0.25 * sign(sin(0.002 * pi * k)) + 0.75; %采集期望输出数据
    e(k) = yr(k) - y(k);
    ec = (e(k) - ek1)/Ts;

    e1 = ke * e(k); ec1 = kec * ec; %模糊控制器输入
    if e1>6
        e1 = 6;
    end
    if e1<-6
        e1 = -6;
    end
    if ec1>6
        ec1 = 6;
    end
    if ec1<-6
        ec1 = -6;
    end

    uc = kuc * evalfis([e1 ec1],a); %执行模糊推理计算
    u(k) = uk(1) + uc;

    %更新数据
    for i = nu:-1:2
```

```
        uk(i) = uk(i - 1);
    end
    uk(1) = u(k);

    for i = ny: - 1:2
        yk(i) = yk(i - 1);
    end
    yk(1) = y(k);

    ek1 = e(k);
end
figure(1)
plot(time,yr,'r - - ',time,y,'k');
xlabel('k'); ylabel('y_r(k)、y(k)');
legend('y_r(k)','y(k)'); axis([0 L 0.4 1.1]);
figure(2);
plot(time,u,'k');
xlabel('k'); ylabel('u(k)'); axis([0 L - .8 .8]);
```

7.2.3 模糊控制 Simulink 仿真

MATLAB 除了提供大量的工具箱函数外，还在 Simulink 中设立了专门的模糊逻辑工具箱(Fuzzy Logic Toolbox)，可更方便、更快速地进行模糊控制系统设计。

采用 Simulink 进行模糊控制仿真，需要做 3 部分工作：建立 FIS 结构、建立 Simulink 框图和控制仿真分析。

1. 建立 FIS 结构

由模糊控制算法的实现步骤可知，在进行实时控制前，需要先建立模糊推理系统(FIS)。建立 FIS 结构有两种方法：

1) 利用 M 文件建立 FIS 结构，这已在 7.2.2 中介绍(程序 chap7_02a)。

2) 利用图形用户界面(GUI)建立 FIS 结构。

下面以仿真实例 7.1 为例，介绍利用 GUI 建立 FIS 的步骤。

Step1 在 MATLAB 命令窗口中输入字符串“fuzzy”，即可打开 FIS 编辑器，如图 7.4 所示。FIS 默认的是单输入/单输出结构，输入/输出变量名分别为 input1 和 output1，变量名可以通过本界面中的“Name”进行修改。

Step2 添加输入变量。单击菜单“Edit”→“Add Variable”→“Input”，添加一个输入变量，并将两个输入变量名改为“e”和“ec”，将输出变量名改为“uc”。

Step3 编辑隶属函数。单击 FIS 编辑器菜单“Edit”→“Membership Functions”，打开隶属函数(MF)编辑器。首先在左上角选择输入变量 e，可以看到，MF 编辑器为变量默认设置 3 个隶属函数(而实例 7.1 的 3 个变量均需要 7 个隶属函数)；单击 MF 编辑器菜单“Edit”→“Remove All MFs”，删掉默认的全部隶属函数，然后单击菜单“Edit”→“Add MFs”，并设置

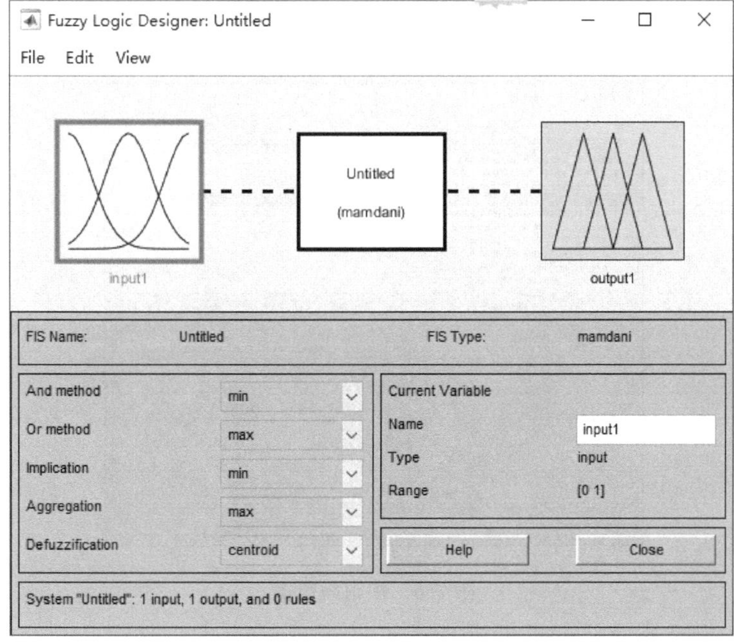

图 7.4　FIS 编辑器

"MF type"(="trimf")和"Number of MFs"(=7);接着,修改 MF 编辑器界面中的"Range"(=[-6 6]),并逐个设置 e 的 7 个隶属函数的"Name"(将 mf1~7 依次改为 NB、NM、NS、Z、PS、PM、PB),而系统自动设置的"Type"和"Params"正好与实例 7.1 相同,不需要调整。对于变量 ec 和 uc 也如此设置,结果如图 7.5 所示。

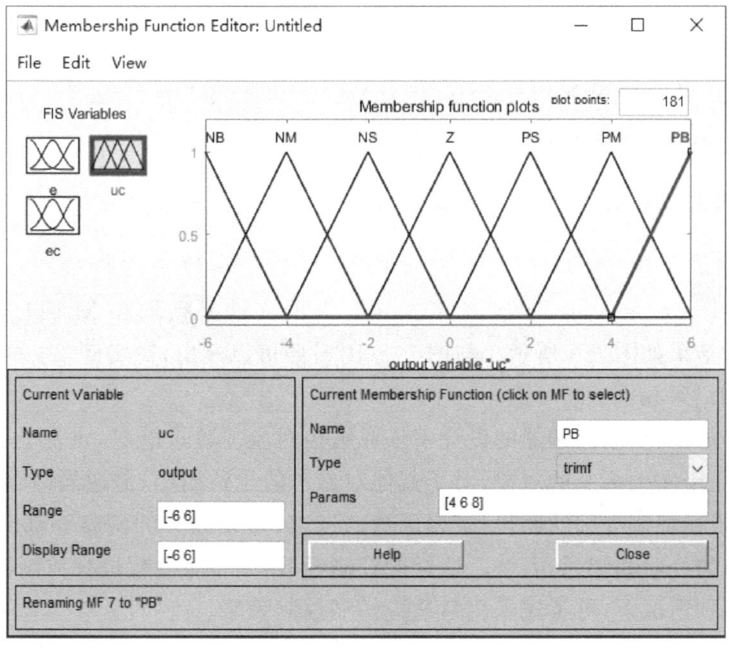

图 7.5　MF 编辑器

Step4 编辑规则库。单击 FIS 编辑器或 MF 编辑器菜单“Edit”→“Rules”,均可打开规则编辑器。根据表 7.1 逐项添加模糊规则,如图 7.6 所示。

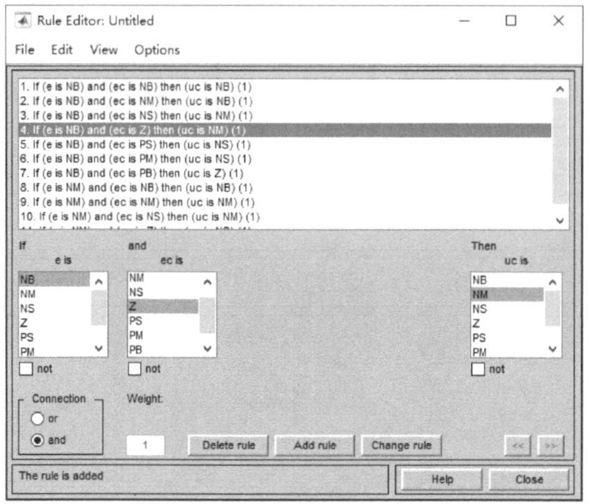

图 7.6 规则编辑器

Step5 导出 fis 文件。单击“File”→“Export”→“To File”,保存 fuzcon_gui. fis 文件至磁盘。

注:在 FIS 编辑器、MF 编辑器和规则编辑器的界面中,这里未提及的选项均可采用默认设置,如 FIS 编辑器中,“And method = min”“Or method = max”等。

2. 建立 Simulink 框图

建立仿真实例 7.1 的 Simulink 框图,如图 7.7 所示(程序 chap7_03_FLC_Simulink. slx)。设置模块采样周期(Sample time)为 1;单击菜单“Simulation”→“Model Configuration Parameters”,在“Solver”界面中设置“Stop time”为“1500”,“Type”为“Fixed－step”,“Solver”为“discrete (no continuous states)”。

3. 仿真分析

取输出量化因子 $k_{uc}=0.005$,并在 MATLAB 命令窗口中运行“a＝readfis(‘fuzcon_gui’)”(此时文件 fuzcon_gui. fis 与该 Simulink 框图文件必须均在 MATLAB 的当前路径中),则模糊控制结果如图 7.8 所示。与图 7.3(b)对照可以看出,对实例 7.1 的 M 文件仿真和 Simulink 仿真的结果相同。

由前述内容可知,模糊控制器的设计不依靠被控对象的数学模型,如表 7.1 所列的模糊控制规则,不仅适用于实例 7.1 的对象,对于其他对象一般也适用(只需适当调整输入/输出量化因子即可)。但模糊控制规则的获得、隶属函数的选取、量化因子的调整等都非常依赖于控制专家或操作人员的经验和知识,若缺乏这样的控制经验,则很难期望模糊控制器能获得满意的控制效果。在这种情况下,可考虑采用自适应模糊控制策略。

目前,自适应模糊控制方法有很多种。最常见的有调整量化因子、调整隶属函数、调整模糊控制规则等,甚至与神经网络、遗传算法等技术相结合,构成具有良好性能的智能自适应控

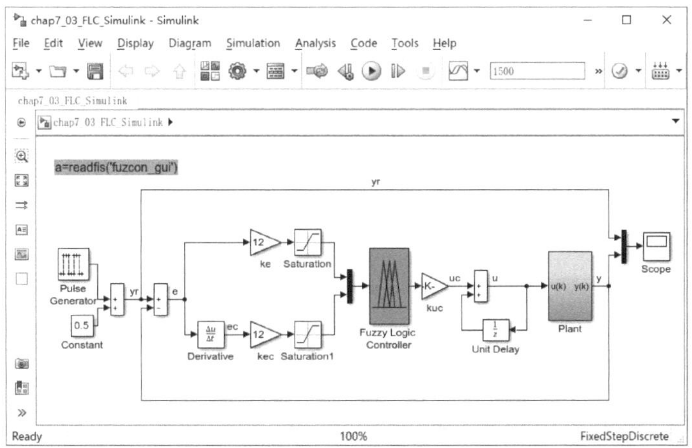

(a) 控制框图

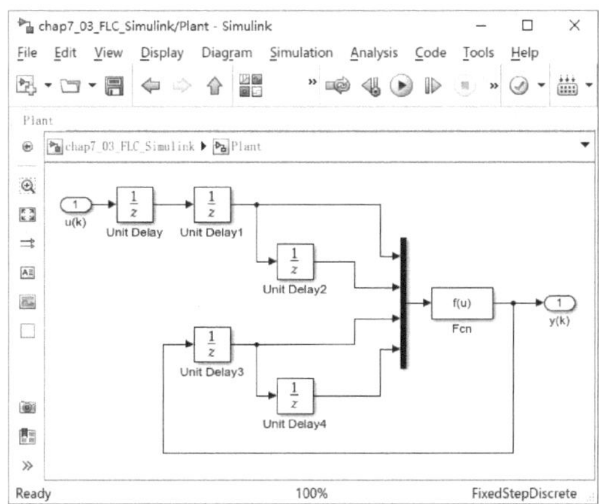

(b)子系统Plant

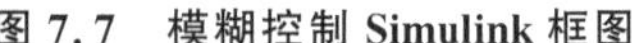

图 7.7　模糊控制 Simulink 框图

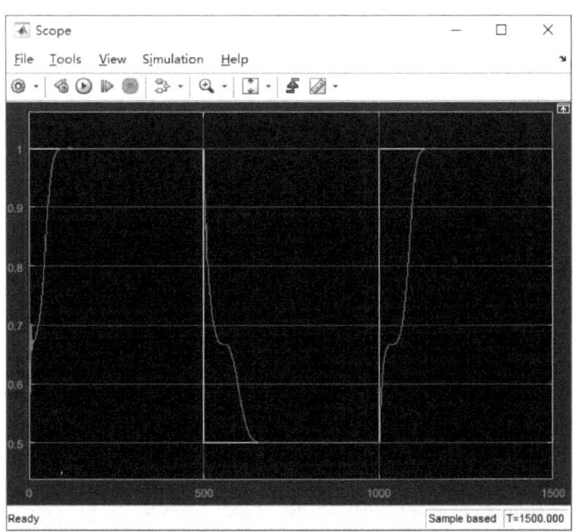

图 7.8　模糊控制结果

制。由于该部分涉及的内容较多,这里对自适应模糊控制不做进一步介绍。读者若需要学习和研究某种自适应模糊控制算法,可参考相关文献,相应修改本节提供的 MATLAB 程序以进行仿真研究。

7.3 模糊神经网络辨识

7.3.1 模糊系统和神经网络的比较

模糊系统与神经网络相比,有很多相同之处和不同之处[31]。

1. 模糊系统和神经网络的相同之处

(1) 模仿人的智能

模仿人的智能是模糊系统和神经网络共同的奋斗目标和合作基础。模糊系统试图描述、处理人的语言和思维中存在的模糊性概念,从而模仿人的智能。神经网络则是根据人脑的生理结构和信息处理过程来创造人工神经网络,其目的也是模仿人的智能。

(2) 处理非线性系统

模糊系统和神经网络都可以处理非线性系统,在处理和解决问题时,无须建立对象的精确数学模型,都可以根据输入信号和输出信号实现无模型估计、输出或改进输出决策。模糊控制依靠模糊推理,神经网络依靠学习算法。

(3) 分布存储

从知识的储存方式来看,模糊系统将知识存在规则集中,神经网络将知识存在权系数中,都具有分布存储的特点。

(4) 容错能力强

模糊系统和神经网络在对信息的加工处理过程中均表现出了很强的容错能力。模糊控制可以同时激活多条规则,输出决策是多条规则共同作用的结果,少数规则的不准确对输出决策影响不大。神经网络依靠所有神经元及连接权的学习和训练,少量神经元的故障或“死亡”不影响整个网络的联想记忆功能。

(5) 可由硬件和软件实现

模糊系统和神经网络都可以用硬件和软件全部实现或部分实现。模糊芯片和神经网络芯片及相应的软件得到了迅速发展,两者在民用和军用中都得到了广泛的应用。

2. 模糊系统和神经网络的不同之处

(1) 工作机理不同

模糊系统模拟的是人的思维和语言中对模糊信息的表达和处理方式,擅长利用人的经验知识。神经网络模拟的是人脑的结构以及对信息的记忆和处理功能,擅长从输入、输出数据中学习有用的知识。

(2) 结构和联结方式不同

模糊系统从模糊量化、推理、决策到反模糊化,采用层次结构,当过程比较复杂时,还可以使用分层推理实现实时处理,各层之间既可以单独输出,又可以启动上层;中断功能赋予不同

层次不同的优先级别，产生一个输出并不一定要求所有层次全部被激活，使得结构及联结清楚明晰，使用方便，计算工作量少。神经网络通常采用前馈或反馈结构，其输出是隐含层所有单元共同激活的结果，从而使得结构及联结复杂而且固定。因此，神经网络在使用前要训练，计算工作量大一些。

(3) 知识表达和获取方式不同

从知识的表达方式来看，模糊系统可以表达人的经验知识，便于理解；而神经网络只能描述大量数据之间的复杂函数关系，难于理解。从知识的获取方式来看，模糊系统的规则靠专家提供或设计，难以自动获取；而神经网络的权系数可以从输入/输出样本中学习，无须人为设置。

(4) 推理过程、知识存储和计算方式不同

模糊推理采取串行工作方式逐步进行，因此知识存储和计算分开独自实现。神经网络采取并行工作方式，同时处理、分析、归纳、综合、筛选若干信息，因此知识存储、计算和推理同步进行。

(5) 映射关系和映射精度不同

模糊系统的输入和输出均为模糊量，不是确定的数值，因此，它的映射是一个输出区间对应一个输入区间。神经网络的处理对象是精确的输入/输出数据，实现的是点到点的映射。

7.3.2　模糊神经网络

尽管模糊系统和神经网络目前已在自动控制、信息处理和人工智能等多个领域得到了广泛的应用，但它们仍存在着一定的缺陷[32]。

模糊系统的缺陷如下：

① 模糊规则库是模糊系统的核心，但是建立模糊规则库要花费相当长的时间，尤其是非常复杂的系统，要建立正确的模糊规则和隶属函数是非常困难的。

② 模糊系统的模糊规则库常常非常庞大，难以找出规则与规则之间的关系。

③ 模糊规则库一旦建立，很难自行更改，即很难实现规则的自学习和自适应。

④ 模糊系统本质上是非线性系统，很难对其进行稳定性分析。

神经网络的缺陷如下：

① 神经网络无法利用系统信息和专家经验等语言信息。

② 神经网络学习时间长。

③ 神经网络容易陷入局部极小。

④ 神经网络模型是“黑箱”模型，网络参数缺乏明确的物理意义，模型难以理解。

如 7.3.1 节所述，模糊系统和神经网络在许多方面具有关联性和互补性，因此，将模糊系统与神经网络结合起来，能够发挥两者的长处，克服各自的缺陷，这种结合就是模糊神经网络。模糊神经网络的主要特点是，利用神经网络的学习能力提取模糊规则或调整模糊规则参数，并利用模糊技术提高神经网络的学习能力，从而可以充分发挥各自的特点，实现优势互补。

模糊神经网络的研究和发展经历了一个漫长的过程。20 世纪 70 年代中期，S. C. Lee 与 E. T. Lee 扩展 McCulloch - Pitts 神经元模型，首次提出并系统研究了模糊神经元与模糊神经网络，但由于当时学术界对整个人工神经网络的研究缺乏兴趣，这一新的概念没有引起人们的注意。B. Kosko 于 1987 年将模糊算子引入到联想记忆网络中，提出了模糊联想记忆网络和模糊双向联想记忆网络，用以模拟人脑的模糊信息处理、联想存储和回忆三大功能。

H. Takagi于1990年综述讨论了神经网络与模糊逻辑的结合。B. Kosko于1992年出版了该领域的第一本专著(*Neural Networks and Fuzzy Systems: A Dynamical Systems Approach to Machine Intelligence*),之后,模糊神经网络的研究迅速成为一个新的热点,研究人员设计了各种各样的模糊神经网络结构和学习算法,并广泛应用于智能控制系统、系统建模与辨识、动态目标跟踪、故障检测与诊断等领域。

然而,模糊神经网络在设计和实施过程中仍存在一些技术难题。如针对复杂系统输入/输出维数高,如何确定模糊规则数目以及前提部分和结论部分的初始参数,即初始模糊模型的确定等。对于一般的模糊神经网络,模糊模型的结构通常由专家知识或经验来确定,但对于复杂动态系统,有时难以总结出较完整的规则,或由于存在对象动态特性变化及干扰影响等因素,导致控制规则难以获得预期效果。对于这一问题,可采用聚类方法,如模糊C均值聚类方法、关系度聚类方法等,对模糊模型进行结构辨识,分析输入/输出数据的聚类中心和聚类数,获得模糊推理规则和隶属函数个数。因此,将聚类方法和模糊神经网络结合使用,能大大减少网络的信息量,增强系统的泛化能力和学习速度。

下面将介绍一种关系度聚类方法和一种典型的模糊神经网络,以及它们在非线性系统辨识中的应用。

7.3.3 关系度聚类方法

这里介绍的关系度聚类方法(relational grade clustering,RGC)也称为相对距离聚类方法[33]。该方法无须任何先验知识和假设,仅有一个可调参数,且物理意义明确、直观。关系度聚类方法的基本思想为:对于两个点,距离越近,其关系度越大,越有可能聚为一类;若距离过远,则令其关系度为0,也就不会被聚为一类。其具体实施步骤如下。

算法7-2(关系度聚类)

设$X=\{\boldsymbol{x}(1),\boldsymbol{x}(2),\cdots,\boldsymbol{x}(N)\}$是包含$N$个$n+1$维输入/输出数据向量的集合,第$k$个向量表示为$\boldsymbol{x}(k)=[x_1(k),x_2(k),\cdots,x_n(k),x_{n+1}(k)]$,其中前$n$个数据为该向量的输入数据,最后一个数据为输入数据对应的输出数据,$k=1,2,\cdots,N$。

Step1　定义N个参考向量$\boldsymbol{v}(k)(k=1,2,\cdots,N)$,并令$\boldsymbol{v}(k)=\boldsymbol{x}(k)$,即$\boldsymbol{x}(k)$为$\boldsymbol{v}(k)$的初值。

Step2　计算参考向量$\boldsymbol{v}(k)$和比较向量$\boldsymbol{v}(k')$之间的关系度:

$$r_{kk'}=1-\frac{\|\boldsymbol{v}(k)-\boldsymbol{v}(k')\|}{\max\|\boldsymbol{x}(k)-\boldsymbol{x}(k')\|},\quad k=1,2,\cdots,N,k'=1,2,\cdots,N \tag{7.3.1}$$

式中,$\|\boldsymbol{v}(k)-\boldsymbol{v}(k')\|$为向量$\boldsymbol{v}(k)$和$\boldsymbol{v}(k')$之间的欧氏距离。

Step3　修改$\boldsymbol{v}(k)$和$\boldsymbol{v}(k')$之间的关系度为

$$r_{kk'}=\begin{cases}0, & r_{kk'}<\bar{r}\\ r_{kk'}, & 其他\end{cases} \tag{7.3.2}$$

式中,$\bar{r}\in[0,1]$为预选的一个常数。

Step4　由

$$\boldsymbol{w}(k)=\frac{\sum_{k'=1}^{N}r_{kk'}\boldsymbol{v}(k')}{\sum_{k'=1}^{N}r_{kk'}},\quad k=1,2,\cdots,N \tag{7.3.3}$$

计算 $w(k)$。

Step5　如果所有 $w(k)$ 和 $v(k)$ 相同($k=1,2,\cdots,N$)，则转到 Step6；否则 $v(k)=w(k)$，返回 Step2。

Step6　由最终的 $v(k)$ 确定聚类的数目，即聚类数等于收敛向量的数目。具有相同收敛向量的原始数据被分为一类，其聚类中心为收敛向量。

由式(7.3.2)可以看出，这种聚类方法只有一个可调参数 $\bar{r}$，且物理意义明确，即 $\bar{r}$ 越大，分类越细或越多；反之，分类则越粗或越少。从该方法的实施过程可以看出，关系度大的两个向量，即距离近的两个向量将聚成一类，并在 Step3 中对关系度进行调整，使关系度小于 $\bar{r}$ 的向量对正在进行的聚类不起任何作用。

仿真实例 7.2

利用关系度聚类方法对表 7.2 所列的 15 组数据进行聚类。

表 7.2　原始数据

序　号	数　据	序　号	数　据	序　号	数　据
1	[0.6 0.7]	6	[0.6 0.6]	11	[0.8 0.3]
2	[0.1 0.4]	7	[0.9 0.2]	12	[0.2 0.5]
3	[0.5 0.6]	8	[0.7 0.6]	13	[0.8 0.2]
4	[0.3 0.4]	9	[0.2 0.4]	14	[0.2 0.3]
5	[0.7 0.2]	10	[0.6 0.5]	15	[0.8 0.1]

取聚类参数 $\bar{r}$ 分别为 0.5、0.7、0.9，聚类结果如图 7.9 所示。由图 7.9 可以看出，当 $\bar{r}$ 分别取为 0.5、0.7、0.9 时，15 组数据分别被聚为 1 类、3 类和 15 类，即 $\bar{r}$ 取值越大，聚类越细或越多。

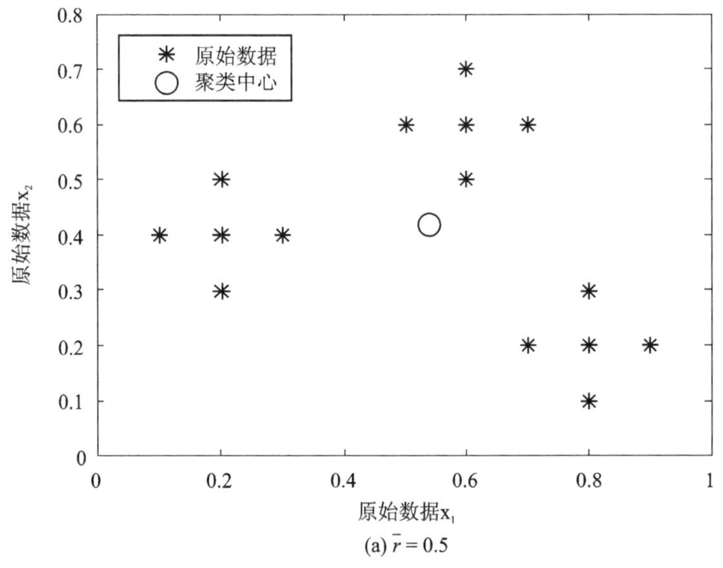

(a) $\bar{r}=0.5$

图 7.9　关系度聚类结果

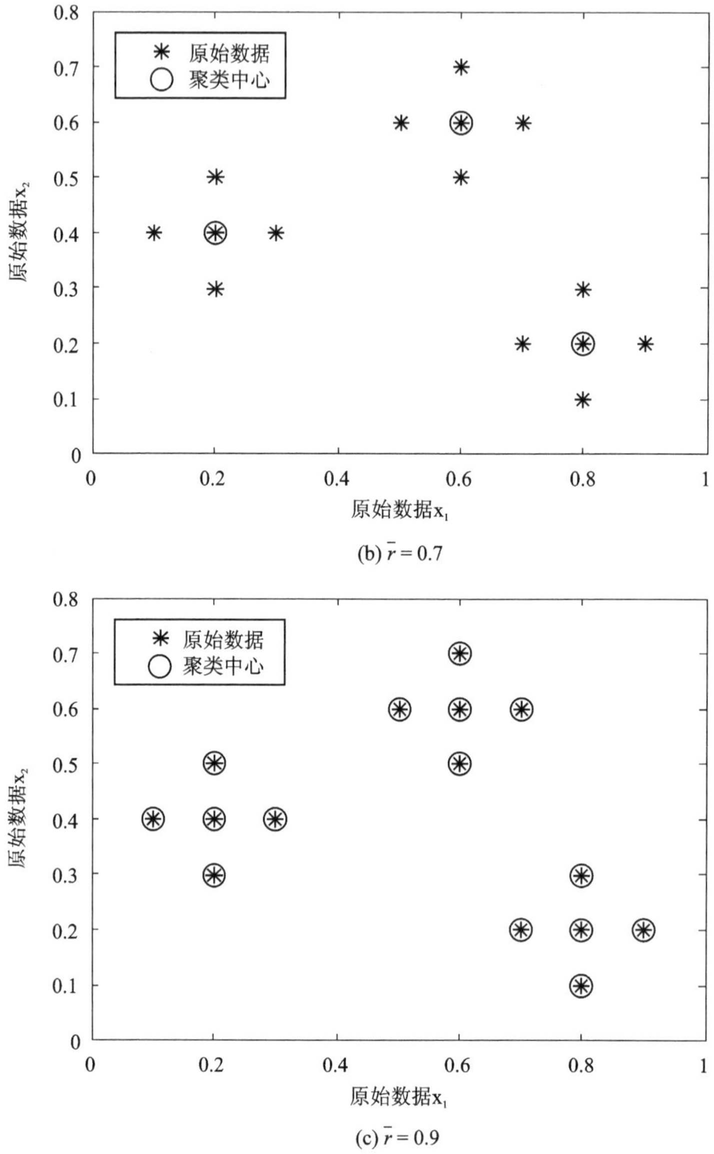

(b) $\bar{r}=0.7$

(c) $\bar{r}=0.9$

图 7.9 关系度聚类结果(续)

仿真程序:chap7_03_RGC.m

```
%关系度聚类
clear all; close all;

n=1; %聚类算法中的n
N=15; %数据向量的个数
rbar=0.7; %聚类预设参数:越大分类越细(多)

%输入/输出数据向量
```

```
x=[0.6  0.7
   0.1  0.4
   0.5  0.6
   0.3  0.4
   0.7  0.2
   0.6  0.6
   0.9  0.2
   0.7  0.6
   0.2  0.4
   0.6  0.5
   0.8  0.3
   0.2  0.5
   0.8  0.2
   0.2  0.3
   0.8  0.1];

% 计算 x 与 x 之间的最大距离
v=x;
for k=1:N
    for j=k:N
        d(k,j)=norm(x(k,:)-x(j,:));
    end
end
dmax=max(max(d));

% 聚类迭代:Step2-Step5
w=zeros(size(v));
cstep=0; % 聚类迭代步数
while (1)
    for k=1:N
        rvsum=0;
        rsum=0;
        for j=1:N
            r(k,j)=1-norm(v(k,:)-v(j,:))/dmax;
            if r(k,j) < rbar
                r(k,j)=0;
            end
            rvsum=rvsum + r(k,j)*v(j,:);
            rsum=rsum + r(k,j);
        end
        w(k,:)=rvsum/rsum;
```

```
    end
    cstep = cstep + 1;
    wvsum = sum(sum(roundn(w, - 10) == roundn(v, - 10)));
    if wvsum == N * (n + 1)
        break;
    else
        v = w;
    end
end

 % 从 v 中取出聚类中心
M = 1; % M 为聚类数
c(1,:) = v(1,:); % c 为聚类的中心
for k = 2:N
    for j = 1:M
        vsum(j) = sum(roundn(v(k,:), - 10) == roundn(c(j,:), - 10));
    end
    if max(vsum) ~ = n + 1
        M = M + 1;
        c(M,:) = v(k,:);
    end
end

figure(1)
plot(x(:,1),x(:,end),'b * ','LineWidth',1); hold on;
plot(c(:,1),c(:,end),'r0','LineWidth',2,'MarkerSize',10); hold off
axis([0 1 0 0.8]);
legend(' 原始数据 ',' 聚类中心 ','Location','northwest')
xlabel(' 原始数据 x_1');
ylabel(' 原始数据 x_2');
```

7.3.4 补偿模糊神经网络

这里介绍一种典型的模糊神经网络,即补偿模糊神经网络(compensatory neural fuzzy network,CNFN)[34,35]。该网络是由 Y. Q. Zhang 和 A. Kandel 于 1998 年提出的。补偿模糊神经网络是一种结合了补偿模糊逻辑和神经网络的混合系统,由面向控制和面向决策的模糊神经元构成,不仅能适当地调整输入/输出模糊隶属函数,也能借助于补偿逻辑算法,动态地优化模糊推理,使网络更适应、更优化。补偿模糊神经网络具有 5 层结构:输入层、模糊化层、模糊推理层、补偿运算层和反模糊化层。层与层之间依据模糊逻辑系统的语言变量、模糊 IF - THEN 规则、消极-积极运算、模糊推理方法、反模糊化函数来构建,其结构如图 7.10 所示。

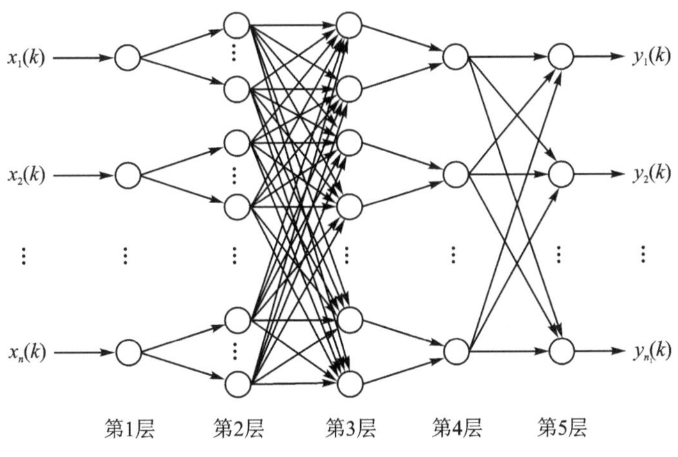

图 7.10　补偿模糊神经网络结构

由于多输入多输出系统可以用多个多输入单输出系统来表示，为了简单又不失一般性，在此只考虑多输入单输出网络结构。设有 M 个 IF－THEN 模糊规则的 n 维输入单输出的补偿模糊逻辑系统的模糊规则集描述如下：

$$\mathrm{FR}^{(j)}:\mathrm{IF}\ x_1\ \text{is}\ A_1^j\ \text{and}\ \cdots\ \text{and}\ x_n\ \text{is}\ A_n^j\ \text{THEN}\ y_m\ \text{is}\ B^j \tag{7.3.4}$$

式中，A_i^j 为论域 U 上的模糊集，B^j 为论域 V 上的模糊集，x_i 和 y_m 分别为输入和输出语言变量，$i=1,2,\cdots,n,j=1,2,\cdots,M$（下同）。为了清晰起见，输入变量 $x_i(k)$ 和输出变量 $y_m(k)$ 中的 k 省略不写。模糊子集 A_i^j 和 B^j 的模糊隶属函数分别定义如下：

$$\mu_{A_i^j}(x_i)=\exp\left[-\left(\frac{x_i-a_{ij}}{\sigma_{ij}}\right)^2\right] \tag{7.3.5}$$

$$\mu_{B^j}(y_m)=\exp\left[-\left(\frac{y-b_j}{\delta_j}\right)^2\right] \tag{7.3.6}$$

式中，a_{ij} 和 σ_{ij} 分别为输入隶属函数的中心和宽度，b_j 和 δ_j 分别为输出隶属函数的中心和宽度。

1. 补偿模糊神经网络各层的输入、输出

在下面的表达式中，$u_i^{(l)}$ 和 $O_i^{(l)}$ 分别表示第 l 层的第 i 个节点的输入和输出。

第 1 层为输入层，各个节点直接与输入向量相连接，即

$$O_i^{(1)}=u_i^{(1)}=x_i \tag{7.3.7}$$

第 2 层为模糊化层，每一个节点代表了一个语言变量值，其作用是计算各输入向量属于各语言变量值模糊集合的隶属函数，即进行模糊化处理，其输入、输出分别为

$$u_{ij}^{(2)}=O_i^{(1)} \tag{7.3.8}$$

$$O_{ij}^{(2)}=\exp\left[-\left(\frac{u_{ij}^{(2)}-a_{ij}}{\sigma_{ij}}\right)^2\right] \tag{7.3.9}$$

式中，a_{ij} 和 σ_{ij} 分别为输入隶属函数的中心和宽度。

第 3 层为模糊推理层，每一个节点代表一条模糊规则，其作用是匹配模糊规则，并计算出

每条规则的适用度,其输出为

$$O_j^{(3)} = \prod_{i=1}^{n} O_{ij}^{(2)} \tag{7.3.10}$$

第 4 层为补偿运算层,补偿运算为

$$O_j^{(4)} = (O_j^{(3)})^{1-\gamma_j+\gamma_j/n} \tag{7.3.11}$$

式中,$\gamma_j \in [0,1]$ 为补偿度,这里令

$$\gamma_j = \frac{f_j^2}{f_j^2 + h_j^2}$$

第 5 层为反模糊化层,网络的输出为

$$y_m = O^{(5)} = \frac{\sum_{j=1}^{M} b_j \delta_j O_j^{(4)}}{\sum_{j=1}^{M} \delta_j O_j^{(4)}} \tag{7.3.12}$$

式中,b_j 和 δ_j 分别为输出隶属函数的中心和宽度。

2. 补偿模糊神经网络的学习算法

利用 n 维输入数据 $\boldsymbol{x}(k)$($\boldsymbol{x}(k) = [x_1(k), x_2(k), \cdots, x_n(k)]$)和一维输出数据 $y_m(k)$($k=1,2,\cdots,N$),调整补偿模糊神经网络的输入/输出隶属函数的中心、宽度及补偿度,使之最优。

令 $C = \sum_{j=1}^{M} \delta_j O_j^{(4)}$,则式(7.3.12)变为

$$y_m = O^{(5)} = \frac{\sum_{j=1}^{M} b_j \delta_j O_j^{(4)}}{C} \tag{7.3.13}$$

取性能指标函数为

$$E = \frac{1}{2}(y_m - y)^2 \tag{7.3.14}$$

式中,y_m 和 y 分别为网络的输出和期望输出。

利用梯度下降法对补偿模糊神经网络进行如下训练。

第 5 层(对输出隶属函数中心和宽度的训练):

$$\Delta^{(5)} = \frac{\partial E}{\partial O^{(5)}} = y_m - y \tag{7.3.15}$$

$$\frac{\partial E}{\partial b_j} = \frac{\Delta^{(5)} \delta_j O_j^{(4)}}{C} \tag{7.3.16}$$

$$\frac{\partial E}{\partial \delta_j} = \frac{\Delta^{(5)} (b_j - y_m) O_j^{(4)}}{C} \tag{7.3.17}$$

$$b_j(k) = b_j(k-1) - \eta \left.\frac{\partial E}{\partial b_j}\right|_k \tag{7.3.18}$$

$$\delta_j(k) = \delta_j(k-1) - \eta \left.\frac{\partial E}{\partial \delta_j}\right|_k \tag{7.3.19}$$

第 4 层(对补偿度的训练):

$$\Delta_j^{(4)} = \frac{\partial E}{\partial O_j^{(4)}} = \frac{\partial E}{\partial O^{(5)}}\frac{\partial O^{(5)}}{\partial O_j^{(4)}} = \frac{\Delta^{(5)}(b_j - y_m)\delta_j}{C} \tag{7.3.20}$$

$$\frac{\partial E}{\partial \gamma_j} = (1/n - 1)\Delta_j^{(4)} O_j^{(4)} \ln O_j^{(3)} \tag{7.3.21}$$

$$f_j(k) = f_j(k-1) - \eta\left\{\frac{2f_j(k-1)h_j^2(k-1)}{[f_j^2(k-1) + h_j^2(k-1)]^2}\right\}\frac{\partial E}{\partial \gamma_j}\bigg|_k \tag{7.3.22}$$

$$h_j(k) = h_j(k-1) + \eta\left\{\frac{2h_j(k-1)f_j^2(k-1)}{[f_j^2(k-1) + h_j^2(k-1)]^2}\right\}\frac{\partial E}{\partial \gamma_j}\bigg|_k \tag{7.3.23}$$

$$\gamma_j(k) = \frac{f_j^2(k)}{f_j^2(k) + h_j^2(k)} \tag{7.3.24}$$

第 2 层(对输入隶属函数中心和宽度的训练):

$$\Delta_{ij}^{(2)} = \frac{\partial E}{\partial O_{ij}^{(2)}} = \Delta_j^{(4)}(1 - \gamma_j + \gamma_j/n)[O_j^{(3)}]^{-\gamma_j + \gamma_j/n}\prod_{\substack{l=1\\ l\neq i}}^{n} O_{lj}^{(2)} \tag{7.3.25}$$

$$\frac{\partial E}{\partial a_{ij}} = \frac{2\Delta_{ij}^{(2)} O_{ij}^{(2)}[u_{ij}^{(2)} - a_{ij}]}{(\sigma_{ij})^2} = \frac{2\Delta^{(5)}(b_j - y_m)\delta_j(1 - \gamma_j + \gamma_j/n)O_j^{(4)}[O_i^{(1)} - a_{ij}]}{(\sigma_{ij})^2 C} \tag{7.3.26}$$

$$\frac{\partial E}{\partial \sigma_{ij}} = \frac{2\Delta_{ij}^{(2)} O_{ij}^{(2)}[u_{ij}^{(2)} - a_{ij}]^2}{(\sigma_{ij})^3} = \frac{2\Delta^{(5)}(b_j - y_m)\delta_j(1 - \gamma_j + \gamma_j/n)O_j^{(4)}[O_i^{(1)} - a_{ij}]^2}{(\sigma_{ij})^3 C} \tag{7.3.27}$$

$$a_{ij}(k) = a_{ij}(k-1) - \eta\frac{\partial E}{\partial a_{ij}}\bigg|_k \tag{7.3.28}$$

$$\sigma_{ij}(k) = \sigma_{ij}(k-1) - \eta\frac{\partial E}{\partial \sigma_{ij}}\bigg|_k \tag{7.3.29}$$

式中,$\eta > 0$ 为学习率。

算法 7-3(补偿模糊神经网络辨识)

Step1　采集一定数量的输入数据和输出数据,并确定补偿模糊神经网络的输入维数 n。

Step2　初始化补偿模糊神经网络,确定模糊规则数目,设置输入/输出隶属函数中心和宽度的初始值 $a_{ij}(0)$、$\sigma_{ij}(0)$、$b_j(0)$、$\delta_j(0)$及其他参数,如补偿度初值 $\gamma(0)$、学习率 η 等,设置全局误差精度值或最大学习次数。

Step3　利用输入数据和输出数据,由式(7.3.7)~式(7.3.12)计算当前网络输出 $y_m(k)$。

Step4　利用式(7.3.16)~式(7.3.19)计算输出隶属函数的中心和宽度 $b_j(k)$、$\delta_j(k)$。

Step5　利用式(7.3.21)~式(7.3.24)计算补偿度 $\gamma_j(k)$。

Step6　利用式(7.3.26)~式(7.3.29)计算输入隶属函数的中心和宽度 $a_{ij}(k)$、$\sigma_{ij}(k)$。

Step7　循环执行 Step3~Step6 N 次后(N 为训练样本个数),计算全局误差,判断其是否满足要求。当误差达到预设精度,或学习次数大于设定的最大次数时,结束学习算法;否则,返回 Step3,进入下一轮学习。

仿真实例 7.3

考虑如下非线性系统[33]:

$$\dot{x}_1(t)=-x_1(t)x_2^2(t)+0.999+0.42\cos(1.75t) \tag{7.3.30}$$

$$\dot{x}_2(t)=x_1(t)x_2^2(t)-x_2(t) \tag{7.3.31}$$

$$y(t)=\sin(x_1(t)+x_2(t)) \tag{7.3.32}$$

取 $x_1(0)=1.0, x_2(0)=1.0, t\in[0,20]$。利用 MATLAB 的"ode45"函数,求解式(7.3.30)和式(7.3.31),可以得到105组输入数据 $x_1(t)$ 和 $x_2(t)$,以及由式(7.3.32)获得的对应输出 $y(t)$。

对于此系统,采用2输入1输出的补偿模糊神经网络进行辨识,即输入为 $x_1(k)$ 和 $x_2(k)$,输出为 $y(k)$,$k=1,2,\cdots,105(x_1(t),x_2(t),y(t),t\in[0,20])$,并采用25条模糊 IF-THEN 规则。由于 $0.5\leqslant x_1(k)\leqslant 2.5$,$0.4\leqslant x_2(k)\leqslant 1.5$,$0\leqslant y(k)\leqslant 1$,输入/输出隶属函数的中心和宽度初值分别取:

$$a_{1j}=0.5+0.5\lfloor j/5\rfloor \tag{7.3.33}$$

$$a_{2j}=0.5+0.25(j \bmod 5) \tag{7.3.34}$$

$$\sigma_{ij}=0.5 \tag{7.3.35}$$

$$\delta_j=0.5 \tag{7.3.36}$$

$$b_j=\begin{cases}\dfrac{1}{N_j}\sum\limits_{n_j=1}^{N_j}y(M_j(n_j)), & N_j\neq 0\\ 0.5, & N_j=0\end{cases} \tag{7.3.37}$$

式中,$i=1,2$;$j=1,2,\cdots,25$;N_j 是 $M_j(n_j)$ 的总个数,n_j 是计数器,$1\leqslant n_j\leqslant N_j$。$M_j(n_j)$ 取值如下:

如果 $x_1(k)\in[0.500,0.750]$,$x_2(k)\in[0.400,0.625]$,则 $M_1(n_1)=k$,$1\leqslant n_1\leqslant N_1$;

如果 $x_1(k)\in[0.500,0.750]$,$x_2(k)\in[0.625,0.875]$,则 $M_2(n_2)=k$,$1\leqslant n_2\leqslant N_2$;

$\vdots$

如果 $x_1(k)\in[2.250,2.500]$,$x_2(k)\in[1.375,1.500]$,则 $M_{25}(n_{25})=k$,$1\leqslant n_{25}\leqslant N_{25}$。

$M_j(n_j)$ 的具体取值详见表7.3。

表7.3 $M_j(n_j)$ 的取值

x_1	x_2				
	$\in[0.400,0.625]$	$\in[0.625,0.875]$	$\in[0.875,1.125]$	$\in[1.125,1.375]$	$\in[1.375,1.500]$
$\in[0.500,0.750]$	$M_1(n_1),N_1$	$M_2(n_2),N_2$	$M_3(n_3),N_3$	$M_4(n_4),N_4$	$M_5(n_5),N_5$
$\in[0.750,1.250]$	$M_6(n_6),N_6$	$M_7(n_7),N_7$	$M_8(n_8),N_8$	$M_9(n_9),N_9$	$M_{10}(n_{10}),N_{10}$
$\in[1.250,1.750]$	$M_{11}(n_{11}),N_{11}$	$M_{12}(n_{12}),N_{12}$	$M_{13}(n_{13}),N_{13}$	$M_{14}(n_{14}),N_{14}$	$M_{15}(n_{15}),N_{15}$
$\in[1.750,2.250]$	$M_{16}(n_{16}),N_{16}$	$M_{17}(n_{17}),N_{17}$	$M_{18}(n_{18}),N_{18}$	$M_{19}(n_{19}),N_{19}$	$M_{20}(n_{20}),N_{20}$
$\in[2.250,2.500]$	$M_{21}(n_{21}),N_{21}$	$M_{22}(n_{22}),N_{22}$	$M_{23}(n_{23}),N_{23}$	$M_{24}(n_{24}),N_{24}$	$M_{25}(n_{25}),N_{25}$

取补偿度初值 $\gamma(0)=0.5$,学习率 $\eta=0.5$,全局误差精度为0.02,补偿模糊神经网络的训练结果如图7.11所示。由图7.11可以看出,补偿模糊神经网络经过7步训练后,就达到了预定的训练精度,而且网络输出与实际输出拟合较好。当全局误差精度设置更小时,网络输出与实际输出将拟合得更好。如图7.12所示,全局误差精度设置为0.001,网络输出与实际输出几乎重合。

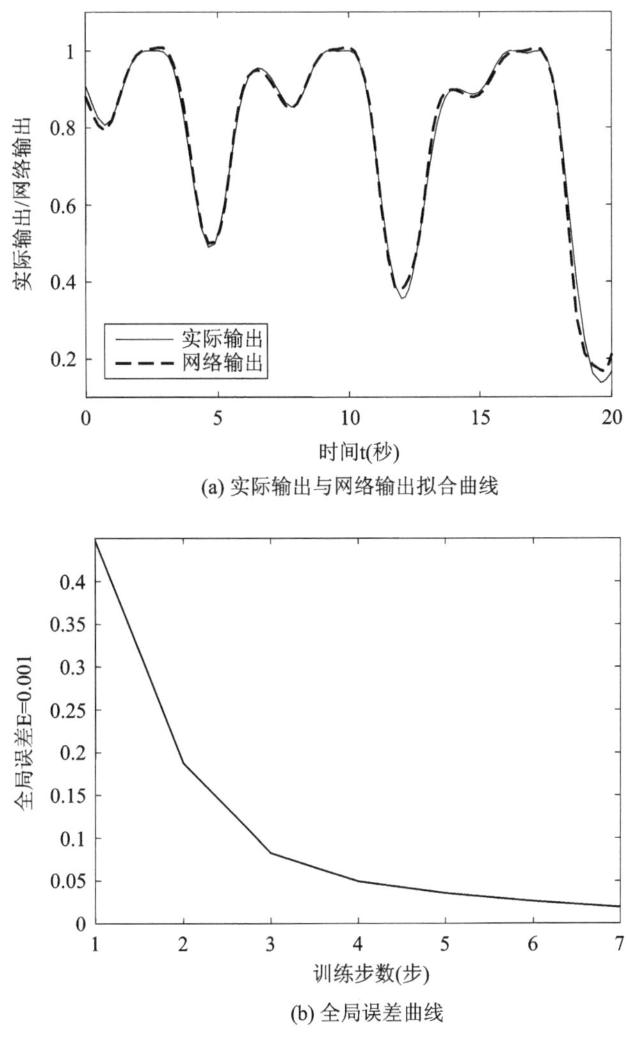

(a) 实际输出与网络输出拟合曲线

(b) 全局误差曲线

图 7.11　补偿模糊神经网络辨识结果(全局误差精度为 0.02)

仿真程序:chap7_04_CNFN.m

```
% 补偿模糊神经网络辨识
clear all; close all;

[t,x] = ode45(@nonsys,[0 20],[1.0 1.0]); % 解微分方程
y = sin(x(:,1) + x(:,2));
[N,n] = size(x); % N 为数据个数,n 为系统输入的维数

eta = 0.5; % 学习速率
E = 0.02; % 全局误差精度

% 定义输入输出隶属函数中心和宽度及补偿度的初值
```

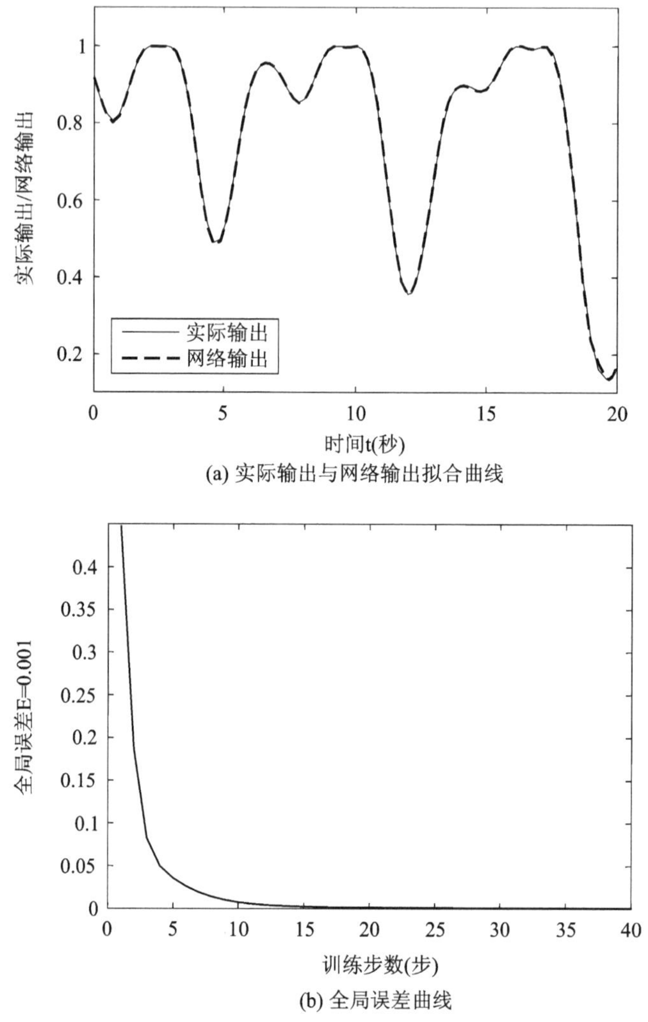

(a) 实际输出与网络输出拟合曲线

(b) 全局误差曲线

图 7.12　补偿模糊神经网络辨识结果(全局误差精度为 0.001)

```
M = 25; % 模糊规则数
for j = 1:M
    ak(j,1) = 0.5 + 0.5 * floor(j/5);
    ak(j,2) = 0.5 + 0.25 * mod(j,5); % 输入隶属函数中心
    for i = 1:n
        sigmak(j,i) = 0.5; % 输入隶属函数宽度
    end
    deltak(j) = 0.5; % 输出隶属函数宽度
    fk(j) = 0.1; hk(j) = 0.1;
    gammak(j) = fk(j)^2/(fk(j)^2 + hk(j)^2); % 补偿度
end
% 计算输出隶属函数的中心
x1span = [0.5,0.75,1.25,1.75,2.25,2.5];
```

```
x2span = [0.4,0.625,0.875,1.125,1.375,1.5];
for i1 = 1:5
    for i2 = 1:5
        j = (i1 - 1) * 5 + i2;
        nj = 0;
        for k = 1:N
            if x(k,1)> = x1span(i1) & x(k,1)< = x1span(i1 + 1)
                if x(k,2)> = x2span(i2) & x(k,2)< = x2span(i2 + 1)
                    nj = nj + 1;
                    Mj(j,nj) = k;
                end
            end
        end
        bk(j) = 0;
        if nj == 0
            bk(j) = 0.5;
        else
            for i = 1:nj
                bk(j) = bk(j) + y(Mj(j,i));
            end
            bk(j) = bk(j)/nj;
        end
    end
end

eg = 10; % 初始化全局误差
num = 0; % 初始化训练步数
mstep = 100; % 最大训练次数
tic
while (eg > = E) % 由全局误差控制训练次数
% while(num < mstep) % 直接设定训练次数
    num = num + 1;
    es(num) = 0;
    for k = 1:N
        % 计算网络输出
        O1 = x(k,1:n);
        bdo = 0;do = 0;
        for j = 1:M
            O3(j) = 1;
            for i = 1:n
                O2(j,i) = exp( - ((O1(i) - ak(j,i))/sigmak(j,i))^2);
                O3(j) = O3(j) * O2(j,i);
            end
            gn(j) = 1 - gammak(j) + gammak(j)/n;
            O4(j) = O3(j)^gn(j);
            bdo = bdo + bk(j) * deltak(j) * O4(j);
```

```
            do = do + deltak(j) * O4(j); % 公式中的 C
        end
        ym(k) = bdo/do;
        e(k) = y(k) - ym(k);
        es(num) = es(num) + e(k)^2/2; % 累计误差平方

        % 训练网络
        for j = 1:M
            % 对输出隶属函数中心和宽度的训练
            Delta5 = ym(k) - y(k);
            db(j) = Delta5 * deltak(j) * O4(j)/do;
            ddelta(j) = Delta5 * (bk(j) - ym(k)) * O4(j)/do;
            b(j) = bk(j) - eta * db(j);
            delta(j) = deltak(j) - eta * ddelta(j);
            % 对补偿度的训练
            Delta4(j) = Delta5 * (bk(j) - ym(k)) * deltak(j)/do;
            dgamma(j) = (1/n - 1) * Delta4(j) * O4(j) * log(O3(j));
            f(j) = fk(j) - eta * (2 * fk(j) * hk(j)^2/(fk(j)^2 + hk(j)^2)^2) * dgamma(j);
            h(j) = hk(j) + eta * (2 * hk(j) * fk(j)^2/(fk(j)^2 + hk(j)^2)^2) * dgamma(j);
            gamma(j) = f(j)^2/(f(j)^2 + h(j)^2);
            % 对输入隶属函数中心和宽度的训练
            for i = 1:n
                da(j,i) = 2 * Delta5 * (bk(j) - ym(k)) * deltak(j) * gn(j) * O4(j) * (O1(i) - ak(j,
                i))/(sigmak(j,i)^2 * do);
                dsigma(j,i) = 2 * Delta5 * (bk(j) - ym(k)) * deltak(j) * gn(j) * O4(j) * (O1(i) -
                ak(j,i))^2/(sigmak(j,i)^3 * do);
                a(j,i) = ak(j,i) - eta * da(j,i);
                sigma(j,i) = sigmak(j,i) - eta * dsigma(j,i);
            end
        end

        %更新数据
        ak = a;
        sigmak = sigma;
        fk = f; hk = h;
        gammak = gamma;
        bk = b;
        deltak = delta;
    end
    eg = es(num);
end
toc
figure(1)
plot(t,y,'b',t,ym,'r--')
xlabel('时间 t(秒)');
```

```
ylabel('实际输出/网络输出');
legend('实际输出','网络输出','Location','southwest');
figure(2)
plot(1:num,es,'b')
xlabel('训练步数(步)');
ylabel('全局误差 E=0.001');
```

为了进行对比，这里采用第 6 章介绍的 BP 神经网络(算法 6-2)对仿真实例 7.3 进行辨识。对于仿真实例 7.3，采用 2-10-1 三层结构的 BP 神经网络，即输入层节点数为 2，输入为 $\{x_1(k), x_2(k)\}$，隐含层节点数为 10，输出为 $y_m(k)$；取学习率 $\eta=0.5$，动量因子 $\alpha=0.05$，网络初始权值见程序 chap7_05_BPNN.m，全局误差精度设为 0.02，仿真结果如图 7.13 所示。由图 7.13 可以看出，普通的 BP 神经网络要经过 194 步训练才能达到预定的训练精度；而且，与图 7.11 补偿模糊神经网络的效果相比，BP 神经网络的拟合效果要差一些。

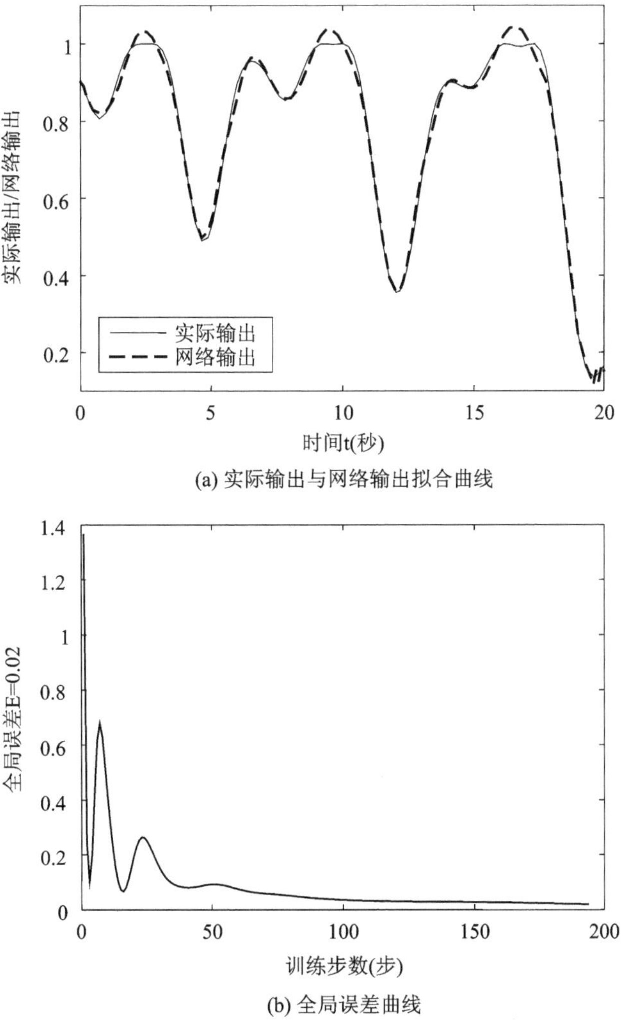

(a) 实际输出与网络输出拟合曲线

(b) 全局误差曲线

图 7.13　BP 神经网络辨识结果

仿真程序:chap7_05_BPNN. m

```
% BP 神经网络辨识
clear all; close all;

[t,x] = ode45(@nonsys,[0 20],[1.0 1.0]); % 解微分方程
y = sin(x(:,1) + x(:,2));
[N,n] = size(x); % N 为数据个数,n 为系统输入的维数

% 设置 BP 网络参数
m = 10; % m 为隐含层节点数
eta = 0.5; % 学习速率
alpha = 0.05; % 动量因子
E = 0.02; % 全局误差精度
% w1k1 = rands(m,n); % 输入层至隐含层权值的初值: w1ki 表示 w1(k - i)
w1k1 = [ - 0.7027     0.9150
    0.3162   - 0.9486
    0.2680     0.9422
  - 0.5414   - 0.4048
  - 0.6355     0.0501
  - 0.6673     0.7247
  - 0.7008     0.7928
  - 0.5945   - 0.6220
    0.9099     0.3214
  - 0.9682     0.8825];
w1k2 = w1k1;
% w2k1 = rands(1,m); % 隐含层至输出层权值的初值: w2ki 表示 w2(k - i)
w2k1 = [0.9514 - 0.7841 - 0.6422 0.4931 - 0.9011 - 0.8574 - 0.0217 0.6998 0.9941 - 0.9912];
w2k2 = w2k1;

eg1 = 100 * E;
eg = 10; % 初始化全局误差
num = 0; % 初始化训练步数
M = 100; % 最大训练次数
tic
while(eg >= E) % 由全局误差控制训练次数
%while(num < M) % 直接设定训练次数
    num = num + 1;
    es(num) = 0;
    for k = 1:N
        % 计算 BP 网络输出
        O1 = x(k,:)';
        net2 = w1k1 * O1;
```

```
        O2 = 1./(1 + exp( - net2));
        ym(k) = w2k1 * O2;

        e(k) = y(k) - ym(k); % 模型误差
        es(num) = es(num) + e(k)^2/2; % 累计误差平方


        % 训练 BP 网络
        dw2 = eta * e(k) * O2';
        w2 = w2k1 + dw2 + alpha * (w2k1 - w2k2); % w2(k)

        df = exp( - net2)./(1 + exp( - net2)).^2; % 激励函数的导数
        dw1 = eta * e(k) * w2k1'. * df * O1'; % 矩阵形式计算
        w1 = w1k1 + dw1 + alpha * (w1k1 - w1k2); % w1(k)

        % 更新数据
        w1k2 = w1k1; w1k1 = w1;
        w2k2 = w2k1; w2k1 = w2;
    end
    eg = es(num);
    if eg <= eg1
        eg1 = eg1 - E/500;
        % fprintf('eg = %f        num = %d\n', eg, num);
    end
end
toc
figure(1)
plot(t,y,'b',t,ym,'r--')
xlabel('时间 t(秒)');
ylabel('实际输出/网络输出');
legend('实际输出','网络输出','Location','southwest');
figure(2)
plot(1:num,es,'b')
xlabel('训练步数(步)');
ylabel('全局误差 E = 0.02');
```

7.3.5　基于聚类的补偿模糊神经网络辨识

这里将关系度聚类方法与补偿模糊神经网络结合使用，主要分为两步：首先，利用关系度聚类方法对补偿模糊神经网络进行结构辨识，即利用输入/输出数据样本进行聚类分析，从而划分样本空间和提取模糊规则；然后，再利用输入/输出数据样本和梯度下降法对补偿模糊神经网络进行精确的参数辨识。

结构辨识问题一般涉及输入/输出空间的划分，模糊规则数目以及前提部分和结论部分初始参数的确定等。假设通过 7.3.3 节中的关系度聚类方法将原始数据分为 M 类,相应的聚类中心为 $c_j=(c_{1j},c_{2j},\cdots,c_{nj},c_{(n+1)j}),j=1,2,\cdots,M$,则可以构造基于模糊规则(式(7.3.4))的初始模糊模型。模糊规则中,前提部分和结论部分的隶属函数均用 Guassian 函数表示,其参数初值取为

$$(a_{1j},a_{2j},\cdots,a_{nj})=(c_{1j},c_{2j},\cdots,c_{nj}) \tag{7.3.38}$$

$$b_j=c_{(n+1)j} \tag{7.3.39}$$

$$\sigma_{ij}=2\max|x_i^*-c_{ij}| \tag{7.3.40}$$

$$\delta_j=2\max|y^*-c_{(n+1)j}| \tag{7.3.41}$$

式中,$i=1,2,\cdots,n$,x_i^* 和 y^* 分别是被聚为第 j 类、离对应中心点 c_{ij} 最远的原始输入数据和输出数据。

注:在利用聚类方法选取输入/输出隶属函数宽度的初始值时,可以根据对象和聚类结果的不同适当调整式(7.3.40)和式(7.3.41)的表达形式。

算法 7-4(基于聚类的补偿模糊神经网络辨识)

Step1 采集一定数量的输入数据和输出数据,并确定补偿模糊神经网络的输入维数 n。

Step2 利用算法 7-2 对输入数据和输出数据进行聚类分析,得到 M 个聚类中心,M 即为模糊规则数。

Step3 利用式(7.3.38)~式(7.3.41)确定补偿模糊神经网络输入/输出隶属函数中心和宽度的初始值 $a_{ij}(0)$、$\sigma_{ij}(0)$、$b_j(0)$、$\delta_j(0)$。

Step4 设置补偿度初值 $\gamma(0)$、学习率 η 等参数以及全局误差精度值或最大学习次数。

Step5 利用输入/输出数据,由式(7.3.7)~式(7.3.12)计算当前网络输出 $y_m(k)$。

Step6 利用式(7.3.16)~式(7.3.19)计算输出隶属函数的中心和宽度 $b_j(k)$、$\delta_j(k)$。

Step7 利用式(7.3.21)~式(7.3.24)计算补偿度 $\gamma_j(k)$。

Step8 利用式(7.3.26)~式(7.3.29)计算输入隶属函数的中心和宽 $a_{ij}(k)$度和 $\sigma_{ij}(k)$。

Step9 循环执行 Step5~Step8 N 次后(N 为训练样本个数),计算全局误差,判断其是否满足要求。当误差达到预设精度或学习次数大于设定的最大次数时,结束学习算法;否则,返回 Step5,进入下一轮学习。

下面仍以仿真实例 7.3 为例,验证基于聚类的补偿模糊神经网络的效果。

第一步,进行结构辨识,即利用关系度聚类方法对 105 组输入/输出数据进行聚类。这里通过选择聚类参数 $\bar{r}=0.932$,将输入/输出数据聚为 18 类,即模糊规则数为 18,并可用获得的聚类中心对该非线性系统构造一个初始模糊模型,其前提部分和结论部分的初始参数如表 7.4 所列。

表 7.4 结构辨识后得到的模糊模型初始参数

j	前提部分				结论部分	
	a_{1j}	a_{2j}	σ_{1j}	σ_{2j}	b_j	δ_j
1	1.074 6	1.037 3	0.149 1	0.130 2	0.855 4	0.107 8
2	0.886 5	1.181 4	0.264 9	0.360 8	0.872 6	0.348 4
3	0.700 3	1.268 1	0.311 7	0.382 3	0.914 4	0.309 0
4	0.698 6	0.877 4	0.421 1	0.417 5	0.995 3	0.113 2

续表 7.4

j	前提部分				结论部分	
	a_{1j}	a_{2j}	σ_{1j}	σ_{2j}	b_j	δ_j
5	1.032 1	0.654 6	0.161 8	0.205 4	0.991 3	0.118 9
6	1.206 3	0.616 6	0.167 1	0.122 6	0.967 3	0.124 6
7	1.385 3	0.590 8	0.176 3	0.138 2	0.918 4	0.129 9
8	1.565 0	0.575 5	0.118 5	0.156 5	0.842 0	0.135 2
9	1.735 2	0.569 3	0.196 6	0.176 0	0.742 7	0.141 5
10	1.839 4	0.797 6	0.139 1	0.249 7	0.481 0	0.298 7
11	1.646 6	0.980 9	0.280 4	0.232 6	0.491 1	0.148 6
12	1.360 7	1.150 1	0.183 3	0.211 3	0.589 6	0.151 5
13	1.171 0	1.246 8	0.190 9	0.218 3	0.661 9	0.158 1
14	1.910 2	0.580 6	0.158 0	0.202 1	0.605 8	0.105 3
15	2.022 6	0.710 1	0.128 3	0.207 9	0.397 1	0.164 0
16	2.026 1	0.473 3	0.156 1	0.202 4	0.599 0	0.109 2
17	2.253 0	0.475 5	0.156 1	0.202 4	0.401 4	0.109 2
18	2.361 2	0.622 0	0.259 7	0.255 5	0.157 6	0.180 3

第二步，进行参数辨识，构造一个补偿模糊神经网络，选取补偿度初值 $\gamma(0)=0.5$、学习率 $\eta=0.5$、全局误差精度值为 0.02，利用输入/输出数据和梯度下降法，调整输入/输出隶属函数的参数及补偿度，仿真结果如图 7.14 所示。由图 7.14 可以看出，基于聚类的补偿模糊神经网络仅经过 5 步训练就达到了预定的训练精度；而且与图 7.11 和图 7.13 相比，在相同全局误差精度的情况下，基于聚类的补偿模糊神经网络的效果与普通补偿模糊神经网络近似，并优于普通 BP 神经网络的效果。另外，普通补偿模糊神经网络在训练时采用 25 个模糊规则，而基于聚类的补偿模糊神经网络只使用 18 个模糊规则，其计算量和收敛速度要优于普通补偿模糊神经网络。

三种神经网络的进一步对比详见表 7.5，其中包括网络训练步数、误差收敛情况及计算耗费时间。

表 7.5　三种神经网络的全局误差与训练步数对照表

训练步数(计算时间/s)	全局误差				
	0.05	0.005	0.000 5	0.000 05	0.000 005
基于聚类的补偿模糊神经网络	2 (0.071)	19 (0.128)	90 (0.362)	522 (1.780)	7084 (23.165)
补偿模糊神经网络	4 (0.082)	12 (0.118)	123 (0.611)	1676 (7.541)	8815 (39.505)
BP 神经网络	81 (0.383)	9094 (40.924)	无法 达到	无法 达到	无法 达到

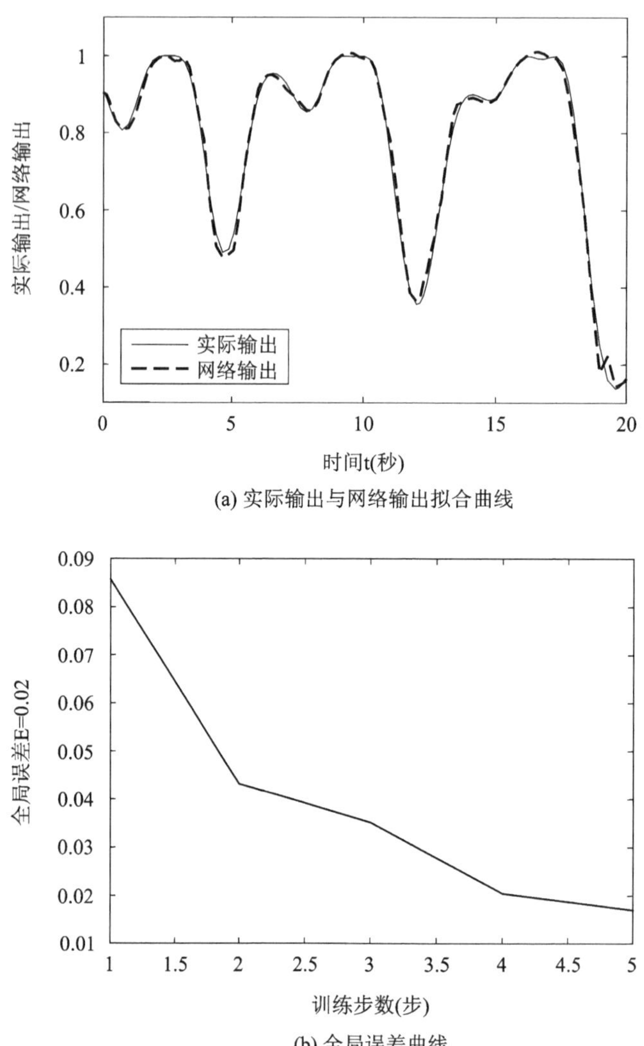

(a) 实际输出与网络输出拟合曲线

(b) 全局误差曲线

图 7.14 基于聚类的补偿模糊神经网络辨识结果

仿真程序:chap7_06_RGC_CNFN.m

```
% 基于关系度聚类的补偿模糊神经网络辨识
clear all; close all;

[t,x] = ode45(@nonsys,[0 20],[1.0 1.0]); % 解微分方程
y = sin(x(:,1) + x(:,2));
[N,n] = size(x); % N 为数据个数,n 为系统输入的维数

eta = 0.5; % 学习速率
E = 0.02; % 全局误差精度

rbar = 0.932; % 聚类预设参数:越大分类越细(多)
```

```
% 计算 x 与 x 之间的最大距离
x=[x, y]; % 输入/输出数据
v=x;
for k=1:N
    for j=k:N
        d(k,j)=norm(x(k,:)-x(j,:));
    end
end
dmax=max(max(d));

% 聚类迭代:聚类算法的 Step2~Step5
w=zeros(size(v));
cstep=0; % 聚类迭代步数
while (1)
    for k=1:N
        rvsum=0;
        rsum=0;
        for j=1:N
            r(k,j)=1-norm(v(k,:)-v(j,:))/dmax;
            if r(k,j) < rbar
                r(k,j)=0;
            end
            rvsum=rvsum + r(k,j)*v(j,:);
            rsum=rsum + r(k,j);
        end
        w(k,:)=rvsum/rsum;
    end
    cstep=cstep + 1;
    wvsum=sum(sum(roundn(w,-10)==roundn(v,-10)));
    if wvsum==N*(n+1)
        break;
    else
        v=w;
    end
end

% 从 v 中取出聚类中心
M=1; % M 为聚类数
c(1,:)=v(1,:); % c 为聚类的中心
for k=2:N
    for j=1:M
```

```
        vsum(j) = sum(roundn(v(k,:), - 10) == roundn(c(j,:), - 10));
    end
    if max(vsum) ~= n + 1
        M = M + 1;
        c(M,:) = v(k,:);
    end
end
ak = c(:,1:n); % 输入隶属函数中心的初值
bk = c(:,n + 1); % 输出隶属函数中心的初值

% 根据聚类结果,将原始数据归类
nn = zeros(M,1);
for k = 1:N
    for j = 1:M
        if sum(abs(v(k,:) - c(j,:))) < 10^( - 10)
            nn(j) = nn(j) + 1;
            xx(nn(j),:,j) = x(k,:);
            break;
        end
    end
end

% 设置输入/输出隶属函数宽度的初值
mx(1,:) = 0.1 * ones(1,n + 1);
for j = 1:M
    if nn(j) ~= 1
        mx(j,:) = max(abs(xx(1:nn(j),:,j) - ones(nn(j),1) * c(j,:)));
    else
        mx(j,:) = mean(mx);
    end
    sigmak(j,:) = 2 * mx(j,1:n);
    deltak(j,1) = 2 * mx(j,end);
end
% 调整非常小的隶属函数宽度
for j = 1:M
    for i = 1:n
        if sigmak(j,i) < 0.1
            sigmak(j,i) = mean(sigmak(:,i));
        end
    end
    if deltak(j) < 0.1
        deltak(j) = mean(deltak);
```

```
    end
end

% 设置补偿度的初值
for j = 1:M
    fk(j) = 0.1; hk(j) = 0.1;
    gammak(j) = fk(j)^2/(fk(j)^2 + hk(j)^2); % 补偿度
end

eg = 10; % 初始化全局误差
num = 0; % 初始化训练步数
mstep = 100; % 最大训练次数
tic
while (eg >= E) % 由全局误差控制训练次数
% while(num < mstep) % 直接设定训练次数
    num = num + 1;
    es(num) = 0;
    for k = 1:N
        % 计算网络输出
        O1 = x(k,:);
        bdo = 0;do = 0;
        for j = 1:M
            O3(j) = 1;
            for i = 1:n
                O2(j,i) = exp( - ((O1(i) - ak(j,i))/sigmak(j,i))^2);
                O3(j) = O3(j) * O2(j,i);
            end
            gn(j) = 1 - gammak(j) + gammak(j)/n;
            O4(j) = O3(j)^gn(j);
            bdo = bdo + bk(j) * deltak(j) * O4(j);
            do = do + deltak(j) * O4(j); % 公式中的 C
        end
        ym(k) = bdo/do;
        e(k) = y(k) - ym(k);
        es(num) = es(num) + e(k)^2/2; % 累计误差平方

        % 训练网络
        for j = 1:M
            % 对输出隶属函数中心和宽度的训练
            Delta5 = ym(k) - y(k);
            db(j) = Delta5 * deltak(j) * O4(j)/do;
            ddelta(j) = Delta5 * (bk(j) - ym(k)) * O4(j)/do;
```

```
            b(j) = bk(j) - eta * db(j);
            delta(j) = deltak(j) - eta * ddelta(j);
            % 对补偿度的训练
            Delta4(j) = Delta5 * (bk(j) - ym(k)) * deltak(j)/do;
            dgamma(j) = (1/n - 1) * Delta4(j) * O4(j) * log(O3(j));
            f(j) = fk(j) - eta * (2 * fk(j) * hk(j)^2/(fk(j)^2 + hk(j)^2)^2) * dgamma(j);
            h(j) = hk(j) + eta * (2 * hk(j) * fk(j)^2/(fk(j)^2 + hk(j)^2)^2) * dgamma(j);
            gamma(j) = f(j)^2/(f(j)^2 + h(j)^2);
            % 对输入隶属函数中心和宽度的训练
            for i = 1:n
                da(j,i) = 2 * Delta5 * (bk(j) - ym(k)) * deltak(j) * gn(j) * O4(j) * (O1(i) - ak(j,
                i))/(sigmak(j,i)^2 * do);
                dsigma(j,i) = 2 * Delta5 * (bk(j) - ym(k)) * deltak(j) * gn(j) * O4(j) * (O1(i) -
                ak(j,i))^2/(sigmak(j,i)^3 * do);
                a(j,i) = ak(j,i) - eta * da(j,i);
                sigma(j,i) = sigmak(j,i) - eta * dsigma(j,i);
            end
        end

        %更新数据
        ak = a;
        sigmak = sigma;
        fk = f; hk = h;
        gammak = gamma;
        bk = b;
        deltak = delta;
    end
    eg = es(num);
end
toc
figure(1)
plot(t,y,'k',t,ym,'k--')
xlabel('时间 t(秒)');
ylabel('实际输出/网络输出');
legend('实际输出','网络输出','Location','southwest');
figure(2)
plot(1:num,es,'k')
xlabel('训练步数(步)');
ylabel('全局误差 E=0.02');
```

第8章　无模型自适应控制

无模型自适应控制(model-free adaptive control,MFAC)方法是侯忠生教授于1994年提出的,用于解决一般离散时间非线性系统的控制问题。该方法利用动态线性化技术,引入伪偏导数(伪梯度向量或伪雅克比矩阵)和伪阶数等新概念,在每个采样时刻建立未知非线性系统的等价输入/输出数据模型,并通过在线参数辨识算法,估计相应的数据模型参数,从而实现非线性系统的自适应控制。本章仅给出典型MFAC方法的主要结果,具体细节请参阅文献[36,37]。

8.1　动态线性化技术

在现实生活中,物理组成元件或多或少地带有非线性,严格来说,所有的被控对象都是非线性系统。随着社会经济和科学技术的快速发展,许多工业系统发生了翻天覆地的变化,如系统规模越来越大、工艺和设备越来越复杂等,导致系统的非线性动态特性越来越复杂,系统的精确数学模型越来越难以建立。为此,侯忠生教授针对一般离散时间非线性系统,在一定假设条件下,基于伪偏导数、伪梯度和伪雅可比矩阵等新概念,提出了三种用于控制系统设计的等价动态线性化方法,即紧格式动态线性化方法(compact form dynamic linearization,CFDL)、偏格式动态线性化方法(partial form dynamic linearization,PFDL)和全格式动态线性化方法(full form dynamic linearization,FFDL)。

8.1.1　紧格式动态线性化方法(CFDL)

考虑如下一般单输入单输出(SISO)离散时间非线性系统:

$$y(k+1)=f(y(k),\cdots,y(k-n_y),u(k),\cdots,u(k-n_u)) \tag{8.1.1}$$

式中,$y(k)\in \mathbf{R}$ 和 $u(k)\in \mathbf{R}$ 分别为 k 时刻系统的输出和输入,$f(\cdot)$为未知的非线性函数,n_y 和 n_u 分别为未知的系统输出阶数和输入阶数。

对非线性系统(式(8.1.1))做如下假设。

假设 8.1　非线性函数 $f(\cdot)$关于控制输入信号 $u(k)$的偏导数是连续的。

假设 8.2　非线性系统(式(8.1.1))满足广义 Lipschitz 条件,即对于任意时刻 $k_1\neq k_2$,$k_1\geqslant 0$,$k_2\geqslant 0$ 和 $u(k_1)\neq u(k_2)$,均有

$$|y(k_1+1)-y(k_2+1)|\leqslant b|u(k_1)-u(k_2)| \tag{8.1.2}$$

式中,$b>0$ 是一个常数。

若非线性系统(式(8.1.1))满足假设8.1和假设8.2,且对所有时刻 k 有 $\Delta u(k)=u(k)-u(k-1)\neq 0$,则式(8.1.1)可以等价地表示为如下CFDL模型:

$$\Delta y(k+1)=\phi(k)\Delta u(k) \tag{8.1.3}$$

式中,$\Delta y(k+1)=y(k+1)-y(k)$,$\phi(k)$为伪偏导数且满足$|\phi(k)|\leqslant b$。

8.1.2 偏格式动态线性化方法(PFDL)

定义 $\boldsymbol{h}(k)=[u(k),u(k-1),\cdots,u(k-L+1)]^{\mathrm{T}}\in\mathbf{R}^{L}$，$L$ 为控制输入线性化长度常数。这里仍考虑非线性系统(式(8.1.1))，并做如下假设。

假设 8.3 非线性函数 $f(\cdot)$ 关于 $\boldsymbol{h}(k)$ 的各个变量都存在连续偏导数。

假设 8.4 非线性系统(式(8.1.1))满足广义 Lipschitz 条件，即对于任意时刻 $k_1\neq k_2$，$k_1\geqslant 0$，$k_2\geqslant 0$ 和 $\boldsymbol{h}(k_1)\neq\boldsymbol{h}(k_2)$，均有

$$|y(k_1+1)-y(k_2+1)|\leqslant b\,|\boldsymbol{h}(k_1)-\boldsymbol{h}(k_2)| \tag{8.1.4}$$

式中，$b>0$ 是一个常数。

记 $\Delta\boldsymbol{h}(k)=\boldsymbol{h}(k)-\boldsymbol{h}(k-1)$，若非线性系统(式(8.1.1))满足假设 8.3 和假设 8.4，且对所有时刻 k 有 $\|\Delta\boldsymbol{h}(k)\|\neq 0$，则式(8.1.1)可以等价地表示为如下 PFDL 模型：

$$\Delta y(k+1)=\boldsymbol{\phi}^{\mathrm{T}}(k)\Delta\boldsymbol{h}(k) \tag{8.1.5}$$

式中，$\boldsymbol{\phi}(k)=[\phi_1(k),\phi_2(k),\cdots,\phi_L(k)]^{\mathrm{T}}\in\mathbf{R}^{L}$ 为伪梯度，且对于任意时刻 k 有界。

8.1.3 全格式动态线性化方法(FFDL)

定义 $\boldsymbol{h}_{yu}(k)=[y(k),\cdots,y(k-L_y+1),u(k),\cdots,u(k-L_u+1)]^{\mathrm{T}}\in\mathbf{R}^{L_y+L_u}$，$L_y$ 和 L_u 分别为系统的输出伪阶数和输入伪阶数。这里仍考虑非线性系统(式(8.1.1))，并做如下假设。

假设 8.5 非线性函数 $f(\cdot)$ 关于 $\boldsymbol{h}_{yu}(k)$ 的各个变量都存在连续偏导数。

假设 8.6 非线性系统(式(8.1.1))满足广义 Lipschitz 条件，即对于任意时刻 $k_1\neq k_2$，$k_1\geqslant 0$，$k_2\geqslant 0$ 和 $\boldsymbol{h}_{yu}(k_1)\neq\boldsymbol{h}_{yu}(k_2)$，均有

$$|y(k_1+1)-y(k_2+1)|\leqslant b\,|\boldsymbol{h}_{yu}(k_1)-\boldsymbol{h}_{yu}(k_2)| \tag{8.1.6}$$

式中，$b>0$ 是一个常数。

记 $\Delta\boldsymbol{h}_{yu}(k)=\boldsymbol{h}_{yu}(k)-\boldsymbol{h}_{yu}(k-1)$，若非线性系统(式(8.1.1))满足假设 8.5 和假设 8.6，且对所有时刻 k 有 $\|\Delta\boldsymbol{h}_{yu}(k)\|\neq 0$，则式(8.1.1)可以等价地表示为如下 FFDL 模型：

$$\Delta y(k+1)=\boldsymbol{\phi}_{yu}^{\mathrm{T}}(k)\boldsymbol{h}_{yu}(k) \tag{8.1.7}$$

式中，$\boldsymbol{\phi}_{yu}(k)=[\phi_1(k),\cdots,\phi_{L_y}(k),\phi_{L_y+1}(k),\cdots,\phi_{L_y+L_u}(k)]^{\mathrm{T}}\in\mathbf{R}^{L_y+L_u}$ 为伪梯度，且对于任意时刻 k 有界。

8.2 SISO 无模型自适应控制

针对 SISO 离散时间非线性系统(8.1.1)，这里介绍基于上述三种动态线性化方法的无模型自适应控制。

8.2.1 基于 CFDL 的无模型自适应控制

由式(8.1.3)得式(8.1.1)的 CFDL 模型为

$$y(k+1)=y(k)+\phi(k)\Delta u(k) \tag{8.2.1}$$

考虑如下控制性能指标函数：

$$J(u(k))=[y_r(k+1)-y(k+1)]^2+\lambda[u(k)-u(k-1)]^2 \tag{8.2.2}$$

式中，$y_r(k+1)$为期望输出信号，$\lambda>0$ 为权重因子。将式(8.2.1)代入性能指标函数(8.2.2)中，求 $J(u(k))$对 $u(k)$的导数，并令其等于 0，得到如下控制律：

$$u(k)=u(k-1)+\frac{\rho\phi(k)}{\lambda+\phi(k)^2}[y_r(k+1)-y(k)] \tag{8.2.3}$$

式中，$\rho\in(0,1]$为步长因子，是额外加入的，从而使控制律(式(8.2.3))更具一般性。

对于一般非线性系统，伪偏导数 $\phi(k)$是时变的、未知的，因而控制律式(8.2.3)不能直接应用。为此，需要采用参数估计算法对 $\phi(k)$进行在线估计。伪偏导数 $\phi(k)$的估计准则函数选为

$$J(\hat{\phi}(k))=[\Delta y(k)-\hat{\phi}(k)\Delta u(k-1)]^2+\mu[\hat{\phi}(k)-\hat{\phi}(k-1)]^2 \tag{8.2.4}$$

式中，$\hat{\phi}(k)$为伪偏导数 $\phi(k)$的估计值，$\mu>0$ 为权重因子。对式(8.2.4)关于 $\hat{\phi}(k)$求极值，可得 $\hat{\phi}(k)$的估计算法为

$$\hat{\phi}(k)=\hat{\phi}(k-1)+\frac{\eta\Delta u(k-1)}{\mu+\Delta u(k-1)^2}[\Delta y(k)-\hat{\phi}(k-1)\Delta u(k-1)] \tag{8.2.5}$$

式中，$\eta\in(0,2]$是额外加入的步长因子，目的是使参数估计算法式(8.2.5)具有更强的灵活性和一般性。

算法 8-1(基于 CFDL 的无模型自适应控制)

Step1　设置系统输入、输出初值和伪偏导数初值，以及参数 $\eta\in(0,2]$、$\mu>0$、$\rho\in(0,1]$、$\lambda>0$。

Step2　采集当前实际输出 $y(k)$和期望输出 $y_r(k+1)$。

Step3　根据式(8.2.5)在线实时估计 $\hat{\phi}(k)$，并利用式(8.2.6)对其进行重置：

$$\hat{\phi}(k)=\hat{\phi}(0),\quad \text{if}\quad |\hat{\phi}(k)|\leqslant\varepsilon\quad \text{or}\quad |\Delta u(k-1)|\leqslant\varepsilon\quad \text{or}\quad \text{sign}[\hat{\phi}(k)]\neq\text{sign}[\hat{\phi}(0)] \tag{8.2.6}$$

式中，$\hat{\phi}(0)$为 $\hat{\phi}(k)$的初值，ε 是一个充分小的正数，可取 $\varepsilon=10^{-5}$。

Step4　利用式(8.2.3)计算并实施 $u(k)$(注意：式(8.2.3)中的 $\phi(k)$由 $\hat{\phi}(k)$代替)。

Step5　返回 Step2($k\to k+1$)，继续循环。

仿真实例 8.1

设被控对象为

$$y(k)=\begin{cases}\dfrac{y(k-1)}{1+y(k-1)^2}+u(k-1)^3, & k\leqslant N/2\\ \dfrac{y(k-1)y(k-2)y(k-3)u(k-2)[y(k-3)-1]+u(k-1)}{1+y(k-2)^2+y(k-3)^2}, & k>N/2\end{cases}$$

式中，N 为仿真长度。期望输出信号取为

$$y_r(k+1)=\begin{cases}0.5\times(-1)^{\text{round}(10k/N)}, & k\leqslant N/3\\ 0.5\sin(10k\pi/N)+0.3\cos(20k\pi/N), & N/3<k\leqslant 2N/3\\ 0.5\times(-1)^{\text{round}(10k/N)}, & k>2N/3\end{cases}$$

系统初始条件设置为 $u(0)=u(-1)=0$、$y(0)=y(-1)=y(-2)=0$ 和 $\hat{\phi}(0)=0.5$，并取参数 $\eta=1$、$\mu=1$、$\rho=0.6$、$\lambda=1$、$\varepsilon=10^{-5}$。取 $N=1\,000$ 时，仿真结果如图 8.1 所示。

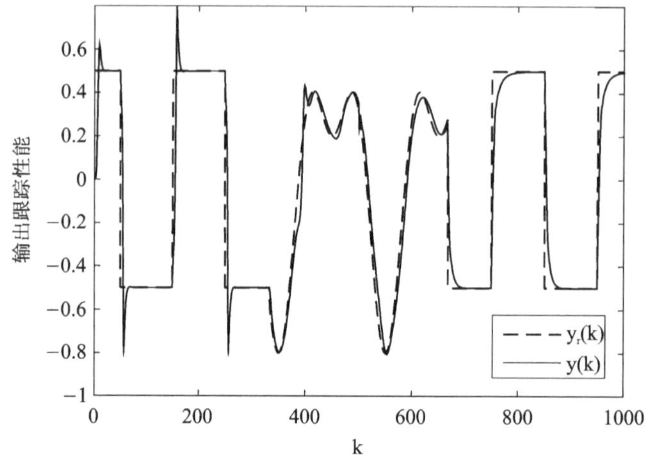

(a) 输出跟踪性能

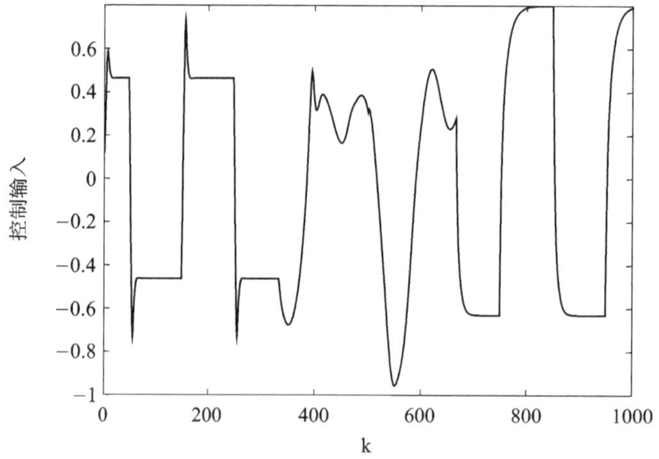

(b) 控制输入

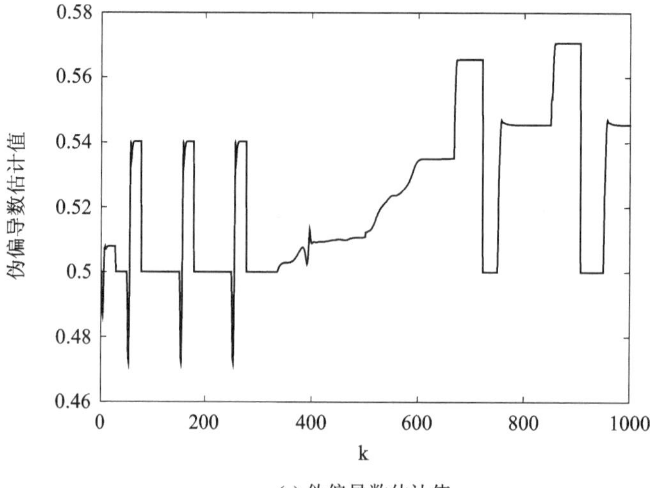

(c) 伪偏导数估计值

图 8.1　基于 CFDL 的无模型自适应控制仿真结果

从图 8.1 可以看出，对于此例中结构时变的非线性系统，利用基于 CFDL 的无模型自适应控制方法，可以得到不错的控制效果。

仿真程序：chap8_01_CFDL_MFAC. m

```
% 基于 CFDL 的无模型自适应控制
clear all; close all;

ny = 3; nu = 2; % 系统结构参数

N = 1000; % 仿真长度
uk = zeros(nu,1); % 控制输入初值:uk(i)表示 u(k-i);
yk = zeros(ny,1); % 系统输出初值
duk = 0; % 控制输入增量初值
yr(1) = 0.5 * (-1)^round(0/100); % 期望输出初值

% 设置控制器参数
phihk = 0.5; phih0 = phihk;
eta = 1;
mu = 1;
rho = 0.6;
lambda = 1;
epsilon = 10^(-5);

for k = 1:N
    time(k) = k;

    % 系统输出
    if k <= N/2
        y(k) = yk(1)/(1 + yk(1)^2) + uk(1)^3;
    else
        y(k) = (yk(1) * yk(2) * yk(3) * uk(2) * (yk(3) - 1) + uk(1))/(1 + yk(2)^2 + yk(3)^2);
    end

    % 期望输出
    if k <= N/3
        yr(k + 1) = 0.5 * (-1)^round(10 * k/N);
    elseif k>N/3 & k<= 2 * N/3
        yr(k + 1) = 0.5 * sin(10 * k * pi/N) + 0.3 * cos(20 * k * pi/N);
    else
        yr(k + 1) = 0.5 * (-1)^round(10 * k/N);
    end
```

```
    % 参数估计
    dy(k) = y(k) - yk(1);
    phih(k) = phihk + eta * duk * (dy(k) - phihk * duk)/(mu + duk^2);
    if abs(phih(k))<= epsilon | abs(duk)<= epsilon | sign(phih(k))~= sign(phih0)
        phih(k) = phih0;
    end

    % 控制量计算
    u(k) = uk(1) + rho * phih(k) * (yr(k + 1) - y(k))/(lambda + phih(k)^2);

    % 更新数据
    phihk = phih(k);

    duk = u(k) - uk(1);
    for i = nu:-1:2
        uk(i) = uk(i - 1);
    end
    uk(1) = u(k);

    for i = ny:-1:2
        yk(i) = yk(i - 1);
    end
    yk(1) = y(k);
end
figure(1);
plot(time,yr(1:N),'r--',time,y,'b');
xlabel('k'); ylabel('输出跟踪性能');
legend('y_r(k)','y(k)','Location','southeast'); % axis([0 N -1 1]);
figure(2)
plot(time,u,'b');
xlabel('k'); ylabel('控制输入'); % axis([0 N -1 1]);
figure(3)
plot(time,phih,'b');
xlabel('k'); ylabel('伪偏导数估计值'); % axis([0 N 0.4 0.6]);
```

8.2.2 基于 PFDL 的无模型自适应控制

由式(8.1.5)得式(8.1.1)的 PFDL 模型为

$$y(k+1)=y(k)+\boldsymbol{\phi}^{\mathrm{T}}(k)\Delta\boldsymbol{h}(k) \tag{8.2.7}$$

考虑控制性能指标函数(8.2.2),将式(8.2.7)代入式(8.2.2)中,求 $J(u(k))$ 对 $u(k)$ 的导数,并令其等于 0,得到如下控制律:

$$u(k)=u(k-1)+\frac{\rho_1\phi_1(k)[y_r(k+1)-y(k)]}{\lambda+\phi_1(k)^2}-\frac{\phi_1(k)\sum_{i=2}^{L}\rho_i\phi_i(k)\Delta u(k-i+1)}{\lambda+\phi_1(k)^2} \tag{8.2.8}$$

式中，$\rho_i\in(0,1]$为步长因子，$i=1,2,\cdots,L$，$\lambda>0$ 为权重因子。

对于一般非线性系统，伪梯度 $\boldsymbol{\phi}(k)$是时变的、未知的，因而控制律(8.2.8)不能直接应用。为此，需要采用参数估计算法对 $\boldsymbol{\phi}(k)$进行在线估计。伪梯度 $\boldsymbol{\phi}(k)$的估计准则函数选为

$$J(\hat{\boldsymbol{\phi}}(k))=[\Delta y(k)-\hat{\boldsymbol{\phi}}^{\mathrm{T}}(k)\Delta\boldsymbol{h}(k-1)]^2+\mu\|\hat{\boldsymbol{\phi}}(k)-\hat{\boldsymbol{\phi}}(k-1)\|^2 \tag{8.2.9}$$

式中，$\hat{\boldsymbol{\phi}}(k)$为伪梯度 $\boldsymbol{\phi}(k)$的估计值，$\mu>0$ 为权重因子。对式(8.2.9)关于 $\hat{\boldsymbol{\phi}}(k)$求极值，可得 $\hat{\boldsymbol{\phi}}(k)$的估计算法为

$$\hat{\boldsymbol{\phi}}(k)=\hat{\boldsymbol{\phi}}(k-1)+\frac{\eta\Delta\boldsymbol{h}(k-1)}{\mu+\|\Delta\boldsymbol{h}(k-1)\|^2}[\Delta y(k)-\hat{\boldsymbol{\phi}}^{\mathrm{T}}(k-1)\Delta\boldsymbol{h}(k-1)] \tag{8.2.10}$$

式中，$\eta\in(0,2]$是额外加入的步长因子，目的是使参数估计算法(8.2.10)具有更强的灵活性。

算法 8-2(基于 PFDL 的无模型自适应控制)

Step1　设置系统输入/输出初值、控制输入线性化长度常数 $L\geqslant1$ 和伪梯度初值，以及参数 $\eta\in(0,2]$、$\mu>0$、$\rho_i\in(0,1]$($i=1,2,\cdots,L$)和 $\lambda>0$。

Step2　采集当前实际输出 $y(k)$和期望输出 $y_r(k+1)$。

Step3　根据式(8.2.10)在线实时估计 $\hat{\boldsymbol{\phi}}(k)$，并利用下式对其进行重置：

$$\hat{\boldsymbol{\phi}}(k)=\hat{\boldsymbol{\phi}}(0),\quad \text{if}\quad \|\hat{\boldsymbol{\phi}}(k)\|\leqslant\varepsilon\quad \text{or}\quad \|\Delta\boldsymbol{h}(k-1)\|\leqslant\varepsilon\quad \text{or}$$
$$\operatorname{sign}[\hat{\phi}_1(k)]\neq\operatorname{sign}[\hat{\phi}_1(0)] \tag{8.2.11}$$

式中，$\hat{\boldsymbol{\phi}}(0)$为 $\hat{\boldsymbol{\phi}}(k)$的初值，$\varepsilon$ 是一个充分小的正数，可取 $\varepsilon=10^{-5}$。

Step4　利用式(8.2.8)计算并实施 $u(k)$(注意：式(8.2.8)中的 $\phi_i(k)$由 $\hat{\phi}_i(k)$代替，$i=1,2,\cdots,L$)。

Step5　返回 Step2($k\to k+1$)，继续循环。

仿真实例 8.2

设被控对象为

$$y(k)=\begin{cases}\dfrac{2.5y(k-1)y(k-2)}{1+y(k-1)^2+y(k-2)^2}+1.2u(k-1)+0.09u(k-1)u(k-2)+1.6u(k-3)+\\ 0.7\sin(0.5(y(k-1)+y(k-2)))\cos(0.5(y(k-1)+y(k-2))), & k\leqslant400\\ \dfrac{5y(k-1)y(k-2)}{1+y(k-1)^2+y(k-2)^2+y(k-3)^2}+u(k-1)+1.1u(k-2), & k>400\end{cases}$$

期望输出信号取为

$$y_r(k+1)=5\sin(k/50)+2\cos(k/20)$$

系统初始条件设置为 $u(0)=u(-1)=u(-2)=0$ 和 $y(0)=y(-1)=y(-2)=0$，控制输入线性化长度常数取为 $L=3$，伪梯度初值取为 $\hat{\boldsymbol{\phi}}(0)=[2,0,0]^{\mathrm{T}}$，并取参数 $\eta=0.5$、$\mu=1$、$\rho_1=\rho_2=\rho_3=0.5$、$\lambda=0.01$、$\varepsilon=10^{-5}$，仿真结果如图 8.2 所示。

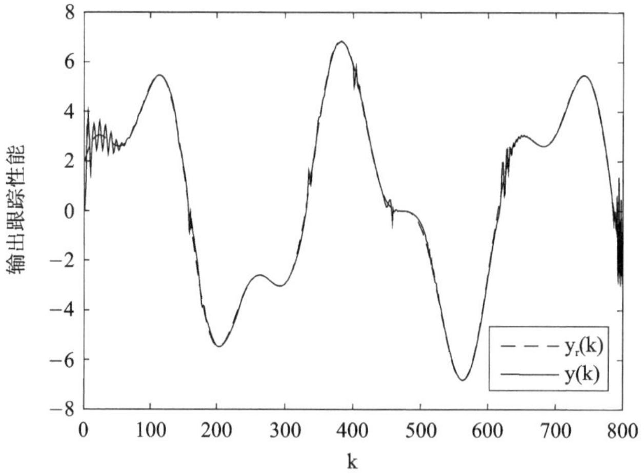

(a) 输出跟踪性能

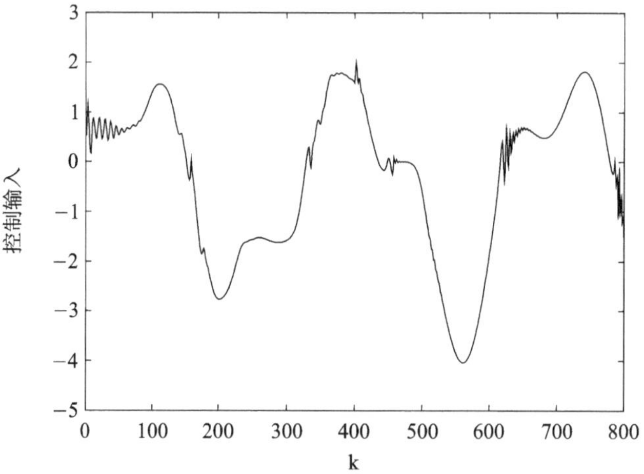

(b) 控制输入

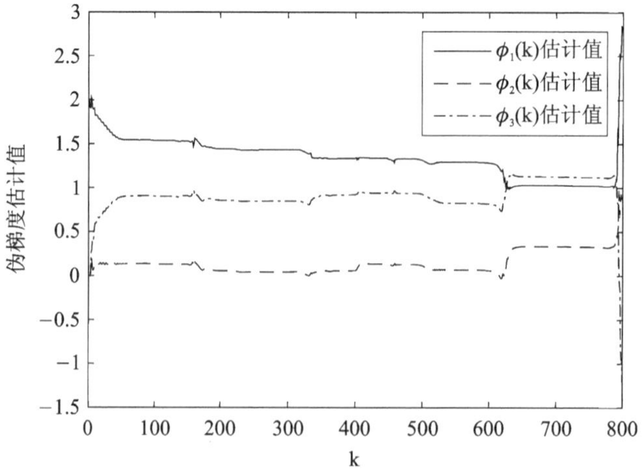

(c) 伪梯度估计值

图 8.2　基于 PFDL 的无模型自适应控制仿真结果

取 $L=1$(此时控制方法退化为基于 CFDL 的无模型自适应控制),$\hat{\phi}(0)=2$,$\rho_1=0.5$,其他参数取值与 $L=3$ 时相同,仿真结果如图 8.3 所示。

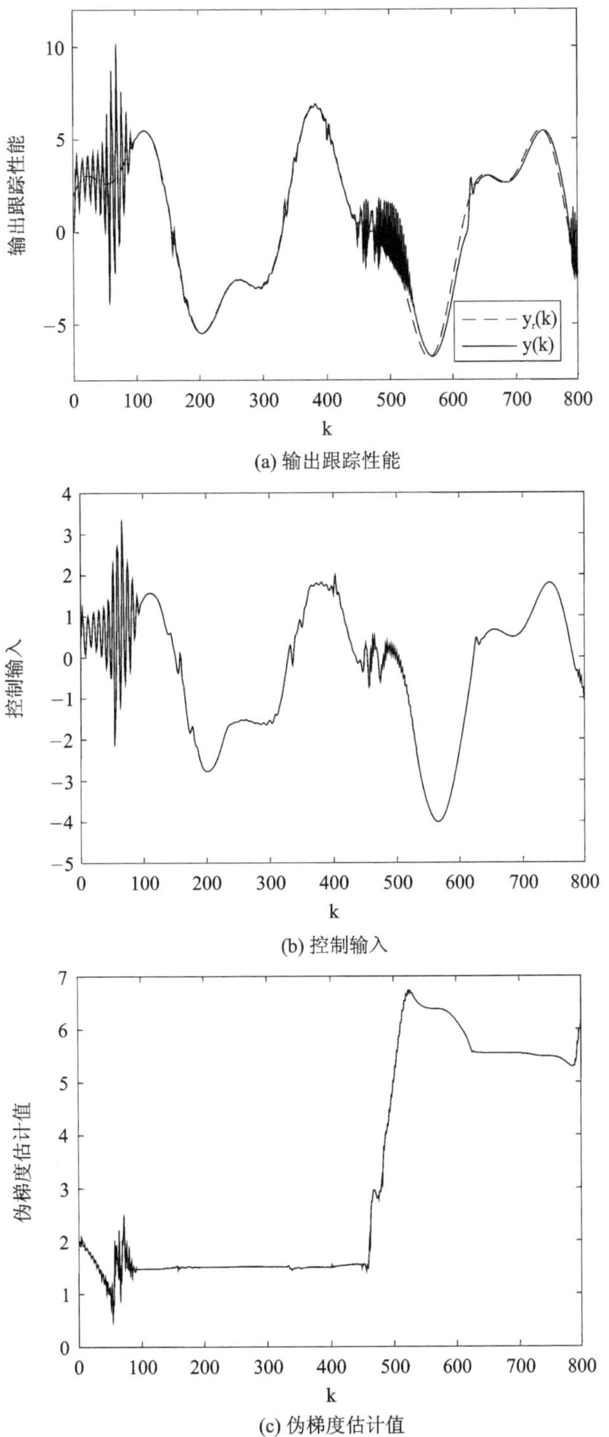

(a) 输出跟踪性能

(b) 控制输入

(c) 伪梯度估计值

图 8.3　基于 CFDL 的无模型自适应控制仿真结果

对比图 8.2 和图 8.3 可以看出,基于 CFDL 的无模型自适应控制方法仅利用一个可变参数来描述非线性系统的动态行为,当 $k=400$ 时,系统结构发生改变,该参数的估计值发生了剧烈变化(见图 8.3(c)),最终导致其控制效果稍差于基于 PFDL 的无模型自适应控制方法。

仿真程序:chap8_02_PFDL_MFAC.m

```
% 基于 PFDL 的无模型自适应控制
clear all; close all;

ny = 3; nu = 3; % 系统结构参数

N = 800; % 仿真长度
L = 3; % 控制输入线性化长度常数
uk = zeros(nu,1); % 控制输入初值:uk(i)表示 u(k - i);
yk = zeros(ny,1); % 系统输出初值
dhk = zeros(L,1); % 控制输入增量初值
yr(1) = 5 * sin(0/50) + 2 * cos(0/20); % 期望输出初值

% 设置控制器参数
Phihk = [2; zeros(L - 1,1)]; Phih0 = Phihk;
eta = 0.5;
mu = 1;
rho = 0.5 * ones(L,1);
lambda = 0.01;
epsilon = 10^( - 5);

for k = 1:N
    time(k) = k;

    % 系统输出
    if k <= 400
        y(k) = 2.5 * yk(1) * yk(2)/(1 + yk(1)^2 + yk(2)^2) + 1.2 * uk(1) + 0.09 * uk(1) * uk(2) +
        1.6 * uk(3) + 0.7 * sin(0.5 * (yk(1) + yk(2))) * cos(0.5 * (yk(1) + yk(2)));
    else
        y(k) = 5 * yk(1) * yk(2)/(1 + yk(1)^2 + yk(2)^2 + yk(3)^2) + uk(1) + 1.1 * uk(2);
    end

    % 期望输出
    yr(k + 1) = 5 * sin(k/50) + 2 * cos(k/20);

    % 参数估计
    dy(k) = y(k) - yk(1);
    Phih(:,k) = Phihk + eta * dhk * (dy(k) - Phihk' * dhk)/(mu + norm(dhk)^2);
```

```
    if norm(Phih(:,k))<=epsilon | norm(dhk)<=epsilon | sign(Phih(1,k))~=sign(Phih0(1))
        Phih(:,k)=Phih0;
    end

    % 控制量计算
    sumrpdu=0;
    for i=2:L
        sumrpdu=sumrpdu+rho(i)*Phih(i,k)*dhk(i-1);
    end
    du(k)=rho(1)*Phih(1,k)*(yr(k+1)-y(k))/(lambda+Phih(1,k)^2) - Phih(1,k)*sumrpdu/
    (lambda+Phih(1,k)^2);
    u(k)=uk(1)+du(k);

    % 更新数据
    Phihk=Phih(:,k);

    for i=L:-1:2
        dhk(i)=dhk(i-1);
    end
    dhk(1)=du(k);

    for i=nu:-1:2
        uk(i)=uk(i-1);
    end
    uk(1)=u(k);

    for i=ny:-1:2
        yk(i)=yk(i-1);
    end
    yk(1)=y(k);
end
figure(1);
plot(time,yr(1:N),'r--',time,y,'b');
xlabel('k'); ylabel('输出跟踪性能');
legend('y_r(k)','y(k)','Location','southeast'); %axis([0 N -8 8]);
figure(2)
plot(time,u,'b');
xlabel('k'); ylabel('控制输入'); %axis([0 N -5 3]);
figure(3)
plot(time,Phih);
xlabel('k'); ylabel('伪梯度估计值'); %axis([0 N -2 3]);
if L==3
    legend('\phi_1(k)估计值','\phi_2(k)估计值','\phi_3(k)估计值');
end
```

8.2.3 基于 FFDL 的无模型自适应控制

由式(8.1.7)得非线性系统(式(8.1.1))的 FFDL 模型为

$$y(k+1)=y(k)+\boldsymbol{\phi}_{yu}^{\mathrm{T}}(k)\Delta\boldsymbol{h}_{yu}(k) \tag{8.2.12}$$

考虑控制性能指标函数(8.2.2),将式(8.2.12)代入式(8.2.2)中,求 $J(u(k))$ 对 $u(k)$ 的导数,并令其等于 0,得到如下控制律:

$$u(k)=u(k-1)+\frac{\rho_{L_y+1}\phi_{L_y+1}(k)[y_r(k+1)-y(k)]}{\lambda+\phi_{L_y+1}(k)^2}-\frac{\phi_{L_y+1}(k)\sum_{i=1}^{L_y}\rho_i\phi_i(k)\Delta y(k-i+1)}{\lambda+\phi_{L_y+1}^2(k)}-\frac{\phi_{L_y+1}(k)\sum_{i=L_y+2}^{L_y+L_u}\rho_i\phi_i(k)\Delta u(k+L_y-i+1)}{\lambda+\phi_{L_y+1}^2(k)} \tag{8.2.13}$$

式中,$\rho_i\in(0,1]$ 为步长因子,$i=1,2,\cdots,L_y+L_u$,$\lambda>0$ 为权重因子。

对于一般非线性系统,伪梯度 $\boldsymbol{\phi}_{yu}(k)$ 是时变的、未知的,因而控制律(8.2.13)不能直接应用。为此,采用参数估计算法对 $\boldsymbol{\phi}_{yu}(k)$ 进行在线估计。伪梯度 $\boldsymbol{\phi}_{yu}(k)$ 的估计准则函数选为

$$J(\hat{\boldsymbol{\phi}}_{yu}(k))=[\Delta y(k)-\hat{\boldsymbol{\phi}}_{yu}^{\mathrm{T}}(k)\Delta\boldsymbol{h}_{yu}(k-1)]^2+\mu\|\hat{\boldsymbol{\phi}}_{yu}(k)-\hat{\boldsymbol{\phi}}_{yu}(k-1)\|^2 \tag{8.2.14}$$

式中,$\hat{\boldsymbol{\phi}}_{yu}(k)$ 为伪梯度 $\boldsymbol{\phi}_{yu}(k)$ 的估计值,$\mu>0$ 为权重因子。对式(8.2.14)关于 $\hat{\boldsymbol{\phi}}_{yu}(k)$ 求极值,可得 $\hat{\boldsymbol{\phi}}_{yu}(k)$ 的估计算法为

$$\hat{\boldsymbol{\phi}}_{yu}(k)=\hat{\boldsymbol{\phi}}_{yu}(k-1)+\frac{\eta\Delta\boldsymbol{h}_{yu}(k-1)}{\mu+\|\Delta\boldsymbol{h}_{yu}(k-1)\|^2}[\Delta y(k)-\hat{\boldsymbol{\phi}}_{yu}^{\mathrm{T}}(k-1)\Delta\boldsymbol{h}_{yu}(k-1)] \tag{8.2.15}$$

式中,$\eta\in(0,2]$ 是额外加入的步长因子,目的是使参数估计算法(8.2.15)具有更大的灵活性。

算法 8-3(基于 FFDL 的无模型自适应控制)

Step1 设置系统输入/输出初值、系统输入/输出伪阶数 $L_u\geqslant1$、$L_y\geqslant0$ 和伪梯度初值,以及参数 $\eta\in(0,2]$、$\mu>0$、$\rho_i\in(0,1](i=1,2,\cdots,L_y+L_u)$、$\lambda>0$。

Step2 采集当前实际输出 $y(k)$ 和期望输出 $y_r(k+1)$。

Step3 根据式(8.2.15)在线实时估计 $\hat{\boldsymbol{\phi}}_{yu}(k)$,并利用下式对其进行重置:

$$\hat{\boldsymbol{\phi}}_{yu}(k)=\hat{\boldsymbol{\phi}}_{yu}(0),\quad \text{if}\quad \|\hat{\boldsymbol{\phi}}_{yu}(k)\|\leqslant\varepsilon\quad \text{or}\quad \|\Delta\boldsymbol{h}_{yu}(k-1)\|\leqslant\varepsilon\quad \text{or}\quad \mathrm{sign}(\hat{\phi}_{L_y+1}(k))\neq\mathrm{sign}(\hat{\phi}_{L_y+1}(0)) \tag{8.2.16}$$

式中,$\hat{\boldsymbol{\phi}}_{yu}(0)$ 为 $\hat{\boldsymbol{\phi}}_{yu}(k)$ 的初值,ε 是一个充分小的正数,可取 $\varepsilon=10^{-5}$。

Step4 利用式(8.2.13)计算并实施 $u(k)$(注意:式(8.2.13)中的 $\phi_i(k)$ 由 $\hat{\phi}_i(k)$ 代替,$i=1,2,\cdots,L_y+L_u$)。

Step5 返回 Step2($k\to k+1$),继续循环。

仿真实例 8.3

设被控对象为

$$
y(k)=\begin{cases}0.55y(k-1)+0.46y(k-2)+0.07y(k-3)+\\ 0.1u(k-1)+0.02u(k-2)+0.03u(k-3), & k\leqslant 400\\ -0.1y(k-1)-0.2y(k-2)-0.3y(k-3)+\\ 0.1u(k-1)+0.02u(k-2)+0.03u(k-3), & k>400\end{cases}
$$

期望输出信号取为

$$
y_r(k+1)=2\sin(k/50)+\cos(k/20)
$$

系统初始条件设置为 $u(0)=u(-1)=u(-2)=0$，$y(0)=y(-1)=y(-2)=0$，系统输入/输出伪阶数分别取为 $L_u=1$ 和 $L_y=1$，伪梯度初值取为 $\hat{\boldsymbol{\phi}}_{yu}(0)=[1,1]^{\mathrm{T}}$；取参数 $\eta=0.2$、$\mu=1$、$\rho_1=\rho_2=0.7$、$\lambda=0.001$、$\varepsilon=10^{-5}$，仿真结果如图 8.4 所示。

由图 8.4 可以看出，对于此例中结构时变的被控对象，且第一个线性子系统为开环不稳定系统，采用基于 FFDL 的无模型自适应控制方法可以得到良好的控制效果。需要指出的是，在 $k=400$ 时，系统输出响应出现了较大的振荡，这是由于系统结构突变引起的。

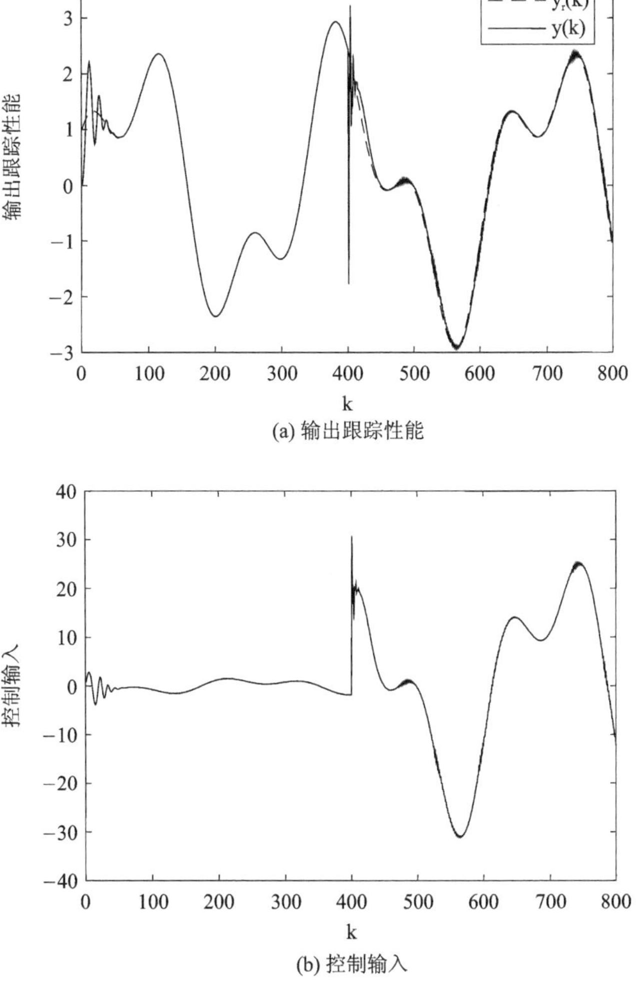

图 8.4　基于 FFDL 的无模型自适应控制仿真结果

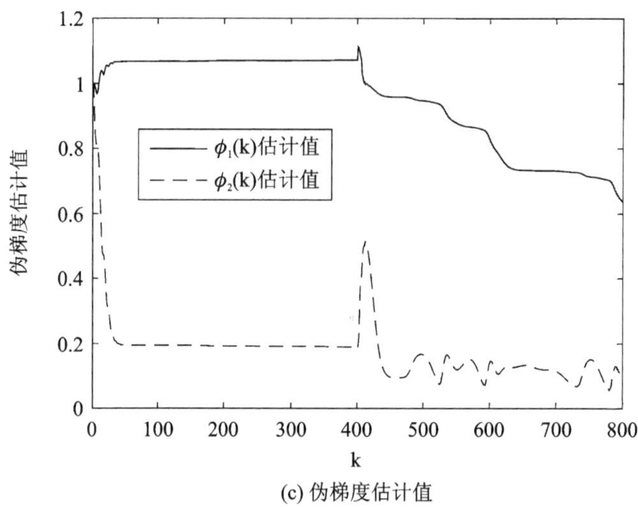

(c) 伪梯度估计值

图 8.4 基于 FFDL 的无模型自适应控制仿真结果(续)

仿真程序:chap8_03_FFDL_MFAC. m

```
% 基于 FFDL 的无模型自适应控制
clear all; close all;

ny = 3; nu = 3; % 系统结构参数

N = 800; % 仿真长度
Ly = 1; Lu = 1; % 系统伪阶数
uk = zeros(nu,1); % 控制输入初值:uk(i)表示 u(k - i);
yk = zeros(ny,1); % 系统输出初值
dyk = zeros(Ly,1); % 系统输出增量初值
duk = zeros(Lu,1); % 控制输入增量初值
yr(1) = 2 * sin(0/50) + cos(0/20); % 期望输出初值

% 设置控制器参数
Phihk = ones(Ly + Lu,1); Phih0 = Phihk;
eta = 0.2;
mu = 1;
rho = 0.7 * ones(Ly + Lu,1);
lambda = 0.001;
epsilon = 10^( - 5);

for k = 1:N
    time(k) = k;

    % 系统输出
```

```
if k <= 400
    y(k) = 0.55 * yk(1) + 0.46 * yk(2) + 0.07 * yk(3) + 0.1 * uk(1) + 0.02 * uk(2) + 0.03 * uk(3);
else
    y(k) = - 0.1 * yk(1) - 0.2 * yk(2) - 0.3 * yk(3) + 0.1 * uk(1) + 0.02 * uk(2) + 0.03 * uk(3);
end

% 期望输出
yr(k+1) = 2 * sin(k/50) + cos(k/20);

% 参数估计
dy(k) = y(k) - yk(1);
dHk = [dyk; duk];
Phih(:,k) = Phihk + eta * dHk * (dy(k) - Phihk' * dHk)/(mu + norm(dHk)^2);
if norm(Phih(:,k))<= epsilon | norm(dHk)<= epsilon | sign(Phih(Ly+1,k))~= sign(Phih0
(Ly+1))
    Phih(:,k) = Phih0;
end

% 控制量计算
sumrpdy = 0;
for i = 1:Ly
    if i == 1
        sumrpdy = sumrpdy + rho(i) * Phih(i,k) * dy(k);
    else
        sumrpdy = sumrpdy + rho(i) * Phih(i,k) * dyk(i-1);
    end
end
sumrpdu = 0;
for i = Ly+2:Ly+Lu
    sumrpdu = sumrpdu + rho(i) * Phih(i,k) * duk(-Ly+i-1);
end
du(k) = Phih(Ly+1,k) * (rho(Ly+1) * (yr(k+1) - y(k)) - sumrpdy - sumrpdu)/(lambda + Phih
(Ly+1,k)^2);
u(k) = uk(1) + du(k);

% 更新数据
Phihk = Phih(:,k);

for i = Ly:-1:2
    dyk(i) = dyk(i-1);
end
if Ly >= 1
```

```
        dyk(1) = dy(k);
    end

    for i = Lu: - 1:2
        duk(i) = duk(i - 1);
    end
    duk(1) = du(k);

    for i = nu: - 1:2
        uk(i) = uk(i - 1);
    end
    uk(1) = u(k);

    for i = ny: - 1:2
        yk(i) = yk(i - 1);
    end
    yk(1) = y(k);
end
figure(1);
plot(time,yr(1:N),'r--',time,y,'b');
xlabel('k'); ylabel('输出跟踪性能');
legend('y_r(k)','y(k)'); % axis([0 N - 3 4]);
figure(2)
plot(time,u,'b');
xlabel('k'); ylabel('控制输入'); % axis([0 N - 40 40]);
figure(3)
plot(time,Phih);
xlabel('k'); ylabel('伪梯度估计值'); % axis([0 N 0 1.2]);
legend('\phi_1(k)估计值','\phi_2(k)估计值');
```

8.3 MIMO 无模型自适应控制

8.1 节和 8.2 节介绍了针对 SISO 离散时间非线性系统的动态线性化技术及其对应的无模型自适应控制方法,下面介绍针对多输入多输出(MIMO)离散时间非线性系统的动态线性化技术及其对应的无模型自适应控制方法。

8.3.1 基于 CFDL 的 MIMO 无模型自适应控制

考虑如下一般 MIMO 离散时间非线性系统:

$$\boldsymbol{y}(k+1)=\boldsymbol{f}[\boldsymbol{y}(k),\cdots,\boldsymbol{y}(k-n_y),\boldsymbol{u}(k),\cdots,\boldsymbol{u}(k-n_u)] \tag{8.3.1}$$

式中,$\boldsymbol{y}(k)\in\mathbf{R}^m$ 和 $\boldsymbol{u}(k)\in\mathbf{R}^m$ 分别为 k 时刻系统的输出和输入,$\boldsymbol{f}(\cdot)$为未知的非线性函数,n_y 和 n_u 分别为未知的系统输出阶数和输入阶数。

对非线性系统(8.3.1)做如下假设。

假设 8.7　非线性函数 $\boldsymbol{f}(\cdot)=[f_1(\cdot),f_2(\cdot),\cdots,f_m(\cdot)]^{\mathrm{T}}$ 的各个分量关于控制输入信号 $\boldsymbol{u}(k)$ 的各个分量都存在连续偏导数。

假设 8.8　非线性系统(8.3.1)满足广义 Lipschitz 条件,即对于任意时刻 $k_1\neq k_2,k_1\geqslant 0,k_2\geqslant 0$ 和 $\boldsymbol{u}(k_1)\neq\boldsymbol{u}(k_2)$,均有

$$\|\boldsymbol{y}(k_1+1)-\boldsymbol{y}(k_2+1)\|\leqslant b\|\boldsymbol{u}(k_1)-\boldsymbol{u}(k_2)\| \tag{8.3.2}$$

式中,$b>0$ 是一个常数。

若非线性系统(8.3.1)满足假设 8.7 和假设 8.8,且对所有时刻 k 有 $\|\Delta\boldsymbol{u}(k)\|\neq 0$,系统(8.3.1)可以等价地表示为如下 CFDL 模型:

$$\boldsymbol{y}(k+1)=\boldsymbol{y}(k)+\boldsymbol{\Phi}(k)\Delta\boldsymbol{u}(k) \tag{8.3.3}$$

式中

$$\boldsymbol{\Phi}(k)=\begin{bmatrix}\phi_{11}(k) & \phi_{12}(k) & \cdots & \phi_{1m}(k)\\ \phi_{21}(k) & \phi_{22}(k) & \cdots & \phi_{2m}(k)\\ \vdots & \vdots & & \vdots\\ \phi_{m1}(k) & \phi_{m2}(k) & \cdots & \phi_{mm}(k)\end{bmatrix}$$

为系统伪雅克比矩阵,且对于任意时刻 k 有界。

假设 $\boldsymbol{\Phi}(k)$ 是满足如下条件的对角占优矩阵,即满足 $|\phi_{ij}(k)|\leqslant b_1,b_2\leqslant|\phi_{ii}(k)|\leqslant\alpha b_2$,$i=1,2,\cdots,m,j=1,2,\cdots,m,i\neq j,\alpha\geqslant 1,b_2>(2\alpha+1)(m-1)b_1$,且 $\boldsymbol{\Phi}(k)$ 中所有元素的符号对任意时刻 k 保持不变。考虑如下控制性能指标函数:

$$J(\boldsymbol{u}(k))=\|\boldsymbol{y}_r(k+1)-\boldsymbol{y}(k+1)\|^2+\lambda\|\boldsymbol{u}(k)-\boldsymbol{u}(k-1)\|^2 \tag{8.3.4}$$

式中,$\boldsymbol{y}_r(k+1)$ 为期望输出信号,$\lambda>0$ 为权重因子。将式(8.3.3)代入性能指标函数(8.3.4)中,对 $J(\boldsymbol{u}(k))$ 关于 $\boldsymbol{u}(k)$ 求极值,得到如下控制律:

$$\boldsymbol{u}(k)=\boldsymbol{u}(k-1)+[\lambda\boldsymbol{I}+\boldsymbol{\Phi}^{\mathrm{T}}(k)\boldsymbol{\Phi}(k)]^{-1}\boldsymbol{\Phi}^{\mathrm{T}}(k)[\boldsymbol{y}_r(k+1)-\boldsymbol{y}(k)] \tag{8.3.5}$$

为了避免式(8.3.5)中的矩阵求逆运算,这里采用如下简化控制律:

$$\boldsymbol{u}(k)=\boldsymbol{u}(k-1)+\frac{\rho\boldsymbol{\Phi}^{\mathrm{T}}(k)[\boldsymbol{y}_r(k+1)-\boldsymbol{y}(k)]}{\lambda+\|\boldsymbol{\Phi}(k)\|^2} \tag{8.3.6}$$

式中,$\rho\in(0,1]$ 为步长因子。

对于一般非线性系统,伪雅克比矩阵 $\boldsymbol{\Phi}(k)$ 是时变的、未知的,因而控制律(8.3.6)不能直接应用。为此,需要采用参数估计算法对 $\boldsymbol{\Phi}(k)$ 进行在线估计,这里采用如下估计算法:

$$\hat{\boldsymbol{\Phi}}(k)=\hat{\boldsymbol{\Phi}}(k-1)+\frac{\eta[\Delta\boldsymbol{y}(k)-\hat{\boldsymbol{\Phi}}(k-1)\Delta\boldsymbol{u}(k-1)]\Delta\boldsymbol{u}^{\mathrm{T}}(k-1)}{\mu+\|\Delta\boldsymbol{u}(k-1)\|^2} \tag{8.3.7}$$

$$\hat{\phi}_{ii}(k)=\hat{\phi}_{ii}(0),\ \text{if}\ |\hat{\phi}_{ii}(k)|<b_2\ \text{or}\ |\hat{\phi}_{ii}(k)|>\alpha b_2\ \text{or}\ \operatorname{sign}(\hat{\phi}_{ii}(k))\neq\operatorname{sign}(\hat{\phi}_{ii}(0)),\quad i=1,2,\cdots,m \tag{8.3.8}$$

$$\hat{\phi}_{ij}(k)=\hat{\phi}_{ij}(0),\ \text{if}\ |\hat{\phi}_{ij}(k)|>b_1\ \ \text{or}\ \ \operatorname{sign}(\hat{\phi}_{ij}(k))\neq\operatorname{sign}(\hat{\phi}_{ij}(0)),\quad i=1,2,\cdots,m,\ \ j=1,2,\cdots,m,\ \ i\neq j \tag{8.3.9}$$

式中,$\eta\in(0,2]$ 为步长因子,$\mu>0$ 为权重因子,$\hat{\phi}_{ij}(0)$ 为 $\hat{\phi}_{ij}(k)$ 的初值,$i=1,2,\cdots,m,j=1,2,\cdots,m$。

算法 8-4(基于 CFDL 的 MIMO 无模型自适应控制)

Step1　设置系统输入/输出初值和伪雅克比矩阵初值,以及参数 $\eta\in(0,2]$、$\mu>0$、$\rho\in(0,1]$、$\lambda>0$。

Step2　采集当前实际输出 $\boldsymbol{y}(k)$ 和期望输出 $\boldsymbol{y}_r(k+1)$。

Step3　根据式(8.3.7)、式(8.3.8)和式(8.3.9)在线实时估计 $\hat{\boldsymbol{\Phi}}(k)$。

Step4　利用式(8.3.6)计算并实施 $\boldsymbol{u}(k)$(注意:式(8.3.6)中的 $\boldsymbol{\Phi}(k)$ 由 $\hat{\boldsymbol{\Phi}}(k)$ 代替)。

Step5　返回 Step2($k\rightarrow k+1$),继续循环。

仿真实例 8.4

设被控对象为如下 2 输入 2 输出非线性系统:

$$\begin{cases}x_{11}(k)=\dfrac{x_{11}(k-1)^2}{1+x_{11}(k-1)^2}+0.3x_{12}(k-1)\\ x_{12}(k)=\dfrac{x_{11}(k-1)^2}{1+x_{12}(k-1)^2+x_{21}(k-1)^2+x_{22}(k-1)^2}+a(k)u_1(k-1)\\ x_{21}(k)=\dfrac{x_{21}(k-1)^2}{1+x_{21}(k-1)^2}+0.2x_{22}(k-1)\\ x_{22}(k)=\dfrac{x_{21}(k-1)^2}{1+x_{11}(k-1)^2+x_{12}(k-1)^2+x_{22}(k-1)^2}+b(k)u_2(k-1)\\ y_1(k)=x_{11}(k)\\ y_2(k)=x_{21}(k)\end{cases}$$

式中,$a(k)=1+0.1\sin(2\pi k/1\,500)$,$b(k)=1+0.1\cos(2\pi k/1\,500)$。期望输出信号取为

$$\begin{cases}y_{r1}(k+1)=0.5+0.25\cos(0.25\pi k/100)+0.25\sin(0.5\pi k/100)\\ y_{r2}(k+1)=0.5+0.25\sin(0.25\pi k/100)+0.25\sin(0.5\pi k/100)\end{cases}$$

系统初始条件设置为 $\boldsymbol{u}(0)=\boldsymbol{0}$、$\boldsymbol{y}(0)=\boldsymbol{0}$、$x_{11}(0)=x_{12}(0)=x_{21}(0)=x_{22}(0)=0$、$\hat{\boldsymbol{\Phi}}(0)=\begin{bmatrix}0.5 & 0.01\\ 0.01 & 0.5\end{bmatrix}$,并取参数 $\eta=1$、$\mu=1$、$\rho=1$、$\lambda=0.5$,仿真结果如图 8.5 所示。

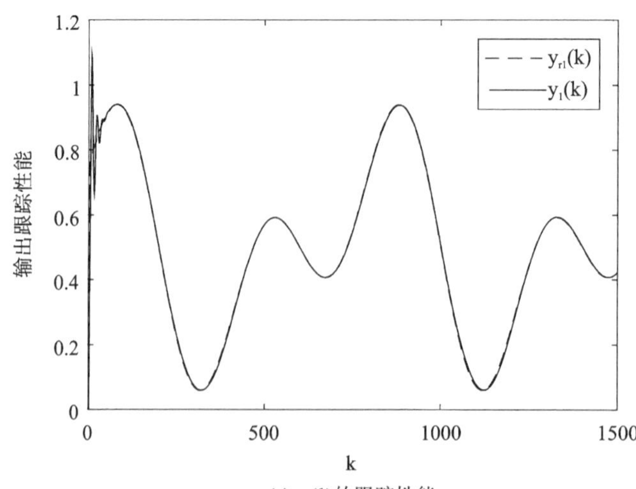

(a) $y_1(k)$的跟踪性能

图 8.5　基于 CFDL 的 MIMO 无模型自适应控制仿真结果

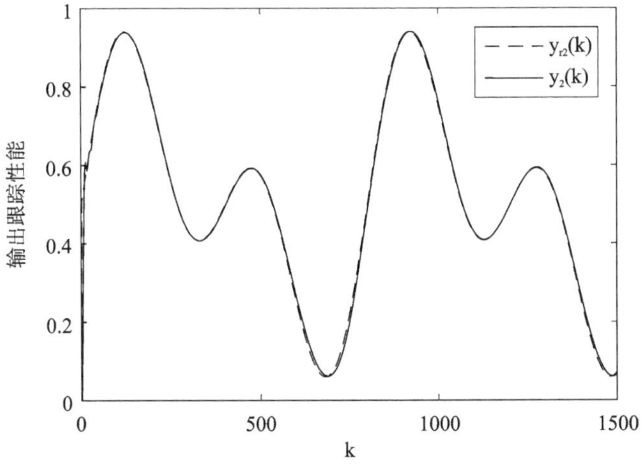

(b) $y_2(k)$的跟踪性能

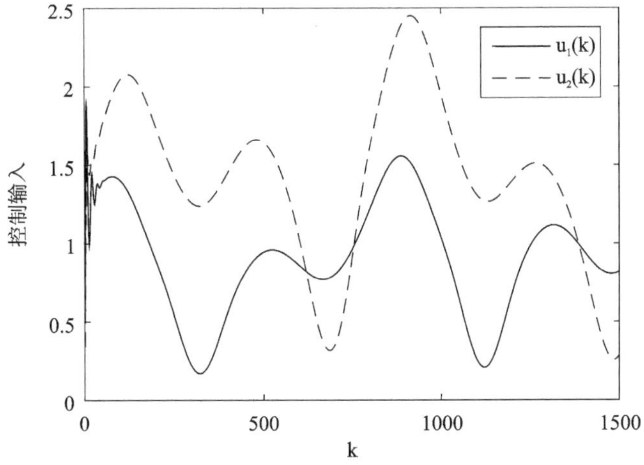

(c) 控制输入

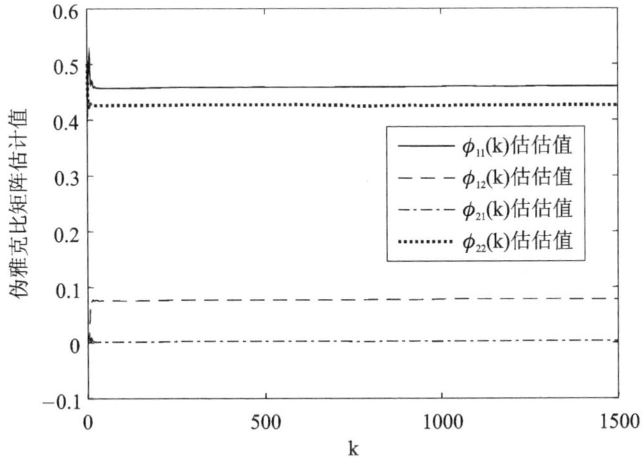

(d) 伪雅克比矩阵估计值

图 8.5　基于 CFDL 的 MIMO 无模型自适应控制仿真结果(续)

由图 8.5 可以看出,对于此例中具有时变参数的 MIMO 非线性系统,利用基于 CFDL 的 MIMO 无模型自适应控制方法可以得到良好的输出跟踪性能。

仿真程序:chap8_04_CFDL_MIMO_MFAC.m

```
% 基于 CFDL 的 MIMO 无模型自适应控制
clear all; close all;

m = 2; % m 输入 m 输出系统
ny = 1; nu = 1; % 系统结构参数

N = 1500; % 仿真长度
uk = zeros(m,nu); % 控制输入初值:uk(1,i)表示 u1(k - i)
yk = zeros(m,ny); % 系统输出初值
duk = zeros(m,1); % 控制输入增量初值
xk = zeros(4,1); % 状态初值
yr(1,1) = 0.5 + 0.25 * cos(0.25 * pi * 0/100) + 0.25 * sin(0.5 * pi * 0/100); % 期望输出
yr(2,1) = 0.5 + 0.25 * sin(0.25 * pi * 0/100) + 0.25 * sin(0.5 * pi * 0/100);

% 设置控制器参数
Phihk = [0.5  0.01; 0.01  0.5]; Phih0 = Phihk;
eta = 1;
mu = 1;
rho = 1;
lambda = 0.5;
b1 = 0.08;
b2 = 0.4;
alpha = 1.5;

for k = 1:N
    time(k) = k;

    % 系统输出
    a(k) = 1 + 0.1 * sin(2 * pi * k/1500);
    b(k) = 1 + 0.1 * cos(2 * pi * k/1500);
    x(1,k) = xk(1)^2/(1 + xk(1)^2) + 0.3 * xk(2);
    x(2,k) = xk(1)^2/(1 + xk(2)^2 + xk(3)^2 + xk(4)^2) + a(k) * uk(1,1);
    x(3,k) = xk(3)^2/(1 + xk(3)^2) + 0.2 * xk(4);
    x(4,k) = xk(3)^2/(1 + xk(1)^2 + xk(2)^2 + xk(4)^2) + b(k) * uk(2,1);
    y(1,k) = x(1,k);
    y(2,k) = x(3,k);

    % 期望输出
```

```
    yr(1,k+1) = 0.5 + 0.25 * cos(0.25 * pi * k/100) + 0.25 * sin(0.5 * pi * k/100);
    yr(2,k+1) = 0.5 + 0.25 * sin(0.25 * pi * k/100) + 0.25 * sin(0.5 * pi * k/100);

    % 参数估计
    dy(:,k) = y(:,k) - yk(:,1);
    Phih(:,:,k) = Phihk + eta * (dy(:,k) - Phihk * duk) * duk'/(mu + norm(duk)^2);
    for i = 1:m
        for j = 1:m
            if i == j
                if abs(Phih(i,j,k))<b2 | abs(Phih(i,j,k))>alpha * b2 | sign(Phih(i,j,k))~
                = sign(Phih0(i,j))
                    Phih(i,j,k) = Phih0(i,j);
                end
            else
                if abs(Phih(i,j,k))>b1 | sign(Phih(i,j,k))~ = sign(Phih0(i,j))
                    Phih(i,j,k) = Phih0(i,j);
                end
            end
            phih((i-1) * m + j,k) = Phih(i,j,k);
        end
    end

    % 控制量计算
    du(:,k) = rho * Phih(:,:,k)' * (yr(:,k+1) - y(:,k))/(lambda + norm(Phih(:,:,k))^2);
    u(:,k) = uk(:,1) + du(:,k);

    % 更新数据
    Phihk = Phih(:,:,k);
    xk = x(:,k);

    duk = du(:,k);
    for i = nu: - 1:2
        uk(:,i) = uk(:,i-1);
    end
    uk(:,1) = u(:,k);

    for i = ny: - 1:2
        yk(:,i) = yk(:,i-1);
    end
    yk(:,1) = y(:,k);
end
figure(1);
```

```
plot(time,yr(1,1:N),'r--',time,y(1,:),'b');
xlabel('k'); ylabel('输出跟踪性能'); % axis([0 N 0 1.2]);
legend('y_{r1}(k)','y_1(k)');
figure(2);
plot(time,yr(2,1:N),'r--',time,y(2,:),'b');
xlabel('k'); ylabel('输出跟踪性能'); % axis([0 N 0 1]);
legend('y_{r2}(k)','y_2(k)');
figure(3)
plot(time,u);
xlabel('k'); ylabel('控制输入'); % axis([0 N 0 2.5]);
legend('u_1(k)','u_2(k)');
figure(4)
plot(time,phih,'LineWidth',1.5);
xlabel('k'); ylabel('伪雅克比矩阵估计值'); % axis([0 N 0 0.6]);
legend('\phi_{11}(k)估计值','\phi_{12}(k)估计值','\phi_{21}(k)估计值','\phi_{22}(k)估计值',
'Location','best');
```

8.3.2 基于 PFDL 的 MIMO 无模型自适应控制

定义 $\boldsymbol{H}(k)=[\boldsymbol{u}^{\mathrm{T}}(k),\boldsymbol{u}^{\mathrm{T}}(k-1),\cdots,\boldsymbol{u}^{\mathrm{T}}(k-L+1)]^{\mathrm{T}}\in\mathbf{R}^{mL}$,$L$ 为控制输入线性化长度常数。对非线性系统(8.3.1)做如下假设。

假设 8.9 非线性函数 $\boldsymbol{f}(\cdot)=[f_1(\cdot),f_2(\cdot),\cdots,f_m(\cdot)]^{\mathrm{T}}$ 的各个分量关于 $\boldsymbol{H}(k)$ 的各个分量都存在连续偏导数。

假设 8.10 非线性系统(8.3.1)满足广义 Lipschitz 条件,即对于任意时刻 $k_1\neq k_2,k_1\geqslant 0$,$k_2\geqslant 0$ 和 $\boldsymbol{H}(k_1)\neq\boldsymbol{H}(k_2)$,均有

$$\|\boldsymbol{y}(k_1+1)-\boldsymbol{y}(k_2+1)\|\leqslant b\|\boldsymbol{H}(k_1)-\boldsymbol{H}(k_2)\| \tag{8.3.10}$$

式中,$b>0$ 是一个常数。

若非线性系统(8.3.1)满足假设 8.9 和假设 8.10,且对所有时刻 k 有 $\|\Delta\boldsymbol{H}(k)\|\neq 0$ 时,系统(8.3.1)可以等价地表示为如下 PFDL 模型:

$$\boldsymbol{y}(k+1)=\boldsymbol{y}(k)+\boldsymbol{\Phi}_u(k)\Delta\boldsymbol{H}(k) \tag{8.3.11}$$

式中,$\boldsymbol{\Phi}_u(k)=[\boldsymbol{\Phi}_1(k),\boldsymbol{\Phi}_2(k),\cdots,\boldsymbol{\Phi}_L(k)]$为分块伪雅克比矩阵,且对于任意时刻 k 有界,其中

$$\boldsymbol{\Phi}_i(k)=\begin{bmatrix}\phi_{11i}(k) & \phi_{12i}(k) & \cdots & \phi_{1mi}(k)\\ \phi_{21i}(k) & \phi_{22i}(k) & \cdots & \phi_{2mi}(k)\\ \vdots & \vdots & & \vdots\\ \phi_{m1i}(k) & \phi_{m2i}(k) & \cdots & \phi_{mmi}(k)\end{bmatrix},\quad i=1,2,\cdots,L$$

假设 $\boldsymbol{\Phi}_1(k)$是满足如下条件的对角占优矩阵,即满足 $|\phi_{ij1}(k)|\leqslant b_1,b_2\leqslant|\phi_{ii1}(k)|\leqslant\alpha b_2,i=1,2,\cdots,m,j=1,2,\cdots,m,i\neq j,\alpha\geqslant 1,b_2>(2\alpha+1)(m-1)b_1$,且 $\boldsymbol{\Phi}_1(k)$中所有元素的符号对任意时刻 k 保持不变。这里仍考虑控制性能指标函数(8.3.4),将式(8.3.11)代入式(8.3.4)中,求 $J(\boldsymbol{u}(k))$关于 $\boldsymbol{u}(k)$的偏导数,并令其等于 0,得到如下控制律:

$$\boldsymbol{u}(k)=\boldsymbol{u}(k-1)+[\lambda\boldsymbol{I}+\boldsymbol{\Phi}_1^{\mathrm{T}}(k)\boldsymbol{\Phi}_1(k)]^{-1}\times$$
$$\boldsymbol{\Phi}_1^{\mathrm{T}}(k)\left[\boldsymbol{y}_r(k+1)-\boldsymbol{y}(k)-\sum_{i=2}^{L}\boldsymbol{\Phi}_i(k)\Delta\boldsymbol{u}(k-i+1)\right] \tag{8.3.12}$$

为了避免式(8.3.12)中的矩阵求逆运算，这里采用如下简化控制律：

$$\boldsymbol{u}(k)=\boldsymbol{u}(k-1)+\frac{\boldsymbol{\Phi}_1^{\mathrm{T}}(k)\left\{\rho_1[\boldsymbol{y}_r(k+1)-\boldsymbol{y}(k)]-\sum_{i=2}^{L}\rho_i\boldsymbol{\Phi}_i(k)\Delta\boldsymbol{u}(k-i+1)\right\}}{\lambda+\|\boldsymbol{\Phi}_1(k)\|^2} \tag{8.3.13}$$

式中，$\boldsymbol{y}_r(k+1)$为期望输出信号，$\rho_i\in(0,1]$为步长因子，$i=1,2,\cdots,L$，$\lambda>0$为权重因子。

对于一般非线性系统，分块伪雅克比矩阵$\boldsymbol{\Phi}_u(k)$是时变的、未知的，因而控制律(8.3.13)不能直接应用。为此，需要采用参数估计算法对$\boldsymbol{\Phi}_u(k)$进行在线估计，这里采用如下估计算法：

$$\hat{\boldsymbol{\Phi}}_u(k)=\hat{\boldsymbol{\Phi}}_u(k-1)+\frac{\eta[\Delta\boldsymbol{y}(k)-\hat{\boldsymbol{\Phi}}_u(k-1)\Delta\boldsymbol{H}(k-1)]\Delta\boldsymbol{H}^{\mathrm{T}}(k-1)}{\mu+\|\Delta\boldsymbol{H}(k-1)\|^2} \tag{8.3.14}$$

$$\hat{\phi}_{ii1}(k)=\hat{\phi}_{ii1}(0),\ \text{if }|\hat{\phi}_{ii1}(k)|<b_2\text{ or }|\hat{\phi}_{ii1}(k)|>\alpha b_2\text{ or sign}(\hat{\phi}_{ii1}(k))\neq\text{sign}(\hat{\phi}_{ii1}(0)),$$
$$i=1,2,\cdots,m \tag{8.3.15}$$

$$\hat{\phi}_{ij1}(k)=\hat{\phi}_{ij1}(0),\ \text{if }|\hat{\phi}_{ij1}(k)|>b_1\text{ or sign}[\hat{\phi}_{ij1}(k)]\neq\text{sign}[\hat{\phi}_{ij1}(0)],$$
$$i=1,2,\cdots,m,\quad j=1,2,\cdots,m,\quad i\neq j \tag{8.3.16}$$

式中，$\eta\in(0,2]$为步长因子，$\mu>0$为权重因子，$\hat{\phi}_{ij1}(0)$为$\hat{\phi}_{ij1}(k)$的初值，$i=1,2,\cdots,m$，$j=1,2,\cdots,m$。

算法 8-5(基于 PFDL 的 MIMO 无模型自适应控制)

Step1　设置系统输入/输出初值、控制输入线性化长度常数$L\geqslant1$和分块伪雅克比矩阵初值，以及参数$\eta\in(0,2]$、$\mu>0$、$\rho_i\in(0,1](i=1,2,\cdots,L)$、$\lambda>0$。

Step2　采集当前实际输出$\boldsymbol{y}(k)$和期望输出$\boldsymbol{y}_r(k+1)$。

Step3　根据式(8.3.14)、式(8.3.15)和式(8.3.16)在线实时估计$\hat{\boldsymbol{\Phi}}_u(k)$。

Step4　利用式(8.3.13)计算并实施$\boldsymbol{u}(k)$(注意：式(8.3.13)中的$\boldsymbol{\Phi}_i(k)$由$\hat{\boldsymbol{\Phi}}_i(k)$代替，$i=1,2,\cdots,L$)。

Step5　返回 Step2($k\rightarrow k+1$)，继续循环。

仿真实例 8.5

设被控对象为如下 2 输入 2 输出非线性系统[38]：

$$\begin{cases}y_1(k)=-0.8\sin(y_1(k-1))-0.16y_1(k-2)+u_1(k-1)+1.7u_1(k-2)-\\ \qquad 0.5u_2(k-2)+\dfrac{u_2(k-2)}{1+u_2^2(k-2)}\\ y_2(k)=-0.8y_2(k-1)-0.16y_2(k-2)+u_2(k-1)+2u_2(k-2)+\\ \qquad 0.3u_1(k-2)+\dfrac{u_1(k-2)}{1+u_1^2(k-2)}\end{cases}$$

期望输出信号取为

$$\begin{cases} y_{r1}(k+1)=2\sin(k/50)+5\cos(k/20) \\ y_{r2}(k+1)=5\sin(k/50)+2\cos(k/20) \end{cases}$$

系统初始条件设置为 $\boldsymbol{u}(0)=\boldsymbol{u}(-1)=\boldsymbol{0}$ 和 $\boldsymbol{y}(0)=\boldsymbol{y}(-1)=\boldsymbol{0}$，控制输入线性化长度常数 L 取为 2，分块伪雅克比矩阵初值取为 $\hat{\boldsymbol{\Phi}}_u(0)=\begin{bmatrix}1.5 & 0.1 & 0 & 0\\ 0.1 & 1.5 & 0 & 0\end{bmatrix}$，并取参数 $\eta=0.5$、$\mu=1$、$\rho_1=\rho_2=0.5$、$\lambda=0.01$，仿真结果如图 8.6 所示。

取 $L=1$(此时控制方法退化为基于 CFDL 的 MIMO 无模型自适应控制)，伪雅克比矩阵初值取为 $\hat{\boldsymbol{\Phi}}_u(0)=\begin{bmatrix}1.5 & 0.1\\ 0.1 & 1.5\end{bmatrix}$，$\rho_1=0.5$，其他参数取值与 $L=2$ 时相同，仿真结果如图 8.7 所示。对比图 8.6 和图 8.7 可以看出，基于 PFDL 的 MIMO 无模型自适应控制方法的跟踪性能要比基于 CFDL 的 MIMO 无模型自适应控制方法的更好一些。

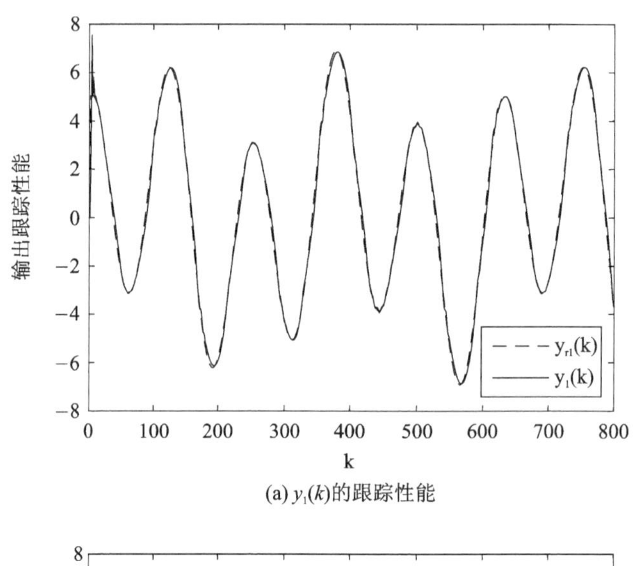

(a) $y_1(k)$的跟踪性能

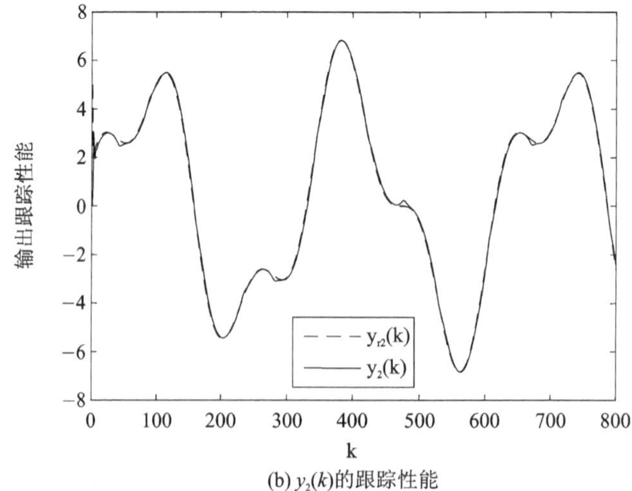

(b) $y_2(k)$的跟踪性能

图 8.6　基于 PFDL 的 MIMO 无模型自适应控制仿真结果

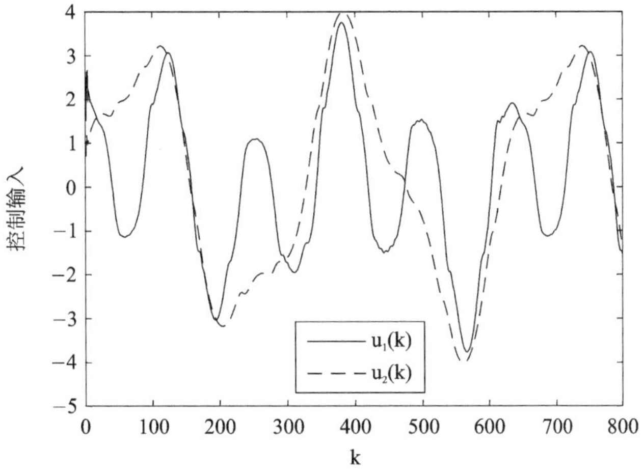

(c) 控制输入

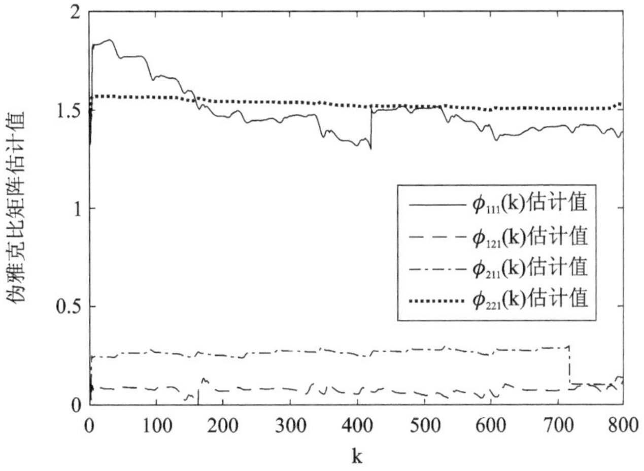

(d) 伪雅克比矩阵 $\boldsymbol{\Phi}_1(k)$估计值

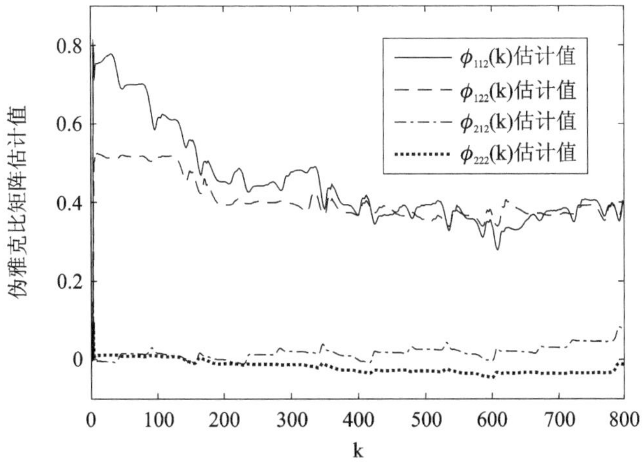

(e) 伪雅克比矩阵 $\boldsymbol{\Phi}_2(k)$估计值

图 8.6　基于 PFDL 的 MIMO 无模型自适应控制仿真结果(续)

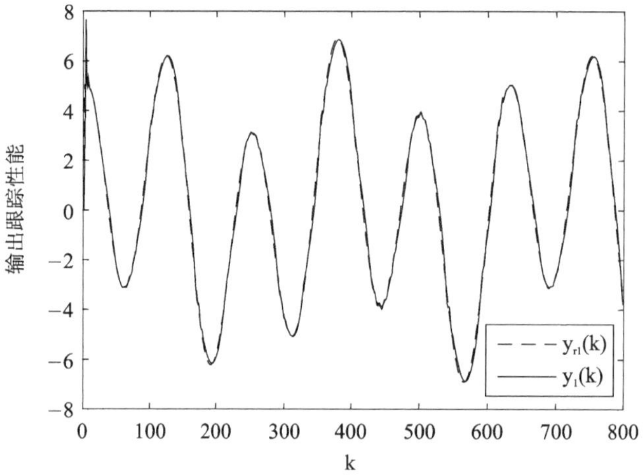

(a) $y_1(k)$的跟踪性能

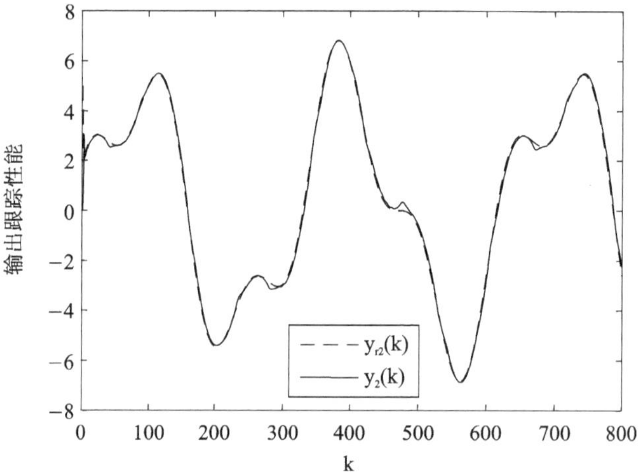

(b) $y_2(k)$的跟踪性能

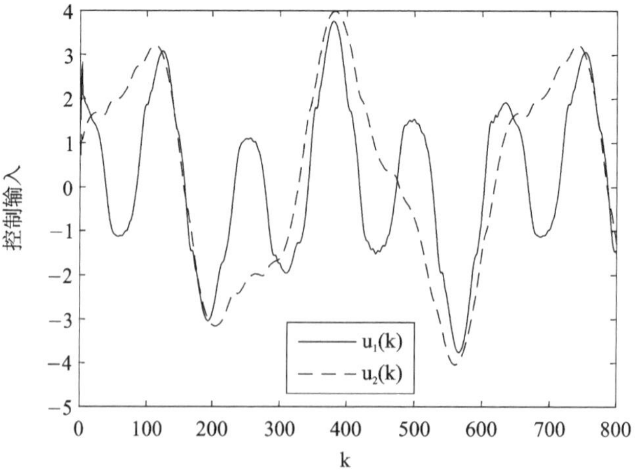

(c) 控制输入

图 8.7 基于 CFDL 的 MIMO 无模型自适应控制仿真结果

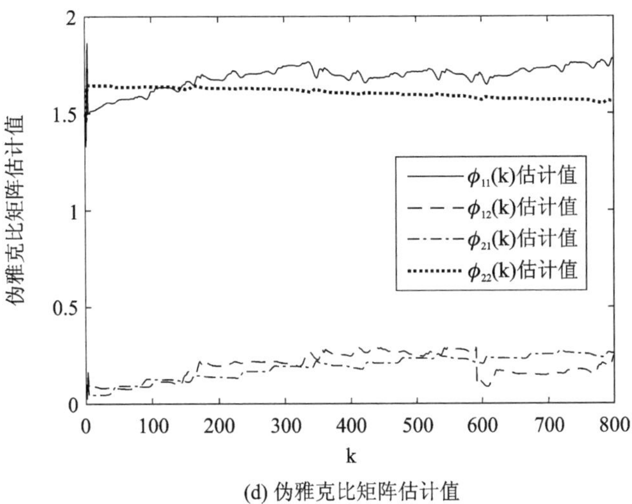

(d) 伪雅克比矩阵估计值

图 8.7　基于 CFDL 的 MIMO 无模型自适应控制仿真结果(续)

仿真程序:chap8_05_PFDL_MIMO_MFAC.m

```
% 基于 PFDL 的 MIMO 无模型自适应控制
clear all; close all;

m = 2; % m 输入 m 输出系统
ny = 2; nu = 2; % 系统结构参数

N = 800; % 仿真长度
L = 2; % 控制输入线性化长度常数
uk = zeros(m,nu); % 控制输入初值:uk(1,i)表示 u1(k - i);
yk = zeros(m,ny); % 系统输出初值
duk = zeros(m,L); % 控制输入增量初值
yr(1,1) = 5 * sin(0/50) + 2 * cos(0/20); % 期望输出初值
yr(2,1) = 2 * sin(0/50) + 5 * cos(0/20);

% 设置控制器参数
Phihk = [[1.5  0.1; 0.1  1.5], zeros(m,m * (L - 1))]; Phih0 = Phihk(:,1:m);
eta = 0.5;
mu = 1;
rho = 0.5 * ones(L,1);
lambda = 0.01;
b1 = 0.3;
b2 = 1.3;
alpha = 1.5;

for k = 1:N
```

```
time(k) = k;

% 系统输出
y(1,k) =    - 0.8 * sin(yk(1,1)) - 0.16 * yk(1,2)...
         + uk(1,1) + 1.7 * uk(1,2) - 0.5 * uk(2,2) + uk(2,2)/(1 + uk(2,2)^2);
y(2,k) = - 0.8 * yk(2,1) - 0.16 * yk(2,2)...
         + uk(2,1) + 2 * uk(2,2) + 0.3 * uk(1,2) + uk(1,2)/(1 + uk(1,2)^2);

% 期望输出
yr(1,k + 1) = 2 * sin(k/50) + 5 * cos(k/20);
yr(2,k + 1) = 5 * sin(k/50) + 2 * cos(k/20);

% 参数估计
dy(:,k) = y(:,k) - yk(:,1);
dHk = [];
for i = 1:L
    dHk = [dHk; duk(:,i)];
end
Phih(:,:,k) = Phihk + eta * (dy(:,k) - Phihk * dHk) * dHk'/(mu + norm(dHk)^2);

for i = 1:m
    for j = 1:m
        if i == j
            if abs(Phih(i,j,k))<b2 | abs(Phih(i,j,k))>alpha * b2 | sign(Phih(i,j,k))~
            = sign(Phih0(i,j))
                Phih(i,j,k) = Phih0(i,j);
            end
        else
            if abs(Phih(i,j,k))>b1 | sign(Phih(i,j,k))~ = sign(Phih0(i,j))
                Phih(i,j,k) = Phih0(i,j);
            end
        end
    end
end
for p = 1:L
    for i = 1:m
        for j = 1:m
            phih((p-1) * m * m + (i-1) * m + j,k) = Phih(i,(p-1) * m + j,k);
        end
    end
end
```

```
    % 控制量计算
    sumrpdu = zeros(m,1);
    for i = 2:L
        sumrpdu = sumrpdu + rho(i) * Phih(:,(i - 1) * m + 1:i * m,k) * duk(:,i - 1);
    end
    du(:,k) = Phih(:,1:m,k)' * (rho(1) * (yr(:,k + 1) - y(:,k))  -  sumrpdu)/(lambda + norm(Phih
    (:,1:m,k))^2);
    u(:,k) = uk(:,1) + du(:,k);

    % 更新数据
    Phihk = Phih(:,:,k);

    for i = L: - 1:2
        duk(:,i) = duk(:,i - 1);
    end
    duk(:,1) = du(:,k);

    for i = nu: - 1:2
        uk(:,i) = uk(:,i - 1);
    end
    uk(:,1) = u(:,k);

    for i = ny: - 1:2
        yk(:,i) = yk(:,i - 1);
    end
    yk(:,1) = y(:,k);
end
figure(1);
plot(time,yr(1,1:N),'r--',time,y(1,:),'b');
xlabel('k'); ylabel('输出跟踪性能'); % axis([0 N - 8 8]);
legend('y_{r1}(k)','y_1(k)','Location','best');
figure(2);
plot(time,yr(2,1:N),'r--',time,y(2,:),'b');
xlabel('k'); ylabel('输出跟踪性能'); % axis([0 N - 8 8]);
legend('y_{r2}(k)','y_2(k)','Location','best');
figure(3)
plot(time,u);
xlabel('k'); ylabel('控制输入'); % axis([0 N - 5 4]);
legend('u_1(k)','u_2(k)','Location','best');
if L == 1
    figure(4)
    plot(time,phih(1:m * m,:),'LineWidth',1.5);
```

```
    % hold on; plot(time,0.3 * ones(1,N),time,1.3 * ones(1,N),time,1.95 * ones(1,N));
    xlabel('k'); ylabel('伪雅克比矩阵估计值'); % axis([0 N 0 2]);
    legend('\phi_{11}(k)估计值','\phi_{12}(k)估计值','\phi_{21}(k)估计值','\phi_{22}(k)估计
    值','Location','best');
elseif L == 2
    figure(4)
    plot(time,phih(1:m * m,:),'LineWidth',1.5);
    % hold on; plot(time,0.3 * ones(1,N),time,1.3 * ones(1,N),time,1.95 * ones(1,N));
    xlabel('k'); ylabel('伪雅克比矩阵估计值'); % axis([0 N 0 2]);
    legend('\phi_{111}(k)估计值','\phi_{121}(k)估计值','\phi_{211}(k)估计值','\phi_{221}(k)
    估计值','Location','best');
    figure(5)
    plot(time,phih(m * m + 1:end,:),'LineWidth',1.5);
    % hold on; plot(time,0.3 * ones(1,N),time,1.3 * ones(1,N),time,1.95 * ones(1,N));
    xlabel('k'); ylabel('伪雅克比矩阵估计值'); % axis([0 N 0 2]);
    legend('\phi_{112}(k)估计值','\phi_{122}(k)估计值','\phi_{212}(k)估计值','\phi_{222}(k)
    估计值','Location','best');
end
```

8.3.3 基于 FFDL 的 MIMO 无模型自适应控制

定义 $\boldsymbol{H}_{yu}(k)=[\boldsymbol{y}^{\mathrm{T}}(k),\cdots,\boldsymbol{y}^{\mathrm{T}}(k-L_y+1),\boldsymbol{u}^{\mathrm{T}}(k),\cdots,\boldsymbol{u}^{\mathrm{T}}(k-L_u+1)]^{\mathrm{T}}\in\mathbf{R}^{m(L_y+L_u)}$,$L_y$ 和 L_u 分别为系统的输出伪阶数和输入伪阶数。这里仍考虑非线性系统(8.3.1),并做如下假设。

假设 8.11 非线性函数 $\boldsymbol{f}(\cdot)=[f_1(\cdot),f_2(\cdot),\cdots,f_m(\cdot)]^{\mathrm{T}}$ 的各个分量关于 $\boldsymbol{H}_{yu}(k)$ 的各个分量都存在连续偏导数。

假设 8.12 非线性系统(8.3.1)满足广义 Lipschitz 条件,即对于任意时刻 $k_1\neq k_2,k_1\geqslant 0$,$k_2\geqslant 0$ 和 $\boldsymbol{H}_{yu}(k_1)\neq\boldsymbol{H}_{yu}(k_2)$,均有

$$\|\boldsymbol{y}(k_1+1)-\boldsymbol{y}(k_2+1)\|\leqslant b\|\boldsymbol{H}_{yu}(k_1)-\boldsymbol{H}_{yu}(k_2)\| \tag{8.3.17}$$

式中,$b>0$ 是一个常数。

若非线性系统(8.3.1)满足假设 8.11 和假设 8.12,且对所有时刻 k 有 $\|\Delta\boldsymbol{H}_{yu}(k)\|\neq 0$,系统(8.3.1)可以等价地表示为如下 FFDL 模型:

$$\boldsymbol{y}(k+1)=\boldsymbol{y}(k)+\boldsymbol{\Phi}_{yu}(k)\Delta\boldsymbol{H}_{yu}(k) \tag{8.3.18}$$

式中,$\boldsymbol{\Phi}_{yu}(k)=[\boldsymbol{\Phi}_1(k),\boldsymbol{\Phi}_2(k),\cdots,\boldsymbol{\Phi}_{L_y+L_u}(k)]$ 为分块伪雅克比矩阵,且对于任意时刻 k 有界,其中

$$\boldsymbol{\Phi}_i(k)=\begin{bmatrix}\phi_{11i}(k) & \phi_{12i}(k) & \cdots & \phi_{1mi}(k)\\ \phi_{21i}(k) & \phi_{22i}(k) & \cdots & \phi_{2mi}(k)\\ \vdots & \vdots & & \vdots\\ \phi_{m1i}(k) & \phi_{m2i}(k) & \cdots & \phi_{mmi}(k)\end{bmatrix},\quad i=1,2,\cdots,L_y+L_u$$

假设 $\boldsymbol{\Phi}_{L_y+1}(k)$ 是满足如下条件的对角占优矩阵，即满足 $|\phi_{ij(L_y+1)}(k)|\leqslant b_1, b_2\leqslant|\phi_{ii(L_y+1)}(k)|\leqslant \alpha b_2, i=1,2,\cdots,m, j=1,2,\cdots,m, i\neq j, \alpha\geqslant 1, b_2>(2\alpha+1)(m-1)b_1$，且 $\boldsymbol{\Phi}_{L_y+1}(k)$ 中所有元素的符号对任意时刻 k 保持不变。这里仍考虑控制性能指标函数(8.3.4)，将式(8.3.18)代入(8.3.4)中，求 $J(\boldsymbol{u}(k))$ 关于 $\boldsymbol{u}(k)$ 的偏导数，并令其等于 0，得到如下控制律：

$$\boldsymbol{u}(k)=\boldsymbol{u}(k-1)+[\lambda\boldsymbol{I}+\boldsymbol{\Phi}_{L_y+1}^{\mathrm{T}}(k)\boldsymbol{\Phi}_{L_y+1}(k)]^{-1}\boldsymbol{\Phi}_{L_y+1}^{\mathrm{T}}(k)\Big[\boldsymbol{y}_r(k+1)-\boldsymbol{y}(k)-\sum_{i=1}^{L_y}\boldsymbol{\Phi}_i(k)\Delta\boldsymbol{y}(k-i+1)-\sum_{i=L_y+2}^{L_y+L_u}\boldsymbol{\Phi}_i(k)\Delta\boldsymbol{u}(k+L_y-i+1)\Big] \tag{8.3.19}$$

为了避免式(8.3.19)中的矩阵求逆运算，这里采用如下简化控制律：

$$\boldsymbol{u}(k)=\boldsymbol{u}(k-1)+\frac{\boldsymbol{\Phi}_{L_y+1}^{\mathrm{T}}(k)\rho_{L_y+1}[\boldsymbol{y}_r(k+1)-\boldsymbol{y}(k)]}{\lambda+\|\boldsymbol{\Phi}_{L_y+1}(k)\|^2}-\frac{\boldsymbol{\Phi}_{L_y+1}^{\mathrm{T}}(k)\left[\sum_{i=1}^{L_y}\rho_i\boldsymbol{\Phi}_i(k)\Delta\boldsymbol{y}(k-i+1)+\sum_{i=L_y+2}^{L_y+L_u}\rho_i\boldsymbol{\Phi}_i(k)\Delta\boldsymbol{u}(k+L_y-i+1)\right]}{\lambda+\|\boldsymbol{\Phi}_{L_y+1}(k)\|^2} \tag{8.3.20}$$

式中，$\boldsymbol{y}_r(k+1)$ 为期望输出信号，$\rho_i\in(0,1]$ 为步长因子，$i=1,2,\cdots,L_y+L_u$，$\lambda>0$ 为权重因子。

对于一般非线性系统，分块伪雅克比矩阵 $\boldsymbol{\Phi}_{yu}(k)$ 是时变的、未知的，因而控制律(8.3.20)不能直接应用。为此，需要采用参数估计算法对 $\boldsymbol{\Phi}_{yu}(k)$ 进行在线估计，这里采用如下估计算法：

$$\hat{\boldsymbol{\Phi}}_{yu}(k)=\hat{\boldsymbol{\Phi}}_{yu}(k-1)+\frac{\eta[\Delta\boldsymbol{y}(k)-\hat{\boldsymbol{\Phi}}_{yu}(k-1)\Delta\boldsymbol{H}_{yu}(k-1)]\Delta\boldsymbol{H}_{yu}^{\mathrm{T}}(k-1)}{\mu+\|\Delta\boldsymbol{H}_{yu}(k-1)\|^2} \tag{8.3.21}$$

$$\hat{\phi}_{ii(L_y+1)}(k)=\hat{\phi}_{ii(L_y+1)}(0),\ \text{if}\ |\hat{\phi}_{ii(L_y+1)}(k)|<b_2\ \text{or}\ |\hat{\phi}_{ii(L_y+1)}(k)|>\alpha b_2\ \text{or}\ \mathrm{sign}[\hat{\phi}_{ii(L_y+1)}(k)]\neq\mathrm{sign}[\hat{\phi}_{ii(L_y+1)}(0)],\quad i=1,2,\cdots,m \tag{8.3.22}$$

$$\hat{\phi}_{ij(L_y+1)}(k)=\hat{\phi}_{ij(L_y+1)}(0),\ \text{if}\ |\hat{\phi}_{ij(L_y+1)}(k)|>b_1\ \text{or}\ \mathrm{sign}[\hat{\phi}_{ij(L_y+1)}(k)]\neq\mathrm{sign}[\hat{\phi}_{ij(L_y+1)}(0)],\quad i=1,2,\cdots,m,\quad j=1,2,\cdots,m,\quad i\neq j \tag{8.3.23}$$

式中，$\eta\in(0,2]$ 为步长因子，$\mu>0$ 为权重因子，$\hat{\phi}_{ij(L_y+1)}(0)$ 为 $\hat{\phi}_{ij(L_y+1)}(k)$ 的初值，$i=1,2,\cdots,m, j=1,2,\cdots,m$。

算法 8-6(基于 FFDL 的 MIMO 无模型自适应控制)

Step1　设置系统输入/输出初值、系统输入/输出伪阶数 $L_u\geqslant 1$、$L_y\geqslant 0$ 和分块伪雅克比矩阵初值，以及参数 $\eta\in(0,2]$、$\mu>0$、$\rho_i\in(0,1]$$(i=1,2,\cdots,L_y+L_u)$ 和 $\lambda>0$。

Step2　采集当前实际输出 $y(k)$ 和期望输出 $y_r(k+1)$。

Step3　根据式(8.3.21)、式(8.3.22)和式(8.3.23)在线实时估计 $\hat{\boldsymbol{\Phi}}_{yu}(k)$。

Step4　利用式(8.3.20)计算并实施 $u(k)$(注意：式(8.3.20)中的 $\boldsymbol{\Phi}_i(k)$ 由 $\hat{\boldsymbol{\Phi}}_i(k)$ 代替，

$i=1,2,\cdots,L_y+L_u$)。

Step5 返回 Step2($k \rightarrow k+1$),继续循环。

这里仿真研究考虑与仿真实例 8.5 相同的非线性系统、期望输出信号和系统输入/输出初值,取系统输入/输出伪阶数分别为 $L_u=1$ 和 $L_y=1$,分块伪雅克比矩阵初值取为 $\hat{\boldsymbol{\Phi}}_{yu}(0)=\begin{bmatrix}0 & 0 & 1.5 & 0.1\\0 & 0 & 0.1 & 1.5\end{bmatrix}$,其他参数,如 η、μ、ρ_1、ρ_2、λ 的取值与仿真实例 8.5 相同,仿真结果如图 8.8 所示。由图 8.8 可以看出,基于 FFDL 的 MIMO 无模型自适应控制方法具有良好的输出跟踪性能。

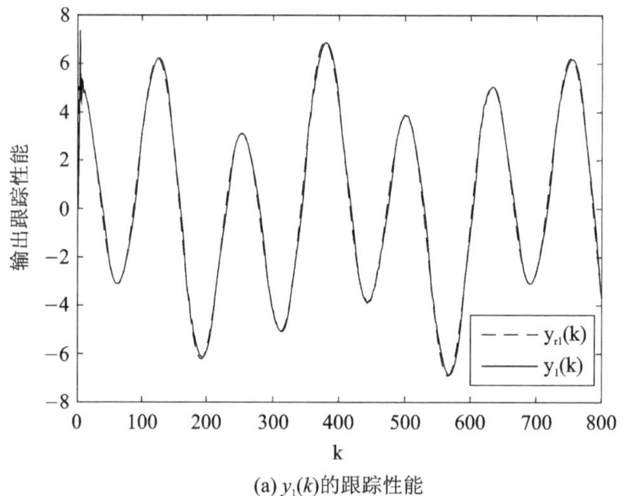

(a) $y_1(k)$的跟踪性能

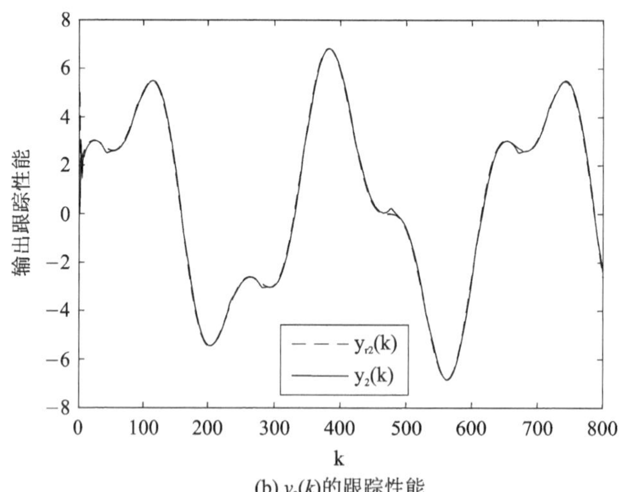

(b) $y_2(k)$的跟踪性能

图 8.8 基于 FFDL 的 MIMO 无模型自适应控制仿真结果

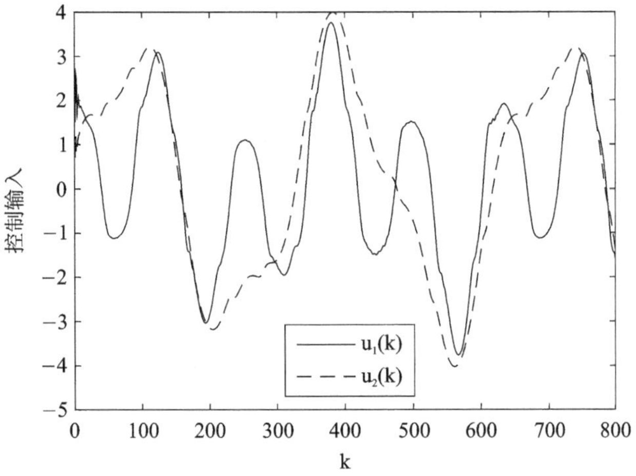

(c) 控制输入

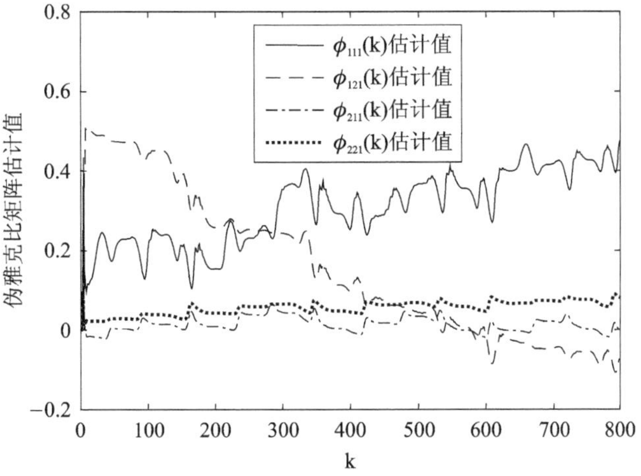

(d) 伪雅克比矩阵$F_1(k)$估计值

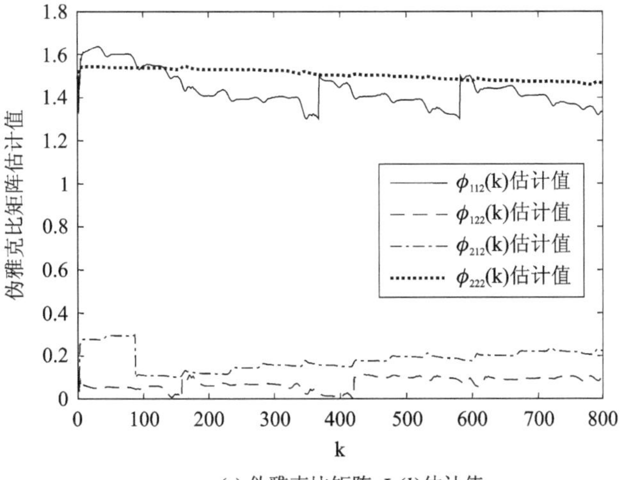

(e) 伪雅克比矩阵 $\boldsymbol{\Phi}_2(k)$估计值

图 8.8　基于 FFDL 的 MIMO 无模型自适应控制仿真结果(续)

仿真程序:chap8_06_FFDL_MIMO_MFAC.m

```
% 基于 FFDL 的 MIMO 无模型自适应控制
clear all; close all;

m = 2; % m 输入 m 输出系统
ny = 2; nu = 2; % 系统结构参数

N = 800; % 仿真长度
Ly = 1; Lu = 1; % 系统伪阶数
uk = zeros(m,nu); % 控制输入初值:uk(1,i)表示 u1(k - i);
yk = zeros(m,ny); % 系统输出初值
duk = zeros(m,Lu); % 控制输入增量初值
dyk = zeros(m,Ly); % 系统输出增量初值
yr(1,1) = 5 * sin(0/50) + 2 * cos(0/20); % 期望输出初值
yr(2,1) = 2 * sin(0/50) + 5 * cos(0/20);

% 设置控制器参数
Phihk = [zeros(m,m * Ly), [1.5  0.1; 0.1  1.5], zeros(m,m * (Lu - 1))]; Phih0 = Phihk(:,Ly * m + 1:
(Ly + 1) * m);
eta = 0.5;
mu = 1;
rho = 0.5 * ones(Ly + Lu,1);
lambda = 0.01;
b1 = 0.3;
b2 = 1.3;
alpha = 1.5;

for k = 1:N
    time(k) = k;

    % 系统输出
    y(1,k) =    - 0.8 * sin(yk(1,1)) - 0.16 * yk(1,2)...
             + uk(1,1) + 1.7 * uk(1,2) - 0.5 * uk(2,2) + uk(2,2)/(1 + uk(2,2)^2);
    y(2,k) = - 0.8 * yk(2,1) - 0.16 * yk(2,2)...
             + uk(2,1) + 2 * uk(2,2) + 0.3 * uk(1,2) + uk(1,2)/(1 + uk(1,2)^2);

    % 期望输出
    yr(1,k + 1) = 2 * sin(k/50) + 5 * cos(k/20);
    yr(2,k + 1) = 5 * sin(k/50) + 2 * cos(k/20);

    % 参数估计
```

```
dy(:,k) = y(:,k) - yk(:,1);
dHk = [];
for i = 1:Ly
    dHk = [dHk; dyk(:,i)];
end
for i = 1:Lu
    dHk = [dHk; duk(:,i)];
end
Phih(:,:,k) = Phihk + eta * (dy(:,k) - Phihk * dHk) * dHk'/(mu + norm(dHk)^2);
for i = 1:m
    for j = 1:m
        if i == j
            if abs(Phih(i,Ly * m + j,k))<b2 | abs(Phih(i,Ly * m + j,k))>alpha * b2 | sign
            (Phih(i,Ly * m + j,k))~ = sign(Phih0(i,j))
                Phih(i,Ly * m + j,k) = Phih0(i,j);
            end
        else
            if abs(Phih(i,Ly * m + j,k))>b1|sign(Phih(i,Ly * m + j,k))~ = sign(Phih0(i,j))
                Phih(i,Ly * m + j,k) = Phih0(i,j);
            end
        end
    end
end
for p = 1:Ly + Lu
    for i = 1:m
        for j = 1:m
            phih((p - 1) * m * m + (i - 1) * m + j,k) = Phih(i,(p - 1) * m + j,k);
        end
    end
end

% 控制量计算
sumrpdy = zeros(m,1);
for i = 1:Ly
    if i == 1
        sumrpdy = sumrpdy + rho(i) * Phih(:,(i - 1) * m + 1:i * m,k) * dy(:,k);
    else
        sumrpdy = sumrpdy + rho(i) * Phih(:,(i - 1) * m + 1:i * m,k) * dyk(:,i - 1);
    end
end
sumrpdu = zeros(m,1);
for i = Ly + 2:Ly + Lu
```

```
        sumrpdu = sumrpdu + rho(i) * Phih(:,(i - 1) * m + 1:i * m,k) * duk(:, - Ly + i - 1);
    end
    du(:,k) = Phih(:,Ly * m + 1:(Ly + 1) * m,k)' * (rho(Ly + 1) * (yr(:,k + 1) - y(:,k)) - sumrpdy -
    sumrpdu)/(lambda + norm(Phih(:,Ly * m + 1:(Ly + 1) * m,k))^2);
    u(:,k) = uk(:,1) + du(:,k);

    % 更新数据
    Phihk = Phih(:,:,k);

    for i = Ly: - 1:2
        dyk(:,i) = dyk(:,i - 1);
    end
    dyk(:,1) = dy(:,k);

    for i = Lu: - 1:2
        duk(:,i) = duk(:,i - 1);
    end
    duk(:,1) = du(:,k);

    for i = nu: - 1:2
        uk(:,i) = uk(:,i - 1);
    end
    uk(:,1) = u(:,k);

    for i = ny: - 1:2
        yk(:,i) = yk(:,i - 1);
    end
    yk(:,1) = y(:,k);
end
figure(1);
plot(time,yr(1,1:N),'r-- ',time,y(1,:),'b');
xlabel('k'); ylabel(' 输出跟踪性能 '); % axis([0 N - 8 8]);
legend('y_{r1}(k)','y_1(k)','Location','best');
figure(2);
plot(time,yr(2,1:N),'r-- ',time,y(2,:),'b');
xlabel('k'); ylabel(' 输出跟踪性能 '); % axis([0 N - 8 8]);
legend('y_{r2}(k)','y_2(k)','Location','best');
figure(3)
plot(time,u);
xlabel('k'); ylabel(' 控制输入 '); % axis([0 N - 5 4]);
legend('u_1(k)','u_2(k)','Location','best');
if Ly == 1 & Lu == 1
```

```
    figure(4)
    plot(time,phih(1:m * m,:),'LineWidth',1.5);
    % hold on; plot(time,0.3 * ones(1,N),time,1.3 * ones(1,N),time,1.95 * ones(1,N));
    xlabel('k'); ylabel('伪雅克比矩阵估计值'); axis([0 N - 0.2 0.7]);
    legend('\phi_{111}(k)估计值','\phi_{121}(k)估计值','\phi_{211}(k)估计值','\phi_{221}(k)
    估计值','Location','best');
    figure(5)
    plot(time,phih(m * m + 1:end,:),'LineWidth',1.5);
    % hold on; plot(time,0.3 * ones(1,N),time,1.3 * ones(1,N),time,1.95 * ones(1,N));
    xlabel('k'); ylabel('伪雅克比矩阵估计值'); %axis([0 N 0 2]);
    legend('\phi_{112}(k)估计值','\phi_{122}(k)估计值','\phi_{212}(k)估计值','\phi_{222}(k)
    估计值','Location','best');
end
```

参考文献

[1] 李清泉. 自适应控制系统理论、设计与应用[M]. 北京:科学出版社,1990.

[2] 李清泉. 自适应控制[J]. 计算机自动测量与控制,1999, 7(3): 56-60.

[3] 刘楚辉. 自适应控制的应用研究综述[J]. 组合机床与自动化加工技术,2007(1): 1-4.

[4] 方崇智,萧德云. 过程辨识[M]. 北京:清华大学出版社,1988.

[5] 丁锋,杨家本. 输入输出系统噪信比的计算[J]. 清华大学学报:自然科学版,1998, 38(9): 107-110.

[6] 徐湘元. 自适应控制理论与应用[M]. 北京:电子工业出版社,2007.

[7] 冯培悌. 系统辨识[M]. 杭州:浙江大学出版社,1999.

[8] 陈在平,杜太行. 控制系统计算机仿真与 CAD——MATLAB 语言应用[M]. 天津:天津大学出版社,2001.

[9] 周彬,段广仁. 离散传递函数正实性与连续传递函数有限频率正实性的代数判据[J]. 自动化学报,2009, 35(5): 561-567.

[10] 李言俊,张科. 自适应控制理论及应用[M]. 西安:西北工业大学出版社,2005.

[11] 韩曾晋. 自适应控制[M]. 北京:清华大学出版社,1995.

[12] 席裕庚. 预测控制[M]. 北京: 国防工业出版社, 1993.

[13] 庞中华, 金元郁. 基于误差校正的预测控制算法综述[J]. 化工自动化及仪表, 2005, 32(2): 1-4, 8.

[14] 金元郁, 顾兴源. 改进的广义预测控制算法[J]. 信息与控制, 1990, 19(3): 8-14.

[15] 金元郁. 基于 ARMAX 模型的新型广义预测控制[J]. 控制理论与应用,1992, 9(4): 426-431.

[16] 周东华. 非线性系统的自适应控制导论[M]. 北京:清华大学出版社,2002.

[17] 高隽. 人工神经网络原理及仿真实例[M]. 北京:机械工业出版社,2003.

[18] 刘金琨. 智能控制[M]. 北京:电子工业出版社,2005.

[19] ÅSTRÖM K J, BORISSON U, LJUNG L, etc. Theory and Applications of Self-tuning Regulators[J]. Automatica, 1977, 13(5) : 457-476.

[20] ÅSTRÖM K J, WITTENMARK B. 自适应控制[M]. 李清泉,译. 北京:科学出版社,1992.

[21] ÅSTRÖM K J, WITTENMARK B. Adaptive Control(影印本)[M]. 2 版. 北京:科学出版社,2003.

[22] 陈新海, 李言俊, 周军. 自适应控制及应用[M]. 西安:西北工业大学出版社,1998.

[23] 谢新民, 丁锋. 自适应控制系统[M]. 北京:清华大学出版社,2002.

[24] 胡寿松. 自动控制原理[M]. 4 版. 北京:科学出版社,2001.

[25] 杨承志,孙棣华,张长胜. 系统辨识与自适应控制[M]. 重庆:重庆大学出版社,2003.

[26] 胡巧会,刘贺平,孟庆元. 在控制系统中巧解 Diophantine 方程——MATLAB 语言应用[J]. 微计算机信息,2003, 19(9): 25-26.

[27] 刘金琨. 先进 PID 控制及其 MATLAB 仿真[M]. 北京:电子工业出版社,2003.

[28] 孙增圻,张再兴,邓志东. 智能控制理论与技术[M]. 北京:清华大学出版社,广西科学技术出版社,1997.

[29] 师黎,陈铁军,李晓媛,等. 智能控制实验与综合设计指导[M]. 北京:清华大学出版社,2008.

[30] 楼顺天,胡昌华,张伟. 基于 MATLAB 的系统分析与设计——模糊系统[M]. 西安:西安电子科技大学出版社,2001.

[31] 喻宗泉. 模糊神经系统研究综述[J]. 自动化与仪表,1998,13(6):3-5, 8.

[32] 何春梅. 模糊神经网络的性能及其学习算法研究[D]. 南京:南京理工大学,2010.

[33] PANG Z H , ZHOU Y G. A Hybrid Approach-based Recurrent Compensatory Neural Fuzzy Network

[C]//Proceedings of the 6th World Congress on Intelligent Control and Automation. [s. l.]:IEEE,2006: 2737-2741.

[34] ZHANG Y Q, KANDEL A . Compensatory Neurofuzzy Systems with Fast Learning Algorithms[J]. IEEE Transactions on Neural Networks, 1998, 9(1): 83-105.

[35] 闻新，周露，汪丹力，等. MATLAB神经网络应用设计[M]. 北京：科学出版社，2000.

[36] HOU Z S, JIN S T. Model Free Adaptive Control: Theory and Applications[M]. NY: CRC Press, 2013.

[37] 侯忠生，金尚泰. 无模型自适应控制:理论与应用[M]. 北京：科学出版社，2013.

[38] WANG W H, HOU Z S, JIN S T. Model-free Indirect Adaptive Decoupling Control for Nonlinear Discrete-time MIMO Systems[C]//Proceedings of the 48th IEEE Conference on Decision and Control. [s. l.]:IEEE,2009: 7663-7668.